Übungsbuch Lineare Algebra für Dummies – Schummelseite

W0200479

Vektoroperationen (am Beispiel $\mathbb{R}^3$)

Vektoraddition: $\begin{pmatrix} x_1 \\ y_1 \\ z_1 \end{pmatrix} + \begin{pmatrix} x_2 \\ y_2 \\ z_2 \end{pmatrix} = \begin{pmatrix} x_1 + x_2 \\ y_1 + y_2 \\ z_1 + z_2 \end{pmatrix}$

Skalare Multiplikation: $k \cdot \begin{pmatrix} x \\ y \\ z \end{pmatrix} = \begin{pmatrix} k \cdot x \\ k \cdot y \\ k \cdot z \end{pmatrix}$

Skalarprodukt: $\begin{pmatrix} x_1 \\ y_1 \\ z_1 \end{pmatrix} \cdot \begin{pmatrix} x_2 \\ y_2 \\ z_2 \end{pmatrix} = x_1 \cdot x_2 + y_1 \cdot y_2 + z_1 \cdot z_2$

Kreuzprodukt: $\begin{pmatrix} x_1 \\ y_1 \\ z_1 \end{pmatrix} \times \begin{pmatrix} x_2 \\ y_2 \\ z_2 \end{pmatrix} = \begin{pmatrix} y_1 z_2 - z_1 y_2 \\ z_1 x_2 - x_1 z_2 \\ x_1 y_2 - y_1 x_2 \end{pmatrix}$

Spatprodukt: $[\vec{u}\vec{v}\vec{w}] = \vec{u} \cdot (\vec{v} \times \vec{w})$

Norm/Betrag: $\left\| \begin{pmatrix} x \\ y \\ z \end{pmatrix} \right\| = \sqrt{x^2 + y^2 + z^2}$

Winkel zwischen Vektoren: $\cos\alpha = \frac{\vec{u} \cdot \vec{v}}{||\vec{u}|| \cdot ||\vec{v}||}$ oder $\sin\alpha = \frac{||\vec{u} \times \vec{v}||}{||\vec{u}|| \cdot ||\vec{v}||}$

Matrix-Bezeichnungen

Name	Symbol	Bedeutung
Transponierte	M^T	Vertauschen von Zeilen und Spalten
Adjungierte	M^*	Transposition und komplexe Konjugation $M^* = \overline{M}^T = \overline{M^T}$
Inverse	M^{-1}	Eindeutige Matrix mit $M^{-1} \cdot M = 1$
Komplementäre Matrix, Adjunkte	$\overline{M}$	Transponierte der Kofaktormatrix: $\overline{M} = \det(M) \cdot M^{-1}$
Charakteristische Gleichung von M	$\det(\lambda \cdot I - M) = 0$	Die λs sind die *Eigenwerte* von M

Matrixeigenschaften

Eigenschaft	Einträge rein reell	Einträge komplex
$M = M^*$	symmetrisch	hermitesch
$M = -M^*$	schiefsymmetrisch	schiefhermitesch
$M^{-1} = M^*$	orthogonal	unitär

Übungsbuch Lineare Algebra für Dummies – Schummelseite

Abstandsformeln

Punkt p_1 zu Punkt p_2: $d = \|\vec{p}_1 - \vec{p}_2\|$

Punkt p zu Gerade G mit G: $\vec{x} = \vec{a} + \lambda\vec{r}$ $\quad d = \dfrac{\|(\vec{p} - \vec{a}) \times \vec{r}\|}{\|\vec{r}\|}$

Punkt p zu Ebene E mit E: $\vec{n}(\vec{x} - \vec{a}) = 0$ $\quad d = \dfrac{|(\vec{p} - \vec{a}) \cdot \vec{n}|}{\|\vec{n}\|}$

Geraden G_1 und G_2 mit G_1: $\vec{x} = \vec{a}_1 + \lambda\vec{r}_1$ und G_2: $\vec{x} = \vec{a}_2 + \mu\vec{r}_2$

- ✔ G_1 und G_2 parallel: $d = \dfrac{\|(\vec{a}_1 - \vec{a}_2) \times \vec{r}_2\|}{\|\vec{r}_2\|}$ $\quad (\vec{r}_1 \times \vec{r}_2 = \vec{0})$
- ✔ G_1 und G_2 windschief: $d = \dfrac{|(\vec{a}_1 - \vec{a}_2) \cdot (\vec{r}_1 \times \vec{r}_2)|}{\|\vec{r}_1 \times \vec{r}_2\|}$ $\quad (\vec{r}_1 \times \vec{r}_2 \neq \vec{0})$

Gerade G zu paralleler Ebene E: $d = \dfrac{|(\vec{a}_g - \vec{a}_e) \cdot \vec{n}|}{\|\vec{n}\|}$ $\quad (\vec{n} \cdot \vec{r} = \vec{0})$

Parallele Ebenen E_1 und E_2: $d = \dfrac{|(\vec{a}_1 - \vec{a}_2) \cdot \vec{n}_2|}{\|\vec{n}_2\|}$ $\quad (\vec{n}_1 \times \vec{n}_2 = \vec{0})$

Basiswechsel

$A = T^{-1} \cdot A \cdot S$

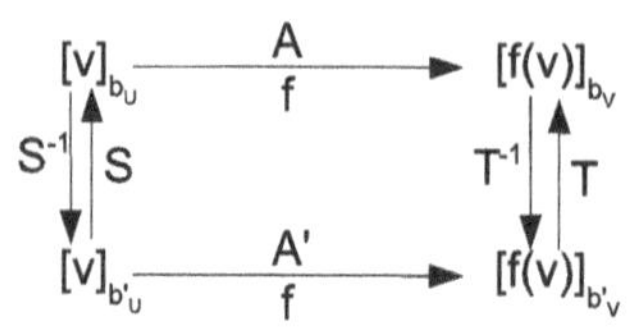

Satz von Cayley-Hamilton

Jede Matrix erfüllt ihre eigene charakteristische Gleichung!

Dimensionssatz für lineare Abbildung f

$\dim(V) = \dim(\mathrm{Kern}(f)) + \dim(\mathrm{Bild}(f))$

Spektralsatz

Sei A symmetrisch/hermitesch. Dann gilt:

- ✔ A ist diagonalisierbar mit Eigenwerten $\lambda_1, \ldots, \lambda_n \in \mathbb{R}$
- ✔ A ist in Projektionen zerlegbar: $A = \lambda_1 \cdot P_1 + \cdots + \lambda_n \cdot P_n$
- ✔ dabei gilt: $P_1 + \cdots + P_n = I$ und $P_i \cdot P_j = 0$ für alle $i \neq j$

Produktsatz für Determinanten

$\det(M \cdot N) = \det(M) \cdot \det(N)$

Übungsbuch Lineare Algebra für Dummies

E.-G. Haffner

Übungsbuch Lineare Algebra für Dummies

WILEY-VCH

WILEY-VCH Verlag GmbH & Co. KGaA

Bibliografische Information der Deutschen Nationalbibliothek
Die Deutsche Nationalbibliothek verzeichnet diese Publikation in der Deutschen Nationalbibliografie; detaillierte bibliografische Daten sind im Internet über http://dnb.d-nb.de abrufbar.

1. Auflage 2012

Printed in Germany

Gedruckt auf säurefreiem Papier

Print ISBN: 978-3-527-70724-9
ePDF ISBN: 978-3-527-66790-1
ePub ISBN: 978-3-527-66791-8
mobi ISBN: 978-3-527-66792-5

Coverfoto: istock/marekuliasz
Korrektur: Dr. Marianne Hammer-Altmann
Satz: Mitterweger und Partner, Plankstadt
Druck und Bindung: CPI – Ebner & Spiegel, Ulm

Cartoons im Überblick

von Rich Tennant

»Das ist Hütchen-Franz, der berüchtigste Mathezocker aller Zeiten. Wenn er Dich fragt, ob Du ein paar trigonometrische Integrale mit ihm lösen willst, hau einfach ab!«

Seite 21

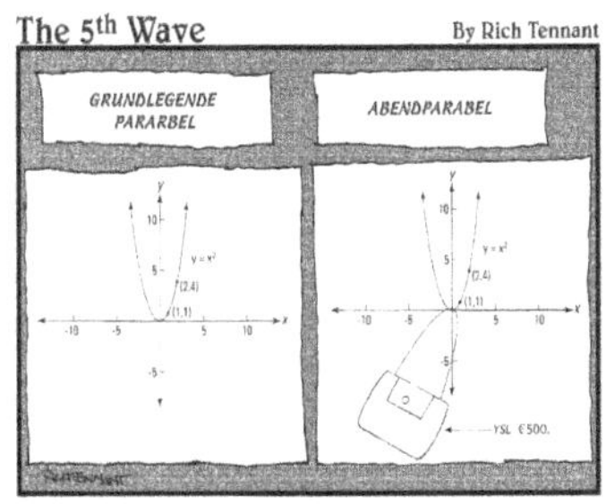

Seite 59

»Was genau wollten wir nochmal beweisen?«

Seite 133

»Mir ist zu Ohren gekommen, dass du meinst, alle Winkel berechnet zu haben. Okay, vielleicht hast du, vielleicht auch nicht. Möglicherweise sind die Verhältnisse der Längen sich entsprechender Seiten eines gleichwinkligen Dreiecks gleich, möglicherweise sind sie es nicht – sehen wir uns deine Gleichungen an.«

Seite 191

Seite 247

»OK, wir machen einen Test. Als erstes gehen Sie in einer geraden Linie. Anschließend halbieren Sie diese Linie mit einer Senkrechten, deren Steigung sich aus der Gleichung $y = 3x + 5$ ergibt.«

Seite 355

»Algebra-Prüfungen waren für den braven Hans immer besonders peinlich, weil er sich nicht imstande sah, seine Berechnungen für sich zu behalten.«

Seite 313

Seite 405

Fax: 001-978-546-7747
Internet: www.the5thwave.com
E-Mail: richtennant@the5thwave.com

Inhaltsverzeichnis

Teil VI
Lineare Abbildungen und Basiswechsel 313

Einführung

Wenn Sie dieses Buch nicht versehentlich in den Händen halten, weil Sie sich eigentlich für ostasiatische Kampfkunst interessieren und Sie sich schon Gedanken darüber machen, inwiefern die Umschlagsgestaltung zu diesem Thema passt, dann ist es wohl wahr: freiwillig oder unfreiwillig sind Sie mit dem Thema »Lineare Algebra« konfrontiert.

Als »*Übungsbuch Lineare Algebra für Dummies*« finden Sie auf den folgenden Seiten eine fast unüberschaubare Zahl von Übungsaufgaben, fein säuberlich gruppiert nach den wesentlichen Themengebieten der linearen Algebra.

Zu diesem Buch

Dieses Buch möchte Ihnen helfen, typische Problemstellungen der linearen Algebra schnell und korrekt zu lösen. Dabei werden nicht wahllos beliebige Aufgaben aneinander gereiht, sondern anhand der großen Themen dieses sehr bedeutsamen mathematischen Zweiges sortiert.

Die Auswahl richtet sich nach den typischen Anforderungen der technisch-naturwissenschaftlichen, aber auch wirtschaftswissenschaftlichen und artverwandten Bachelor-Studiengänge.

Sie werden jedoch auch dann von den Übungen und Lösungen profitieren, wenn Sie sich im Selbststudium an das Thema heranwagen oder Ihr Studium schon einige Zeit hinter Ihnen liegt.

Dabei dürfen Sie das Buch selbstverständlich in beliebiger Reihenfolge durcharbeiten. Die Kapitelüberschriften enthalten jeweils das entscheidende Schlüsselwort. Picken Sie sich einfach diejenigen Themen heraus, die Sie interessieren.

Konventionen in diesem Buch

Wie in jedem *Dummies*-Buch gibt es auch hier einige wenige Konventionen, die Sie kennen sollten. Sie werden Ihnen helfen, sich schnell zurechtzufinden:

1. *Kursivschrift* kennzeichnet wichtige Fachbegriffe und hebt bedeutsame Worte hervor. In der Regel wird es sich dabei um einen Ausdruck der linearen Algebra handeln.
2. **Fettschrift** steht für Schlüsselworte in Aufzählungen und in Aktionen bei nummerierten Schritten. Außerdem werden damit wichtige Begriffe gekennzeichnet, die jedoch keine mathematischen Fachbegriffe darstellen.
3. KAPITÄLCHEN bleibt Verweisen auf Webadressen vorbehalten.

Törichte Annahmen über den Leser

Die Zielgruppe dieses Buches sind sicherlich Studierende von Bachelor-Studiengängen an Fachhochschulen oder Universitäten, die in der Regel bereits im ersten Semester das Privileg genießen, sich mit linearer Algebra intensiv befassen zu dürfen. Allerdings möchte ich niemanden davon abhalten, sich dieses Buch näher anzusehen, selbst wenn Sie nicht in die primäre Zielgruppe passen. Solange das Buch nicht als Ersatz für eine fehlende Stütze unter einen Schrank gelegt wird, bin ich zufrieden.

Aber auch dann habe ich keinen Grund, mich zu beschweren. Immerhin ist es Ihr Buch und Sie können damit machen, was Sie wollen. Sollten Sie jedoch neugierig auf lineare Algebra im Allgemeinen sein, die weit über die konkreten Übungsaufgaben im Besonderen hinausgeht, kann ich Ihnen das Werk *»Lineare Algebra für Dummies«* empfehlen, das vermutlich nur wenige Zentimeter entfernt von dieser Ausgabe in der Buchhandlung Ihrer Wahl zu finden ist.

Wie dieses Buch aufgebaut ist

Mit seinen acht Teilen und vierundzwanzig Kapiteln weist dieses Übungsbuch eine Vielzahl an thematischen Schwerpunkten auf.

In jedem Kapitel werden zunächst die wichtigsten Aspekte der hierzu benötigten linearen Algebra kompakt zusammengefasst. Jeder Abschnitt befasst sich mit einer typischen Aufgabenstellung. Natürlich wird auch der Lösungsweg zu dieser Aufgabe detailliert beschrieben. Anschließend finden Sie zahlreiche konkrete Aufgabenstellungen, die im Schwierigkeitsgrad ansteigen. Am Ende eines jeden Kapitels finden Sie die detaillierten Lösungswege der Aufgaben, die Sie möglichst erst zur Hand nehmen, **nachdem** Sie die zugehörigen Übungen selbst gerechnet haben und mit der so genannten Musterlösung vergleichen wollen.

Teil I: Zu den Grundlagen der linearen Algebra

In den drei ersten Kapiteln werden die Grundlagen der gesamten linearen Algebra durch Übungsaufgaben gefestigt. Dazu gehört zuerst ein sicherer Umgang mit algebraischen Umformungen in *Gleichungen*. Danach werden *komplexe Zahlen* behandelt und dargelegt, wie Sie mit ihnen rechnen können. Leider führt an der oft als trocken empfundenen Materie der *Körpergesetze* kein Weg vorbei. Ich werde mich bemühen, Ihnen die zugehörigen Aufgaben so spannend wie irgend möglich zu gestalten, aber der Spielraum ist relativ gering. Sie werden es ja selbst sehen.

Teil II: Alles, was mit Vektoren zu tun hat

Im zweiten Teil sind Sie bereits richtig in der linearen Algebra angekommen. Zunächst werde ich Ihnen die wichtigsten Aufgabenstellungen der *Vektorrechnung* zeigen. Das ist sehr wichtig, weil der sichere Umgang mit Vektoren eine Grundvoraussetzung für viele andere Aufgabentypen darstellt. *Vektorräume* sind das Thema des folgenden Kapitels. Hier erwartet Sie eine abgespeckte Form der Körpergesetze. Es schließt sich logisch das Thema *Unterräume* an. Übungsaufgaben zur *Basis* und zur *Dimension* beenden den zweiten Teil dieses Buches.

Teil III: Lineare Gleichungssysteme lösen

Dem Thema *lineare Gleichungssysteme*, kurz LGS, widmet sich ein kompletter Teil des Übungsbuches, und das ist völlig gerechtfertigt. LGSe sind eines der bedeutsamsten Anwendungsgebiete der linearen Algebra. Dazu führe ich Sie systematisch an die Lösungstechniken heran. Zunächst für *homogene*, alsdann für *inhomogene* Systeme. Ein Kapitel über die schon komplizierter werdenden *parametrisierten LGS* schließt diesen Teil ab.

Teil IV: Rund um die analytische Geometrie

Diesen Teil werden Sie lieben. Geometrische Aufgaben werden aufgrund ihrer Anschaulichkeit von Studierenden sehr gerne angenommen. Es beginnt mit einem Kapitel zu den *geometrischen Grundelementen*. *Abstandsbetrachtungen* und *Schnittobjekte*, bei denen lineare Gleichungssysteme aus dem dritten Teil wieder wichtig werden, schließen sich im folgenden Kapitel an. Zum Abschluss werden *geometrische Transformationen* behandelt, die einen wunderschönen Bogen zu den Kernthemen der linearen Algebra spannen.

Teil V: Matrizenrechnung und Determinanten beherrschen

Matrizen sind in ihrer Bedeutung für die lineare Algebra an vorderster Linie zu finden. Das Anfangskapitel dieses Teils befasst sich mit den elementaren *Grundoperationen* zur Matrizenrechnung. Ein eigenes Kapitel zur *Invertierung von Matrizen* schließt sich an. Danach werden etliche Aufgaben zu den *Determinanten* behandelt. Am Ende findet sich auch ein Kapitel zu seltener benötigten Eigenschaften von Matrizen. Eigenwerte finden Sie dagegen in dem gesonderten Teil VII.

Teil VI: Lineare Abbildungen und Basiswechsel behandeln

Dieser Teil beginnt mit allgemeinen *linearen Abbildungen*. Dabei werden wichtige Eigenschaften und alternative Namensgebungen aufgerollt, etwa *Homomorphismen*. Das darauf folgende Kapitel stellt Ihnen Übungsaufgaben zu Koordinaten vor, die im Zusammenhang von linearen Abbildungen besonders wichtig sind. Schließlich bearbeiten Sie das bedeutsame Thema *Basiswechsel* im abschließenden Kapitel.

Teil VII: Eigenwerte bestimmen und Diagonalisieren

Der Berechnung von *Eigenwerten* und der damit möglichen *Diagonalisierung* ist ein eigener Teil gewidmet. Dies ist nötig, weil Eigenwerte sowohl eine Eigenschaft von Matrizen, als auch von linearen Abbildungen sind. Beide Aspekte ergänzen und durchdringen einander. Die konkrete Ermittlung von *Eigenwerten* und zugehörigen *Eigenvektoren* ist das Thema des ersten Kapitels dieses Teils. Konkrete *Anwendungsaufgaben* zu Eigenwerten und zur Diagonalisierung finden sich im vorletzten Kapitel. Den krönenden Abschluss bildet ein Kapitel zum *Spektralsatz* und zur *Hauptachsentransformation*. Nette Anwendungen des *Satzes von Cayley-Hamilton* dürfen selbstverständlich auch nicht fehlen.

Teil VIII: Top Ten Teil

Das letzte Kapitel ganz am Ende befasst sich mit den 10 häufigsten Fehlerursachen bei den Übungsaufgaben zur linearen Algebra. Es würde mich freuen, wenn es Ihnen hilft, bedenkliche Operationen im Griff zu behalten und lineare Algebra erfolgreich anzuwenden.

Symbole in diesem Buch

In diesem Buch erscheinen immer wieder fünf unterschiedliche Typen von Symbolen. Hier erfahren Sie, was diese bedeuten:

Musterbeispiele von Übungsaufgaben finden sich in jedem Abschnitt. Selbstverständlich fehlt auch eine detaillierte Lösung nicht!

Alles, was Sie sich unbedingt einprägen sollten, wird mit diesem Symbol markiert. Die dargestellten Zusammenhänge sind für die gesamte lineare Algebra sehr wichtig.

Mit dieser Zielscheibe werden Sie auf einen Tipp hingewiesen. Es kann sich um eine Abkürzung zur Lösung eines Problems handeln oder einfach um einen freundlichen Hinweis, der Ihnen helfen sollte, das Verständnis der linearen Algebra zu erleichtern.

Dieses Männlein weist Sie darauf hin, dass der nebenstehende Text recht technisch, häufig schwierig und eigentlich nur für Insider gedacht ist. Entweder Sie haben Spaß daran und sind schon auf die nächste Warnung gespannt oder Sie ignorieren den Hinweis.

Wie Sie sehen, brennt die Lunte. Das ist ein Zeichen, dass Ihre gesamte Konzentration und Aufmerksamkeit gefordert sind. Gefährliche Fallstricke oder typische Fehlerquellen werden hier erwähnt. Aber keine Angst, dass Symbol taucht nur sehr selten in diesem Buch auf.

Wie es weitergeht

Sie haben jetzt mindestens zwei Möglichkeiten. Entweder Sie stellen dieses Buch ganz schnell ins Regal zurück, weil ich Ihnen beim besten Willen keine Tipps zu ostasiatischen Kampfkünsten vermitteln kann.

Oder aber Sie gehen ganz ernsthaft das Thema »lineare Algebra« an. So schwer kann es doch gar nicht sein. Je mehr Übungsaufgaben Sie rechnen, umso leichter werden Ihnen die Lösungen fallen, das kann ich Ihnen versichern. Sie dürfen aber nicht mogeln! Keinesfalls sollten Sie die Lösungen zu den Übungsaufgaben zu früh nachschlagen, sonst wird Ihnen das sehr wichtige Gefühl dafür abhanden kommen, welcher Schritt als nächstes zu tun ist.

Teil I

Zu den Grundlagen der linearen Algebra

»Das ist Hütchen-Franz, der berüchtigste Mathezocker aller Zeiten. Wenn er Dich fragt, ob Du ein paar trigonometrische Integrale mit ihm lösen willst, hau einfach ab!«

In diesem Teil ...

Dieser Teil stellt Ihnen zahlreiche Übungsaufgaben zu den Grundlagen der linearen Algebra bereit. In der Mathematik ist es häufig so, dass Themen aufeinander aufbauen. Deswegen ist es auch wichtig, dass Sie sicher mit komplexen Zahlen rechnen oder die wesentlichen Körpergesetze beherrschen, bevor es zu den Kernthemen der linearen Algebra geht. Außerdem finden Sie einige Aufgaben zu linearen Gleichungen. Dies und noch einiges mehr erwartet Sie in den folgenden drei Kapiteln!

Schnelleinstieg in die lineare Algebra

1

In diesem Kapitel …

- Ermitteln, was linear an dieser Algebra ist
- Aus technisch-naturwissenschaftlichen Problemen Gleichungen zaubern
- Lineare Gleichungen und einfache Gleichungssysteme lösen

Dieses Kapitel bietet Ihnen einen sanften Einstieg in die Übungsaufgaben zur linearen Algebra. Es geht zum einen darum, dass Sie erkennen, worin die Linearität einer Fragestellung besteht. Dazu werden Sie aus Problemen des Alltags systematisch Gleichungen erzeugen. Zum anderen dürfen Sie bereits einfache lineare Gleichungen und Gleichungssysteme lösen.

Wenn Sie sich bereits zu Höherem berufen fühlen, können Sie dieses Kapitel auch gefahrlos überspringen und gleich mit Übungen zu komplexen Zahlen in Kapitel 2 fortfahren.

Was die Algebra linear macht

Es gibt ein sehr wichtiges Kriterium, um zu beurteilen, ob ein gegebenes Problem mit Hilfe der linearen Algebra mathematisch formuliert werden kann.

Ein lineares Verhältnis liegt vor, wenn die vorkommenden Größen gleichbleibend *proportional* sind.

Dabei muss eine Variable nicht unbedingt genau so groß sein wie die andere, aber wenn für einen konkreten Wert von x der Wert von y, sagen wir, dreimal so groß ist, muss das auch für alle anderen Werte von x gelten.

In mathematischer Schreibweise ist eine Funktion f *linear*, falls folgende Bedingungen zutreffen:

$$\forall x, y\colon f(x+y) = f(x) + f(y) \quad \text{sowie} \quad \forall x, k\colon f(k \cdot x) = k \cdot f(x)$$

Das Symbol $\forall$ bedeutet »für alle«.

Später wird Ihnen auch $\exists$ begegnen, was »es existiert (mindestens) ein« bedeutet.

Das ist doch gar nicht so schwer, oder? Die Musteraufgabe wird Ihnen helfen, die anschließenden Übungsaufgaben zu bewältigen.

Beispiel

Sie finden in einem Backrezept als Mengenangabe für einen Teig den Satz »125 g Mehl und 75 ml Milch reichen für 3 Portionen«. Handelt es sich bei Mehl, Milch und den Portionen um ein lineares Verhältnis?

Lösung

Die Antwort lautet: »Ja«! Sie erkennen die Linearität an dem, was sich ändert, wenn Sie beispielsweise die doppelte Anzahl an Portionen backen möchten. Dann benötigen Sie entsprechend die doppelte Menge an Zutaten, also 250 g Mehl und 150 ml Milch.

Aufgabe 1

Als erfahrener Autofahrer wissen Sie, dass sich der Bremsweg vervierfacht, wenn Sie mit doppelter Geschwindigkeit unterwegs sind. Verhalten sich Geschwindigkeit und Bremsweg somit linear?

Aufgabe 2

Sie schenken sich genüsslich eine Tasse Kaffee ein, während Sie überlegen: verhält sich das Volumen an Kaffee in der Tasse linear zur benötigten **Einschenkzeit**? Was ist mit der Höhe des Kaffeespiegels? Ist er linear zur eingefüllten Menge?

Aufgabe 3

Ein Bio-Bauer hält in seinem Garten 10 freilaufende Hühner, die im Durchschnitt 50 Eier in der Woche legen. Was geschieht, wenn der Bauer seinen Bestand auf 20 Hühner aufstockt? Verhalten sich Gesamtzahl der gelegten Eier und Anzahl der Legehennen linear?

Aufgabe 4

Eine Funktion f erfülle folgendes Gesetz für alle x und y aus $\mathbb{R}$:

$$f(x \cdot y) = f(x) \cdot f(y)$$

Ist f damit linear?

Was ist mit der Funktion g, für die gilt:

$$g(x \cdot y) = g(x) + g(y)$$

Ist g unter diesen Umständen linear?

Einfache Probleme angehen

Nachdem Sie sich Gedanken über Linearität im Allgemeinen gemacht haben, geht es nun daran, konkrete Aufgabenstellungen in Form von linearen Gleichungen zu notieren. Dabei dürfen sich beliebig viele unbekannte Variablen in der Gleichung »tummeln«.

Beispiel

In ein Becken wird über zwei unterschiedliche Rohre permanent Wasser eingefüllt. Zugleich fließt eine Menge an Flüssigkeit durch ein Abflussrohr aus dem Becken. Dabei steigt die Wassermenge im Becken permanent um 10 Liter pro Stunde. Stellen Sie eine lineare Gleichung auf, die diese Situation adäquat beschreibt!

Lösung

Zuerst benötigen Sie einige Variablen. Wenn Sie die Kapazitäten der beiden Zuflussrohre mit x und y beschreiben und z für das Abflussrohr steht, können Sie folgende Gleichung ansetzen: $x + y - z = 10$. Durch das negative Vorzeichen signalisieren Sie den Fluss aus dem Becken hinaus.

Aufgabe 5

Vier Fahrzeuge begegnen sich auf einer mehrspurigen Straße. Das Motorrad ist zusammen mit dem LKW genau so schnell wie die beiden entgegenkommenden PKW. Wie lautet die lineare Gleichung hierzu?

Aufgabe 6

Ein Bagger schafft 70 Kubikmeter Erde pro Stunde. Der Bauleiter überlegt, zwei weitere Bagger anzufordern, um auf den benötigten Aushub von 300 Kubikmeter pro Stunde zu kommen. Stellen Sie diese Situation als lineare Gleichung dar!

Aufgabe 7

Eine elektrische Schaltung verfüge über 2 feste Widerstände, der eine mit 150, der andere mit 50 Ohm sowie zwei Drehwiderstände, die in Reihe geschaltet sind. Wie sieht die zugehörige lineare Gleichung für einen Gesamtwiderstand von 400 Ohm aus?

Aufgabe 8

Zwei Funktionen f und g seien linear. Was können Sie dann über $f(g(x + y))$ sagen?

Auflösen von linearen Gleichungen

Was nützen Ihnen die tollsten linearen Gleichungen, wenn Sie diese nicht lösen? Findet sich dort lediglich eine einzige Variable, ist das Ergebnis eindeutig.

Die Lösung der allgemeinen linearen Gleichung $a \cdot x + b = c$ lautet:

$$x = \frac{c - b}{a} \text{ mit } a \neq 0$$

Beispiel

Die Sonneneinstrahlung an einem schönen Vormittag betrage 1,1 Kilowatt pro Quadratmeter. Welche Kollektorfläche an Solarzellen benötigen Sie **mindestens**, wenn Ihr Bedarf 22 Kilowatt beträgt?

Lösung

Zuerst setzen Sie die lineare Gleichung aus den Größen im Text an. Entweder, Sie schreiben **alle** Einheiten zu den jeweiligen Werten oder gar **keine**. Das könnte zum Beispiel so aussehen:

$$1{,}1 \, \frac{\text{kW}}{\text{m}^2} \cdot x = 22 \text{ kW}$$

Anhand der Einheiten erkennen Sie gleich, dass x eine Angabe in Quadratmetern macht. Die reine Gleichung ohne Einheiten ist noch wesentlich übersichtlicher: $1{,}1 \cdot x = 22$. Die Division von 1,1 auf beiden Seiten der Gleichung ergibt die Lösung: $x = 20$. Unter den genannten Umständen sind selbst bei optimaler Ausnutzung der Sonnenenergie wenigstens 20 Quadratmeter Kollektorfläche nötig.

Aufgabe 9

Hans Glück ist mit seinem Automobil unterwegs in Richtung Urlaubsziel und wird auf eine Autobahnraststätte aufmerksam. Er überlegt sich, ob er dort tanken sollte. Sein Fahrzeug verbraucht im Schnitt 5 Liter Diesel pro hundert Kilometer. Der Tank fasst 60 Liter und ist zum aktuellen Zeitpunkt noch zu einem Viertel gefüllt. Alternativ könnte er auch einen Umweg von insgesamt 50 Kilometern in Kauf nehmen und eine um 10 Cent pro Liter billigere Tankstelle ansteuern. Helfen Sie Hans Glück auf die Sprünge: ab welchem Spritpreis lohnt sich der Umweg nicht mehr?

Aufgabe 10

Ein Betrieb verfüge derzeit über eine Stanzmaschine, die in der Lage ist, 600 Teile pro Tag zu stanzen. Die laufenden Betriebskosten betragen 120 € pro Tag. Nach wie viel Tagen amortisiert sich die Neuanschaffung einer Hochleistungsstanzanlage, die 1800 Teile fertigen kann und 180 € pro Tag kostet? Der Anschaffungspreis betrage abzüglich der Rückgabe der alten Stanzmaschine 35.000 €.

Aufgabe 11

Ein ICE fährt mit 250 km/h von Hamburg nach Frankfurt. Zum gleichen Zeitpunkt startet ein Interregio von Frankfurt nach Hamburg mit 120 km/h. Welcher der beiden Züge ist weiter von Hamburg entfernt, wenn sie sich begegnen?

Von Gleichungen zu Gleichungssystemen

Eine Kombination von Gleichungen mit denselben Unbekannten ist ein *Gleichungssystem*. Wenn alle Einzelgleichungen auch noch *linear* sind, spricht man von einem *linearen Gleichungssystem* oder kurz *LGS*, weil Sie sich sonst auf Dauer an dem langen Wort den »Mund fusselig« reden würden.

Die allgemeine Form eines LGS mit m Gleichungen in n Unbekannten sieht so aus:

$$\begin{array}{ccccccc} a_{11}x_1 & + & \cdots & + & a_{1n}x_n & = & b_1 \\ a_{21}x_1 & + & \cdots & + & a_{2n}x_n & = & b_2 \\ \vdots & \vdots & \ddots & \vdots & \vdots & \vdots & \vdots \\ a_{m1}x_1 & + & \cdots & + & a_{mn}x_n & = & b_m \end{array}$$

Das ist ein wenig kompliziert und verwirrend, daher beschränke ich mich in diesem Abschnitt erst einmal auf $m = n = 2$. Dann werden auch die schreibaufwändigen Indizes nicht mehr gebraucht und die Unbekannten sind einfach x, y, wie Sie das auch von der berühmten Fernsehsendung »Aktenzeichen xy ... ungelöst« kennen.

Die allgemeine Form eines LGS mit 2 Gleichungen und 2 Unbekannten lautet demnach:

$$\begin{array}{ccccc} ax & + & by & = & c \\ dx & + & ey & = & f \end{array}$$

Dabei sind a, b, d und e die *Koeffizienten*, also die Vorfaktoren der unbekannten *Variablen* x und y. c und f sind weitere *Konstanten* und damit einfache Zahlen. Alle diese Buchstaben sind letztlich Platzhalter für reelle oder komplexe Zahlen. Ein konkretes LGS könnte beispielsweise so aussehen:

$$\begin{array}{ccccc} x & - & y & = & 4 \\ 2x & + & 3y & = & 0 \end{array}$$

Dabei wären $a = 1$, $b = -1$ und $c = 4$ die Platzhalter der oberen Zeile, und $d = 2$, $e = 3$ und $f = 0$ jene der unteren. Auch x und y stehen für konkrete Zahlen, allerdings wissen Sie noch nicht welche. Wüssten Sie das, müssten Sie überhaupt kein LGS aufstellen und es gäbe nichts zu lösen, das wäre doch schrecklich langweilig, nicht wahr?

Beispiel

Sie kaufen 2 Kilo Bananen und 1,5 Kilo Orangen in einem Bioladen ein und müssen dafür 7,60 € bezahlen. An der Kasse nebenan sehen Sie, wie eine Kundin für 2 Kilo Orangen und 3 Kilo Bananen 10,60 € hinblättert. Wie teuer sind die Bananen und die Orangen?

Lösung

Die unbekannten Variablen x und y stellen die Preise für Bananen und Orangen in € dar. Wenn Sie nur die Information aus Ihrem eigenen Einkauf haben würden, wäre es unmöglich, die Preise exakt zu bestimmen. Durch die Produkte der Kundin von nebenan sind Sie jedoch in der Lage, auch die zweite Gleichung zu formulieren. Sie erhalten damit:

$$\begin{aligned} 2 \cdot x + 1{,}5 \cdot y &= 7{,}60 \\ 3 \cdot x + 2 \cdot y &= 10{,}60 \end{aligned}$$

Jetzt multiplizieren Sie die komplette obere Zeile mit 3 und die untere mit −2 und erhalten:

$$\begin{aligned} 6 \cdot x + 4{,}5 \cdot y &= 22{,}80 \\ -6 \cdot x - 4 \cdot y &= -21{,}20 \end{aligned}$$

Nun enthält die Summe der beiden Zeilen kein »x« mehr:

$$0{,}5 \cdot y = 1{,}60$$

Ein halbes Kilo Orangen kostet also 1,60 €, demnach ist der Kilopreis 3,20 €. Diese Information können Sie in das ursprüngliche LGS eintragen. Es spielt dabei keine Rolle, ob Sie die erste oder die zweite Zeile verwenden, in beiden Fällen ergibt sich derselbe Preis für Bananen. Ich zeige Ihnen dies anhand der oberen Gleichung und Sie können die untere Gleichung zur Probe berechnen.

$$2x + 1{,}5 \cdot 3{,}20 = 7{,}60$$

Sobald Sie $1{,}5 \cdot 3{,}20 = 4{,}80$ auf beiden Seiten der Gleichung abziehen, ergibt sich:

$$2x = 2{,}80$$

Demnach kosten zwei Kilo Bananen 2,80 €, was einem Kilopreis von 1,40 € entspricht!

Aufgabe 12

Drei Orangen und zwei Bananen wiegen zusammen 4 Kilo. Dagegen wiegen vier Bananen und eine Orange nur 3,5 Kilo. Wie schwer sind die Bananen und die Orangen im Durchschnitt?

Aufgabe 13

Zwei Maschinen produzieren zusammen 100 Teile pro Stunde. Dabei ist Maschine A dreimal so leistungsfähig wie Maschine B. Wie viele Teile produzieren die beiden Maschinen jeweilig?

Aufgabe 14

Zwei Geschwister stellen fest, dass sie zusammen vierundzwanzig Jahre alt sind. Wenn die ältere von beiden doppelt so alt ist wie heute, werden beide zusammen schon fünfzig Jahre sein. Wie alt sind die beiden zur Zeit?

Aufgabe 15

Zwei Räume sind durch eine Stellwand voneinander getrennt. Dabei ist der kleinere Raum nur halb so groß wie der größere. Verschieben Sie jedoch die Stellwand um 10 Quadratmeter zugunsten des kleineren Raumes, werden beide Räume gleich groß. Über wie viel Quadratmeter verfügen die Räume zusammen?

Lösungen der Aufgaben zum Schnelleinstieg in die lineare Algebra

Lösung zur Aufgabe 1

Der Bremsweg ist nicht linear zur Geschwindigkeit, sondern quadratisch. Bei der dreifachen Geschwindigkeit verneunfacht sich beispielsweise diese vielleicht über einen Unfalltod entscheidende Länge. Daher muss der Abstand zum vorausfahrenden Fahrzeug bei höheren Geschwindigkeiten deutlich mehr als nur linear vergrößert werden.

Lösung zur Aufgabe 2

Wenn Sie davon ausgehen, dass die eingeschenkte Menge an Kaffee konstant ist, so verhält sich das Volumen in der Tasse genau linear zur verstrichenen Zeit. Die Höhe des »Kaffeespiegels« hängt jedoch von der genauen Gestalt der Tasse ab. Eine bauchige Form bedeutet dabei sofort das Aus im Hinblick auf ein lineares Verhältnis. Eine exakt zylindrische Tasse dagegen würde den linearen Zusammenhang aufrechterhalten.

Lösung zur Aufgabe 3

Natürlich sind Legehenne lebende Wesen, deren Eierproduktion von tausend Faktoren abhängen und schwanken kann. Grundsätzlich darf der Bauer jedoch im Hinblick auf eine wirtschaftliche Auswertung davon ausgehen, dass die neuen Hennen nach einer gewissen Eingewöhnungsphase in etwa die Leistung der anderen Hennen an den Tag legen. Seine Produktion würde dadurch auf durchschnittlich 100 Eier pro Woche verdoppelt werden.

Lösung zur Aufgabe 4

Bezogen auf die Addition kann f linear sein. Aber das ist nicht so leicht zu sehen. Starten Sie mit: $f(1 \cdot 1) = f(1) = f(1) \cdot f(1)$. Jetzt gibt es zwei Möglichkeiten. Entweder gilt $f(1) = 0$, dann ist f überhaupt die Nullfunktion, und zwar wegen $f(x) = f(x \cdot 1) = f(x) \cdot f(1) = f(x) \cdot 0 = 0$.

Die Nullfunktion ist so trivial, dass sie auch linear ist.

Oder aber es gilt: $f(1) \neq 0$. Dann können Sie auf beiden Seiten $f(1)$ dividieren und erhalten: $f(1) = 1$. Weiter geht es mit:

$$f(1) = f\left(2 \cdot \frac{1}{2}\right) = f(2) \cdot f\left(\frac{1}{2}\right) \Rightarrow f(2) = \frac{1}{f(\frac{1}{2})}$$

Für die einfache Funktion $f(x) = x$ sind alle Anforderungen erfüllt, und f ist tatsächlich *linear*!

Gänzlich anders sieht die Angelegenheit für g aus. Wegen $g(x \cdot y) = g(x) + g(y)$ ist $g(1 \cdot 1) = g(1) + g(1)$, woraus folgt, dass $g(1) = 0$ ist. Weiter finden Sie, ganz analog zur Untersuchung von f:

$$g(1) = g\left(2 \cdot \frac{1}{2}\right) = g(2) + g\left(\frac{1}{2}\right) = 0$$

Demnach muss es sich bei g entweder um die triviale lineare *Nullfunktion* oder aber um eine *Logarithmusfunktion* handeln, die in höchstem Maße *nicht-linear* ist!

Lösung zur Aufgabe 5

Um die angegebenen Geschwindigkeiten in einer linearen Gleichung anzusetzen, benötigen Sie vier Variablen für die entsprechenden Unbekannten. Wenn Sie das Tempo des Motorrades mit »w« und dasjenige des LKW mit »x« bezeichnen, bleiben für die beiden PKW die Buchstaben »y« und »z« übrig. Der Text besagt dann:

$$w + x = y + z$$

Lösung zur Aufgabe 6

Da die Aushebeleistung des ersten Baggers mit 70 Kubikmeter Erde pro Stunde bereits bekannt ist, benötigen Sie dafür keine eigene Variable mehr. Da die beiden zusätzlichen Bagger zu x beziehungsweise y Kubikmeter pro Stunde in der Lage sind, lautet die lineare Gleichung:

$$70 + x + y = 300$$

Lösung zur Aufgabe 7

Um den Gesamtwiderstand von 400 Ohm in der Reihenschaltung zu ermitteln, müssen die einzelnen Widerstände lediglich addiert werden. Sollten x und y die variablen Drehwiderstände symbolisieren, sieht die zugehörige lineare Gleichung wie folgt aus:

$$150 + 50 + x + y = 400, \quad \text{was soviel bedeutet wie: } x + y = 200$$

Die Drehwiderstände müssen so eingestellt werden, dass sie zusammen 200 Ohm ergeben.

Lösung zur Aufgabe 8

Da g linear ist, gilt: $g(x + y) = g(x) + g(y)$. Das bedeutet für die lineare Funktion f:

$$f(g(x + y)) = f(g(x) + g(y)) = f(g(x)) + f(g(y))$$

Lösung zur Aufgabe 9

Das Fahrzeug verbraucht 5 Liter Diesel auf Hundert Kilometer. Da es sich näherungsweise um eine lineare Funktion handelt, liegt der Verbrauch bei einem Umweg von 50 Kilometern bei 2,5 Liter. Der verbliebene Tankinhalt beträgt 15 Liter, beim Volltanken kämen also noch weitere 45 Liter dazu. Wenn Hans Glück sofort an Ort und Stelle tankt, macht das einen Mehrpreis von 4,50 €. Allerdings müssen durch den Umweg 2,5 Liter zusätzlich in den Tank. Das lohnt sich jedenfalls nicht mehr, falls der Dieselpreis über 1,80 € pro Liter steigen sollte. Unberücksichtigt bleiben dabei allerdings andere Verschleißkosten und das Mehr an aufgewendeter Zeit, was insgesamt ein Vielfaches der Preisdifferenz ausmacht. Da Hans Glück ein umweltbewusster Zeitgenosse ist, berücksichtigt er darüber hinaus den durch den Umweg erhöhten CO_2 Ausstoß und entschließt sich, die Autobahnraststätte aufzusuchen. Eine kleine Pause von der längeren Fahrt kann er jetzt auch gut gebrauchen …

Lösung zur Aufgabe 10

Diese Aufgabe »schreit« nach einer linearen Gleichung. Auf der linken Seite findet sich die aktuelle Situation. Eine Maschine, die 600 Teile pro Tag fertigen kann und bereits vorhanden ist. Die relativen Stückkosten in Euro pro Stück betragen demnach:

$$\frac{120}{600}$$

Ein häufiger Fehler beim Aufstellen von linearen Gleichungen besteht darin, die Werte im Zähler und Nenner zu vertauschen. Dabei helfen zwei einfache Tricks.

- ✔ Führen Sie die *Einheiten* zumindest gedanklich mit. **Stückkosten** müssen beispielsweise in **Euro pro Stück** angegeben werden und nicht in **Stück pro Euro**. Demnach muss der Europreis in den Zähler, während die Stückzahl in den Nenner gehört.
- ✔ Stellen Sie sich vor, wie sich das Gesamtergebnis verhält, wenn jeweils nur einer der beiden Werte ansteigt. So *steigen* die Stückkosten, wenn sich der Preis erhöht, aber die Anzahl gleich bleibt. Dagegen *verringern* sich diese Kosten, wenn sich die Stückzahl bei gleichem Preis vergrößert. Die Kostenangaben verhalten sich **proportional** und gehören in den Zähler, während die Stückzahl **umgekehrt proportional**, also **antiproportional** ist und in den Nenner geschrieben wird.

In Zukunft soll eine Wundermaschine 1800 Teile pro Tag für 180 € stanzen. Dafür kostet das Ding 35.000 €. Diese Angaben gehören auf die rechte Seite der Gleichung. Die Unbekannte x steht dabei für die Anzahl gestanzter Elemente, bis das Gleichgewicht hergestellt ist.

Die gesamte lineare Gleichung lautet also:

$$\frac{120}{600} \cdot x = \frac{180}{1800} \cdot x + 35.000$$

Nach dem Kürzen der Brüche sieht die Angelegenheit schon freundlicher aus:

$$\frac{1}{5}x = \frac{1}{10}x + 35.000$$

Wenn Sie nun alle »x«e auf die linke Seite bringen und dort zusammenfassen, ergibt sich:

$$\frac{1}{10}x = 35.000 \quad \Rightarrow \quad x = 350.000$$

Nach 350.000 gestanzten Elementen hat sich die neue Maschine amortisiert, was sie in

$$\frac{350.000}{1.800} \approx 194$$

Tagen, also bereits innerhalb eines Jahres schaffen kann! Die alte Maschine hätte dafür dreimal so lange benötigt.

Lösung zur Aufgabe 11

Verzeihen Sie mir bitte, wenn Sie bereits wild gerechnet haben! Die Aufgabe ist eine Scherzfrage. Wenn sich beide Züge begegnen, sind sie selbstverständlich gleich weit von Hamburg entfernt!

Lösung zu Aufgabe 12

Wenn Sie das durchschnittliche Einzelgewicht einer Orange mit x, und jenes einer Banane mit y bezeichnen, ergibt der Text folgendes LGS:

$$\begin{aligned} 3x + 2y &= 4 \\ x + 4y &= 3{,}5 \end{aligned}$$

Die untere Zeile verrät Ihnen $x = 3{,}5 - 4y$. Dies dürfen Sie in die obere Zeile einsetzen und erhalten:

$$3 \cdot (3{,}5 - 4y) + 2y = 4, \quad \text{was soviel heißt wie} \quad 10{,}5 - 12y + 2y = 4$$

y auf einer Seite zu isolieren führt Sie zu $10y = 6{,}5$. Also wiegt eine Banane 650 g. Weiter gilt $x = 3{,}5 - 4 \cdot 0{,}65 = 0{,}9$. Eine Orange wiegt damit im Schnitt 900 g. Das müssen große Exemplare sein, hoffentlich schmecken sie auch lecker!

Lösung zu Aufgabe 13

Wenn Maschine A x Teile pro Stunde und Maschine B y Teile pro Stunde fertigen kann, dann lautet Ihre erste lineare Gleichung $x + y = 100$.

Die Leistungsfähigkeit von A ist dreimal so hoch wie jene von B, also gilt $x = 3y$. Beide Gleichungen zusammen führen Sie zu folgendem LGS:

$$\begin{aligned} x + y &= 100 \\ x - 3y &= 0 \end{aligned}$$

Sie subtrahieren die untere Zeile von der oberen und erhalten:

$$4y = 100, \quad \text{woraus } y = 25 \text{ folgt.}$$

Demnach ist $x = 75$ aufgrund der zweiten Bedingung.

Maschine A produziert 75 Teile pro Stunde, während Maschine B im selben Zeitraum nur auf 25 kommt.

Lösung zu Aufgabe 14

Das Alter der älteren Person sei x und das der jüngeren y. Die erste Bedingung ist leicht zu beschreiben mit $x + y = 24$. Die zweite Aussage bezieht sich auf die Zukunft. »Wenn die ältere von beiden doppelt so alt ist wie heute« besagt, dass Sie x Jahre in die Zukunft blicken müssen. Also lautet die zweite Gleichung $(x + x) + (y + x) = 50$. In Form eines sauberen und aufgeräumten LGS sieht das so aus:

$$\begin{aligned} x + y &= 24 \\ 3x + y &= 50 \end{aligned}$$

Wieder bietet es sich an, die komplette obere Zeile von der unteren abzuziehen. Dabei ergibt sich:

$$2x = 26, \quad \text{weswegen } x = 13 \text{ folgt.}$$

Das ältere Kind ist heute 13 und wegen $x + y = 24$ muss das jüngere Geschwisterkind 11 Jahre alt sein.

Lösung zu Aufgabe 15

Wenn Sie die Quadratmeterfläche des kleineren Raumes mit x und jene des größeren mit y bezeichnen, so besagt $2x = y$, dass der größere Raum über doppelt so viel Platz verfügt wie der kleinere. Das »Verschieben der Stellwand« bedeutet für den kleineren Raum $x + 10$, zugleich muss diese Fläche dem größeren verloren gehen, also $y - 10$. Aufgrund der Textaussage sind beide Werte gleich: $x + 10 = y - 10$. Wiederum setzen Sie hier ein »richtiges« LGS an:

$$\begin{aligned} 2x - y &= 0 \\ x - y &= -20 \end{aligned}$$

Stören Sie sich nicht am negativen Vorzeichen des konstanten Terms in der letzten Gleichung. Keine Angst, Sie müssen sich keinen Raum mit negativer Quadratmeterzahl vorstellen! Vielmehr ergeben sich nur positive Werte für x und y. Dazu subtrahieren Sie wieder die untere Gleichung von der oberen. Es bleibt $x = 20$ übrig. Also muss wegen $y = 2x = 40$ gelten.

Der größere Raum verfügt ursprünglich über 40, der kleinere über 20 Quadratmeter. Insgesamt ergibt sich für beide Räume zusammen ein Flächeninhalt von 60 Quadratmetern.

Rechnen mit komplexen Zahlen

2

In diesem Kapitel ...

- Sinn und Zweck der komplexen Zahlen rekapitulieren
- Konjugiert komplexe Zahlen ermitteln
- Die wichtigsten Rechenoperationen mit komplexen Zahl üben
- Beträge komplexer Zahlen ausrechnen

Gerade komplexe Zahlen sind, ob Sie es glauben oder nicht, besonders einfach. Dort, wo eine Gleichung mit reellen Zahlen, zum Beispiel $x^2 = -1$ bereits die Flügel streckt und keine Lösung produzieren kann, helfen Ihnen komplexe Zahlen aus dem »Schlamassel« heraus. Das Zauberwort heißt *imaginäre Einheit* und wird in der Mathematik mit »i« abgekürzt. In der Elektrotechnik dagegen wird »j« gewählt, um nicht mit der Stromstärke verwechselt zu werden.

Merken Sie sich nur diese eine Gleichung, und schon haben Sie die komplexen Zahlen in Griff:

$$i^2 = -1$$

Die komplexen Zahlen sind leichter zu verstehen, wenn Sie sich diese als Punkte in einem gewöhnlichen zweidimensionalen Koordinatensystem vorstellen, der so genannten *Gaußschen Zahlenebene*. Sie dürfen dann auch von der *kartesischen Darstellung* sprechen. Dabei entspricht die X-Achse den reellen Zahlen und die Y-Achse steht für die imaginären Anteile. Eine komplexe Zahl $c \in \mathbb{C}$ sieht dann so aus: $c = x + y \cdot i$. Hierbei ist c die Summe des *Realteils* x und des *Imaginärteils* y, wobei x und y selbst ganz normale reelle Zahlen sind, also $x, y \in \mathbb{R}$. Ein Beispiel für eine komplexe Zahl ist $3 + 3i$ mit Realteil und Imaginärteil 3, wie in Abbildung 2.1 dargestellt. Dort zeige ich Ihnen auch den Unterschied zwischen den komplexen Zahlen $2 - i$ und $-2 + i$.

Konjugiert komplexe Zahlen ermitteln

Die erste Operation auf komplexen Zahlen ist zugleich die einfachste. Sie dürfen komplexe Zahlen wie Verben der deutschen Sprache *konjugieren*. Aber im Gegensatz zur Grammatik müssen Sie sich für die Konjugation komplexer Zahlen lediglich eine einzige Regel merken.

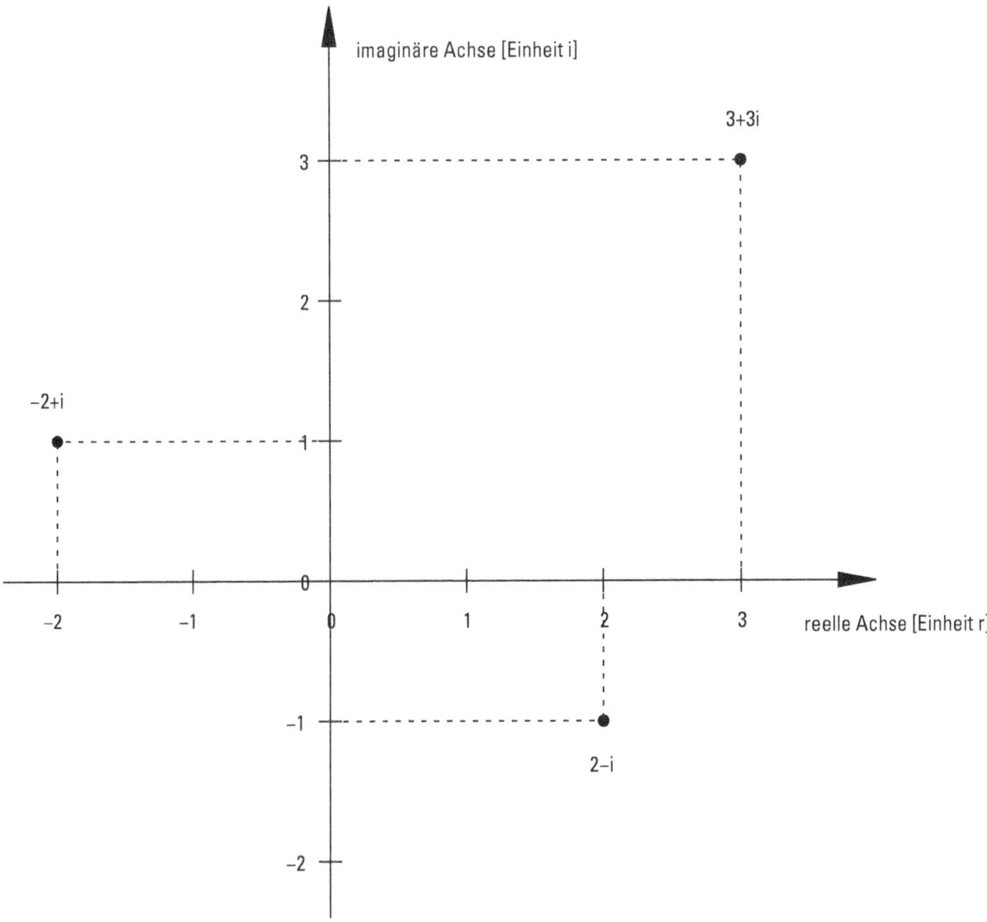

Abbildung 2.1: Darstellung von 3 + 4i *in der Gaußschen Zahlenebene*

Eine komplexe Zahl wird *konjugiert*, in dem das Vorzeichen des Imaginärteils umgedreht wird.

$$\overline{x + y \cdot i} = x - y \cdot i$$

Das ist wirklich eine einfache Geschichte. Wenn das Vorzeichen des Imaginärteils vor der Konjugation positiv war, wird es anschließend negativ und umgekehrt. Der bemerkenswerte Querbalken über der komplexen Zahl ist das Symbol für die komplexe Konjugation.

Beispiel

Bestimmen Sie die komplexe Konjugation von $3 - 4i$!

Lösung

Sie müssen dazu einfach das Vorzeichen von –4 invertieren: $\overline{3-4i} = 3-(-4)i = 3+4i$

Aufgabe 1

Bestimmen Sie die komplexe Konjugation von $7 + 3i$!

Aufgabe 2

Konjugieren Sie folgende Zahlen komplex: i sowie $-i$

Aufgabe 3

Wie lautet die komplexe Konjugation einer komplexen Zahl c, deren Imaginärteil Null ist und die somit nur aus einem Realteil besteht, zum Beispiel 7?

Aufgabe 4

Was ergibt die komplexe Konjugation der komplexen Konjugation einer Zahl, also: $\overline{\overline{x+y\cdot i}} = ?$

Addition und Subtraktion komplexer Zahlen

Die Addition und die Subtraktion zweier komplexer Zahlen sind ganz einfach.

Zwei komplexe Zahlen werden *addiert*, in dem die jeweiligen Real- und Imaginärteile separat addiert werden.

$$(x_1 + y_1 \cdot i) + (x_2 + y_2 \cdot i) = (x_1 + x_2) + (y_1 + y_2) \cdot i$$

Zwei komplexe Zahlen werden *subtrahiert*, in dem die jeweiligen Real- und Imaginärteile separat subtrahiert werden.

$$(x_1 + y_1 \cdot i) - (x_2 + y_2 \cdot i) = (x_1 - x_2) + (y_1 - y_2) \cdot i$$

Das Ergebnis ist wiederum eine komplexe Zahl. Sie verrechnen dabei Realteile und Imaginärteile nicht miteinander!

Sie dürfen Real- und Imaginärteile komplexer Zahlen keinesfalls »kürzen«!

Beispiel

Addieren Sie die komplexen Zahlen $-3 + 4i$ und $2 - 3i$!

Lösung

Das Ergebnis lautet: $(-3 + 4i) + (2 - 3i) = (-3 + 2) + (4 - 3)i = -1 + i$.

Aufgabe 5

Addieren Sie die komplexen Zahlen $-1 - i$ und $-2i$!

Aufgabe 6

Subtrahieren Sie die komplexe Zahl $4 + 3i$ von $-1 + 3i$!

Aufgabe 7

Addieren Sie die komplexen Zahlen 4 sowie $-i$!

Multiplikation komplexer Zahlen

Die Multiplikation komplexer Zahlen arbeitet mit dem *Distributivgesetz*.

Zwei komplexe Zahlen werden auf folgende Weise *multipliziert*:

$$(x_1 + y_1 \cdot i) \cdot (x_2 + y_2 \cdot i) = (x_1 \cdot x_2 - y_1 \cdot y_2) + (x_1 \cdot y_2 + x_2 \cdot y_1) \cdot i$$

Das sieht recht schwierig zu merken aus, ist es aber nicht. Denken Sie nur daran, dass $i^2 = -1$ ist, alles andere wird nur zusammengefasst.

Beispiel

Multiplizieren Sie die komplexen Zahlen $-3 + 4i$ und $2 - 3i$.

Lösung

Sie beginnen am besten wie folgt:

$$(-3 + 4i) \cdot (2 - 3i) = -3 \cdot 2 - 4i \cdot 3i + (-3) \cdot (-3i) + 4i \cdot 2$$

Als nächstes werden die jeweiligen Faktoren ausmultipliziert:

$$-6 - 12i^2 + 9i + 8i$$

Zum Schluss lösen Sie $i^2 = -1$ auf und fassen die verbleibenden Real- und Imaginärteile zusammen:

$$-6 - 12 \cdot (-1) + (9 + 8)i$$

Sie erhalten als Endergebnis: $(-3 + 4i) \cdot (2 - 3i) = 6 + 17i$

Aufgabe 8

Multiplizieren Sie die komplexen Zahlen $-1 - i$ und $-2i$!

Aufgabe 9

Multiplizieren Sie $-3 + i$ mit i!

Aufgabe 10

Multiplizieren Sie $-1 - i$ mit sich selbst!

Aufgabe 11

Multiplizieren Sie $a + b \cdot i$ mit $a - b \cdot i$. Was fällt Ihnen auf?

Division von komplexen Zahlen

Wenn Sie die Multiplikation komplexer Zahlen schon merkwürdig fanden, dann wird die Division bestimmt sehr »schräg« wirken.

Zwei komplexe Zahlen werden auf folgende Weise *dividiert*:

$$\frac{x_1 + y_1 \cdot i}{x_2 + y_2 \cdot i} = \frac{x_1 \cdot x_2 + y_1 \cdot y_2}{x_2^2 + y_2^2} + \frac{x_1 \cdot x_2 - y_1 \cdot y_2}{x_2^2 + y_2^2} \cdot i$$

Das sieht ja verboten gefährlich aus! Vielleicht denken Sie: »das kann sich doch kein Mensch merken«. Müssen Sie auch nicht, denn es gibt einen Trick, mit dem die Angelegenheit recht simpel wird:

Zur Division zweier komplexer Zahlen erweitern Sie stets mit dem konjugiert Komplexen des *Divisors*!

Beispiel

Berechnen Sie $\frac{14 + 2i}{3 + 4i}$!

Lösung

Hier wenden Sie den Trick an. Zuerst erweitern Sie den gesamten Bruch mit dem konjugiert komplexen Divisor:

$$\frac{14 + 2i}{3 + 4i} \cdot \frac{3 - 4i}{3 - 4i} = \frac{(14 + 2i) \cdot (3 - 4i)}{(3 + 4i) \cdot (3 - 4i)}$$

Anschließend multiplizieren Sie Zähler und Nenner getrennt, wie Sie es bei der Multiplikation komplexer Zahlen geübt haben. Übrigens verschwinden dabei alle »i«s automatisch aus dem Nenner, immer, glauben Sie mir!

$$\frac{(14+2i)\cdot(3-4i)}{(3+4i)\cdot(3-4i)} = \frac{(42+8)\cdot(-56+6)\cdot i}{9+12i-12i+16} = \frac{50-50i}{25}$$

Zum Schluss ziehen Sie den Bruch auseinander und kürzen gegebenenfalls:

$$\frac{50-50i}{25} = \frac{50}{25} - \frac{50}{25}i = 2-2i$$

Insgesamt erhalten Sie als Ergebnis der Division:

$$\frac{14+2i}{3+4i} = 2-2i$$

Aufgabe 12

Berechnen Sie $\frac{5+i}{2+3i}$!

Aufgabe 13

Berechnen Sie $\frac{4}{1-i}$!

Aufgabe 14

Was müssen Sie für »x« einsetzen, damit das Ergebnis stimmt?

$$\frac{1+i}{x-i} = \frac{1}{5} + \frac{3}{5}i$$

Aufgabe 15

Welcher komplexen Zahl entspricht der folgende Quotient? Dabei ist a eine beliebige reelle Zahl, außer Null: $\frac{a+a\cdot i}{a-a\cdot i}$ mit $a \in \mathbb{R},\ a \neq 0$

Beträge komplexer Zahlen bestimmen

Der Betrag einer ganzen oder reellen Zahl ist einfach die positive Form, etwa $|-3| = 3$ oder $|4| = 4$. Bei komplexen Zahlen ist das nicht mehr ganz so einfach. Wenn Sie sich klar machen, dass der Betrag mit dem Abstand einer jeden Zahl vom Ursprung, also der 0, übereinstimmt, wird Ihnen folgende Definition einleuchten.

Der *Betrag* einer komplexen Zahl c berechnet sich zu:

$$|c| = |x + y \cdot i| = \sqrt{x^2 + y^2}$$

Mit Hilfe des berühmten »*Satz des Pythagoras*« finden Sie den genauen reelen Zahlenwert des Betrages einer komplexen Zahl c. Beachten Sie, dass ...

- ... der Betrag einer Zahl immer reell ist
- ... nur die (komplexe) Zahl Null den Betrag Null besitzt
- ... ansonsten der Betrag stets positiv ist

Damit sind Sie »reif« für ein paar nette Aufgaben.

Beispiel

Berechnen Sie den Betrag von $3 - 4i$

Lösung

Sie setzen die obige Formel ein und erhalten:

$$|3 + 4i| = \sqrt{3^2 + 4^2} = \sqrt{9 + 16} = \sqrt{25} = 5$$

Aufgabe 16

Bestimmen Sie den Betrag von $12 - 5i$!

Aufgabe 17

Bestimmen Sie den Betrag von $1 + i$!

Aufgabe 18

Welche komplexen Zahlen mit Imaginärteil 1 haben den Betrag 2?

Aufgabe 19

Welcher Zusammenhang besteht zwischen dem Betrag einer beliebigen komplexen Zahl $c = x + yi$ und dem Produkt $c \cdot \overline{c}$?

Lösungen der Aufgaben zu den komplexen Zahlen

Lösung zu Aufgabe 1

Die komplexe Konjugation von $7 + 3i$ lautet: $7 - 3i$

Lösung zu Aufgabe 2

Die beiden komplexen Zahlen i und $-i$ stellen gegenseitig just ihre komplexen Konjugationen dar!

Lösung zu Aufgabe 3

Eine komplexe Konjugation einer rein reellen Zahl verändert diese nicht. Es gilt demnach: $\overline{7} = 7$

Lösung zu Aufgabe 4

Die komplexe Konjugation bedeutet die Umkehrung des Vorzeichens für den Imaginärteil. Die rneute komplexe Konjugation führt damit zur ursprünglichen komplexen Zahl zurück:

$$\overline{\overline{c}} = \overline{\overline{x + y \cdot i}} = \overline{x - y \cdot i} = x - (-y) \cdot i = x + y \cdot i = c$$

Lösung zu Aufgabe 5

Die Summe von $-1 - i$ und $-2i$ ergibt: $-1 - i - 2i = -1 - 3i$

Lösung zu Aufgabe 6

Hier ergibt sich eine rein reelle Zahl:

$$(-1 + 3i) - (4 + 3i) = -1 - 4 + (3 - 3)i = -5 + 0i = -5$$

Lösung zu Aufgabe 7

Diese Aufgabe ist nicht gerade schwer: $4 + (-i) = 4 - i$

Lösung zu Aufgabe 8

Das Produkt von $-1 - i$ und $-2i$ ergibt:

$$(-1 - i) \cdot (-2i) = -1 \cdot (-2i) - i \cdot (-2i) = 2i + 2i^2 = 2i + 2 \cdot (-1) = -2 + 2i$$

Lösung zu Aufgabe 9

Wenn Sie $-3 + i$ mit i multiplizieren, erhalten Sie: $(-3 + i) \cdot i = -3i + i^2 = -1 - 3i$

Lösung zu Aufgabe 10

Das Quadrat von $-1 - i$ ergibt:

$$(-1 - i)^2 = (-1 - i) \cdot (-1 - i) = 1 + i + i + i^2 = 1 + 2i - 1 = 2i$$

Lösung zu Aufgabe 11

Das Produkt einer beliebigen Zahl mit ihrer komplexen Konjugation ist stets reell:

$$(a + bi) \cdot (a - bi) = a^2 + abi - abi - b^2 i^2 = a^2 + b^2$$

Dieser Umstand wird auch für die komplexe Division (siehe Aufgaben 12–14 genutzt)!

Lösung zu Aufgabe 12

Die Aufgabe ist nicht so schwierig, wenn Sie sich den Trick mit der Erweiterung der komplexen Konjugation des Divisors merken:

$$\frac{5+i}{2+3i} = \frac{5+i}{2+3i} \cdot \frac{2-3i}{2-3i} = \frac{10 - 3i^2 + 2i - 15i}{2^2 + 3^2} = \frac{13 + 13i}{13} = 1 + i$$

Lösung zu Aufgabe 13

Hier ergibt sich: $\frac{4}{1-i} = \frac{4}{1-i} \cdot \frac{1+i}{1+i} = \frac{4+4i}{1^2+1^2} = \frac{4+4i}{2} = 2 + 2i$

Lösung zu Aufgabe 14

Gehen Sie diese Aufgabe am besten so an, als ob x eine gewöhnliche reelle Zahl wäre und rechnen Sie die linke Seite aus:

$$\frac{1+i}{x-i} = \frac{1+i}{x-i} \cdot \frac{x+i}{x+i} = \frac{x - 1 + (1+x) \cdot i}{x^2+1} = \frac{x-1}{x^2+1} + \frac{1+x}{x^2+1} \cdot i$$

Diese komplexe Zahl muss genau mit $\frac{1}{5} + \frac{3}{5} i$ übereinstimmen, das bedeutet, die Real- und Imaginärteile auf beiden Seiten sind exakt gleich. Der Vergleich der Realteile führt Sie zu:

$$\frac{x-1}{x^2+1} = \frac{1}{5} \quad \Rightarrow \quad 5(x-1) = x^2 + 1 \quad \Rightarrow \quad 5x - 5 = x^2 + 1 \quad \Rightarrow \quad x^2 - 5x + 6 = 0$$

Diese quadratische Gleichung lässt zwei Lösungen zu, nämlich $x = 2$ oder $x = 3$.

Nun geht es an den Imaginärteil. Auch der muss links und rechts des Gleichheitszeichens übereinstimmen:

$$\frac{1+x}{x^2+1} = \frac{3}{5} \quad \Rightarrow \quad 5(1+x) = 3(x^2+1) \quad \Rightarrow \quad 5 + 5x = 3x^2 + 3 \quad \Rightarrow \quad 3x^2 - 5x - 2 = 0$$

Diese Gleichung wird nur durch $x = 2$, aber nicht durch $x = 3$ erfüllt. Also lautet die eindeutige Lösung dieser Aufgabe $x = 2$.

Lösung zu Aufgabe 15

Für $a \neq 0$ ergibt sich hier:

$$\frac{a+ai}{a-ai} = \frac{a+ai}{a-ai} \cdot \frac{a+ai}{a+a \cdot i} = \frac{a^2 + 2a^2 i + a^2 i^2}{a^2 + a^2} = \frac{2a^2 i}{2a^2} = i$$

Damit haben Sie ein alternative Darstellung der imaginären Einheit gefunden!

Lösung zu Aufgabe 16

Der Betrag von $12 - 5i$ ergibt: $|12 - 5i| = \sqrt{12^2 + 5^2} = \sqrt{169} = 13$

Lösung zu Aufgabe 17

Hier ergibt sich als Betrag von $1 + i$: $|1 + i| = \sqrt{1^2 + 1^2} = \sqrt{2}$

Lösung zu Aufgabe 18

Sie können hierzu die allgemeine Formel für den Betrag ansetzen. Der Realteil wird als Unbekannte x angesetzt und als Imaginärteil gehen Sie vom Wert 1 aus:

$$|x + i| \stackrel{!}{=} 2 \quad \Rightarrow \quad \sqrt{x^2 + 1} = 2 \quad \Rightarrow \quad x^2 + 1 = 4 \quad \Rightarrow \quad x^2 = 3$$

Das Ausrufezeichen »!« über einem Gleichheitszeichen »=« deutet an, dass es sich hierbei um eine Anforderung aus der Aufgabenstellung handelt und nicht um eine gewonnene Erkenntnis. Anstatt »ist gleich« lesen Sie in diesem Falle das Gleichheitssymbol als »soll gleich sein«.

Also haben die beiden komplexen Zahlen $\sqrt{3} + i$ sowie $-\sqrt{3} + i$ als Betrag den Wert 2.

Lösung zu Aufgabe 19

Beginnen Sie damit, das Produkt einer komplexen Zahl mit ihrer Konjugation zu bestimmen:

$$c \cdot \bar{c} = (x + yi) \cdot \overline{(x + yi)} = (x + yi) \cdot (x - yi) = x^2 + y^2$$

Dadurch sind Sie nur eine »Wurzel« vom Betrag entfernt. Es gilt stets:

$$|c| = \sqrt{c \cdot \bar{c}}$$

Körpergesetze für sich ausnutzen

3

In diesem Kapitel ...

- Die Eigenschaften des Körpers rekapitulieren
- Alle Körpergesetze überprüfen
- Den Körper der rationalen Zahlen behandeln
- Die Körpergesetze der komplexen Zahlen überprüfen

Keine Angst, in diesem Kapitel wird es nicht um menschliche, tierische oder sonstige Körper von irdischen Wesen gehen. Vielmehr werden Sie zahlreiche Übungen finden, um die mathematischen Körper in den Griff zu bekommen.

Dies ist aus zwei Gründen wichtig:

- ✔ Zum einen, weil Vektorräume selbst einige, aber nicht alle Körpergesetze erfüllen müssen
- ✔ Zum anderen, weil jeder Vektorraum zwangsläufig über einen Zahlkörper verfügt

Also frisch und fröhlich ans Werk!

Überprüfen von Körpergesetzen

Um die Körpergesetze überprüfen zu können, zeige ich Ihnen, wie sie lauten.

Ein *Körper* K ist eine Menge aus beliebigen Elementen zusammen mit zwei darauf definierten Operationen, der *Addition* und der *Multiplikation*. Dabei müssen folgende Regeln für alle Elemente x, y und z von K eingehalten werden:

- ✔ Addition und Multiplikation sind *assoziativ*:

  $x + (y + z) = (x + y) + z \wedge x \cdot (y \cdot z) = (x \cdot y) \cdot z$

- ✔ Addition und Multiplikation sind *kommutativ*:

  $x + y = y + x \wedge x \cdot y = y \cdot x$

- ✔ Addition und Multiplikation verfügen über ein *Neutralelement*. Für die Addition wird dieses auch *Nullelement* genannt und bei der Multiplikation als *Einselement* bezeichnet:

  $x + 0 = 0 + x = 0 \wedge x \cdot 1 = 1 \cdot x = x$

- ✔ Bei der Addition gibt es für jedes Element ein *Inverses*, bei der Multiplikation für alle Elemente mit Ausnahme des Nullelements.

  $x - (-x) = 0 \wedge x \cdot (1/x) = 1$

✔ Für Addition und Multiplikation gilt das *Distributivgesetz*:

$$x \cdot (y + z) = x \cdot y + x \cdot z$$

Oh je, das ist eine Menge Arbeit, die da auf Sie wartet! Die Überprüfung aller Körpergesetze ist sehr aufwändig. Sobald Sie aber eine einzige Übertretung eines Gesetzes gefunden haben, können Sie auf weitere Anstrengungen verzichten, dann handelt es sich nämlich **nicht** um einen Körper.

Zur Untersuchung auf Körpergesetze bei endlichen Mengen empfehle ich Ihnen folgende Reihenfolge:

1. Ist das *Kommutativgesetz* erfüllt? Sie entscheiden schnell, ob eine gegebene Verknüpfungstabelle kommutativ ist. Die Verknüpfungstabellen sind dann *spiegelsymmetrisch* zur Winkelhalbierenden (von oben links nach unten rechts). Fangen Sie bei der Addition an und nehmen Sie sich anschließend die Multiplikation vor!
2. Gibt es *Neutralelemente*? Im Falle des erfüllten Kommutativgesetzes müssen beide Verknüpfungstabellen folgende Besonderheit aufweisen: jeweils eine Spalte und eine Zeile entspricht genau der Spalten- beziehungsweise Zeilenüberschrift! Dies ist das Kennzeichen für das neutrale Element.
3. Sollte auch diese Überprüfung funktioniert haben, wissen Sie, welches Element das *Nullelement* ist, nämlich das Neutralelement der Addition und welches das *Einselement* ist, nämlich das Neutralelement der Multiplikation. Die Verknüpfungstabelle zur Multiplikation muss in der Spalte und Zeile des Nullelementes komplett mit dem *Nullelement* gefüllt sein! Wenn Sie sich darüber wundern, wieso um alles in der Welt das so sein muss, gedulden Sie sich noch ein wenig. In der Musteraufgabe des nächsten Abschnitts zeige ich Ihnen, warum das immer so ist!
4. Bevor Sie die arbeitsreiche systematische Erforschung aller restlichen Gesetze im fünften Schritt angehen, verrate ich Ihnen noch einen Trick. Halten Sie Ausschau nach **merkwürdigen Einträgen**. Was das genau ist, hängt vom Einzelfall ab. Sollten Sie beispielsweise in der Additionstabelle bemerken, dass jedes Element in jeder Zeile vorkommt, in unterschiedlicher Reihenfolge womöglich, aber in einer bestimmten Zeile dies nicht der Fall ist, dann schnappen Sie sich genau dieses Element und versuchen Sie, das Assoziativgesetz oder das Distributivgesetz zu widerlegen!
5. Nun bleibt leider nichts anderes übrig als systematisch sowohl Addition als auch Multiplikation zunächst auf das jeweilige *Assoziativgesetz* und anschließend auch auf das *Distributivgesetz* zu untersuchen! Sie müssen dabei jedes Element der Reihe nach an jeder Position durchprobieren! Sollte das alles erfolgreich sein, handelt es sich bei der Menge und den Operatoren um einen Körper, anderenfalls nicht.

Beispiel

Gegeben sei die Menge $K = \{A, B, C, D\}$ mit den umseitigen Verknüpfungstabellen für Addition und Multiplikation.

Handelt es sich bei $(K, +, \cdot)$ um einen Körper?

+	A	B	C	D
A	D	A	B	C
B	A	B	C	D
C	B	C	D	A
D	C	D	A	B

Tabelle 3.1: Additionstabelle

·	A	B	C	D
A	D	B	C	A
B	B	B	B	B
C	C	B	B	C
D	A	B	C	D

Tabelle 3.2: Multiplikationstabelle

Lösung

Gehen Sie die Untersuchung so an, wie ich es Ihnen empfohlen habe.

1. Die Additionstabelle sowie die Multiplikationstabelle sind beide symmetrisch zu eingezeichneten Winkelhalbierenden. Ich habe Ihnen exemplarisch jeweils ein Element der Spiegelsymmetrie hervorgehoben:

+	A	B	C	D
A	D	A	B	C
B	A	B	C	D
C	B	C	D	A
D	C	D	A	B

·	A	B	C	D
A	D	B	C	A
B	B	B	B	B
C	C	B	B	C
D	A	B	C	D

2. Sie erkennen, dass das Element »B« die Rolle des Neutralelements der Addition spielt, weil jeder Eintrag in der Zeile von B genau der entsprechenden Zeilenüberschrift entspricht. Dasselbe gilt für die Spalteneinträge. So wie »B« das *Nullelement* ist, so ist »D« das *Einselement* der Multiplikation.

3. Auch der Trick der Überprüfung des Nullelementes, also von Zeile und Spalte »B« in der Multiplikationstabelle funktioniert. Alle Einträge dort enthalten den Wert »B«.

4. Haben Sie Merkwürdigkeiten gefunden? Ja? Sehr gut! Die Multiplikationstabelle weist für den Wert $C \cdot C = B$ auf, was komisch ist. B war ja das Nullelement und das muss für $C \cdot B = B$ sowie für $B \cdot C = B$ bereits auftreten. Dass es erneut auftritt, ist ein sicheres Indiz für die Verletzung eines Körpergesetzes. Wie wäre es mit dem Distributivgesetz? $C \cdot (C + A) = C \cdot B = B$, aber die linke Seite entspricht nach Distributivgesetz ebenfalls $C \cdot C + C \cdot A = B + C = C$: Wegen $B \neq C$ ist dieses Gesetz ***nicht*** erfüllt.

Damit ist die Aufgabe insgesamt erledigt: $(K, +, \cdot)$ ist ***kein Körper***!

Aufgabe 1

Gegeben sei die Menge $K = \{X, Y, Z\}$ mit folgenden Verknüpfungstabellen für Addition und Multiplikation:

+	X	Y	Z
X	Y	X	Z
Y	X	Y	Z
Z	Z	Z	Y

Tabelle 3.3: Additionstabelle

·	X	Y	Z
X	X	Y	Z
Y	Y	Y	Y
Z	Z	Y	X

Tabelle 3.4: Multiplikationstabelle

Handelt es sich bei $(K, +, \cdot)$ um einen Körper?

Aufgabe 2

Gegeben sei die Menge $K = \{A, B, C, D\}$ mit folgenden Verknüpfungstabellen für Addition und Multiplikation:

+	A	B	C	D
A	B	C	D	A
B	C	D	A	B
C	D	A	B	C
D	A	B	C	D

Tabelle 3.5: Additionstabelle

·	A	B	C	D
A	A	B	C	D
B	B	B	B	D
C	C	B	B	D
D	D	D	D	D

Tabelle 3.6: Multiplikationstabelle

Handelt es sich bei $(K, +, \cdot)$ um einen Körper?

Elementare Termumformungen anwenden

Natürlich möchte ich Ihnen eine Antwort auf die berechtigte Frage nicht vorenthalten, wozu um alles in der Welt die Körpergesetze überhaupt nützlich sind.

Bei Vorliegen eines Körpers dürfen auf Gleichungen folgende *Termumformungen* angewendet werden:

- Addition von gleichen Werten auf beiden Seiten
- Subtraktion von gleichen Werten auf beiden Seiten
- Multiplikation von Faktoren ungleich Null (dem Neutralelement der Addition) auf beiden Seiten
- Division durch Werte ungleich Null auf beiden Seiten

Sollte jedoch kein Körper vorliegen, könnten die oben angegebenen Operationen bereits zu Fehlern führen. Die Körpergesetze geben Ihnen also die *Sicherheit*, dass Sie so rechnen dürfen, wie Sie es gewohnt sind.

Außerdem können Sie ganz allgemeine Erkenntnisse für jeden beliebigen Körper gewinnen, indem Sie selbst von diesen Termumformungen Gebrauch machen!

Beispiel

Beweisen Sie: Für jeden Körper K gilt: $\forall x \in K: x \cdot 0 = 0$

Lösung

Die Null ist das Neutralelement der Addition. Jeder Körper verfügt darüber hinaus auch über das Einselement, was neutral bezüglich der Multiplikation ist. Da dieses Element in jedem Körper ein Inverses bezüglich der Addition besitzt, das Sie gerne -1 nennen dürfen, gilt folgende Gleichung ganz sicher in K: $-1 + 1 = 0$. Diese Information setzen Sie nun in die linke Seite der Aufgabenstellung ein und erhalten:

$x \cdot 0 = x \cdot (-1 + 1)$ Anschließend dürfen Sie wegen des Distributivgesetzes ausmultiplizieren: $x \cdot (-1 + 1) = x \cdot (-1) + x \cdot 1$. Der zweite Summand ergibt x, weil 1 das Neutralelement der Multiplikation ist. Weiter ergibt der erste Summand das Inverse von x bezogen auf die Addition (was Sie in Aufgabe 3 selbst zeigen dürfen). Deswegen gilt: $x \cdot (-1) + x \cdot 1 = -x + x$. Das ist aber nichts anderes als die Summe eines Körperelementes plus dem Inversen, was definitionsgemäß das Nullelement ergibt: $-x + x = 0$. Insgesamt erhalten Sie also in jedem beliebigen Körper K: $x \cdot 0 = x \cdot (-1 + 1) = x \cdot (-1) + x \cdot 1 = -x + x = 0$, was zu beweisen war!

Aufgabe 3

Beweisen Sie: Für jeden Körper K gilt: $\forall x \in K\colon x \cdot (-1) = -x$

Aufgabe 4

Beweisen Sie: Für jeden Körper K gilt: $(-1) \cdot (-1) = 1$

Aufgabe 5

Beweisen Sie: Für jeden Körper K gilt $a \cdot b = 0$ dann und nur dann, wenn entweder $a = 0$ oder $b = 0$ ist!

Aufgabe 6

Beweisen Sie: Für jeden Körper K gilt: $-x \cdot (y - z) = x \cdot (z - y)$

Der Körper der rationalen Zahlen

Der kleinste Körper, der die unendliche Menge der natürlichen Zahlen enthält, ist $\mathbb{Q}$, die Menge der *rationalen Zahlen* mit der üblichen Addition und Multiplikation.

Kapitel 3 in »Lineare Algebra für Dummies« befasst sich ausschließlich mit Körpern, darunter auch den bekannten Zahlkörpern!

Jede rationale Zahl besteht aus einem Zähler und einem Nenner, »gekürzt, nicht geschüttelt«. Dabei wird das Vorzeichen nur noch vor den gesamten Bruch geschrieben, Zähler und Nenner sind beides natürliche Zahlen. Wenn der Nenner 1 ist, dann handelt es sich um eine ganze Zahl, die insofern auch nur ein Spezialfall einer rationalen Zahl darstellt.

Sie dürfen für die folgenden Aufgaben davon ausgehen, dass *Assoziativgesetz*, *Kommutativgesetz* sowie das *Distributivgesetz* für die Addition und Multiplikation ganzer Zahlen gelten. Darauf aufbauend sollen Sie einige Körpereigenschaften der rationalen Zahlen beweisen.

Beispiel

Beweisen Sie: Die Addition zweier rationaler Zahlen ist *kommutativ*!

Um das Kommutativgesetz oder auch andere Körpereigenschaften nachzuweisen, nützt es nichts, wie im letzten Abschnitt, alle Möglichkeiten durchzuprobieren. Denn es gibt unendlich viele davon. Also müssen Sie versuchen, anhand von Termumformungen den entsprechenden Beweis anzutreten. Am besten, in dem Sie Operationen mit rationalen Zahlen zurückführen auf solche mit ganzen Zahlen.

Lösung

Zwei rationale Zahlen besitzen die allgemeine Form: $\frac{z_1}{n_1}$ sowie $\frac{z_2}{n_2}$. Zur Addition bringen Sie diese auf den *Hauptnenner*.

Anschließend nutzen Sie aus, dass für ganze Zahlen (im Zähler) das Kommutativgesetz gilt:

$$\begin{aligned}\frac{z_1}{n_1}+\frac{z_2}{n_2} &= \frac{z_1}{n_1}\cdot\frac{n_2}{n_2}+\frac{z_2}{n_2}\cdot\frac{n_1}{n_1}\\ &= \frac{z_1\cdot n_2}{n_1\cdot n_2}+\frac{z_2\cdot n_1}{n_1\cdot n_2}\\ &= \frac{z_1\cdot n_2+z_2\cdot n_1}{n_1\cdot n_2}\\ &= \frac{z_2\cdot n_1+z_1\cdot n_2}{n_1\cdot n_2}\\ &= \frac{z_2\cdot n_1}{n_1\cdot n_2}+\frac{z_1\cdot n_2}{n_1\cdot n_2}\\ &= \frac{z_2}{n_2}+\frac{z_2}{n_2} \quad \text{q.e.d.}\end{aligned}$$

»*q.e.d.*« am Ende eines Beweises steht für das lateinische »*quod erat demonstrandum*«, auf deutsch »*was zu zeigen war*« und signalisiert, dass die Arbeit jetzt getan ist. Falls der Bezieher des jeweiligen Beweises zwischendurch eingenickt sein sollte ...

Falls Sie bei den Übungsaufgaben Schwierigkeiten haben sollten, ist das am Anfang ganz normal. Lesen Sie sich dann – ausnahmsweise – einfach die Lösung durch und versuchen erst anschließend, die jeweiligen Beweisschritte selbstständig nachzuvollziehen (dann aber ohne Ansicht der Lösung). Wenn Ihnen dies am Ende eines langen Arbeitstages gelingen sollte, haben Sie das Ziel erreicht! Die restlichen Aufgaben werden Ihnen dann erstaunlich einfach vorkommen ...

Aufgabe 7

Beweisen Sie: Die Addition rationaler Zahlen ist *assoziativ*!

Aufgabe 8

Beweisen Sie: Die Addition rationaler Zahlen ist *kommutativ*!

Aufgabe 9

Beweisen Sie: Die Multiplikation rationaler Zahlen ist *assoziativ*!

Aufgabe 10

Beweisen Sie: Für rationale Zahlen gilt das *Distributivgesetz*!

Der Körper der komplexen Zahlen

Komplexe Zahlen sind bei weitem nicht so kompliziert, wie der Name suggeriert. Im zweiten Kapitel dieses Übungsbuches finden Sie einige konkrete Trainingsaufgaben zum Rechnen mit komplexen Zahlen, falls Sie es für erforderlich halten. Jetzt geht es dagegen ausschließlich um die ehernen Körpergesetze!

Der Trick, um diese Regeln für den unendlichen Körper $\mathbb{C}$ nachzuweisen, ist vergleichbar mit jenem für rationale Zahlen:

Zum Nachweis der Körpereigenschaften von $\mathbb{C}$ werden die komplexen Operationen auf reelle zurückgeführt. Sie dürfen dabei voraussetzen, dass $\mathbb{R}$ bereits als Körper feststeht und von anderen gestressten Menschen bereits bewiesen worden ist. Deswegen dürfen Sie alle Körpergesetze von $\mathbb{R}$ benutzten!

Beispiel

Beweisen Sie: In $\mathbb{C}$ gilt das *Distributivgesetz*!

Lösung

Eine komplexe Zahl besitzt die allgemeine Form $c = a + b \cdot i$, mit $a, b \in \mathbb{R}$. Diese Auflösung sollte helfen, um den Nachweis von $c_1 \cdot (c_2 + c_3) = c_1 \cdot c_2 + c_1 \cdot c_3$ zu führen.

Vergessen Sie niemals: $i^2 = -1$

$$
\begin{aligned}
c_1 \cdot (c_2 + c_3) &= (a_1 + b_1 i) \cdot (a_2 + b_2 i + a_3 + b_3 i) \\
&= a_1 a_2 + a_1 b_2 i + a_1 a_3 + a_1 b_3 i + b_1 a_2 i + b_1 b_2 i^2 + b_1 a_3 i + b_1 b_3 i^2 \\
&= a_1 a_2 + a_1 b_2 i + a_1 a_3 + a_1 b_3 i + b_1 a_2 i - b_1 b_2 + b_1 a_3 i - b_1 b_3 \\
&= a_1 a_2 + a_1 b_2 i + b_1 a_2 i - b_1 b_2 + a_1 a_3 + a_1 b_3 i + b_1 a_3 i - b_1 b_3 \\
&= (a_1 + b_1 i) \cdot (a_2 + b_2 i) + (a_1 + b_1 i) \cdot (a_3 + b_3 i) \\
&= c_1 \cdot c_2 + c_1 \cdot c_3 \quad \text{q.e.d.}
\end{aligned}
$$

Solche Beweise, bei denen Sie von vornherein wissen, was hinten herauskommt, lassen sich leichter lösen, wenn Sie zwischendurch einfach hinten anfangen, und die entsprechende Auflösung vornehmen. Erst am Ende entfernen Sie das »Gerüst« dieser Hilfestellung und schreiben den Beweis in der geforderten Reihenfolge.

Übrigens genau so machen es die Mathematiker, sie verraten es nur nicht weiter …

Aufgabe 11

Beweisen Sie: Die Addition komplexer Zahlen ist *kommutativ*!

Aufgabe 12

Beweisen Sie: Die Multiplikation komplexer Zahlen ist *kommutativ*!

Aufgabe 13

Beweisen Sie: Die Addition komplexer Zahlen ist *assoziativ*!

Aufgabe 14

Beweisen Sie: Die Multiplikation komplexer Zahlen ist *assoziativ*!

Lösungen der Aufgaben zu den Körpergesetzen

Lösung zu Aufgabe 1

Betrachten Sie zunächst die Additionstabelle:

+	X	Y	Z
X	Y	X	Z
Y	X	Y	Z
Z	Z	Z	Y

Sie ist symmetrisch und zeigt an, dass Y ein Nullelement darstellt. Allerdings kommt in der letzten Spalte respektive Zeile kein X vor, was Sie durchaus als *Merkwürdigkeit* im Hinterkopf behalten dürfen.

Doch zunächst weiter zur Multiplikationstabelle:

·	X	Y	Z
X	X	Y	Z
Y	Y	Y	Y
Z	Z	Y	X

Auch sie ist symmetrisch, sonst wäre die Aufgabe ja auch wirklich zu einfach. Außerdem sehen Sie, dass Zeile und Spalte zu Y hübsch brav ausschließlich den Eintrag Y aufweisen. X muss des Weiteren das Einselement sein, weil es sich neutral im Rahmen der Multiplikation verhält; so weit, so gut.

Also ist es jetzt Zeit für die Merkwürdigkeit in der Additionstabelle. Die vielen »Z«s in der letzten Spalte geben Anlass zur Hoffnung, hier eine Widerlegung finden zu können. Natürlich nur, wenn Sie hoffen, dass *K kein Körper* ist! Das Assoziativgesetz ist ein guter Indikator.

Beispielsweise gilt: $Z + (Z + X) = Z + Z = Y$.

Andererseits finden Sie: $(Z + Z) + X = Y + X = X \neq Y$, was einen Widerspruch ergibt. Also ist $+$ nicht assoziativ und $(K, +, \cdot)$ kein Körper. Schade eigentlich, es fing zu so gut an ...

Lösung zu Aufgabe 2

Inzwischen beherrschen Sie das Standardverfahren. Eine kritische Betrachtung der Additionstabelle zeigt Ihnen:

+	A	B	C	D
A	B	C	D	A
B	C	D	A	B
C	D	A	B	C
D	A	B	C	D

Die Addition ist kommutativ (weil die Tabelle symmetrisch ist) und das Nullelement ist D.

Die Multiplikationstabelle verrät Ihnen:

·	A	B	C	D
A	A	B	C	D
B	B	B	B	D
C	C	B	B	D
D	D	D	D	D

Die Kommutativität ist erfüllt und das Nullelement führt immer zur Null. Weiter ist A das Einselement. Im Gegensatz zur Additionstabelle, die keine Auffälligkeiten zeigt, sieht die Spalte beziehungsweise Zeile von B in der Multiplikationstabelle doch recht komisch aus. Insbesondere $B \cdot B = B$ ist auffallend. Damit sollte eine Widerlegung der Körpergesetze möglich sein. Am besten in Form des Distributivgesetzes, um die Merkwürdigkeit der Multiplikation durch die Normalität der Addition deutlicher hervorzuheben.

Sie finden etwa: $B \cdot (A + B) = B \cdot C = B$.

Dem steht jedoch entgegen: $B \cdot A + B \cdot B = B + B = D \neq B$. Also ist das Distributivgesetz in diesem einen Fall nicht erfüllt und damit gänzlich hinfällig. Deswegen ist $(K, +, \cdot)$ kein Körper.

Lösung zu Aufgabe 3

Machen Sie sich zunächst klar, was die zu beweisende Behauptung eigentlich besagt: $\forall x \in K\colon x \cdot (-1) = -x$. »**Die Multiplikation mit dem inversen Element bezüglich der Addition des Neutralelements der Multiplikation ergibt das Inverse bezüglich der Addition**«. Das ist bei weitem nicht so trivial, wie es den Anschein hat. Wenn es stimmt, dass $x \cdot (-1) = -x$ gilt, dann muss die Addition von x auf der linken Seite Null ergeben, dann und nur dann ist die linke Seite gleich $-x$. Das ist aber hübsch zu testen. Dieses Mal benötigen Sie die Eigenschaft, dass 1 das Neutralelement der Multiplikation ist sowie das Distributivgesetz – allerdings in der umgekehrten Richtung:

$$x \cdot (-1) + x = x \cdot (-1) + x \cdot 1 = x \cdot (-1 + 1) = x \cdot 0 = 0 \quad \text{was zu zeigen war.}$$

Lösung zu Aufgabe 4

Diese Aufgabe dürfen Sie nicht Mittelstufenschülern zeigen. Diese würden ihr Wissen um die Multiplikation negativer Zahlen ausnutzen und die Lösung sofort hinschreiben, ohne irgendeinen Nachweis zu führen. Das ist aber falsch! Sie sollen vielmehr **beweisen**, warum diese Selbstverständlichkeit in jedem Körper gilt und deswegen den Schüler bereits in jungem Alter »eingetrichtert« werden darf.

Wenn $(-1) \cdot (-1)$ wirklich dasselbe ist wie 1, dann muss die Subtraktion von 1, oder die Addition von -1, was per definitionem dasselbe ist, genau Null ergeben. Sollte das wirklich der Fall sein, haben Sie auch die ursprüngliche Behauptung eindeutig bewiesen. Hier bietet sich das *Distributivgesetz* erneut in der umgekehrten Richtung an:

$$(-1) \cdot (-1) + (-1) = (-1) \cdot (-1) + (-1) \cdot 1 = (-1) \cdot (-1 + 1) = (-1) \cdot 0 = 0$$

Volià! Das war doch gar nicht so schwer!

Viele Wege führen nicht nur nach Rom, sondern auch an das Ziel, $(-1) \cdot (-1) = 1$ zu beweisen. In »Lineare Algebra für Dummies« zeige ich Ihnen eine alternative Methode!

Lösung zu Aufgabe 5

Diese Aufgabe stellt eine wichtige Behauptung auf. In jedem Körper führt nur die Multiplikation mit der Null zur Null. Ansonsten gäbe es noch einen weiteren *Nullteiler*. Dies mag in vielen anderen mathematischen Strukturen gang und gäbe sein, in Körpern ist das aber verpönt!

Sie erinnern sich vielleicht noch an die Beispielaufgabe aus dem zweiten Abschnitt, wo Sie gezeigt haben, dass eine Multiplikation mit Null stets Null ergibt. Wenn nun zwei Körperelemente, nämlich a und b, die beide ungleich Null sind, miteinander multipliziert werden, dann, so geht die Behauptung, kann dort keine Null mehr herauskommen.

Der Beweis ist viel einfacher, als Sie das vielleicht befürchten. Jedes Körperelement, mit Ausnahme der Null, muss ein Inverses bezüglich der Addition besitzen. Dies kann aber nicht das Nullelement sein, denn, wie gesagt, eine Multiplikation mit der Null führt immer zur Null, aber das Inverse bezüglich der Multiplikation muss Eins ergeben. Also ist das Inverse von a ungleich Null, wenn a ungleich Null ist.

Dann aber führt doch die Multiplikation von $1/a$ auf beiden Seiten der Gleichung $a \cdot b = 0$ zu $a \cdot b \cdot (1/a) = 0 \cdot (1/a)$. Unter Ausnutzung der Kommutativität sowie des Neutralelements auf der linken Seite, ergibt sich dort b. Bei der rechten Seite ist das Ergebnis Null. Insgesamt also $b = 0$. Wenn also a ungleich Null ist, muss b gleich Null sein, und umgekehrt. Damit ist die ursprüngliche Behauptung bewiesen.

Sobald in der Multiplikationstabelle die Null in einer anderen Zeile oder Spalte außerhalb der üblichen Nullzeile und Nullspalte liegt, wissen Sie: es kann sich nicht mehr um einen Körper handeln!

Lösung zu Aufgabe 6

Endlich einmal wieder eine einfache Aufgabe. Sie müssen sich lediglich an das erinnern, was Sie in den vorangegangenen Aufgaben bereits gezeigt haben: $-x = (-1) \cdot x$ sowie $(-1) \cdot (-1) = 1$.

$$\begin{aligned}
-x \cdot (y - z) &= (-1) \cdot x \cdot \big(y + (-1) \cdot z\big) \\
&= x \cdot (-1) \cdot \big(y + (-1) \cdot z\big) \\
&= x \cdot \big((-1) \cdot y + (-1) \cdot (-1) \cdot z\big) - x \cdot (y - z) = x \cdot (z - y) \\
&= x \cdot (-y + 1 \cdot z) \\
&= x \cdot (z - y) \quad \text{was zu beweisen war!}
\end{aligned}$$

Lösung zu Aufgabe 7

Die Assoziativität der Addition in $\mathbb{Q}$ ist reine Fleißarbeit. Sie bringen zunächst alle Terme auf einen gemeinsamen Hauptnenner und können die ganzen Zahlen im Zähler anschließend in aller Ruhe umsortieren. Dort gilt das Kommutativgesetz!

$$\begin{aligned}
\frac{z_1}{n_1} + \left(\frac{z_2}{n_2} + \frac{z_3}{n_3}\right) &= \frac{z_1}{n_1} + \left(\frac{z_2}{n_2} \cdot \frac{n_3}{n_3} + \frac{z_3}{n_3} \cdot \frac{n_2}{n_2}\right) \\
&= \frac{z_1}{n_1} \cdot \frac{n_2}{n_2} \cdot \frac{n_3}{n_3} + \frac{z_2}{n_2} \cdot \frac{n_3}{n_3} \cdot \frac{n_1}{n_1} + \frac{z_3}{n_3} \cdot \frac{n_2}{n_2} \cdot \frac{n_1}{n_1} \\
&= \frac{z_1 \cdot n_2 \cdot n_3 + z_2 \cdot n_1 \cdot n_3 + z_3 \cdot n_1 \cdot n_2}{n_1 \cdot n_2 \cdot n_3} \\
&= \frac{z_1 \cdot n_2 \cdot n_3}{n_1 \cdot n_2 \cdot n_3} + \frac{z_2 \cdot n_1 \cdot n_3}{n_1 \cdot n_2 \cdot n_3} + \frac{z_3 \cdot n_1 \cdot n_2}{n_1 \cdot n_2 \cdot n_3} \\
&= \left(\frac{z_1 \cdot n_2}{n_1 \cdot n_2} + \frac{z_2 \cdot n_1}{n_1 \cdot n_2}\right) + \frac{z_3}{n_3} \\
&= \left(\frac{z_1}{n_1} + \frac{z_2}{n_2}\right) + \frac{z_3}{n_3} \quad \text{q.e.d.}
\end{aligned}$$

Lösung zu Aufgabe 8

Der Beweis zur Kommutativität der Addition rationaler Zahlen geht Ihnen inzwischen eventuell schon leichter von der Hand, weil nur zwei rationale Zahlen benötigt werden!

$$\begin{aligned}
\frac{z_1}{n_1} + \frac{z_2}{n_2} &= \frac{z_1 \cdot n_2}{n_1 \cdot n_2} + \frac{z_2 \cdot n_1}{n_1 \cdot n_2} \\
&= \frac{z_1 \cdot n_2 + z_2 \cdot n_1}{n_1 \cdot n_2} \\
&= \frac{z_2 \cdot n_1 + z_1 \cdot n_2}{n_1 \cdot n_2} \\
&= \frac{z_2 \cdot n_1}{n_1 \cdot n_2} + \frac{z_1 \cdot n_2}{n_1 \cdot n_2} \\
&= \frac{z_2}{n_2} \cdot \frac{n_1}{n_1} + \frac{z_1}{n_1} \cdot \frac{n_2}{n_2} \\
&= \frac{z_2}{n_2} + \frac{z_1}{n_1} \quad \text{q.e.d.}
\end{aligned}$$

Lösung zu Aufgabe 9

Obwohl die Multiplikation eigentlich eine kompliziertere Operation als die Addition ist, gilt das für rationale Zahlen nicht. Weil hier der Schritt entfällt, in dem Sie die Nenner gleichnamig machen müssen ...

$$\begin{aligned}
\frac{z_1}{n_1} \cdot \left(\frac{z_2}{n_2} \cdot \frac{z_3}{n_3}\right) &= \frac{z_1}{n_1} \cdot \frac{z_2 \cdot z_3}{n_2 \cdot n_3} \\
&= \frac{z_1 \cdot (z_2 \cdot z_3)}{n_1 \cdot n_2 \cdot n_3} \\
&= \frac{(z_1 \cdot z_2) \cdot z_3}{n_1 \cdot n_2 \cdot n_3} \\
&= \frac{z_1 \cdot z_2}{n_1 \cdot n_2} \cdot \frac{z_3}{n_3} \\
&= \left(\frac{z_1}{n_1} \cdot \frac{z_2}{n_2}\right) \cdot \frac{z_3}{n_3} \quad \text{q.e.d.}
\end{aligned}$$

Beim Übergang von der zweiten Zeile zur dritten sehen Sie schön, wie Sie das Assoziativgesetz der gewöhnlichen ganzzahligen Multiplikation nutzen, um die entsprechende Gesetzmäßigkeit für rationale Zahlen zu belegen.

Lösung zu Aufgabe 10

Der Nachweis zum Distributivgesetz für rationale Zahlen zeigt das inzwischen gewohnte Schema:

- ✔ Die Summanden auf den Hauptnenner bringen
- ✔ Die Multiplikation der rationalen Zahlen anwenden
- ✔ Das Distributivgesetz für ganze Zahlen ausnutzen
- ✔ Die umgehrte Multiplikation für rationale Zahlen durchführen
- ✔ Die entstandenen Brüche kürzen

$$\begin{aligned}
\frac{z_1}{n_1} \cdot \left(\frac{z_2}{n_2} + \frac{z_3}{n_3}\right) &= \frac{z_1}{n_1} \cdot \left(\frac{z_2 \cdot n_3}{n_2 \cdot n_3} + \frac{z_3 \cdot n_2}{n_3 \cdot n_2}\right) \\
&= \frac{z_1}{n_1} \cdot \frac{z_2 \cdot n_3 + z_3 \cdot n_2}{n_2 \cdot n_3} \\
&= \frac{z_1 \cdot (z_2 \cdot n_3 + z_3 \cdot n_2)}{n_1 \cdot n_2 \cdot n_3} \\
&= \frac{z_1 \cdot z_2 \cdot n_3}{n_1 \cdot n_2 \cdot n_3} + \frac{z_1 \cdot z_3 \cdot n_2}{n_1 \cdot n_2 \cdot n_3} \\
&= \frac{z_1}{n_1} \cdot \frac{z_2}{n_2} + \frac{z_1}{n_1} \cdot \frac{z_3}{n_3} \quad \text{q.e.d.}
\end{aligned}$$

Lösung zu Aufgabe 11

Die Kommutativität der Addition komplexer Zahlen nachzuweisen ist komischerweise einfacher als bei rationalen Zahlen. Die Darstellung mit der imaginären Einheit gestattet es Ihnen, die bekannten Körpergesetze der reellen Zahlen anzuwenden.

$$\begin{aligned} c_1 + c_2 &= (a_1 + b_1 i) + (a_2 + b_2 i) \\ &= a_1 + a_2 + (b_1 + b_2)i \\ &= a_2 + a_1 + (b_2 + b_1)i \\ &= (a_2 + b_2 i) + (a_1 + b_1 i) \\ &= c_2 + c_1 \quad \text{q.e.d.} \end{aligned}$$

Lösung zu Aufgabe 12

Obwohl die Multiplikation komplexer Zahlen etwas schwieriger ist als die Addition, ist die Kommutativität in wenigen Schritten zu beweisen. Ausnahmsweise müssen Sie hier i^2 nicht auflösen, weil es anschließend erneut getrennt wird.

$$\begin{aligned} c_1 \cdot c_2 &= (a_1 + b_1 i) \cdot (a_2 + b_2 i) \\ &= a_1 a_2 + a_1 b_2 i + a_2 b_1 i + b_1 b_2 i^2 \\ &= a_2 a_1 + a_2 b_1 i + a_1 b_2 i + b_1 b_2 i^2 \\ &= (a_2 + b_2 i) \cdot (a_1 + b_1 i) \\ &= c_2 \cdot c_1 \quad \text{q.e.d.} \end{aligned}$$

Lösung zu Aufgabe 13

Die Assoziativität der komplexen Addition gilt, wie folgende Überlegung zeigt:

$$\begin{aligned} c_1 + (c_2 + c_3) &= (a_1 + b_1 i) + \big((a_2 + b_2 i) + (a_3 + b_3 i)\big) \\ &= a_1 + b_1 i + (a_2 + b_2 i + a_3 + b_3 i) \\ &= (a_1 + b_1 i + a_2 + b_2 i) + a_3 + b_3 i \\ &= \big((a_1 + b_1 i) + (a_2 + b_2 i)\big) + (a_3 + b_3 i) \\ &= (c_1 + c_2) + c_3 \quad \text{q.e.d.} \end{aligned}$$

Lösung zu Aufgabe 14

Gleich haben Sie das Kapitel geschafft! Es bleibt lediglich noch die Assoziativität der Multiplikation komplexer Zahlen zu zeigen!

$$\begin{aligned} c_1 \cdot (c_2 \cdot c_3) &= (a_1 + b_1 i) \cdot \big((a_2 + b_2 i) \cdot (a_3 + b_3 i)\big) \\ &= (a_1 + b_1 i) \cdot \big(a_2 a_3 + a_2 b_3 i + a_3 b_2 i + b_2 b_3 i^2\big) \\ &= (a_1 a_2 + a_1 b_2 i + a_2 b_1 i + b_1 b_1 i^2) \cdot (a_3 + b_3 i) \\ &= \big((a_1 + b_1 i) \cdot (a_2 + b_2 i)\big) \cdot (a_3 + b_3 i) \\ &= (c_1 \cdot c_2) \cdot c_3 \quad \text{q.e.d.} \end{aligned}$$

Sehr gut! Gönnen Sie sich nach diesen anstrengenden Aufgaben eine Pause ...

Teil II

Alles, was mit Vektoren zu tun hat

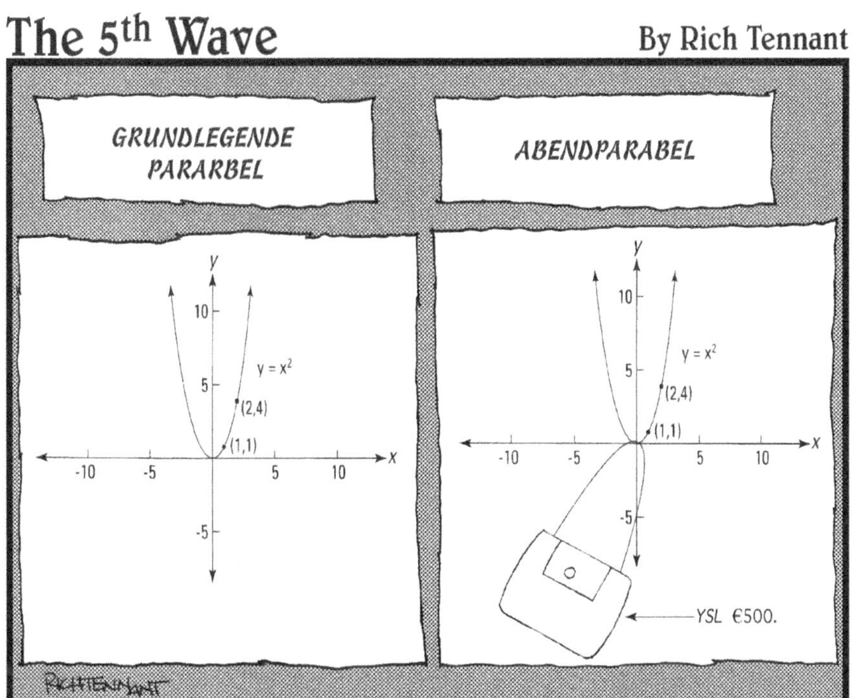

In diesem Teil ...

Alles dreht sich hier um *Vektoren*, dem liebsten Kind der linearen Algebra. Dabei handelt es sich bei diesen seltsamen »Wesen« nicht immer nur um eine Sammlung von übereinander geschriebenen Zahlen, auch Matrizen, Polynome und sogar lineare Abbildungen können Vektoren sein. Die einzelnen Kapitel dieses Teiles behandeln daher auch das weitere Spektrum, gewissermaßen den »Lebensraum« von Vektoren, die *Vektorräume*. Zu allen diesen Themen finden Sie zahlreiche instruktive Übungsaufgaben – selbstverständlich mit ausführlichen Lösungen!

Vektoroperationen leicht gemacht

4

In diesem Kapitel ...

- Grundlegende Operationen auf Vektoren wie die Addition und das Skalarprodukt üben
- Die Norm eines Vektors berechnen
- Den Winkel zwischen zwei Vektoren bestimmen
- Das Kreuzprodukt dreidimensionaler Vektoren beherrschen
- Technische Anwendungsbeispiele lösen

Das Kapitel wartet mit einer Menge Arbeit auf Sie, die vielen teils einfachen, teils auch recht anspruchsvollen Rechenoperationen mit Vektoren wollen fleißig einstudiert sein.

Dazu gibt es jeweils eine kurze Einführung und ein ausführlich durchgerechnetes Musterbeispiel mit Lösung. Danach sind Sie an der Reihe. Bevor am Ende des Kapitels die Ergebnisse auf Sie warten, werden auch technische Anwendungsbeispiele vorgestellt!

Ganz einfache Vektoroperationen

Dieser Abschnitt ist den einfachsten Operationen auf Vektoren gewidmet, die Sie sich vorstellen können. Dazu gehören die *Vektoraddition*, die *skalare Multiplikation* und das namensähnliche, aber völlig unterschiedliche *Skalarprodukt*!

Im gesamten Kapitel beschränken Sie sich auf ganz spezielle Vektoren, nämlich *n-Tupel*, deren Einträge rationale, reelle oder komplexe Werte annehmen dürfen. Um eine Variable dieses Vektortyps von einer gewöhnlichen unbekannten Zahl zu unterscheiden, dürfen Sie sogar einen Pfeil auf den jeweiligen Buchstaben zeichnen. Zum Beispiel steht $\vec{v}$ eindeutig für einen Vektor. Wie viele Komponenten dieser Vektor besitzt, kann der Pfeil leider nicht anzeigen. Aber gewöhnen Sie sich nicht zu sehr an diese Schreibweise. Sobald auch Polynome, Matrizen und sogar lineare Abbildungen in den illustren Kreis der Vektoren aufgenommen werden, kann der Pfeil mehr Verwirrung als Klarheit stiften und wird dann im Allgemeinen nicht mehr verwendet.

Ein *n-Tupel* ist eine Zusammenstellung von n Zahlen eines Körpers, zum Beispiel $\mathbb{Q}$, $\mathbb{R}$ oder $\mathbb{C}$. Häufig werden n-Tupel in *vektorieller Schreibweise* übereinander angeordnet: $\begin{pmatrix} x_1 \\ \vdots \\ x_n \end{pmatrix}$

Meistens werden Sie es mit 2-Tupeln oder 3-Tupeln zu tun bekommen, beispielsweise: $\begin{pmatrix} 3 \\ 4 \end{pmatrix}$ oder $\begin{pmatrix} 3-i \\ i \\ -1+2i \end{pmatrix}$.

Sind Sie bereit? Dann kann es losgehen ...

Addition von Vektoren

Die Addition von Vektoren ist sehr einfach, es werden immer genau die Komponenten der jeweils entsprechenden Position im Vektor wie gewöhnliche Zahlen addiert. Dabei können nur Vektoren mit derselben Anzahl an Elementen addiert werden. Das Endergebnis ist dementsprechend wieder ein Vektor gleicher Dimension.

Zwei n-Tupel werden folgendermaßen addiert:

$$\begin{pmatrix} x_1 \\ \vdots \\ x_n \end{pmatrix} + \begin{pmatrix} y_1 \\ \vdots \\ y_n \end{pmatrix} = \begin{pmatrix} x_1 + y_1 \\ \vdots \\ x_n + y_n \end{pmatrix}$$

Beispiel

Addieren Sie $\begin{pmatrix} 3+i \\ -i \end{pmatrix} + \begin{pmatrix} -2-2i \\ i \end{pmatrix}$!

Lösung

$$\begin{pmatrix} 3+i \\ -i \end{pmatrix} + \begin{pmatrix} -2-2i \\ i \end{pmatrix} = \begin{pmatrix} 3+i-2-2i \\ -i+i \end{pmatrix} = \begin{pmatrix} 1-i \\ 0 \end{pmatrix}$$

Genauso gut können Sie Vektoren subtrahieren. Auch diese Operation geschieht komponentenweise!

Aufgabe 1

Subtrahieren Sie: $\begin{pmatrix} 1+i \\ -2 \end{pmatrix} - \begin{pmatrix} 2-i \\ 1+2i \end{pmatrix}$!

Aufgabe 2

Addieren Sie: $\begin{pmatrix} -3-i \\ 2 \end{pmatrix} + \begin{pmatrix} 2 \\ i \end{pmatrix}$!

Aufgabe 3

Subtrahieren Sie: $\begin{pmatrix} 3 \\ 2 \\ 1 \end{pmatrix} - \begin{pmatrix} 2 \\ 0 \\ -1 \end{pmatrix}$!

Aufgabe 4

Addieren Sie: $\begin{pmatrix} 2 \\ i \\ 0 \\ -1 \end{pmatrix} - \begin{pmatrix} 2 \\ i \\ 0 \\ -1 \end{pmatrix}$!

Skalare Multiplikation von Vektoren

Der Begriff *skalare Multiplikation* deutet an, dass hier ein *Skalar* als Vorfaktor auftritt. Das ist übrigens ein schönes Beispiel, wie man einen einfachen Sachverhalt mit einem »fiesen Fremdwort« komplizierter klingen lassen kann.

Ein *Skalar* ist im Gegensatz zu einem Vektor ein gewöhnliches Element eines Zahlkörpers, zum Beispiel eine rationale, reelle oder komplexe Zahl!

Bei der skalaren Multiplikation wird der Skalar, der stets links vom Vektor zu notieren ist, einfach in jede einzelne Komponente hinein multipliziert.

Ein Skalar s wird auf folgende Weise mit einem n-Tupel multipliziert:

$$s \cdot \begin{pmatrix} x_1 \\ \vdots \\ x_n \end{pmatrix} = \begin{pmatrix} s \cdot x_1 \\ \vdots \\ s \cdot x_n \end{pmatrix}$$

Der Skalar versinnbildlicht dabei, dass ein Vielfaches des Vektors zu betrachten ist. Außerdem harmoniert die skalare Multiplikation mit der Vektor-Addition. So ist stets gewährleistet, dass für einen Vektor $\vec{v}$ gilt: $\vec{v} + \vec{v} = 2 \cdot \vec{v} = 2\vec{v}$

Beispiel

Berechnen Sie: $2i \cdot \begin{pmatrix} 1 - 2i \\ i \end{pmatrix}$!

Lösung

$$2i \cdot \begin{pmatrix} 1 - 2i \\ i \end{pmatrix} = \begin{pmatrix} 2i \cdot (1 - 2i) \\ 2i \cdot i \end{pmatrix} = \begin{pmatrix} 2i - 4i^2 \\ 2i^2 \end{pmatrix} = \begin{pmatrix} 4 + 2i \\ -2 \end{pmatrix}$$

Aufgabe 5

Berechnen Sie: $-i \cdot \begin{pmatrix} -i \\ 3 - 2i \end{pmatrix}$!

Aufgabe 6

Berechnen Sie: $(1 + i) \cdot \begin{pmatrix} 3 \\ 1 - i \end{pmatrix}$!

Aufgabe 7

Berechnen Sie: $3 \cdot \begin{pmatrix} 2 \\ 0 \\ -1 \end{pmatrix}$!

Aufgabe 8

Berechnen Sie: $i \cdot \begin{pmatrix} i \\ 0 \\ 1 \\ -i \end{pmatrix}$!

Das Skalarprodukt von Vektoren

Im Gegensatz zur *skalaren Multiplikation* steht das Wort *Skalar* bei der Vektoroperation des *Skalarproduktes* für das Ergebnis.

Zwei Vektoren gleicher Dimension werden dabei multipliziert, indem jeweils einander entsprechende Elemente wie gewöhnliche Zahlen multipliziert werden, und alle diese Faktoren aufaddiert ergeben das Endergebnis des Skalarproduktes.

Das *Skalarprodukt* zweier rationaler oder reeller Vektoren berechnet sich zu:

$$\begin{pmatrix} x_1 \\ \vdots \\ x_n \end{pmatrix} \cdot \begin{pmatrix} y_1 \\ \vdots \\ y_n \end{pmatrix} = x_1 \cdot y_1 + \cdots + x_n \cdot y_n = \sum_{i=1}^{n} x_i \cdot y_i$$

Das ist leider nur die halbe Wahrheit. Bei komplexwertigen Vektoren müssen Sie zusätzlich noch den zweiten Faktor konjugieren:

Das *Skalarprodukt* zweier komplexer Vektoren, das heißt die Einträge bestehen aus komplexen Zahlen, berechnet sich zu:

$$\begin{pmatrix} x_1 \\ \vdots \\ x_n \end{pmatrix} \cdot \overline{\begin{pmatrix} y_1 \\ \vdots \\ y_n \end{pmatrix}} = x_1 \cdot \overline{y_1} + \cdots + x_n \cdot \overline{y_n} = \sum_{i=1}^{n} x_i \cdot \overline{y_i}$$

Skalare Multiplikation und das Skalarprodukt klingen nicht nur ähnlich, sondern verwenden zur Verwirrung der Studierenden denselben Mal-Operator »·«. Es muss deshalb zu jedem Zeitpunkt auch bei der Verwendung von Variablen klar sein, welche Operation gemeint ist. Sobald sichergestellt ist, dass der erste Operand ein Skalar und kein Vektor ist, kann es sich nur noch um die skalare Multiplikation handeln! Anderenfalls steht das »·« definitiv für das Skalarprodukt.

Beispiel

Bestimmen Sie das Skalarprodukt von $\begin{pmatrix} 3 \\ 0 \end{pmatrix}$ und $\begin{pmatrix} 1-2i \\ i \end{pmatrix}$!

Lösung

Auch wenn der erste Vektor »reell« aussieht, so signalisiert Ihnen das Auftreten der imaginären Einheit im zweiten Operanden, dass die komplexe Form des Skalarproduktes zu verwenden ist!

$$\begin{pmatrix} 3 \\ 0 \end{pmatrix} \cdot \overline{\begin{pmatrix} 1-2i \\ i \end{pmatrix}} = \begin{pmatrix} 3 \\ 0 \end{pmatrix} \cdot \begin{pmatrix} 1+2i \\ -i \end{pmatrix} = 3(1+2i) + 0 \cdot (-i) = 3 + 6i$$

Aufgabe 9

Bestimmen Sie das Skalarprodukt von $\begin{pmatrix} i \\ -i \end{pmatrix}$ und $\begin{pmatrix} 2+2i \\ 3 \end{pmatrix}$!

Aufgabe 10

Bestimmen Sie das Skalarprodukt von $\begin{pmatrix} 3 \\ -4 \end{pmatrix}$ und $\begin{pmatrix} 8 \\ 6 \end{pmatrix}$!

Aufgabe 11

Bestimmen Sie das Skalarprodukt von $\begin{pmatrix} 1 \\ 2 \\ -i \end{pmatrix}$ und $\begin{pmatrix} 2 \\ 0 \\ 1 \end{pmatrix}$!

Aufgabe 12

Bestimmen Sie das Skalarprodukt von $\begin{pmatrix} 1 \\ 2 \\ 3 \\ 4 \end{pmatrix}$ und $\begin{pmatrix} -16 \\ 3 \\ 2 \\ 1 \end{pmatrix}$!

Die Norm eines Vektors

Unter der *Norm* eines Vektors dürfen Sie sich einfach seine Länge vorstellen, wenn Sie ihn in ein Koordinatensystem einzeichnen würden. Allerdings hinkt der Vergleich, sobald Sie die dritte Dimension überschritten haben. Aber das Verfahren zur Berechnung der Norm bleibt immer dasselbe:

- ✔ *Quadrieren* Sie jede Komponente!
- ✔ *Summieren* Sie alle Ergebnisse auf!
- ✔ Ziehen Sie die *Wurzel* aus dem Resultat!

Und schon haben Sie die Norm berechnet, unabhängig davon, wie viele Komponenten der jeweilige Vektor enthält und egal, ob es sich um rationale oder reelle Zahlen handelt.

Für komplexe Vektoren müssen Sie wieder eine Extrawurst braten: hier ist im ersten Schritt die Multiplikation des jeweiligen Elementes mit seinem eigenen konjugiert Komplexen durchzuführen, nur so ist gewährleistet, dass das Ergebnis eine reelle Zahl ist, deren Wurzel Sie am Ende ziehen können.

Die *Norm* eines rationalen oder reellen Vektors wird folgendermaßen bestimmt:

$$\left\| \begin{pmatrix} x_1 \\ \vdots \\ x_n \end{pmatrix} \right\| = \sqrt{x_1^2 + \cdots + x_n^2} = \sqrt{\sum_{i=1}^{n} x_i^2}$$

Im Falle eines komplexen Vektors ergibt sich:

$$\left\| \begin{pmatrix} x_1 \\ \vdots \\ x_n \end{pmatrix} \right\| = \sqrt{x_1 \cdot \overline{x_1} + \cdots + x_n \cdot \overline{x_n}} = \sqrt{\sum_{i=1}^{n} x_i \cdot \overline{x_i}}$$

Aber es gibt doch eine starke Gemeinsamkeit, denn in allen diesen Fällen gilt:

Die *Norm* ist die Wurzel des Skalarproduktes eines Vektors u mit sich selbst: $\|u\| = \sqrt{u \cdot \overline{u}}$

Natürlich können Sie nur in den seltensten Fällen erwarten, dass das Ergebnis eine ganze Zahl darstellt.

Beispiel

Bestimmen Sie die Norm von $\begin{pmatrix} i \\ 1+i \end{pmatrix}$!

Lösung

$$\left\| \begin{pmatrix} i \\ 1+i \end{pmatrix} \right\| = \sqrt{i(-i) + (1+i)(1-i)} = \sqrt{-i^2 + 1 - i^2} = \sqrt{3}$$

Aufgabe 13

Bestimmen Sie die Norm von $\begin{pmatrix} 3 \\ 4 \end{pmatrix}$!

Aufgabe 14

Bestimmen Sie die Norm von $\begin{pmatrix} \frac{\sqrt{3}}{2} \\ \frac{1}{2} \end{pmatrix}$!

Aufgabe 15

Bestimmen Sie die Norm von $\begin{pmatrix} \frac{1}{2} \\ \frac{\sqrt{2}}{2} \\ \frac{1}{2} \end{pmatrix}$!

Aufgabe 16

Bestimmen Sie die Norm von $\begin{pmatrix} i \\ 0 \\ 2-i \\ 3 \end{pmatrix}$!

Jetzt wird es schwieriger: das Kreuzprodukt

Das *Kreuzprodukt* zweier Vektoren, auch schon einmal gerne als *äußeres Produkt* bezeichnet, resultiert wiederum in einem Vektor derselben Dimension. Im Gegensatz zum Skalarprodukt, das analog auch als *inneres Produkt* gilt und, wie der Name andeutet, nur einen Skalar produziert.

Nur für drei Dimensionen ist die Berechnung noch einigermaßen erfreulich:

Das *Kreuzprodukt* zweier dreidimensionaler Vektoren rechnen Sie folgendermaßen aus:

$$\begin{pmatrix} x_1 \\ x_2 \\ x_3 \end{pmatrix} \times \begin{pmatrix} y_1 \\ y_2 \\ y_3 \end{pmatrix} = \begin{pmatrix} x_2 y_3 - x_3 y_2 \\ x_3 y_1 - x_1 y_3 \\ x_1 y_2 - x_2 y_1 \end{pmatrix}$$

Im Gegensatz zum Skalarprodukt verwenden Sie als Operatorsymbol für das Kreuzprodukt zwingend das altdeutsche Malzeichen »×«, dem diese Vektoroperation auch seinen Namen verdankt! Auch wenn Leibnitz die Schreibweise wegen der Verwechselungsgefahr mit dem Buchstaben »x« ablehnte.

Um sich diese verwirrende Operation besser merken zu können, zeige ich Ihnen nochmals graphisch, welche Operanden jeweils im Spiel sind. Da bekommt die Bezeichnung *Kreuzprodukt* noch eine ganz andere Note:

$$\begin{pmatrix} \\ x_2 \\ x_3 \end{pmatrix} \times \begin{pmatrix} \\ y_2 \\ y_3 \end{pmatrix} = \begin{pmatrix} x_2 y_3 - x_3 y_2 \\ \\ \end{pmatrix}$$

$$\begin{pmatrix} x_1 \\ \\ x_3 \end{pmatrix} \times \begin{pmatrix} y_1 \\ \\ y_3 \end{pmatrix} = \begin{pmatrix} \\ x_3 y_1 - x_1 y_3 \\ \\ \end{pmatrix}$$

$$\begin{pmatrix} x_1 \\ x_2 \\ \\ \end{pmatrix} \times \begin{pmatrix} y_1 \\ y_2 \\ \\ \end{pmatrix} = \begin{pmatrix} \\ \\ x_1 y_2 - x_2 y_1 \end{pmatrix}$$

Die mittlere Berechnung ist gemein, weil Sie die Vorzeichen vertauschen müssen. Wenn es Ihnen besser gefällt, können Sie sich dort im Geiste auch die unterste Zeile oberhalb der obersten vorstellen, dann passt alles wieder!

Des Weiteren möchte ich Ihnen einen Trick nicht vorenthalten, den Sie als Probe nach getaner Arbeit einsetzen sollten:

Das Kreuzprodukt zweier Vektoren ist *orthogonal* zu den Ausgangsvektoren.

Am Ende sollten Sie also stets anhand zweier Skalarprodukte testen, ob Sie sich nicht vielleicht verrechnet haben! Dies führe ich Ihnen auch bei der Musterlösung vor.

Beispiel

Bestimmen Sie: $\begin{pmatrix} 1 \\ 2 \\ 3 \end{pmatrix} \times \begin{pmatrix} 2 \\ 1 \\ 4 \end{pmatrix}$!

Lösung

$$\begin{pmatrix} 1 \\ 2 \\ 3 \end{pmatrix} \times \begin{pmatrix} 2 \\ 1 \\ 4 \end{pmatrix} = \begin{pmatrix} 2 \cdot 4 - 3 \cdot 1 \\ 3 \cdot 2 - 4 \cdot 1 \\ 1 \cdot 1 - 2 \cdot 2 \end{pmatrix} = \begin{pmatrix} 5 \\ 2 \\ -3 \end{pmatrix}$$

Probe: $\begin{pmatrix} 1 \\ 2 \\ 3 \end{pmatrix} \cdot \begin{pmatrix} 5 \\ 2 \\ -3 \end{pmatrix} = 5 + 4 - 9 = 0$ sowie $\begin{pmatrix} 2 \\ 1 \\ 4 \end{pmatrix} \cdot \begin{pmatrix} 5 \\ 2 \\ -3 \end{pmatrix} = 10 + 2 - 12 = 0$

Aufgabe 17

Bestimmen Sie: $\begin{pmatrix} 1 \\ 0 \\ 2 \end{pmatrix} \times \begin{pmatrix} -1 \\ -1 \\ 1 \end{pmatrix}$!

Aufgabe 18

Bestimmen Sie: $\begin{pmatrix} -1 \\ 2 \\ 3 \end{pmatrix} \times \begin{pmatrix} 2 \\ 0 \\ 4 \end{pmatrix}$!

Aufgabe 19

Bestimmen Sie: $\begin{pmatrix} 2 \\ 1 \\ -3 \end{pmatrix} \times \begin{pmatrix} -4 \\ -2 \\ 6 \end{pmatrix}$!

Aufgabe 20

Bestimmen Sie die Unbekannten x, y und z: $\begin{pmatrix} 1 \\ 2 \\ -1 \end{pmatrix} \times \begin{pmatrix} x \\ y \\ z \end{pmatrix} = \begin{pmatrix} 2 \\ -2 \\ -2 \end{pmatrix}$!

Winkel zwischen Vektoren

Der *Winkel* α zwischen zwei Vektoren ist für beliebige Dimensionen immer der kleinste, den Sie messen können. Das ist der *spitze Winkel.* Daneben gibt es auch noch den größeren, *stumpfen Winkel* β, der sich aus $180^\circ - \alpha$ ergibt.

Im zweidimensionalen Fall lässt sich das recht anschaulich (Abbildung 4.1) darstellen.

Die Berechnung des Winkels funktioniert mittels des Skalarproduktes:

Der Kosinus des *Winkels* α zwischen zwei Vektoren ergibt sich zu:

$$\cos\alpha = \frac{\left| \begin{pmatrix} x_1 \\ \vdots \\ x_n \end{pmatrix} \cdot \begin{pmatrix} y_1 \\ \vdots \\ y_n \end{pmatrix} \right|}{\left\| \begin{pmatrix} x_1 \\ \vdots \\ x_n \end{pmatrix} \right\| \cdot \left\| \begin{pmatrix} y_1 \\ \vdots \\ y_n \end{pmatrix} \right\|}$$

Wenn Sie sich in drei Dimensionen bewegen, dürfen Sie alternativ auch das Kreuzprodukt verwenden. Das ist zwar ein klein wenig komplizierter, aber hin und wieder auch ganz nützlich:

Der Sinus des *Winkels* α zwischen zwei Vektoren ergibt sich zu:

$$\sin\alpha = \frac{\left\| \begin{pmatrix} x_1 \\ \vdots \\ x_n \end{pmatrix} \times \begin{pmatrix} y_1 \\ \vdots \\ y_n \end{pmatrix} \right\|}{\left\| \begin{pmatrix} x_1 \\ \vdots \\ x_n \end{pmatrix} \right\| \cdot \left\| \begin{pmatrix} y_1 \\ \vdots \\ y_n \end{pmatrix} \right\|}$$

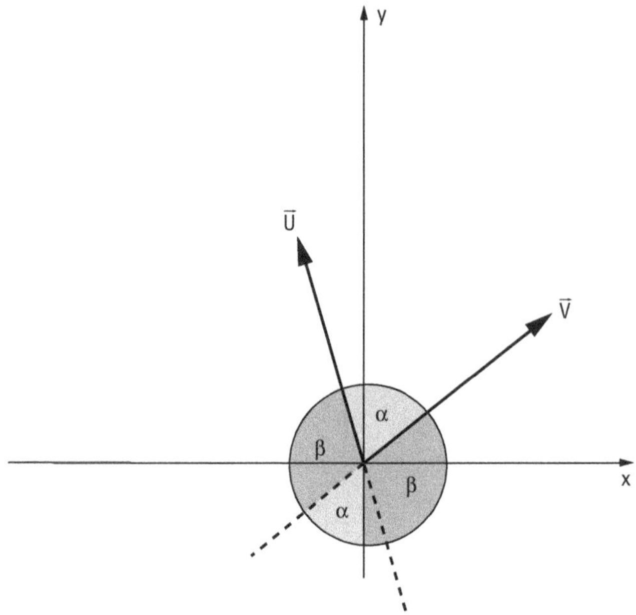

Abbildung 4.1: Winkel zwischen Vektoren

Beachten Sie die nette Analogie:

Zur Berechnung des Winkels zweier Vektoren wird beim Ersetzen des Kosinus durch den Sinus aus dem Skalarprodukt ein Kreuzprodukt!

Freilich ersetzen Sie zusätzlich den Betrag im Zähler durch die Norm eines Vektors.

Beispiel

Bestimmen Sie den Kosinus des Winkels α zwischen $\begin{pmatrix}1\\2\\3\end{pmatrix}$ und $\begin{pmatrix}2\\1\\-1\end{pmatrix}$!

Lösung

$$\cos\alpha = \frac{\left|\begin{pmatrix}1\\2\\3\end{pmatrix}\cdot\begin{pmatrix}2\\1\\-1\end{pmatrix}\right|}{\left\|\begin{pmatrix}1\\2\\3\end{pmatrix}\right\|\cdot\left\|\begin{pmatrix}2\\1\\-1\end{pmatrix}\right\|} = \frac{|2+2-3|}{\sqrt{14}\cdot\sqrt{6}} = \frac{1}{\sqrt{2\cdot 7\cdot 2\cdot 3}} = \frac{1}{\sqrt{4\cdot 21}} = \frac{1}{2\cdot\sqrt{21}}$$

$$= \frac{1}{42}\cdot\sqrt{21} \;\Rightarrow\; \alpha \approx 83{,}7^\circ$$

Achten Sie darauf, beim Ausrechnen des Arkus-Kosinus den Taschenrechner auf die gewünschte Einheit einzustellen. Meist steht *Deg* für eine Gradzahl und *Rad* für einen Wert im Bogenmaß.

Aufgabe 21

Bestimmen Sie den Winkel zwischen $\begin{pmatrix} 3 \\ 0 \\ -3 \end{pmatrix}$ und $\begin{pmatrix} 0 \\ 1 \\ 1 \end{pmatrix}$!

Aufgabe 22

Bestimmen Sie den Winkel zwischen $\begin{pmatrix} 1 \\ 2 \end{pmatrix}$ und $\begin{pmatrix} 2 \\ -1 \end{pmatrix}$!

Aufgabe 23

Bestimmen Sie den Winkel zwischen $\begin{pmatrix} 1 \\ 2 \\ 3 \end{pmatrix}$ und $\begin{pmatrix} 6 \\ 0 \\ -2 \end{pmatrix}$!

Aufgabe 24

Bestimmen Sie den Winkel zwischen $\begin{pmatrix} 1 \\ 2 \\ 0 \\ -1 \end{pmatrix}$ und $\begin{pmatrix} -2 \\ -4 \\ 0 \\ 2 \end{pmatrix}$!

Technische Anwendungsaufgaben

Die Definition von Vektoren mit den spannenden Operationen wie dem Skalarprodukt, der skalaren Multiplikation, dem Kreuzprodukt, der Norm und dem Winkel mutet wie eine rein mathematische Festlegung an.

Allerdings ist nicht zu leugnen, dass gerade auch die Naturwissenschaften sehr von der linearen Algebra profitieren. Die physikalische Beschreibung der **Geschwindigkeit** eines Objektes ist ein Vektor mit drei Komponenten. Die Bewegungsrichtung stimmt mit der Pfeilrichtung des Vektors überein, während seine Länge den Betrag der Geschwindigkeit beschreibt. Das gleiche Modell können Sie auch auf die **Beschleunigung** eines Gegenstandes anwenden. Auch der **Impuls** erfordert die Angabe einer Richtung! **Elektrische** und **magnetische Felder** können auf nahe liegende Weise mittels Vektoren modelliert werden. Und selbstverständlich gilt das auch für die wichtigste physikalische Größe, die **Kraft**! Aus ihr setzen sich zwei Begriffe zusammen, die Sie besonders für technische Anwendungen benötigen, die **Arbeit** und das **Drehmoment**.

Mechanische Arbeit ist das *Skalarprodukt* aus Kraftvektor und Wegvektor.

Das *statische Drehmoment* ist das *Kreuzprodukt* aus Kraftvektor und Wegvektor!

Das ist doch nett: die bedeutsamsten Vektormultiplikationen, das innere und das äußere Produkt, stellen die wichtigsten technischen Grundlagen bereit!

Für das Kreuzprodukt ist die Reihenfolge der Operanden wesentlich. Davon hängt die **Richtung** des Drehmomentes ab. Für den **Betrag** des Drehmoments spielt das aber keine Rolle!

Beispiel

Bestimmen Sie die Arbeit, die Sie verrichten, wenn Sie einen Handwagen 10 Meter auf gerader Linie bewegen! Der Kraftaufwand längs der Bewegungsrichtung betrage 30 N, während jener entgegengesetzt der Erdanziehung 40 N betrage.

Lösung

Sie benötigen hier das Skalarprodukt aus Kraftvektor und Wegvektor. Wenn Sie die gerade Strecke ansetzen mit $\vec{s} = \begin{pmatrix} 10 \\ 0 \\ 0 \end{pmatrix}$ Metern, so ergibt sich als Kraftvektor $\vec{F} = \begin{pmatrix} 30 \\ 40 \\ 0 \end{pmatrix}$. Weiter gilt für die Arbeit W:

$$W = \vec{F} \cdot \vec{s} = \begin{pmatrix} 30 \\ 40 \\ 0 \end{pmatrix} \cdot \begin{pmatrix} 10 \\ 0 \\ 0 \end{pmatrix} = 300$$

Die Arbeit beträgt somit 300 Nm.

Aufgabe 25

Wie weit können Sie einen Bollerwagen in gerader Linie ziehen, wenn Sie dabei 500 Nm an Arbeit verrichten und die Deichsel in einem 45° Winkel mit 100 N halten?

Aufgabe 26

Welches Drehmoment erzeugt das Drehen einer Schraube mit einer Hebellänge von 30 cm und einem Krafteinsatz von 100 N?

Aufgabe 27

Wie lang muss der Hebel sein, um eine Radmutter mit einem Drehmoment von 120 Nm bei einem Krafteinsatz von 100 N anzuziehen?

Lösungen der Aufgaben der Vektoroperationen

Lösung zur Aufgabe 1

$$\begin{pmatrix} 1+i \\ -2 \end{pmatrix} - \begin{pmatrix} 2-i \\ 1+2i \end{pmatrix} = \begin{pmatrix} 1+i-(2-i) \\ -2-(1+2i) \end{pmatrix} = \begin{pmatrix} 1+i-2+i \\ -2-1-2i \end{pmatrix} = \begin{pmatrix} -1+2i \\ -3-2i \end{pmatrix}$$

Lösung zur Aufgabe 2

$$\begin{pmatrix} -3-i \\ 2 \end{pmatrix} + \begin{pmatrix} 2 \\ i \end{pmatrix} = \begin{pmatrix} -3-i+2 \\ 2+i \end{pmatrix} = \begin{pmatrix} -1-i \\ 2+i \end{pmatrix}$$

Lösung zur Aufgabe 3

$$\begin{pmatrix} 3 \\ 2 \\ 1 \end{pmatrix} - \begin{pmatrix} 2 \\ 0 \\ -1 \end{pmatrix} = \begin{pmatrix} 3-2 \\ 2-0 \\ 1-(-1) \end{pmatrix} = \begin{pmatrix} 1 \\ 2 \\ 2 \end{pmatrix}$$

Lösung zur Aufgabe 4

$$\begin{pmatrix} 2 \\ i \\ 0 \\ -1 \end{pmatrix} - \begin{pmatrix} 2 \\ i \\ 0 \\ -1 \end{pmatrix} = \begin{pmatrix} 2-2 \\ i-i \\ 0-0 \\ -1-(-1) \end{pmatrix} = \begin{pmatrix} 0 \\ 0 \\ 0 \\ 0 \end{pmatrix}$$

Jeder Vektor, der aus lauter Nullen besteht, heißt sinnigerweise *Nullvektor*!

Lösung zur Aufgabe 5

$$-i \cdot \begin{pmatrix} -i \\ 3-2i \end{pmatrix} = \begin{pmatrix} -i(-i) \\ -i(3-2i) \end{pmatrix} = \begin{pmatrix} i^2 \\ -3i+2i^2 \end{pmatrix} = \begin{pmatrix} -1 \\ -2-3i \end{pmatrix}$$

Lösung zur Aufgabe 6

$$(1+i) \cdot \begin{pmatrix} 3 \\ 1-i \end{pmatrix} = \begin{pmatrix} (1+i) \cdot 3 \\ (1+i) \cdot (1-i) \end{pmatrix} = \begin{pmatrix} 3+3i \\ 1-i+i-i^2 \end{pmatrix} = \begin{pmatrix} 3+3i \\ 2 \end{pmatrix}$$

Lösung zur Aufgabe 7

$$3 \cdot \begin{pmatrix} 2 \\ 0 \\ -1 \end{pmatrix} = \begin{pmatrix} 3 \cdot 2 \\ 3 \cdot 0 \\ 3 \cdot (-1) \end{pmatrix} = \begin{pmatrix} 6 \\ 0 \\ -3 \end{pmatrix}$$

Lösung zur Aufgabe 8

$$i \cdot \begin{pmatrix} i \\ 0 \\ 1 \\ -i \end{pmatrix} = \begin{pmatrix} i \cdot i \\ i \cdot 0 \\ i \cdot 1 \\ i \cdot (-i) \end{pmatrix} = \begin{pmatrix} -1 \\ 0 \\ i \\ 1 \end{pmatrix}$$

Lösung zur Aufgabe 9

$$\begin{pmatrix} i \\ -i \end{pmatrix} \cdot \overline{\begin{pmatrix} 2+2i \\ 3 \end{pmatrix}} = \begin{pmatrix} i \\ -i \end{pmatrix} \cdot \begin{pmatrix} 2-2i \\ 3 \end{pmatrix} = i \cdot (2-2i) + (-i) \cdot 3 = 2 + 2i - 3i = 2 - i$$

Lösung zur Aufgabe 10

$$\begin{pmatrix} 3 \\ -4 \end{pmatrix} \cdot \begin{pmatrix} 8 \\ 6 \end{pmatrix} = 3 \cdot 8 - 4 \cdot 6 = 0$$

Vektoren, deren Skalarprodukt **verschwindet**, also Null ergibt, werden als *orthogonal* bezeichnet! Sie stehen, geometrisch betrachtet, *senkrecht* aufeinander.

Lösung zur Aufgabe 11

$$\begin{pmatrix} 1 \\ 2 \\ -i \end{pmatrix} \cdot \begin{pmatrix} 2 \\ 0 \\ 1 \end{pmatrix} = 1 \cdot 2 + 2 \cdot 0 - i \cdot 1 = 2 - i$$

Lösung zur Aufgabe 12

$$\begin{pmatrix} 1 \\ 2 \\ 3 \\ 4 \end{pmatrix} \cdot \begin{pmatrix} -16 \\ 3 \\ 2 \\ 1 \end{pmatrix} = -16 + 6 + 6 + 4 = 0$$

Auch diese beiden Vektoren des vierdimensionalen Raumes sind also senkrecht. Wenn Ihnen die Vorstellung schwer fällt, sollten Sie dafür lieber, wie ich auch, den Terminus »*orthogonal*« verwenden.

Lösung zur Aufgabe 13

$$\left\| \begin{pmatrix} 3 \\ 4 \end{pmatrix} \right\| = \sqrt{3^2 + 4^2} = \sqrt{9 + 16} = \sqrt{25} = 5$$

Lösung zur Aufgabe 14

$$\left\| \begin{pmatrix} \frac{\sqrt{3}}{2} \\ \frac{1}{2} \end{pmatrix} \right\| = \sqrt{\left(\frac{\sqrt{3}}{2}\right)^2 + \left(\frac{1}{2}\right)^2} = \sqrt{\frac{3}{4} + \frac{1}{4}} = 1$$

Ein Vektor, dessen Norm den hübschen Wert 1 ergibt, dürfen Sie als *Einheitsvektor* bezeichnen!

Lösung zur Aufgabe 15

$$\left\| \begin{pmatrix} \frac{1}{2} \\ \frac{\sqrt{2}}{2} \\ \frac{1}{2} \end{pmatrix} \right\| = \sqrt{\left(\frac{1}{2}\right)^2 + \left(\frac{\sqrt{2}}{2}\right)^2 + \left(\frac{1}{2}\right)^2} = \sqrt{\frac{1}{4} + \frac{2}{4} + \frac{1}{4}} = 1$$

Auch dieser Vektor ist also ein Einheitsvektor!

Lösung zur Aufgabe 16

$$\left\| \begin{pmatrix} i \\ 0 \\ 2-i \\ 3 \end{pmatrix} \right\| = \sqrt{i \cdot (-i) + 0 \cdot 0 + (2-i)(2+i) + 3 \cdot 3} = \sqrt{1+0+5+9} = \sqrt{15}$$

Lösung zur Aufgabe 17

$$\begin{pmatrix} 1 \\ 0 \\ 2 \end{pmatrix} \times \begin{pmatrix} -1 \\ -1 \\ 1 \end{pmatrix} = \begin{pmatrix} 0 \cdot 1 - 2 \cdot (-1) \\ 2 \cdot (-1) - 1 \cdot 1 \\ 1 \cdot (-1) - 0 \cdot (-1) \end{pmatrix} = \begin{pmatrix} 2 \\ -3 \\ -1 \end{pmatrix}$$

Probe: $\begin{pmatrix} 1 \\ 0 \\ 2 \end{pmatrix} \cdot \begin{pmatrix} 2 \\ -3 \\ -1 \end{pmatrix} = 2 + 0 - 2 = 0$ sowie $\begin{pmatrix} -1 \\ -1 \\ 1 \end{pmatrix} \cdot \begin{pmatrix} 2 \\ -3 \\ -1 \end{pmatrix} = -2 + 3 - 1 = 0$

Lösung zur Aufgabe 18

$$\begin{pmatrix} -1 \\ 2 \\ 3 \end{pmatrix} \times \begin{pmatrix} 2 \\ 0 \\ 4 \end{pmatrix} = \begin{pmatrix} 2 \cdot 4 - 3 \cdot 0 \\ 3 \cdot 2 - (-1) \cdot 4 \\ -1 \cdot 0 - 2 \cdot 2 \end{pmatrix} = \begin{pmatrix} 8 \\ 10 \\ -4 \end{pmatrix}$$

Probe: $\begin{pmatrix} -1 \\ 2 \\ 3 \end{pmatrix} \cdot \begin{pmatrix} 8 \\ 10 \\ -4 \end{pmatrix} = -8 + 20 - 12 = 0$ sowie $\begin{pmatrix} 2 \\ 0 \\ 4 \end{pmatrix} \cdot \begin{pmatrix} 8 \\ 10 \\ -4 \end{pmatrix} = 16 + 0 - 16 = 0$

Lösung zur Aufgabe 19

$$\begin{pmatrix} 2 \\ 1 \\ -3 \end{pmatrix} \times \begin{pmatrix} -4 \\ -2 \\ 6 \end{pmatrix} = \begin{pmatrix} 1 \cdot 6 - (-3) \cdot (-2) \\ -3 \cdot (-4) - 2 \cdot 6 \\ 2 \cdot (-2) - 1 \cdot (-4) \end{pmatrix} = \begin{pmatrix} 0 \\ 0 \\ 0 \end{pmatrix}$$

Wenn das Kreuzprodukt zweier Vektoren in einem Nullvektor resultiert, nennt man die beiden Ausgangsvektoren *kollinear*. Geometrisch zeigen sie in dieselbe oder in die genau entgegengesetzte Richtung!

Die Probe können Sie sich übrigens schenken, denn der Nullvektor als einer der Operanden eines Skalarproduktes produziert stets den Nullvektor. In solchen Fällen rechnen Sie zur Sicherheit lieber nochmals das Kreuzprodukt nach!

Lösung zur Aufgabe 20

Diese Aufgabe unterscheidet sich ein wenig von den Vorgängern. Hier ist nicht das Ergebnis des Kreuzproduktes gesucht, sondern einer der beiden Operanden. Das macht aber nichts: tun Sie einfach so, als ob x, y und z Zahlen wären:

$$\begin{pmatrix} 1 \\ 2 \\ -1 \end{pmatrix} \times \begin{pmatrix} x \\ y \\ z \end{pmatrix} = \begin{pmatrix} 2z - y \\ -x - z \\ y - 2x \end{pmatrix} \stackrel{!}{=} \begin{pmatrix} 2 \\ -2 \\ -2 \end{pmatrix}$$

Das Ausrufezeichen auf dem Gleichheitssymbol deutet an, dass diese Gleichung erfüllt sein **muss**.

Weiter gilt:

$$\begin{pmatrix} x \\ y \\ z \end{pmatrix} \cdot \begin{pmatrix} 2 \\ -2 \\ -2 \end{pmatrix} = 2x - 2y - 2z = 0$$

Es ist ein recht einfaches Gleichungssystem entstanden, das Sie auf verschiedene Weisen lösen können. Im vorliegenden Fall sind für $x = 1$, $y = 0$ und $z = 1$ alle Anforderungen erfüllt!

Systematische Lösungsmethoden linearer Gleichungssysteme werden im Teil III dieses Übungsbuches ausführlich trainiert!

Lösung zur Aufgabe 21

$$\cos\alpha = \frac{\left|\begin{pmatrix} 3 \\ 0 \\ -3 \end{pmatrix} \cdot \begin{pmatrix} 0 \\ 1 \\ 1 \end{pmatrix}\right|}{\left\|\begin{pmatrix} 3 \\ 0 \\ -3 \end{pmatrix}\right\| \cdot \left\|\begin{pmatrix} 0 \\ 1 \\ 1 \end{pmatrix}\right\|} = \frac{|0 + 0 - 3|}{\sqrt{18} \cdot \sqrt{2}} = \frac{3}{\sqrt{36}} = \frac{3}{6} = \frac{1}{2} \Rightarrow \alpha = \frac{\pi}{3} = 60^\circ$$

Lösung zur Aufgabe 22

$$\cos\alpha = \frac{\left|\begin{pmatrix}1\\2\end{pmatrix}\cdot\begin{pmatrix}2\\-1\end{pmatrix}\right|}{\left\|\begin{pmatrix}1\\2\end{pmatrix}\right\|\cdot\left\|\begin{pmatrix}2\\-1\end{pmatrix}\right\|} = \frac{|2-2|}{\sqrt{5}\cdot\sqrt{5}} = 0 \;\Rightarrow\; \alpha = \frac{\pi}{2} = 90^\circ$$

Dies bestätigt erneut die Aussage, dass zwei Vektoren orthogonal sind, also senkrecht aufeinander stehen, wenn ihr Skalarprodukt verschwindet.

Lösung zur Aufgabe 23

$$\cos\alpha = \frac{\left|\begin{pmatrix}1\\2\\3\end{pmatrix}\cdot\begin{pmatrix}6\\0\\-2\end{pmatrix}\right|}{\left\|\begin{pmatrix}1\\2\\3\end{pmatrix}\right\|\cdot\left\|\begin{pmatrix}6\\0\\-2\end{pmatrix}\right\|} = \frac{|6+0-6|}{\sqrt{14}\cdot\sqrt{40}} = 0 \;\Rightarrow\; \alpha = \frac{\pi}{2} = 90^\circ$$

Lösung zur Aufgabe 24

Das Verfahren funktioniert auch dann, wenn Sie sich die Winkel im vierdimensionalen Raum nicht mehr so recht vorstellen wollen:

$$\cos\alpha = \frac{\left|\begin{pmatrix}1\\2\\0\\-1\end{pmatrix}\cdot\begin{pmatrix}-2\\-4\\0\\2\end{pmatrix}\right|}{\left\|\begin{pmatrix}1\\2\\0\\-1\end{pmatrix}\right\|\cdot\left\|\begin{pmatrix}-2\\-4\\0\\2\end{pmatrix}\right\|} = \frac{|-2-8+0-2|}{\sqrt{6}\cdot\sqrt{24}} = \frac{12}{12} = 1 \;\Rightarrow\; \alpha = 0 = 0^\circ$$

Der Winkel zwischen den vorliegenden Vektoren beträgt Null Grad, das bedeutet, sie zeigen in dieselbe beziehungsweise genau entgegengesetzte Richtung. Die Vektoren sind somit kollinear!

Lösung zur Aufgabe 25

Analog zur Beispielaufgabe können Sie den Weg ansetzen mit $\vec{s} = \begin{pmatrix}x\\0\\0\end{pmatrix}$ Metern. Der Kraftvektor besitzt aufgrund des Winkels von 45° gleiche Anteile der beiden oberen Komponenten:

$\vec{F} = \begin{pmatrix} y \\ y \\ 0 \end{pmatrix}$ N. Dabei können Sie y sofort auflösen:

$$\left\|\vec{F}\right\| = \left\|\begin{pmatrix} y \\ y \\ 0 \end{pmatrix}\right\| = \sqrt{y^2 + y^2 + 0} = \sqrt{2} \cdot y \stackrel{!}{=} 100\text{ N} \;\Rightarrow\; y \approx 71\text{ N}$$

Somit lässt sich x aus der gesamten Arbeit erschließen:

$$W = \vec{F} \cdot \vec{s} = \begin{pmatrix} y \\ y \\ 0 \end{pmatrix} \cdot \begin{pmatrix} x \\ 0 \\ 0 \end{pmatrix} = x \cdot y = 500\text{ Nm} \;\Rightarrow\; x \approx 7{,}1\text{ m}$$

Unter diesen Umständen können Sie den Karren gut 7 Meter »aus dem Dreck« ziehen.

Lösung zur Aufgabe 26

Hier kommt das Kreuzprodukt ins Spiel. Natürlich sind Sie frei darin, die einzelnen Komponenten beliebig zu orientieren, daher zeige ich Ihnen nur exemplarisch, wie das möglichst einfach zu bewerkstelligen ist. Wenn Sie $\vec{s} = \begin{pmatrix} 0{,}3 \\ 0 \\ 0 \end{pmatrix}$ Meter ansetzen und $\vec{F} = \begin{pmatrix} 0 \\ 100 \\ 0 \end{pmatrix}$ Newton, so erhalten Sie als Drehmoment:

$$\vec{M} = \vec{s} \times \vec{F} = \begin{pmatrix} 0{,}3 \\ 0 \\ 0 \end{pmatrix} \times \begin{pmatrix} 0 \\ 100 \\ 0 \end{pmatrix} = \begin{pmatrix} 0 \\ 0 \\ 30 \end{pmatrix}$$

Als Betrag des Drehmomentes ergibt sich ein Wert von 30 Nm.

Lösung zur Aufgabe 27

Sie dürfen als eine sehr einfache Form des Drehmoments folgende Formel ansetzen:

$$\vec{M} = \vec{s} \times \vec{F} = \begin{pmatrix} x \\ 0 \\ 0 \end{pmatrix} \times \begin{pmatrix} 0 \\ y \\ 0 \end{pmatrix} = \begin{pmatrix} 0 \\ 0 \\ x \cdot y \end{pmatrix} \;\Rightarrow\; \left\|\vec{M}\right\| = x \cdot y \;\Rightarrow\; 120\text{ Nm} = x \cdot 100\text{ N}$$

Die Division von 100 N auf beiden Seiten der Gleichung resultiert im Ergebnis: $x = 1{,}2$ m. Der Hebel muss demnach 120 cm lang sein!

Vektorräume mit Aussicht

5

In diesem Kapitel ...

- Die Eigenschaften von Vektorräumen beherrschen
- Polynome und Matrizen als mögliche Vektoren erkennen
- Vektorräume linearer Abbildungen erforschen
- Das Skalarprodukt als zusätzliche Operation auf Vektorräumen einstudieren

Vektorräume sind die wichtigste Struktur der linearen Algebra und deutlich vielseitiger, als Sie es vielleicht auf den ersten Blick vermuten. In diesem Kapitel finden Sie eine Fülle von Beispielen und Übungsaufgaben zu Vektorräumen.

Neben Tupeln von Zahlen können Polynome, Matrizen, ja selbst lineare Funktionen als Vektoren betrachtet werden. Zu allen diesen Spezialfällen finden Sie Aufgaben mit Lösungen. Auch das Skalarprodukt bleibt dabei nicht unerwähnt, obwohl es nicht zwingender Bestandteil eines Vektorraumes ist!

Allgemeingültige Vektorraumeigenschaften

Jede beliebige Menge V mit zwei Operatoren »+« und »·« kann über einem Zahlkörper, zum Beispiel $\mathbb{Q}$, $\mathbb{R}$ oder $\mathbb{C}$, einen *Vektorraum* bilden. Dazu muss die *Vektoraddition* »+« folgende Regeln einhalten:

$+: \; V \times V \to V$

Assoziativgesetz: $\forall u,v,w \in V : u + (v + w) = (u + v) + w$

Kommutativgesetz: $\forall u,v \in V : u + v = v + u$

Neutralelement: $\exists 0 \in V : \forall u \in V : u + 0 = 0 + u = u$

Inverse Elemente: $\forall u \in V \; \exists v \in V : u + v = v + u = 0$ (setze: $-u = v$)

Jede Menge, für die der Operator die beschriebenen Regeln erfüllt, heißt *kommutative* oder *abelsche Gruppe*.

So weit stimmt das auch mit dem überein, was ein Körper selbst erfüllen muss. Die *skalare Multiplikation* »·« ist aber viel weniger als das, was die Multiplikation in einem Körper fordert.

Wenn der Körper mit K abgekürzt wird, so muss jedes Element von V, das Sie auch *Vektor* nennen dürfen, mit einer Zahl aus K multiplizierbar sein und dabei folgende Gesetzmäßigkeiten erfüllen:

$$\cdot: K \times V \to V$$
$$\forall r,s \in K\ \forall v \in V:\ r \cdot (s \cdot v) = (r \cdot s) \cdot v = rs \cdot v$$
$$\forall u \in V:\ 1 \cdot u = u$$
$$\forall k \in K\ \forall u,v \in V:\ k(u + v) = k \cdot u + k \cdot v$$
$$\forall r,s \in K\ \forall v \in V:\ (r + s) \cdot v = r \cdot v + s \cdot v$$

Die »1« ist das Einselement des Körpers, also das Neutralelement der Multiplikation im Körper. Die Regeln besagen, dass die Vektoraddition mit der skalaren Multiplikation harmonieren muss.

Anhand dieser Regeln können Sie eine Reihe von **Folgerungen** ziehen, die in jedem beliebigen Vektorraum gelten. Dazu erhalten Sie im Folgenden einige Übungsaufgaben.

In den nächsten Abschnitten werde ich Ihnen dann einige wichtige Vektorräume vorstellen!

Beispiel

Zeigen Sie, dass für jeden Vektorraum V über K gilt:

$$\forall k \in K, 0 \in V:\ k \cdot 0 = 0$$

Lösung

Zuerst machen Sie sich klar, was diese Formel überhaupt besagt. Für jedes Element aus K, also beispielsweise für jede reelle Zahl, wenn $K = \mathbb{R}$ gilt, ergibt die skalare Multiplikation mit dem Nullvektor von V wiederum den Nullvektor.

Das klingt logisch, aber beachten Sie, dass in V alles mögliche »Gerümpel« als Elemente erscheinen kann, zum Beispiel Funktionen, Matrizen, Zahlentupel und so fort.

Sie können die Gültigkeit dieser Aussage ganz allgemein belegen, indem Sie sich streng an die Vorgaben halten, die in jedem Vektorraum gültig sind. Sie benötigen dazu insbesondere die zweitunterste Zeile bei der skalaren Multiplikation, ein *Distributivgesetz*:

$$\forall k \in K\ \forall u,v \in V:\ k(u + v) = k \cdot u + k \cdot v$$

Für u und v setzen Sie den Nullvektor, also »0« ein und erhalten:

$$\forall k \in K:\ k(0 + 0) = k \cdot 0 + k \cdot 0$$

Weil der Nullvektor das neutrale Element der Vektoraddition ist, gilt $0 + 0 = 0$. Aber bevor Sie freudig erregt diese Erkenntnis jedem Menschen weitererzählen, dem Sie begegnen: außerhalb der mathematischen Gefilde stößt eine solche Aussage bei vielen Leuten auf Unverständnis, weil Sie – völlig zu Unrecht – glauben, dass sei ohnehin immer und überall wahr.

Somit erhalten Sie:

$$\forall k \in K:\ k \cdot 0 = k \cdot 0 + k \cdot 0$$

Daraus folgt, dass $k \cdot 0 = 0$ sein muss, weil die Gleichung auf beiden Seiten einmal $k \cdot 0$ enthält und nur auf einer Seite $k \cdot 0$ übrig bleibt!

Aufgabe 1

Zeigen Sie, dass für jeden Vektorraum V über K gilt:

$$\forall v \in V, 0 \in K\colon\; 0 \cdot v = 0$$

Aufgabe 2

Zeigen Sie, dass für jeden Vektorraum V über K gilt:

$$(-1) \cdot v = -v$$

Aufgabe 3

Zeigen Sie, dass für jeden Vektorraum V über K gilt:

$$\forall k \in K, v \in V\colon\; (-k) \cdot v = k \cdot (-v) = -kv$$

Aufgabe 4

Zeigen Sie, dass für jeden Vektorraum V über K gilt:

$$v + v = 2 \cdot v$$

Polynome als Vektoren

Wenn Sie schon so viel Mühe darauf verwendet haben, eine möglichst allgemeine Vorstellung von Vektorräumen zu erhalten, dann sollten Sie das auch ausnutzen. Wie sieht ein Vektorraum V aus der Menge aller *Polynome* höchstens dritten Grades über dem Körper $\mathbb{R}$ aus?

Die Elemente von V sind dann Polynome der Form:

$$a_3 \cdot x^3 + a_2 \cdot x^2 + a_1 \cdot x + a_0 \text{ mit } a_3, \ldots, a_0 \in \mathbb{R}$$

Die *Vektoraddition* auf V ist dann die gewöhnliche Addition von Polynomen:

$$\begin{aligned}(a_3 \cdot x^3 + a_2 \cdot x^2 + a_1 \cdot x + a_0) + (b_3 \cdot x^3 + b_2 \cdot x^2 + b_1 \cdot x + b_0)\\ = (a_3 + b_3) \cdot x^3 + (a_2 + b_2) \cdot x^2 + (a_1 + b_1) \cdot x + (a_0 + b_0)\end{aligned}$$

Sie führen also die Addition von Polynomen auf die Addition des Körpers der Koeffizienten zurück, nicht ungeschickt!

Weiter ist die *skalare Multiplikation* folgendermaßen definiert:

$$r \cdot (a_3 \cdot x^3 + a_2 \cdot x^2 + a_1 \cdot x + a_0) = (r \cdot a_3) \cdot x^3 + (r \cdot a_2) \cdot x^2 + (r \cdot a_1) \cdot x + (r \cdot a_0)$$

Alle Aufgaben in diesem Abschnitt beziehen sich auf den soeben definierten Vektorraum V über $\mathbb{R}$. Natürlich würde es Ihnen dabei nicht schwer fallen, statt dem höchsten Grad drei eine beliebige andere natürliche Zahl zu wählen.

Beispiel

Welches ist das Neutralelement der Vektoraddition von V?

Lösung

Die wichtigste Eigenschaft des Neutralelementes besteht darin, bei der Vektoraddition das Ergebnis nicht zu verändern. Da bleibt nur eine einzige Möglichkeit: $a_3 = a_2 = a_1 = a_0 = 0$. Das Neutralelement von V ist also die Funktion 0, was sicherlich ein Polynom höchstens dritten Grades ist!

Es ist nicht möglich, einen Vektorraum auf Polynomen **genau** dritten Grades zu errichten. Wie sollte dort auch das Neutralelement der Vektoraddition aussehen?

Aufgabe 5

Wie lautet das inverse Element von $-3x^3 + 2x^2 - 1$ bezüglich der Vektoraddition in V?

Aufgabe 6

Weisen Sie nach, dass für die Vektoraddition in V das Kommutativgesetz gilt:

$$\forall u,v \in V:\ u + v = v + u$$

Aufgabe 7

Weisen Sie nach, dass in V das Distributivgesetz gilt:

$$\forall k \in \mathbb{R}\ \forall u,v \in V:\ k(u + v) = k \cdot u + k \cdot v$$

Aufgabe 8

Zeigen Sie, dass folgende Aussage zutrifft:

»Seien u und v Vektoren aus V. Wenn x_0 eine Nullstelle von u und von v ist, so ist x_0 ebenfalls eine Nullstelle von $u + v$. Die Umkehrung gilt jedoch nicht!«

Vektorräume aus Matrizen

Haben Sie bisher die Vorstellung gehabt, Vektoren seien gewissermaßen eindimensionale »Wesen« und damit nur ein Schatten der Matrizen, die sich ja in zwei Dimensionen ausbreiten?

Dann werden Sie jetzt eines Besseren belehrt: in Wahrheit ist der *Vektor* der allgemeinere Begriff und in diesem Abschnitt stelle ich Ihnen einen Vektorraum V vor, dessen Elemente alle symmetrische 3×3-Matrizen über $\mathbb{C}$ sind. Damit sind diese Matrizen, bezogen auf V, Vektoren der Form:

$$\begin{pmatrix} c_1 & c_2 & c_3 \\ c_2 & c_4 & c_5 \\ c_3 & c_5 & c_6 \end{pmatrix} \text{ mit } c_1, \ldots, c_6 \in \mathbb{C}$$

Die *Vektoraddition* auf V ist dann die Matrixaddition:

$$\begin{pmatrix} c_1 & c_2 & c_3 \\ c_2 & c_4 & c_5 \\ c_3 & c_5 & c_6 \end{pmatrix} + \begin{pmatrix} d_1 & d_2 & d_3 \\ d_2 & d_4 & d_5 \\ d_3 & d_5 & d_6 \end{pmatrix} = \begin{pmatrix} c_1 + d_1 & c_2 + d_2 & c_3 + d_3 \\ c_2 + d_2 & c_4 + d_4 & c_5 + d_5 \\ c_3 + d_3 & c_5 + d_5 & c_6 + d_6 \end{pmatrix}$$

Beachten Sie, dass die Plus-Zeichen auf der rechten Seite für die Addition komplexer Zahlen stehen!

Zudem definieren Sie die *skalare Multiplikation* auf folgende Weise:

$$s \cdot \begin{pmatrix} c_1 & c_2 & c_3 \\ c_2 & c_4 & c_5 \\ c_3 & c_5 & c_6 \end{pmatrix} = \begin{pmatrix} s \cdot c_1 & s \cdot c_2 & s \cdot c_3 \\ s \cdot c_2 & s \cdot c_4 & s \cdot c_5 \\ s \cdot c_3 & s \cdot c_5 & s \cdot c_6 \end{pmatrix}$$

Und auch hier ist das Ergebnis erwartungsgemäß eine symmetrische 3×3-Matrix aus komplexen Zahlen.

Der Vektorraum V ist natürlich nur ein Beispiel! Sie könnten anstatt dessen auch reelle 7×9-Matrizen oder rationale 13×2-Matrizen wählen.

Beispiel

Wie lautet das Neutralelement der Vektoraddition in V?

Lösung

Die Frage ist, wie muss eine Matrix aussehen, damit sie eine andere bei der Addition nicht verändert. Das ist einleuchtend: es handelt sich um die *Nullmatrix*, wie die folgende Rechnung beweist:

$$u + 0 = \begin{pmatrix} c_1 & c_2 & c_3 \\ c_2 & c_4 & c_5 \\ c_3 & c_5 & c_6 \end{pmatrix} + \begin{pmatrix} 0 & 0 & 0 \\ 0 & 0 & 0 \\ 0 & 0 & 0 \end{pmatrix} = \begin{pmatrix} c_1 + 0 & c_2 + 0 & c_3 + 0 \\ c_2 + 0 & c_4 + 0 & c_5 + 0 \\ c_3 + 0 & c_5 + 0 & c_6 + 0 \end{pmatrix} = \begin{pmatrix} c_1 & c_2 & c_3 \\ c_2 & c_4 & c_5 \\ c_3 & c_5 & c_6 \end{pmatrix} = u$$

Aufgabe 9

Wie sehen die inversen Elemente der Vektoraddition in V aus?

Aufgabe 10

Zeigen Sie, dass in V gilt:

$$r \cdot (s \cdot u) = s \cdot (r \cdot u) \quad \forall r,s \in \mathbb{C} \wedge \forall u \in V$$

Aufgabe 11

Zeigen Sie, dass in V gilt:

$$r \cdot u = 0 \text{ mit } r \in \mathbb{C} \wedge u \in V \quad \Leftrightarrow \quad r = 0 \vee u = 0$$

Aufgabe 12

Angenommen, Sie möchten einen Vektorraum von 2×3-Matrizen bilden. Welche der beiden Varianten ist möglich, welche nicht:

- Der Vektorraum V besteht aus 2×3-Matrizen reeller Zahlen und Sie betrachten V über $\mathbb{C}$
- Der Vektorraum V besteht aus 2×3-Matrizen komplexer Zahlen und Sie betrachten V über $\mathbb{R}$

Eigenschaften von Vektorräumen mit Skalarprodukt

Die Vektorraumeigenschaften beherrschen Sie nun, allerdings haben Sie sich vermutlich gewundert, wo das *Skalarprodukt* bleibt!

Diese spannende Operation wurde in diesem Kapitel noch nicht behandelt und ist tatsächlich auch nicht in allgemeinen Vektorräumen zwingend nötig. Andererseits, wenn Sie schon einmal so eine nette Operation kennen, sollte sie auch berücksichtigt werden.

Sie dürfen das Skalarprodukt »·« definieren wie Sie wollen, aber folgende **Vorschriften** müssen dabei eingehalten werden:

$$\begin{aligned}
&\cdot : \; V \times V \to K \\
&\forall u,v \in V: \; 0 \leq u \cdot v \\
&\forall u,v \in V: \; u \cdot v = \overline{v \cdot u} \\
&\forall u,v \in V \wedge \forall k \in K: \; u \cdot (k \cdot v) = k \cdot (u \cdot v) \\
&\forall u,v,w \in V: \; u \cdot (v + w) = u \cdot v + u \cdot w
\end{aligned}$$

Die Symmetriebedingung in der zweiten Regel gestattet es Ihnen, den üblichen *Euklidischen Raum* als Vektorraum mit Skalarprodukt der reellen n-Tupel zu definieren, während komplexe n-Tupel zum *Euklidischen n-Raum* führen, der hin und wieder auch *unitärer Vektorraum* genannt wird. Für reelle oder rationale Zahlen verändert die komplexe Konjugation die Werte dagegen überhaupt nicht.

Die erste Regel gestattet es Ihnen, aus dem Skalarprodukt die Wurzel zu ziehen, und damit erhalten Sie eine *Norm*.

Die *Standard-Norm* lautet:

$$\|u\| = \sqrt{u \cdot \overline{u}}$$

Richtig spannend sind aber erst die beiden letzten Gesetze. Sie verlangen das harmonische Miteinander von Skalarprodukt und skalarer Multiplikation beziehungsweise Skalarprodukt und Vektoraddition.

Niemand, und ich schon gar nicht, sollte Sie daran hindern, die letzte Zeile der obigen Vorschriften als *Distributivgesetz* zu bezeichnen!

Ausgehend von den dargestellten Gesetzmäßigkeiten können Sie weitere Regeln folgern, die ich Ihnen als Übungsaufgaben notiere. Die erste zeige ich Ihnen, bei den weiteren dürfen Sie selbst tätig werden und erst am Ende die Lösungen vergleichen!

Beispiel

Sei V ein Vektorraum mit Skalarprodukt. Zeigen Sie, dass gilt:

$$\forall u,v,w \in V: \quad (u+v)\cdot w = u \cdot w + v \cdot w$$

Lösung

Auf den ersten Blick sieht das wie das Distributivgesetz aus, aber die Seiten wurden vertauscht. Deshalb ist es eine gute Idee, zur Auflösung dieses Problems auch die konjugiert komplexe Symmetrie anzuwenden und anschließend das Distributivgesetz anzuwenden:

$$\begin{aligned}(u+v)\cdot w &= \overline{w \cdot (u+v)} \\ &= \overline{w \cdot u + w \cdot v} \\ &= \overline{\overline{w \cdot u}} + \overline{\overline{w \cdot v}} \\ &= u \cdot w + v \cdot w\end{aligned}$$

Am Ende wurde ausgenutzt, dass die doppelte Anwendung der komplexen Konjugation sich gegenseitig aufhebt! Elegant, nicht wahr?

Aufgabe 13

Sei V ein Vektorraum mit Skalarprodukt über K. Zeigen Sie, dass gilt:

$$\forall u,v \in V \wedge k \in K: \quad (k \cdot u)\cdot v = \overline{k}(u \cdot v)$$

Aufgabe 14

Sei V ein Vektorraum mit Skalarprodukt über K. Zeigen Sie, dass gilt:

$$\forall u \in V: \quad u \cdot 0 = 0 \cdot u = 0$$

Aufgabe 15

Sei V ein Vektorraum mit Norm. Zeigen Sie, dass gilt:

$$\forall u,v \in V:\ \|u+v\|^2 = \|u\|^2 + \|v\|^2 + 2 \cdot (u \cdot v)$$

Nicht schwindlig werden: Vektorräume aus linearen Abbildungen

Wer hindert Sie daran, die ungewöhnlichsten Objekte in einen Vektorraum zu »sperren«? Solange Sie die Vektorraumeigenschaften erfüllen, dürfen die Elemente alles Mögliche sein, auch – ja sogar – Funktionen!

Und da sich dieses Übungsbuch um lineare Algebra dreht, ist es nahe liegend, auch lineare Abbildungen als spezielle Funktionen heranzuziehen.

Wenn U und W Vektorräume über demselben Körper K darstellen, so bildet die Menge V aller linearen Abbildungen f von U nach W, auch *Homomorphismus* genannt, mit

- ✔ $f(x+y) = f(x) + f(y)$
- ✔ $f(k \cdot x) = k \cdot f(x)$

einen Vektorraum über K.

Dazu müssen Sie lediglich erklären, wie zwei Elemente von V, nämlich zwei Homomorphismen f und g, zu addieren sind. Außerdem müssen Sie festlegen, wie die skalare Multiplikation erfolgt. Dafür gibt es jeweils sehr nahe liegende Definitionen:

- ✔ $f+g$: $(f+g)(x) = f(x) + g(x)$
- ✔ $k \cdot f$: $(k \cdot f)(x) = k \cdot f(x)$

Sie addieren also zwei Funktionen, indem Sie die jeweiligen Funktionswerte addieren. Genau so multiplizieren Sie auch mit einem Skalar aus dem Körper.

In diesem Abschnitt sollen Sie anhand der Übungsaufgaben belegen, dass der Vektorraum V für beliebige aber feste Vektorräume U und W die Vektorraumeigenschaften erfüllt!

Als Beispiel zeige ich Ihnen das *Assoziativgesetz der Vektoraddition*.

Beispiel

Zeigen Sie, dass für V über K gilt:

$$\forall u,v,w \in V:\ (u+v)+w = u+(v+w)$$

Lösung

Sie führen die Assoziativität der Vektoraddition auf jene der Bildelemente in W zurück. Diese wiederum muss erfüllt sein, weil W sonst kein Vektorraum wäre:

$$\begin{aligned}\big((u+v)+w\big)(x) &= (u+v)(x)+w(x)\\ &= u(x)+v(x)+w(x)\\ &= u(x)+(v+w)(x)\\ &= \big(u+(v+w)\big)(x)\end{aligned}$$

Jetzt sind Sie am Zuge!

Aufgabe 16

Zeigen Sie, dass für V über K gilt:

$$\exists 0 \in V\ \forall u \in V\colon u+0=0+u=u$$

Aufgabe 17

Zeigen Sie, dass für V über K gilt:

$$\forall u \in V\ \exists v \in V\colon u+v=v+u=0$$

Aufgabe 18

Zeigen Sie, dass für V über K gilt:

$$\forall u \in V\colon\ 1 \cdot u = u$$

Aufgabe 19

Zeigen Sie, dass für V über K das *kleine Skalarprodukt* gilt:

$$\forall k \in K\ \forall u,v \in V\colon\ k(u+v)=k\cdot u+k\cdot v$$

Lösungen der Aufgaben zu den Vektorräumen

Lösung zu Aufgabe 1

Die Formel ist kniffliger, als es auf den ersten Blick erscheint. Die »0« auf der linken Seite ist eindeutig das Nullelement des Körpers, aber das Ergebnis der skalaren Multiplikation ist immer ein Vektor, also ist die »0« auf der rechten Seite der Nullvektor! Manchmal werden Vektoren und Skalare in Formeln unterschieden, aber wie Sie anhand des Beispiels sehen, ist das häufig unnötig. Die Bedeutung der Symbole geht hier eindeutig aus dem Kontext hervor.

Nun führen Sie den Nachweis, dass die Formel stimmt, recht geschickt aus dem Distributivgesetz:

$$\forall r,s \in K \ \forall v \in V\colon \ (r+s)\cdot v = r\cdot v + s\cdot v$$

Setzen Sie dazu einfach $r = 1$ und $s = 0$ und erhalten:

$$(1+0)\cdot v = 1\cdot v + 0\cdot v$$

Per Definition ist $1 \cdot v = v$ und $1 + 0 = 1$ gilt in jedem Körper. Demnach ergibt die Gleichung $v = v + 0 \cdot v$ und so bleibt nur $0 \cdot v = 0$ übrig!

Lösung zu Aufgabe 2

Diese Aufgabe zeigt Ihnen, dass das Inverse eines Vektors v bezüglich der Vektoraddition, also $-v$, dasselbe ist wie die skalare Multiplikation von v mit dem Inversen des Körperelements 1 bezüglich der Körperaddition. Das ist also viel vertrackter, als es oberflächlich den Anschein hat.

Der Ausgangspunkt zur Lösung ist wieder das Distributivgesetz:

$$\forall r,s \in K \ \forall v \in V\colon \ (r+s)\cdot v = r\cdot v + s\cdot v$$

Jetzt nutzen Sie die Eigenschaft, dass $1 + (-1) = 0$ in jedem Körper gilt. Dazu setzen Sie $r = 1$ und $s = -1$ an und erhalten:

$$(1+(-1))\cdot v = 1\cdot v + (-1)\cdot v$$

Die linke Seite ergibt $0 \cdot v$, also den Nullvektor, wie Sie spätestens seit Aufgabe 1 wissen. Weiter ist $1 \cdot v = v$ per Vektorraumgesetz.

$$0 = v + (-1)\cdot v$$

Ein beliebiger Vektor addiert zu einem weiteren Vektor ergibt also den Nullvektor. Dieser zweite Vektor ist somit zwingend das Inverse von v bezüglich der Vektoraddition, und damit das Gesuchte: $(-1) \cdot v = -v$.

Lösung zu Aufgabe 3

Die Formel dieser Aufgabe besagt, dass sich das inverse Element bezüglich der Körperaddition, nämlich »$-k$«, sehr gut mit dem Inversen der Vektoraddition und zwar »$-v$« verträgt! Der äußerst rechte Teil ist mehr eine Definition denn eine Behauptung: wenn es egal ist, ob Sie das Inverse des Körperelements oder des Vektors verwenden, können Sie die Klammer auch ganz weglassen.

Endlich benötigen Sie einmal das andere Distributivgesetz, ansonsten wäre es auch fraglich, wozu es überhaupt nütze ist:

$$\forall r,s \in K \ \forall v \in V\colon \ r\cdot(s\cdot v) = (r\cdot s)\cdot v = rs\cdot v$$

In dieser Formel setzen Sie nun $r = -1$ und $s = k$. Sie erhalten:

$$(-1) \cdot (k \cdot v) = \big((-1) \cdot k\big) \cdot v = (-k) \cdot v$$

In der Mitte gilt selbstverständlich das Kommutativgesetz der Körper-Multiplikation: $\big((-1) \cdot k\big) \cdot v = (k \cdot (-1)) \cdot v = k \cdot (-1) \cdot v = k \cdot (-v)$. Zusammen mit der rechten Seite der obigen Gleichung ergibt das die Behauptung!

Lösung zu Aufgabe 4

»Eins plus Eins gleich Zwei« ist nicht unbedingt ein Ergebnis, dass man seinen Freunden als Resultat der schweren Arbeit eines Tages mitteilen möchte und in der Tat ist die Behauptung mittels Distributivgesetz schnell gezeigt:

$$v + v = 1 \cdot v + 1 \cdot v = (1 + 1) \cdot v = 2 \cdot v$$

Die Bedeutung ist aber weiter reichend. Denn mit der gleichen Argumentation können Sie auch $17v + 4v = 21v$ beweisen. Das ist die höchste Form der Harmonie zwischen der Vektoraddition und der skalaren Multiplikation. Jetzt sind Sie hoffentlich restlos davon überzeugt, dass das Skalarprodukt wie ein Vorfaktor für die Vektoren wirkt. $3v = 3 \cdot v = v + v + v$ dürfen Sie lesen wie »drei Eier sind ein Ei plus ein Ei plus noch ein Ei«. Die Zahl stellt eine Quantisierung des Vektors dar!

Lösung zu Aufgabe 5

Das gesuchte Inverse lautet: $3x^3 - 2x^2 + 1$, denn es gilt:

$$\begin{aligned}(-3x^3 + 2x^2 - 1) + (3x^3 - 2x^2 + 1) &= (-3 + 3)x^3 + (2 - 2)x^2 + (-1 + 1)\\ &= 0x^3 + 0x^2 + 0\\ &= 0\end{aligned}$$

Lösung zu Aufgabe 6

Sie können das Kommutativgesetz für Vektoren aus V sehr elegant auf die Kommutativität der Koeffizienten zurückführen, die natürlich in jedem Körper gegeben ist, insbesondere auch in $\mathbb{R}$.

$$\begin{aligned}u + v &= (a_3 \cdot x^3 + a_2 \cdot x^2 + a_1 \cdot x + a_0) + (b_3 \cdot x^3 + b_2 \cdot x^2 + b_1 \cdot x + b_0)\\ &= (a_3 + b_3) \cdot x^3 + (a_2 + b_2) \cdot x^2 + (a_1 + b_1) \cdot x + (a_0 + b_0)\\ &= (b_3 + a_3) \cdot x^3 + (b_2 + a_2) \cdot x^2 + (b_1 + a_1) \cdot x + (b_0 + a_0)\\ &= (b_3 \cdot x^3 + b_2 \cdot x^2 + b_1 \cdot x + b_0) + (a_3 \cdot x^3 + a_2 \cdot x^2 + a_1 \cdot x + a_0)\\ &= v + u\end{aligned}$$

Lösung zu Aufgabe 7

Auch der Nachweis des Distributivgesetzes in V läuft darauf hinaus, das Distributivgesetz in $\mathbb{R}$ auszunutzen. Dieser Trick funktioniert übrigens auch für alle möglichen anderen Gesetze in V!

$$\begin{aligned}
k\cdot(u+v) &= k\cdot\left((a_3\cdot x^3+a_2\cdot x^2+a_1\cdot x+a_0)+(b_3\cdot x^3+b_2\cdot x^2+b_1\cdot x+b_0)\right)\\
&= k\cdot\left((a_3+b_3)\cdot x^3+(a_2+b_2)\cdot x^2+(a_1+b_1)\cdot x+(a_0+b_0)\right)\\
&= k\cdot(a_3+b_3)\cdot x^3+k\cdot(a_2+b_2)\cdot x^2+k\cdot(a_1+b_1)\cdot x+k\cdot(a_0+b_0)\\
&= (k\cdot a_3+k\cdot b_3)\cdot x^3+(k\cdot a_2+k\cdot b_2)\cdot x^2+(k\cdot a_1+k\cdot b_1)\cdot x+(k\cdot a_0+k\cdot b_0)\\
&= \left(k\cdot a_3\cdot x^3+k\cdot a_2\cdot x^2+k\cdot a_1\cdot x+k\cdot a_0\right)+\left(k\cdot b_3\cdot x^3+k\cdot b_2\cdot x^2+k\cdot b_1\cdot x+k\cdot b_0\right)\\
&= k\cdot\left(a_3\cdot x^3+a_2\cdot x^2+a_1\cdot x+a_0\right)+k\cdot\left(b_3\cdot x^3+b_2\cdot x^2+b_1\cdot x+b_0\right)\\
&= k\cdot u+k\cdot v
\end{aligned}$$

Lösung zu Aufgabe 8

Beginnen Sie am besten wiederum damit, u und v in Langform zu notieren, beispielsweise so:

$$u = a_3\cdot x^3 + a_2\cdot x^2 + a_1\cdot x + a_0 \text{ und } v = b_3\cdot x^3 + b_2\cdot x^2 + b_1\cdot x + b_0$$

Wenn x_0 eine Nullstelle von u und von v ist, so gilt:

$$a_3\cdot x_0^3 + a_2\cdot x_0^2 + a_1\cdot x_0 + a_0 = 0 \wedge b_3\cdot x_0^3 + b_2\cdot x_0^2 + b_1\cdot x_0 + b_0 = 0$$

Die Summe von u und v ergibt:

$$\begin{aligned}
&(a_3\cdot x^3 + a_2\cdot x^2 + a_1\cdot x + a_0) + (b_3\cdot x^3 + b_2\cdot x^2 + b_1\cdot x + b_0)\\
&\quad = (a_3+b_3)\cdot x^3 + (a_2+b_2)\cdot x^2 + (a_1+b_1)\cdot x + (a_0+b_0)
\end{aligned}$$

Das Einsetzen von x_0 resultiert wiederum in einer Nullstelle. Beachten Sie dabei, dass es sich bei den einzelnen Termen um Elemente des Körpers der reellen Zahlen handelt, in dem das Distributivgesetz gilt und Sie aufgrund von Assoziativ- und Kommutativgesetzen die Summanden beliebig neu anordnen dürfen:

$$\begin{aligned}
&(a_3+b_3)\cdot x_0^3 + (a_2+b_2)\cdot x_0^2 + (a_1+b_1)\cdot x_0 + (a_0+b_0)\\
&\quad = a_3\cdot x_0^3 + b_3\cdot x_0^3 + a_2\cdot x_0^2 + b_2\cdot x_0^2 + a_1\cdot x_0 + b_1\cdot x_0 + a_0 + b_0\\
&\quad = a_3\cdot x_0^3 + a_2\cdot x_0^2 + a_1\cdot x_0 + a_0 + b_3\cdot x_0^3 + b_2\cdot x_0^2 + b_1\cdot x_0 + b_0\\
&\quad = \left(a_3\cdot x_0^3 + a_2\cdot x_0^2 + a_1\cdot x_0 + a_0\right) + \left(b_3\cdot x_0^3 + b_2\cdot x_0^2 + b_1\cdot x_0 + b_0\right)\\
&\quad = 0 + 0 = 0
\end{aligned}$$

Was zu zeigen war! Die Umkehrung gilt jedoch nicht. Betrachten Sie dazu $u = 1$ und $v = -1$. Beide verfügen nicht über Nullstellen, ihre Summe $u + v = \emptyset$ trotzt dagegen von Nullstellen!

Lösung zu Aufgabe 9

Nachdem Sie wissen, dass die Nullmatrix das Neutralelement der Vektoraddition ist, finden Sie das inverse Element –M zu einer gegeben Matrix M auf folgende Weise:

$$M = \begin{pmatrix} c_1 & c_2 & c_3 \\ c_2 & c_4 & c_5 \\ c_3 & c_5 & c_6 \end{pmatrix} \Rightarrow -\mathrm{M} = \begin{pmatrix} -c_1 & -c_2 & -c_3 \\ -c_2 & -c_4 & -c_5 \\ -c_3 & -c_5 & -c_6 \end{pmatrix}$$

$$\begin{aligned} \text{wegen: } M + (-M) &= \begin{pmatrix} c_1 & c_2 & c_3 \\ c_2 & c_4 & c_5 \\ c_3 & c_5 & c_6 \end{pmatrix} + \begin{pmatrix} -c_1 & -c_2 & -c_3 \\ -c_2 & -c_4 & -c_5 \\ -c_3 & -c_5 & -c_6 \end{pmatrix} \\ &= \begin{pmatrix} c_1 - c_1 & c_2 - c_2 & c_3 - c_3 \\ c_2 - c_2 & c_4 - c_4 & c_5 - c_5 \\ c_3 - c_3 & c_5 - c_5 & c_6 - c_6 \end{pmatrix} \\ &= \begin{pmatrix} 0 & 0 & 0 \\ 0 & 0 & 0 \\ 0 & 0 & 0 \end{pmatrix} \\ &= 0 \end{aligned}$$

Lösung zu Aufgabe 10

Den Nachweis eines Distributivgesetzes in V führen Sie am einfachsten durch das zwischenzeitliche Ausmultiplizieren und die Anwendung des Kommutativgesetzes der Multiplikation von komplexen Zahlen:

$$\begin{aligned} r \cdot (s \cdot u) &= r \cdot \left(s \cdot \begin{pmatrix} c_1 & c_2 & c_3 \\ c_2 & c_4 & c_5 \\ c_3 & c_5 & c_6 \end{pmatrix} \right) = r \cdot \begin{pmatrix} s \cdot c_1 & s \cdot c_2 & s \cdot c_3 \\ s \cdot c_2 & s \cdot c_4 & s \cdot c_5 \\ s \cdot c_3 & s \cdot c_5 & s \cdot c_6 \end{pmatrix} \\ &= \begin{pmatrix} r \cdot s \cdot c_1 & r \cdot s \cdot c_2 & r \cdot s \cdot c_3 \\ r \cdot s \cdot c_2 & r \cdot s \cdot c_4 & r \cdot s \cdot c_5 \\ r \cdot s \cdot c_3 & r \cdot s \cdot c_5 & r \cdot s \cdot c_6 \end{pmatrix} = \begin{pmatrix} s \cdot r \cdot c_1 & s \cdot r \cdot c_2 & s \cdot r \cdot c_3 \\ s \cdot r \cdot c_2 & s \cdot r \cdot c_4 & s \cdot r \cdot c_5 \\ s \cdot r \cdot c_3 & s \cdot r \cdot c_5 & s \cdot r \cdot c_6 \end{pmatrix} \\ &= s \cdot \begin{pmatrix} r \cdot c_1 & r \cdot c_2 & r \cdot c_3 \\ r \cdot c_2 & r \cdot c_4 & r \cdot c_5 \\ r \cdot c_3 & r \cdot c_5 & r \cdot c_6 \end{pmatrix} = s \cdot \left(r \cdot \begin{pmatrix} c_1 & c_2 & c_3 \\ c_2 & c_4 & c_5 \\ c_3 & c_5 & c_6 \end{pmatrix} \right) \\ &= s \cdot (r \cdot u) \end{aligned}$$

Lösung zu Aufgabe 11

Sie beweisen diese Behauptung, indem Sie die linke Seite in Matrixschreibweise darstellen:

$$r \cdot \begin{pmatrix} c_1 & c_2 & c_3 \\ c_2 & c_4 & c_5 \\ c_3 & c_5 & c_6 \end{pmatrix} = \begin{pmatrix} r \cdot c_1 & r \cdot c_2 & r \cdot c_3 \\ r \cdot c_2 & r \cdot c_4 & r \cdot c_5 \\ r \cdot c_3 & r \cdot c_5 & r \cdot c_6 \end{pmatrix} \stackrel{!}{=} \begin{pmatrix} 0 & 0 & 0 \\ 0 & 0 & 0 \\ 0 & 0 & 0 \end{pmatrix}$$

Das bedeutet, jede einzelne Komponente in der mittleren Matrix muss mit der auf der rechten Seite übereinstimmen, also Null sein. Insgesamt ergibt das 9 Einzelgleichungen, von denen aufgrund der Symmetrie nur 6 unterschiedlich sind:

$$\begin{aligned} r \cdot c_1 &= 0 \\ r \cdot c_2 &= 0 \\ r \cdot c_3 &= 0 \\ r \cdot c_4 &= 0 \\ r \cdot c_5 &= 0 \\ r \cdot c_6 &= 0 \end{aligned}$$

Da die komplexen Zahlen einen Körper bilden, muss entweder $r = 0$ oder aber $c_1 = c_2 = c_3 = c_4 = c_5 = c_6 = 0$ gelten. Das bedeutet, entweder muss $r = 0$ sein oder die Matrix ist die Nullmatrix, also der Nullvektor von v.

Die umgekehrte Richtung ist trivial: wenn entweder $r = 0$ oder alle $c_i = 0$ sind, ist das Ergebnis der skalaren Multiplikation stets die Nullmatrix!

Lösung zu Aufgabe 12

Was geschieht, wenn Sie eine reelle Zahl mit einer komplexen multiplizieren, zum Beispiel $\frac{1}{4} \cdot (4 + i)$? Das Ergebnis ist im Allgemeinen wiederum eine komplexe Zahl, wie im Beispiel: $1 + \frac{1}{4}i$.

Wenn also die Einträge einer 2×3-Matrix ohnehin komplex sind, wird die reelle skalare Multiplikation an dieser Situation nichts ändern, demnach können Sie getrost einen Vektorraum V komplexer 2×3-Matrizen über $\mathbb{R}$ bilden.

Dies ist im umgekehrten Fall **nicht** möglich! Sobald die Komponenten der 2×3-Matrizen ausschließlich reelle Zahlen sind, könnte die Multiplikation mit einer komplexen Zahl, zum Beispiel i, im Ergebnis komplexe Zahlen produzieren. Deswegen dürfen Sie keinen Vektorraum reeller Matrizen über $\mathbb{C}$ bilden!

Lösung zu Aufgabe 13

Die Lösungsmethode dieser Aufgabe entspricht exakt dem Beispiel! Zuerst nutzen Sie die Symmetriebedingung, anschließend wenden Sie die »Gesetzesvorlage« an und am Ende heben Sie die doppelte komplexe Konjugation auf:

$$\begin{aligned} (k \cdot u) \cdot v &= \overline{v \cdot (k \cdot u)} \\ &= \overline{k \cdot (v \cdot u)} \\ &= \overline{k} \cdot \overline{(v \cdot u)} \\ &= \overline{k} \cdot \overline{\overline{(u \cdot v)}} \\ &= \overline{k} \cdot (u \cdot v) \end{aligned}$$

Lösung zu Aufgabe 14

Zur Lösung dieser Aufgabe gibt es verschiedene Methoden. Wie gefällt Ihnen zum Beispiel das Ausnutzen der Regel zur skalaren Multiplikation, wobei Sie den Nullvektor ansetzen als $0 = 0 \cdot 0$? Dann ergibt sich:

$$\begin{aligned} u \cdot 0 &= u \cdot (0 \cdot 0) \\ &= 0 \cdot (u \cdot 0) \\ &= \quad 0 \end{aligned}$$

Die andere Richtung ist nur minimal komplizierter, wenn Sie sich klar machen, dass die komplexe Konjugation der Null wiederum in der Null resultiert:

$$\begin{aligned} 0 \cdot u &= (0 \cdot 0) \cdot u \\ &= \overline{0} \cdot (0 \cdot u) \\ &= \quad 0 \end{aligned}$$

Lösung zu Aufgabe 15

Wie so oft besitzt eine recht kompliziert aussehende Fragestellung eine einfache Lösung. Im Zweifel »rechnen« Sie die linke Seite aus, und es ergibt sich, wie hier, ohne weitere Umstände die rechte Seite:

$$\begin{aligned} \|u + v\|^2 &= \left(\sqrt{(u + v) \cdot (u + v)}\right)^2 \\ &= (u + v) \cdot (u + v) \\ &= u \cdot u + u \cdot v + v \cdot u + v \cdot v \\ &= \left(\sqrt{u \cdot u}\right)^2 + \left(\sqrt{v \cdot v}\right)^2 + u \cdot v + u \cdot v \\ &= \|u\|^2 + \|v\|^2 + 2 \cdot (u \cdot v) \end{aligned}$$

Lösung zu Aufgabe 16

Bei dieser Aufgabe müssen Sie sich zuerst überlegen, wie das Neutralelement für V aussieht. Es muss eine lineare Abbildung von U nach W sein. Im Vektorraum W gibt es wiederum einen Nullvektor 0, und genau den benötigen Sie:

$$0 \in V\colon\ \forall x \in U\colon\ 0(x) = 0$$

Der Nullvektor $0 \in V$ ist also diejenige Funktion, die alle möglichen Elemente von U in den Nullvektor von W abbildet. Damit ist 0 selbst natürlich eine lineare Funktion und erfüllt die Eigenschaft des Neutralelements für die Vektoraddition in V:

$$\forall u \in V\colon (u + 0)(x) = u(x) + 0(x) = u(x) + 0 = u(x)$$

Das hat überhaupt nicht »weh getan«, oder?

Lösung zu Aufgabe 17

Das inverse Element bereitet keine Schwierigkeiten mehr, nachdem Sie in Aufgabe 16 den Nullvektor gefunden haben. Wenn f eine beliebige lineare Funktion von U nach W und damit f ein beliebiger Vektor in V ist, so definieren Sie das Inverse von f bezüglich der Vektoraddition in V einfach dadurch, dass Sie $-f$ als diejenige Funktion bezeichnen, die jedem Bildelement von f just das Inverse in W zuordnet:

$-f\colon\ (-f)(x) = -f(x)$. Sie erhalten »auf natürliche Weise«:

$$\forall f \in V\colon\ \big(f + (-f)\big)(x) = f(x) + (-f)(x) = f(x) - f(x) = 0 \text{ und ebenso:}$$
$$\big((-f) + f\big)(x) = (-f)(x) + f(x) = -f(x) + f(x) = 0$$

Lösung zu Aufgabe 18

Das Neutralelement des Körpers K bezogen auf die Multiplikation wird stets mit 1 dargestellt. Damit gilt aber für jede lineare Funktion u aus V:

$$\forall u \in V\colon\ (1 \cdot u)(x) = 1 \cdot u(x) = u(x)$$

Beachten Sie, dass der letzte Schritt voraussetzt, dass dieselbe »1« im Bildbereich von u, also im Vektorraum W, ebenfalls als Neutralelement fungiert. Dies ist gewährleistet, weil V und W über demselben Körper K definiert wurden!

Lösung zu Aufgabe 19

Das »kleine« Distributivgesetz überführt – wieder einmal – die Vektorraumeigenschaft von V in diejenige von W:

$$\forall k \in K\ \forall u,v \in V\colon\ \big(k(u + v)\big)(x) = k \cdot (u + v)(x) = k \cdot u(x) + k \cdot v(x)$$

Sie sind an dieser Stelle »tief« im Vektorraum W angelangt. $u(x)$ und $v(x)$ sind beides Elemente von W. Außerdem ist die skalare Multiplikation mit dem Körperelement k ebenfalls in W definiert. Dort muss nun, weil W schließlich alle Vektorraumeigenschaften erfüllen muss, das kleine Skalarprodukt gelten. Sie wenden dieses Gesetz jedoch von rechts nach links an:

$$k \cdot u(x) + k \cdot v(x) = k \cdot \big(u(x) + v(x)\big) = k \cdot (u + v)(x)$$

Damit ist das kleine Skalarprodukt für V bewiesen!

Aufräumen in den Unterräumen

6

In diesem Kapitel …

- Untervektorräume schnell bestimmen
- Eigenschaften von Unterräumen ermitteln
- Summen und direkte Summen von Unterräumen berechnen
- Dimensionen von Vektorräumen ausnutzen

Untervektorräume oder kurz *Unterräume* erfüllen alle Vektorraumeigenschaften, sind jedoch Teilmengen größerer Vektorräume. In diesem Kapitel finden Sie zahlreiche Übungsaufgaben, damit Sie in Unterräumen rechnen können und den Umgang mit Unterräumen beherrschen.

Vektorraumeigenschaften von Unterräumen überprüfen

Wenn Ihnen die Frage gestellt wird – und genau das wird in den Übungsaufgaben geschehen – ob eine bestimmte Menge von Vektoren einen *Unterraum* desjenigen Vektorraums bildet, aus dem sie entstammt, so müssen Sie nicht mühsam alle Vektorraumeigenschaften prüfen. Vielmehr genügen drei Tests:

U mit $U \subseteq V$ über K ist genau dann Unterraum von V, wenn gilt:

1. $U \neq \emptyset$
2. $\forall u_1, u_2 \in U\colon\; u_1 + u_2 \in U$
3. $\forall u \in U \wedge \forall k \in K\colon\; k \cdot u \in U$

Sie müssen also kontrollieren, ob in U überhaupt Elemente vorhanden sind, was meist sehr einfach ist. Alternativ, wenn Ihnen das lieber ist, dürfen Sie untersuchen, ob der Nullvektor Element von U ist. Der muss stets in einem Unterraum vorhanden sein, ohne den läuft nichts!

Danach haben Sie zu überprüfen, ob die beliebige Summe zweier Vektoren aus U auch ein Ergebnis produziert, das wieder in U liegt. Das nennt man *Abgeschlossenheit gegenüber der Vektoraddition*. Wenn das der Fall ist, müssen Sie sich um die vielen Gesetze der Vektoraddition in U keine Sorgen machen, denn die sind als Teilmenge des großen Vektorraums V ohnehin garantiert. Zum Schluss haben Sie eine analoge Überprüfung für die skalare Multiplikation durchzuführen. Wenn auch die *Abgeschlossenheit gegenüber der skalaren Multiplikation* gesichert ist, haben Sie den vollständigen Nachweis der Unterraumeigenschaften erbracht!

Beispiel

Ist U ein Unterraum des $\mathbb{R}^3$ über $\mathbb{R}$?

$$U = \left\{ \begin{pmatrix} x \\ y \\ 0 \end{pmatrix} \middle| \, x, y \in \mathbb{R} \wedge x + y = 0 \right\}$$

Lösung

Sie gehen systematisch vor und beginnen bei der ersten Eigenschaft.

Ist U die leere Menge? Da der Nullvektor auf jeden Fall wegen $0 + 0 = 0$ in U ist, ist U nicht leer und die erste Unterraumeigenschaft ist »im Sack«.

Nun zur Abgeschlossenheit gegenüber der Addition. Dabei müssen zwei beliebige Elemente aus U in der Summe wiederum ein Element aus U ergeben. Wenn Sie das an einem konkreten Beispiel untersuchen, etwa:

$$\begin{pmatrix} -3 \\ 3 \\ 0 \end{pmatrix} + \begin{pmatrix} 1 \\ -1 \\ 0 \end{pmatrix} = \begin{pmatrix} -2 \\ 2 \\ 0 \end{pmatrix} \in U$$

ist das zwar nett, hilft Ihnen jedoch nicht weiter, denn es könnte ja andere Beispiele geben, bei denen das nicht funktioniert. Vielmehr müssen Sie die beiden Summanden *allgemein* notieren. Dabei hilft Ihnen, dass in U gilt: $x + y = 0 \Rightarrow x = -y$. Sie können also U auch folgendermaßen beschreiben:

$$U = \left\{ \begin{pmatrix} x \\ -x \\ 0 \end{pmatrix} \middle| \, x \in \mathbb{R} \right\}$$

Diese Darstellung ist aus Sicht der Unterraumeigenschaften viel praktischer:

$$\begin{pmatrix} x_1 \\ -x_1 \\ 0 \end{pmatrix} + \begin{pmatrix} x_2 \\ -x_2 \\ 0 \end{pmatrix} = \begin{pmatrix} x_1 + x_2 \\ -x_1 - x_2 \\ 0 \end{pmatrix} = \begin{pmatrix} x_1 + x_2 \\ -(x_1 + x_2) \\ 0 \end{pmatrix} = \begin{pmatrix} x_3 \\ -x_3 \\ 0 \end{pmatrix} \in U$$

Wie Sie sehen, ist die Summe zweier beliebiger Elemente ebenfalls Element von U, damit ist die Abgeschlossenheit gegenüber der Vektoraddition gezeigt.

Nun zur letzten Untersuchung. Auch hier wird die elegantere Darstellung von U gewählt. Mit einem beliebigen $\lambda \in \mathbb{R}$ gilt weiter:

$$\lambda \cdot \begin{pmatrix} x_1 \\ -x_1 \\ 0 \end{pmatrix} = \begin{pmatrix} \lambda \cdot x_1 \\ \lambda \cdot (-x_1) \\ 0 \end{pmatrix} = \begin{pmatrix} \lambda \cdot x_1 \\ -(\lambda \cdot x_1) \\ 0 \end{pmatrix} = \begin{pmatrix} x_2 \\ -x_2 \\ 0 \end{pmatrix} \in U$$

Wiederum wird deutlich, dass jede beliebige skalare Multiplikation mit einem beliebigen Element aus U wiederum ein Element aus U ergibt. Damit sind alle drei Eigenschaften nachgewiesen und U ist ein Unterraum des $\mathbb{R}^3$ über $\mathbb{R}$!

Aufgabe 1

Ist U ein Unterraum des $\mathbb{R}^3$ über $\mathbb{R}$?

$$U = \left\{ \begin{pmatrix} x \\ y \\ z \end{pmatrix} \middle| \, x, y, z \in \mathbb{R} \wedge x + 2y + 3z = 0 \right\}$$

Aufgabe 2

Ist U ein Unterraum des $\mathbb{R}^3$ über $\mathbb{R}$?

$$U = \left\{ \begin{pmatrix} x+1 \\ x \\ 0 \end{pmatrix} \middle| \, x \in \mathbb{R} \right\}$$

Aufgabe 3

Ist U ein Unterraum des $\mathbb{C}^3$ über $\mathbb{R}$ oder gar ein Unterraum des $\mathbb{C}^3$ über $\mathbb{C}$?

$$U = \left\{ \begin{pmatrix} i \cdot x \\ y \\ z \end{pmatrix} \middle| \, x, y, z \in \mathbb{R} \right\}$$

Aufgabe 4

Ist U ein Unterraum des $\mathbb{R}^4$ über $\mathbb{R}$?

$$U = \left\{ \begin{pmatrix} x \\ y \\ z \\ -x \end{pmatrix} \middle| \, x, y, z \in \mathbb{R} \wedge y + z = 0 \right\}$$

Unterräume bestimmen, leicht gemacht

Im letzten Abschnitt ging es darum, eine gegebene Menge von Vektoren als Unterraum zu identifizieren, oder eben auch nicht. Dieser Abschnitt ist ein wenig anspruchsvoller. Hier sollen Sie für eine gegebene Menge M von Vektoren einen möglichst knapp bemessenen Unterraum bestimmen, der wenigstens M enthält.

Falls M nur aus einem einzigen Vektor besteht, ist die Sache schnell erledigt, denn die *lineare Hülle* eine Vektors v, geschrieben als $LH(v)$, ist nichts anderes als die Menge der skalaren Vielfachen von v, und die bildet automatisch den kleinsten Unterraum, der v enthält.

Falls M mehr als einen Vektor beinhaltet, entspricht die Menge aller *Linearkombinationen* der Elemente von M gerade dem gesuchten Unterraum.

Die Schwierigkeit besteht, wie ich Ihnen anhand eines Musterbeispiels und der Übungsaufgaben dieses Abschnitts zeigen möchte, oftmals jedoch darin, die genauen Elemente von M überhaupt als Vektoren zu identifizieren.

Im schlimmsten Fall kann es Ihnen passieren, dass selbst der kleinste Unterraum, der M enthält, schon aus dem gesamten Vektorraum V besteht!

Beispiel

Bestimmen Sie den kleinsten Unterraum U des Vektorraums V der reellen Polynome höchstens zweiten Grades, der alle Polynome mit **genau einer** reellen Nullstelle enthält!

Lösung

Die erste Frage, die Sie zu klären haben, lautet: »Wie sehen Polynome höchstens zweiten Grades aus, die genau eine Nullstelle besitzen?«

Die allgemeine Form dieser Polynome ergibt sich aus der quadratischen Gleichung:

$$a \cdot x^2 + b \cdot x + c = 0$$

Wenn $a = 0$ ist, so handelt es sich um lineare Gleichungen, die im Allgemeinen genau eine Nullstelle besitzen. Für $a = b = 0$ ist die Sache aber ein wenig komplizierter. Dann verfügt das Polynom entweder über keine Nullstelle, falls $c \neq 0$, oder unendlich viele mit $c = 0$. Letzteres Polynom ist jedoch der Nullvektor dieses Vektorraumes, und den werden Sie, mit all seinen skalaren Vielfachen, am Ende ohnehin »mitspielen« lassen müssen. Damit ist die erste Teilmenge Ihres Unterraums U schon einmal klar, sie besteht aus allen Polynomen der Form:

$$b \cdot x + c \text{ mit } b, c \in \mathbb{R}$$

Für $a \neq 0$ dürfen Sie dividieren:

$$x^2 + \frac{b}{a} \cdot x + \frac{c}{a} = 0 \;\Rightarrow\; \left(x + \frac{b}{2a}\right)^2 - \left(\frac{b}{2a}\right)^2 + \frac{c}{a} = 0$$

Genau eine Nullstelle ergibt sich nur dann, wenn

$$-\left(\frac{b}{2a}\right)^2 + \frac{c}{a} = 0 \;\Rightarrow\; \frac{c}{a} = \left(\frac{b}{2a}\right)^2 \;\Rightarrow\; \frac{c}{a} = \frac{b^2}{4a^2} \;\Rightarrow\; c = \frac{b^2}{4a}$$

Diesen Wert für c ersetzen Sie in den Polynomen für den zweiten Teil von U. Sie erhalten:

$$a \cdot x^2 + b \cdot x + \frac{b^2}{4a} \text{ mit } a, b \in \mathbb{R},\; a \neq 0$$

Für U hat weiterhin die Abgeschlossenheit gegenüber der skalaren Multiplikation zu gelten. Daher müssen beispielsweise für $a = 1$ und $b = 2$, was in $\frac{2^2}{4} = 1$ resultiert, auch alle Vielfachen möglich sein. Demnach wird auch der letzte Term nicht eingeschränkt.

Der kleinste Unterraum, der alle Polynome mit genau einer Nullstelle enthält, ist somit V selbst!

Aufgabe 5

Bestimmen Sie den kleinsten Unterraum U des Vektorraums V der symmetrischen reellen 2×2-Matrizen, der alle Matrizen enthält, deren Komponenten in der Summe Null ergeben!

Aufgabe 6

Bestimmen Sie den kleinsten Unterraum U des $\mathbb{C}^3$ über $\mathbb{R}$, dessen Komponenten allesamt rein imaginär sind!

Aufgabe 7

Bestimmen Sie den kleinsten Unterraum U des Vektorraums V der Polynome höchstens dritten Grades, dessen Elemente Polynome genau zweiten Grades darstellen!

Aufgabe 8

Bestimmen Sie den kleinsten Unterraum U des Vektorraums W der linearen Abbildungen von V nach V über K, wobei U sowohl die Identität als auch die Nullfunktion enthält!

Summen und direkte Summen von Unterräumen

Unterräume von Vektorräumen sind wie Zahlen, nur größer. Mit ein wenig gutem Willen lässt sich sogar mit Unterräumen rechnen. Sie können zum Beispiel die *Summe zweier Unterräume* bilden – desselben Vektorraums, versteht sich.

Und mit ein bisschen Glück kommt dabei sogar der komplette Vektorraum raus, dann nennt sich der Spaß *direkte Summe*!

Für Unterräume U und W eines Vektorraums V ergibt sich die *Summe der Unterräume* $U + W$ aus der Vektorsumme aller möglichen Elemente:

$$U + W = \{u + w \mid u \in U \wedge w \in W\}$$

Ein Vektorraum V ist die *direkte Summe seiner Unterräume U und W*, geschrieben als $U \oplus W$, falls jeder Vektor $v \in V$ eine ***eindeutige*** Darstellung als $v = u + w$ mit $u \in U$ und $w \in W$ besitzt.

»Eindeutig« ist die Summe nur, wenn die Elemente aus V, mit Ausnahme des Nullvektors, linear unabhängig von den Elementen aus W sind. Dies ist genau dann der Fall, wenn sich die Vektoren in W nicht aus jenen von V linear kombinieren lassen, und umgekehrt.

Nach allem, was Sie schon wissen und gelernt haben, empfehle ich Ihnen folgendes Vorgehen, falls Sie entscheiden wollen, ob ein gegebener Vektorraum V die Summe oder gar direkte Summe zweier seiner Unterräume U und W ist:

1. Die Vektoren, die zur Erzeugung von U und W verwendet werden, heißen üblicherweise *erzeugende Vektoren*. Wenn Sie auf alle erzeugenden Vektoren von U und W *gemeinsam* den Gauß'schen Eliminationsalgorithmus anwenden, berechnen Sie automatisch das gemeinsame Erzeugendensystem. Dieses stellt per Konstruktion die Summe von U und W dar. Im nächsten Kapitel werde ich Ihnen dieses Verfahren als »*Gauß'sche Waschmaschine*« detailliert erklären.

2. Sollte die Anzahl an linear unabhängigen Vektoren, die »heil« aus der »Waschmaschine« entnommen werden, genau mit der Anzahl der Basisvektoren von V übereinstimmen, gilt sogar: $U \oplus W$

Es gibt dabei noch einen Trick, bei dem Sie die Determinante der Matrix aus den erzeugenden Vektoren bilden. Das zeige ich Ihnen im Beispiel weiter unten.

Außerdem sollten Sie in der Lage sein zu entscheiden, ob beispielsweise die Summe zweier Unterräume U_1 und W_1 der Summe von zwei anderen Unterräumen, etwa U_2 und W_2, entspricht. In algebraischer Schreibweise sieht das noch freundlicher aus: $U_1 + W_1 = U_2 + W_2$.

Dies setzt voraus, dass Sie überprüfen können, ob zwei Unterräume U und W überhaupt identisch sind oder nicht. Dies ist genau dann der Fall, wenn Sie jeden beliebigen Vektor aus W mit den Elementen aus U linear kombinieren können. Das wiederum geht genau dann, wenn Ihnen dieses Zauberlehrstück für die erzeugenden Basisvektoren gelingt.

Beispiel

Gegeben seien die Unterräume U und W des Vektorraumes $\mathbb{R}^3$ über $\mathbb{R}$:

$$U = \left\{ \lambda \begin{pmatrix} 1 \\ 2 \\ 3 \end{pmatrix} + \mu \begin{pmatrix} -1 \\ 0 \\ 2 \end{pmatrix} \middle| \lambda, \mu \in \mathbb{R} \right\} \text{ und } W = \left\{ \lambda \begin{pmatrix} 1 \\ 0 \\ 1 \end{pmatrix} \middle| \lambda \in \mathbb{R} \right\}$$

Ist $\mathbb{R}^3$ über $\mathbb{R}$ die Summe oder gar direkte Summe von U und W?

Lösung

Da U über 2 und W über einen einzigen Vektor verfügt, ist $\mathbb{R}^3$ die direkte Summe von U und W oder gar keine. Entweder werden alle drei Vektoren wirklich in der Summe benötigt, dann ist $U \oplus W$ dreidimensional und spannt ganz $\mathbb{R}^3$ auf. Oder aber wenigstens ein erzeugender Vektor ist »überflüssig«, dann ist $U + W$ selbst nur ein kleiner, mindestens um eine Dimension ärmerer Unterraum des $\mathbb{R}^3$.

Das Schnellverfahren resultiert demnach in der Berechnung der Determinante derjenigen Matrix M, die aus den drei erzeugenden Vektoren von U und W zusammengesetzt ist. Die Reihenfolge spielt dabei keine Rolle.

$$\det(M) = \det \begin{pmatrix} 1 & -1 & 1 \\ 2 & 0 & 0 \\ 3 & 2 & 1 \end{pmatrix} = 0 + 0 + 4 - 0 - 0 - (-2) = 6 \neq 0$$

Da das Ergebnis nicht Null ist, sind die Spalten linear unabhängig und es gilt $U \oplus W = \mathbb{R}^3$ über $\mathbb{R}$.

Aufgabe 9

Gegeben seien die Unterräume U und W des Vektorraumes $\mathbb{R}^3$über $\mathbb{R}$:

$$U = \left\{ \lambda \begin{pmatrix} 1 \\ 1 \\ -1 \end{pmatrix} + \mu \cdot \begin{pmatrix} -1 \\ 0 \\ 2 \end{pmatrix} \middle| \lambda, \mu \in \mathbb{R} \right\} \text{ und } W = \left\{ \lambda \begin{pmatrix} 3 \\ 4 \\ -2 \end{pmatrix} + \mu \cdot \begin{pmatrix} 0 \\ 1 \\ 1 \end{pmatrix} \middle| \lambda, \mu \in \mathbb{R} \right\}$$

Ist $\mathbb{R}^3$ über $\mathbb{R}$ die Summe oder gar direkte Summe von U und W?

Aufgabe 10

Gegeben seien die Unterräume U und W des Vektorraumes $\mathbb{R}^4$ über $\mathbb{R}$:

$$U = \left\{ \lambda \begin{pmatrix} 1 \\ 2 \\ -1 \\ 0 \end{pmatrix} + \mu \cdot \begin{pmatrix} 0 \\ 1 \\ 1 \\ 2 \end{pmatrix} \middle| \lambda, \mu \in \mathbb{R} \right\} \text{ und } W = \left\{ \lambda \begin{pmatrix} 1 \\ -2 \\ 0 \\ 1 \end{pmatrix} + \mu \cdot \begin{pmatrix} 2 \\ 1 \\ 0 \\ 3 \end{pmatrix} \middle| \lambda, \mu \in \mathbb{R} \right\}$$

Ist $\mathbb{R}^3$ über $\mathbb{R}$ die Summe oder gar direkte Summe von U und W?

Aufgabe 11

Stimmen die Unterräume $U_1 + W_1$ mit $U_2 + W_2$ des Vektorraumes der Polynome höchstens zweiten Grades überein?

$$U_1 = \left\{ \lambda \left(x^2 + x + 1\right) + \mu \cdot \left(-x^2 + 2x - 1\right) \middle| \lambda, \mu \in \mathbb{R} \right\}$$
$$W_1 = \left\{ \lambda (-x) + \mu \cdot \left(2x^2 - x + 2\right) \middle| \lambda, \mu \in \mathbb{R} \right\}$$

sowie

$$U_2 = \left\{ \lambda \left(3x^2 + 3\right) + \mu \cdot \left(2x^2 + 2x + 2\right) \middle| \lambda, \mu \in \mathbb{R} \right\}$$
$$W_2 = \left\{ \lambda \left(x^2 + 7x + 1\right) + \mu \cdot \left(2x^2 - x + 2\right) \middle| \lambda, \mu \in \mathbb{R} \right\}$$

Aufgabe 12

Stimmt der Zeilenraum der Matrix M mit ihrem Spaltenraum überein?

$$M = \begin{pmatrix} 1 & 1 & 0 \\ 2 & 1 & 1 \\ 2 & 2 & 0 \end{pmatrix}$$

Was ergibt die Summe aus Spalten- und Zeilenraum von M?

Ausnutzen von Dimensionen

In den vorherigen Abschnitten ist es teilweise schon angeklungen: Sie müssen nicht immer den schweren, steinigen Weg gehen, konkrete Vektoren für die gesuchten Unterräume zu bestimmen! Vielmehr gibt es Situationen, wo Sie – zumeist recht einfach – allein mit dem Argument der Dimensionen weiter kommen.

Das ist in folgenden Fällen möglich, ratsam oder sogar geboten:

✔ Besteht Ihre Aufgabe darin, die Dimension eines Unterraumes U zu ermitteln, so können Sie die Anzahl an *freien Parametern* in der Darstellung von U heranziehen. Die Dimension 0 liegt genau dann vor, wenn lediglich der Nullvektor in U liegt, jeder weitere freie Parameter als Koeffizient vor einem anderen Vektor steht für eine zusätzliche Dimension.

✔ Müssen Sie untersuchen, ob zwei Unterräume gleich sind, so lohnt sich ein Blick auf die jeweilige Dimension. Ist sie unterschiedlich, dürfen Sie Gleichheit getrost ausschließen. Anderenfalls ist jedoch die mühsame Untersuchung auf Gleichheit durchzuführen!

✔ Wenn die Summe der Dimensionen zweier Unterräume die Dimension des Vektorraums übersteigt, kann es sich nicht um eine direkte Summe handeln!

✔ Sollte dagegen die Dimension eines Vektorraums V echt größer als die Summe der Dimensionen von zwei seiner Unterräume sein, kann V nicht die Summe und schon gar nicht die direkte Summe der Unterräume sein!

Beispiel

Ist der Vektorraum V der reellen 3×3-Matrizen die Summe oder gar direkte Summe des Unterraums U der 3×3-Skalarmatrizen sowie des Unterraums W aller 3×3-Matrizen, deren Diagonale Null ist?

Lösung

Die Aufgabe ist erstaunlich einfach, wenn Sie mit Dimensionen argumentieren. V besitzt die Dimension 9, weil sich insgesamt 9 Freiheitsgrade in der Menge aller 3×3-Matrizen finden. Betrachten Sie dazu als erzeugenden Vektor jeweils diejenige Matrix, die nur an einer einzigen Stelle eine 1 besitzt und ansonsten nur aus Nullen besteht. Dafür gibt es insgesamt 9 Möglichkeiten. U dagegen besitzt als einfachen erzeugenden Vektor die Einheitsmatrix. Also besitzt U die Dimension 1. Für W dagegen gibt es insgesamt 6 erzeugende Vektoren, das sind dieselben wie für V, mit Ausnahme der drei Matrizen, für die eine 1 auf der Hauptdiagonalen steht. Damit ist die Summe der Dimension von U und W $1 + 6 = 7$, was eindeutig weniger als die Dimension 9 von V ist. Somit ist V keine Summe von U und W, erst recht keine direkte Summe!

Aufgabe 13

Welche Dimension besitzt der folgende Unterraum U des Vektorraumes $\mathbb{C}^3$ über $\mathbb{C}$? Würde sich die Antwort ändern, wenn U über $\mathbb{R}$ definiert worden wäre?

$$U = \left\{ \lambda \begin{pmatrix} i \\ 1 \\ 0 \end{pmatrix} + \mu \begin{pmatrix} 1-i \\ 1+i \\ 1 \end{pmatrix} \middle| \lambda, \mu \in \mathbb{C} \right\}$$

Aufgabe 14

Gegeben sei der Vektorraum V der komplexen Polynome höchstens vierten Grades über $\mathbb{C}$. U sei derjenige Unterraum von V, der alle Polynome höchstens zweiten Grades enthält, während W alle Polynome höchstens ersten Grades beinhaltet. Ist V dann die Summe oder gar direkte Summe von U und W?

Aufgabe 15

Gegeben seien zwei Unterräume U und W des $\mathbb{R}^4$ über $\mathbb{R}$. Sind diese gleich?

$$U = \left\{ \lambda \begin{pmatrix} 1 \\ 2 \\ 0 \\ 0 \end{pmatrix} + \mu \begin{pmatrix} 0 \\ 1 \\ 0 \\ 2 \end{pmatrix} + \eta \begin{pmatrix} 0 \\ 1 \\ 1 \\ 0 \end{pmatrix} \middle| \lambda, \mu, \eta \in \mathbb{R} \right\}, W = \left\{ \begin{pmatrix} x \\ y \\ z \\ 0 \end{pmatrix} \middle| \text{ mit } x + y + z = 0 \right\}$$

Lösungen der Aufgaben zu den Unterräumen

Lösung zu Aufgabe 1

Diese Aufgabe weist große Ähnlichkeiten zum Musterbeispiel auf und wird ebenso gelöst.

Die erste Eigenschaft ist erfüllt, da $\begin{pmatrix} 0 \\ 0 \\ 0 \end{pmatrix} \in U$.

Die vereinfachte Form von U ergibt sich aus der Bedingung $x = -2y - 3z$, die sich unmittelbar aus der Darstellung von U ableitet. Es gilt also:

$$U = \left\{ \begin{pmatrix} -2y - 3z \\ y \\ z \end{pmatrix} \middle| y, z \in \mathbb{R} \right\}$$

Damit gelingt der Nachweis der Abgeschlossenheit von U gegenüber der Vektoraddition:

$$\begin{pmatrix} -2y_1 - 3z_1 \\ y_1 \\ z_1 \end{pmatrix} + \begin{pmatrix} -2y_2 - 3z_2 \\ y_2 \\ z_2 \end{pmatrix} = \begin{pmatrix} -2(y_1 + y_2) - 3(z_1 + z_2) \\ y_1 + y_2 \\ z_1 + z_2 \end{pmatrix} \in U$$

wegen $-2(y_1 + y_2) - 3(z_1 + z_2) + 2 \cdot (y_1 + y_2) + 3 \cdot (z_1 + z_2) = 0$

Ebenso funktioniert die Abgeschlossenheit gegenüber der skalaren Multiplikation. Wieder ist $\lambda \in \mathbb{R}$ beliebig:

$$\lambda \cdot \begin{pmatrix} -2y-3z \\ y \\ z \end{pmatrix} = \begin{pmatrix} \lambda \cdot (-2y-3z) \\ \lambda \cdot y \\ \lambda \cdot z \end{pmatrix} = \begin{pmatrix} -2\lambda \cdot y - 3\lambda \cdot z \\ \lambda \cdot y \\ \lambda \cdot z \end{pmatrix} \in U$$

$$\text{wegen} \quad -2\lambda \cdot y - 3\lambda \cdot z + 2 \cdot (\lambda \cdot y) + 3 \cdot (\lambda \cdot z) = 0$$

Somit ist U ein Unterraum des $\mathbb{R}^3$ über $\mathbb{R}$!

Lösung zu Aufgabe 2

Diese Aufgabe ist nur scheinbar der Musteraufgabe ähnlich, denn die Konstante »1« macht die Vektorraumeigenschaften »kaputt«. Tatsächlich ist keine einzige der drei Eigenschaften erfüllt. Das zeige ich Ihnen jeweils an einem Beispiel, auch wenn es genügt hätte, dass eine der drei Eigenschaften gebrochen wird.

Es ist zum Beispiel nicht einmal der Nullvektor Element von U. Um nämlich die obere Komponente Null werden zu lassen, muss x den Wert -1 annehmen, was einen Widerspruch zur zweiten Komponente erzeugt.

Weiter gilt für die Addition zweier einfacher Vektoren aus U:

$$\begin{pmatrix} 1+1 \\ 1 \\ 0 \end{pmatrix} + \begin{pmatrix} 2+1 \\ 2 \\ 0 \end{pmatrix} = \begin{pmatrix} 2 \\ 1 \\ 0 \end{pmatrix} + \begin{pmatrix} 3 \\ 2 \\ 0 \end{pmatrix} = \begin{pmatrix} 5 \\ 3 \\ 0 \end{pmatrix} \neq \begin{pmatrix} 3+1 \\ 3 \\ 0 \end{pmatrix}$$

Auch die skalare Multiplikation führt aus U hinaus:

$$2 \cdot \begin{pmatrix} 1+1 \\ 1 \\ 0 \end{pmatrix} = \begin{pmatrix} 2 \cdot 2 \\ 2 \cdot 1 \\ 0 \end{pmatrix} = \begin{pmatrix} 4 \\ 2 \\ 0 \end{pmatrix} \neq \begin{pmatrix} 2+1 \\ 2 \\ 0 \end{pmatrix}$$

Also ist U weit davon entfernt, ein Unterraum des $\mathbb{R}^3$ über $\mathbb{R}$ oder irgendeines anderen Vektorraums zu sein!

Lösung zu Aufgabe 3

In jedem der beiden gefragten Fälle ist auch hier der Nullvektor Element von U.

Auch die Abgeschlossenheit gegenüber der Vektoraddition ist für beide Vektorräume gewährleistet, denn es gilt:

$$\begin{pmatrix} i \cdot x_1 \\ y_1 \\ z_1 \end{pmatrix} + \begin{pmatrix} i \cdot x_2 \\ y_2 \\ z_2 \end{pmatrix} = \begin{pmatrix} i \cdot (x_1 + x_2) \\ y_1 + y_2 \\ z_1 + z_2 \end{pmatrix} \in U$$

Dies ist einleuchtend, weil die Definition von U ja lediglich besagt, dass die obere Komponente rein imaginär sein muss, während die beiden anderen Komponenten aller Elemente von U

rein reell zu sein haben. Dies wird durch die Addition keinesfalls gebrochen. Anders sieht das bei der skalaren Multiplikation aus.

Für einen beliebigen *reellen* Skalar λ ergibt sich:

$$\lambda \cdot \begin{pmatrix} i \cdot x \\ y \\ z \end{pmatrix} = \begin{pmatrix} i \cdot (\lambda \cdot x) \\ \lambda \cdot y \\ \lambda \cdot z \end{pmatrix} \in U$$

Damit ist U Unterraum des $\mathbb{C}^3$ über $\mathbb{R}$.

Im Gegensatz dazu zeige ich, dass U kein Unterraum des $\mathbb{C}^3$ über $\mathbb{C}$ ist:

$$i \cdot \begin{pmatrix} i \cdot 1 \\ 1 \\ 1 \end{pmatrix} = \begin{pmatrix} -1 \\ i \\ i \end{pmatrix} \notin U$$

Die beiden unteren Komponenten sind so wenig rein reell wie die obere Komponente rein imaginär ist. Also ist U auch kein Unterraum des $\mathbb{C}^3$ über $\mathbb{C}$!

Lösung zu Aufgabe 4

Hier ist sicher der Nullvektor in U. Für die Untersuchung der Abgeschlossenheiten empfehle ich Ihnen wiederum eine einfachere Darstellung von U, die alle möglichen Freiheitsgrade in einem 4-Tupel vereinigt. Dies geht, da $z = -y$ wegen der Voraussetzung $y + z = 0$ gilt.

$$U = \left\{ \begin{pmatrix} x \\ y \\ -y \\ -x \end{pmatrix} \middle| x, y \in \mathbb{R} \right\}$$

Jetzt geht die Abgeschlossenheit der Vektoraddition »locker von der Hand«.

$$\begin{pmatrix} x_1 \\ y_1 \\ -y_1 \\ -x_1 \end{pmatrix} + \begin{pmatrix} x_2 \\ y_2 \\ -y_2 \\ -x_2 \end{pmatrix} = \begin{pmatrix} x_1 + x_2 \\ y_1 + y_2 \\ -y_1 - y_2 \\ -x_1 - y_2 \end{pmatrix} = \begin{pmatrix} x_1 + x_2 \\ y_1 + y_2 \\ -(y_1 + y_2) \\ -(x_1 + x_2) \end{pmatrix} = \begin{pmatrix} x_3 \\ y_3 \\ -y_3 \\ -x_3 \end{pmatrix} \in U$$

mit $x_3 = x_1 + x_2$ und $y_3 = y_1 + y_2$

Ebenso bereitet Ihnen die Abgeschlossenheit gegenüber der skalaren Multiplikation keine Sorgen mehr:

$$\lambda \cdot \begin{pmatrix} x_1 \\ y_1 \\ -y_1 \\ -x_1 \end{pmatrix} = \begin{pmatrix} \lambda x_1 \\ \lambda y_1 \\ -\lambda y_1 \\ -\lambda x_1 \end{pmatrix} = \begin{pmatrix} x_2 \\ y_2 \\ -y_2 \\ -x_2 \end{pmatrix} \in U$$

Somit ist bewiesen, dass U ein Unterraum des $\mathbb{R}^4$ über $\mathbb{R}$ ist!

Lösung zu Aufgabe 5

Wenn Sie die textuelle Beschreibung der Vektorenmenge symbolisch darstellen, ergibt sich folgende Darstellung. Beachten Sie dabei, dass es sich bei dem geforderten Vektorraum um symmetrische Matrizen handelt:

$$M = \left\{ \begin{pmatrix} x & y \\ y & z \end{pmatrix} \middle| \text{ mit } x, y, z \in \mathbb{R} \wedge \mathrm{x} + \mathrm{y} + \mathrm{y} + \mathrm{z} = 0 \right\}$$

Die Gleichung können Sie nach z auflösen und erhalten $z = -x - 2y$. Daher ergibt sich für den gesuchten Unterraum die einfachere Gestalt:

$$U = \left\{ \begin{pmatrix} x & y \\ y & -x - 2y \end{pmatrix} \middle| \text{ mit } x, y \in \mathbb{R} \right\}$$

Dies stellt garantiert einen Unterraum dar, wie Sie durch eine zu Aufgabe 1 analoge Überlegung erkennen. Außerdem enthält U per Konstruktion die Elemente von M.

Lösung zu Aufgabe 6

Die Aufgabe klingt schwieriger als sie ist. Wie können Sie gewährleisten, dass eine komplexe Zahl c rein imaginär ist? Das ist einfach. Jede beliebige reelle Zahl x mit $x \cdot i$ produziert automatisch alle rein imaginären Zahlen. Da Sie im $\mathbb{C}^3$ über $\mathbb{R}$ insgesamt 3 Komponenten benötigen, die allesamt verschieden sein dürfen, erschließt sich der gesuchte Unterraum und Sie notieren U als:

$$U = \left\{ \begin{pmatrix} i \cdot x \\ i \cdot y \\ i \cdot z \end{pmatrix} \middle| x, y, z \in \mathbb{R} \right\}$$

Analog zu Aufgabe drei wird nun klar, dass alle Unterraumeigenschaften für U gewährleistet sind!

Lösung zu Aufgabe 7

Im Gegensatz zum Musterbeispiel, bei dem ein doch recht beachtlicher Rechenaufwand erforderlich gewesen ist, wird Ihnen bei intensiver Betrachtung der Aufgabenstellung einleuchten, dass in jedem Fall der Koeffizient zum höchsten Exponenten Null bleiben darf.

Die Frage ist nun, ob die Polynome genau zweiten Grades die Unterraumeigenschaften erfüllen. Dies ist jedoch nicht gegeben. Weder ist der Nullvektor, also die Nullfunktion, ein Polynom zweiten Grades, noch ist etwa die Summe von $(x^2 + x + 1) + (-x^2 + 1) = x + 2$ ein solches. Ergo ist der kleinste Unterraum U, der alle Polynome **genau** zweiten Grades enthält, genau derjenige, der aus allen Polynomen **mindestens** zweiten Grades besteht. Formal:

$$U = \left\{ a \cdot x^2 + b \cdot x + c \middle| \text{ mit } a, b, c \in \mathbb{R} \right\}$$

Lösung zu Aufgabe 8

Die Identität Id als Funktion von V nach V besitzt die Eigenschaft:

$$\forall v \in V\colon \quad \mathrm{Id}(v) = v$$

Sowohl die (auch mehrfache) Addition der Identitätsfunktion mit sich selbst als auch die skalare Multiplikation ergeben stets folgende Funktionenschar:

$$\forall v \in V\colon \; f_\lambda(v) = \lambda \cdot v \;\text{ mit }\; \lambda \in K$$

Für $\lambda = 1$ erhalten Sie die Identität, für $\lambda = 0$ ergibt sich der Nullvektor. Damit sind bereits alle Unterraumeigenschaften erfüllt. U besitzt demnach die Form:

$$U = \{f_\lambda(v) = \lambda \cdot v \mid \;\text{ mit }\; \lambda \in K\}$$

Lösung zu Aufgabe 9

Als kleine Vorüberlegung machen Sie sich klar, dass der Vektorraum $\mathbb{R}^3$ über $\mathbb{R}$ niemals die direkte Summe aus U und W sein kann, denn aufgrund der linearen Unabhängigkeit der jeweiligen erzeugenden Systeme ist sowohl U als auch W zweidimensional. Die direkte Summe erlaubt ebenfalls die Addition der Dimensionen. Und die Zahl 4, die sich dabei ergibt, ist für einen dreidimensionalen Raum dann doch zu viel des Guten.

Sie denken jetzt vielleicht, dass diese Unterräume dann ja wohl »dicke« ausreichen, um den $\mathbb{R}^3$ aufzuspannen? Wenn Sie sich da mal nicht täuschen …

Ab geht's, in die »Gauß'sche Waschmaschine«:

$$\begin{matrix} 1 & 1 & -1 \\ -1 & 0 & 2 \\ 3 & 4 & -2 \\ 0 & 1 & 1 \end{matrix}$$

Der erste Schritt eliminiert die erste Spalte unterhalb der obersten Zeile:

$$\begin{matrix} 1 & 1 & -1 \\ 0 & 1 & 1 \\ 0 & 1 & 1 \\ 0 & 1 & 1 \end{matrix}$$

Die drei untersten Zeilen sind identisch. Der zweite Schritt ist bereits der letzte:

$$\begin{matrix} 1 & 1 & -1 \\ 0 & 1 & 1 \\ 0 & 0 & 0 \\ 0 & 0 & 0 \end{matrix}$$

Also ist die Summe von U und W nur zweidimensional, was bedeutet, dass $U = W$ und ergo $U + W \neq \mathbb{R}^3$.

Lösung zu Aufgabe 10

Sie können bei dieser Aufgabe die Determinante der 4×4-Matrix aus den vier erzeugenden Vektoren berechnen. Die Entwicklung nach der dritten Zeile ist dabei zu empfehlen:

$$\begin{aligned}\begin{vmatrix} 1 & 0 & 1 & 2 \\ 2 & 1 & -2 & 1 \\ -1 & 1 & 0 & 0 \\ 0 & 2 & 1 & 3 \end{vmatrix} &= -1 \cdot \begin{vmatrix} 0 & 1 & 2 \\ 1 & -2 & 1 \\ 2 & 1 & 3 \end{vmatrix} + (-1) \cdot 1 \cdot \begin{vmatrix} 1 & 1 & 2 \\ 2 & -2 & 1 \\ 0 & 1 & 3 \end{vmatrix} \\ &= (-1) \cdot (0 + 2 + 2 - (-8) - 0 - 3) \\ &\quad + (-1) \cdot (-6 + 0 + 4 - 0 - 1 - 6) \\ &= (-1) \cdot 9 + (-1) \cdot (-9) = -9 + 9 = 0\end{aligned}$$

Damit ist $\mathbb{R}^3$ über $\mathbb{R}$ weder die Summe noch die direkte Summe von U und W.

Lösung zu Aufgabe 11

Zuerst ist es erforderlich, $U_1 + W_1$ zu ermitteln. Die Gauß'sche Waschmaschine muss mit den Koeffizienten der Polynome – in den Zeilen – gefüllt werden.

$$\begin{matrix} 1 & 1 & 1 \\ -1 & 2 & -1 \\ 0 & -1 & 0 \\ 2 & -1 & 2 \end{matrix}$$

Und die Maschine beginnt auf Knopfdruck ...

$$\begin{matrix} 1 & 1 & 1 \\ 0 & 3 & 0 \\ 0 & -1 & 0 \\ 0 & -3 & 0 \end{matrix}$$

Sofort schließt sich der Schleudergang an ...

$$\begin{matrix} 1 & 1 & 1 \\ 0 & 3 & 0 \\ 0 & 0 & 0 \\ 0 & 0 & 0 \end{matrix}$$

Damit ist $U_1 + W_1$ als zweidimensional entlarvt.

Für $U_2 + W_2$ ergibt sich:

$$\begin{matrix} 3 & 0 & 3 \\ 2 & 2 & 2 \\ 1 & 7 & 1 \\ 2 & -1 & 2 \end{matrix}$$

Bevor die Waschmaschine angeworfen wird, tauschen Sie die Zeilen 1 und 3, um Brüche zu vermeiden:

1	7	1
2	2	2
3	0	3
2	−1	2

Jetzt kann der Spaß beginnen:

1	7	1
0	−12	0
0	−21	0
0	−15	0

Und wieder ist die Geschichte schnell zu Ende:

1	7	1
0	−12	0
0	0	0
0	0	0

Bleibt die Frage, ob die beiden sehr ähnlich aussehenden Unterräume $U_1 + W_1$ sowie $U_2 + W_2$ tatsächlich gleich sind.

Am einfachsten geht das, wenn Sie die bereits »frisch gewaschenen« Vektoren, diesmal gemeinsam, erneut einer Reinigung unterziehen:

1	1	1
0	3	0
1	7	1
0	−12	0

Nach dem ersten Gauß-Schritt, der sich nur auf die dritte Zeile auswirkt, ergibt sich:

1	1	1
0	3	0
0	6	0
0	−12	0

Und nun erhalten Sie das nicht übermäßig überraschende Ergebnis:

1	1	1
0	3	0
0	0	0
0	0	0

Das beweist, dass tatsächlich gilt: $U_1 + W_1 = U_2 + W_2$.

Lösung zu Aufgabe 12

Der *Zeilenraum* ZR einer Matrix M entsteht aus den Einträgen, geordnet nach Zeilen:

$$\mathrm{ZR}(M) = \left\{ \alpha \begin{pmatrix} 1 \\ 2 \\ 2 \end{pmatrix} + \beta \begin{pmatrix} 1 \\ 1 \\ 2 \end{pmatrix} + \gamma \begin{pmatrix} 0 \\ 1 \\ 0 \end{pmatrix} \middle| \alpha, \beta, \gamma \in \mathbb{R} \right\}$$

Damit ist $\mathrm{ZR}(M)$ ein Unterraum des $\mathbb{R}^3$ über $\mathbb{R}$. Dies gilt auch für den Spaltenraum $\mathrm{SR}(M)$:

$$\mathrm{SR}(M) = \left\{ \alpha \begin{pmatrix} 1 \\ 1 \\ 0 \end{pmatrix} + \beta \begin{pmatrix} 2 \\ 1 \\ 1 \end{pmatrix} + \gamma \begin{pmatrix} 2 \\ 2 \\ 0 \end{pmatrix} \middle| \alpha, \beta, \gamma \in \mathbb{R} \right\}$$

Wäre $\det(M) \neq 0$, was nicht der Fall ist, so müssten die Zeilen und Spalten jeweils linear unabhängig sein. Die daraus resultierenden Zeilen- und Spaltenräume hätten beide maximalen Rang, also 3 und würden den $\mathbb{R}^3$ aufspannen, sie wären also identisch.

Nun gilt jedoch $\det(M) = 0$, und damit hat M nicht den vollen Rang. Sie berechnen das Erzeugendensystem wie gehabt, beginnend mit $\mathrm{ZR}(M)$:

$$\begin{matrix} 1 & 2 & 2 \\ 1 & 1 & 2 \\ 0 & 1 & 0 \end{matrix}$$

Nach dem ersten Schritt erhalten Sie:

$$\begin{matrix} 1 & 2 & 2 \\ 0 & -1 & 0 \\ 0 & 1 & 0 \end{matrix}$$

Und schließlich ergibt sich:

$$\begin{matrix} 1 & 2 & 2 \\ 0 & -1 & 0 \\ 0 & 0 & 0 \end{matrix}$$

Es gilt demnach für $\mathrm{ZR}(M)$:

$$\mathrm{ZR}(M) = \left\{ \alpha \begin{pmatrix} 1 \\ 2 \\ 2 \end{pmatrix} + \beta \begin{pmatrix} 0 \\ -1 \\ 0 \end{pmatrix} \alpha, \beta \in \mathbb{R} \right\}$$

Analog finden Sie eine linear unabhängige Darstellung des $\mathrm{SR}(M)$:

$$\begin{matrix} 1 & 1 & 0 \\ 2 & 1 & 1 \\ 2 & 2 & 0 \end{matrix}$$

Hier erhalten Sie unter Anwendung des Gauß'schen Eliminationsprozesses:

$$\begin{array}{rrr} 1 & 1 & 0 \\ 0 & -1 & 1 \\ 0 & 0 & 0 \end{array}$$

Die Diagonalgestalt ist bereits erreicht. Für SR(M) gilt also:

$$SR(M) = \left\{ \alpha \begin{pmatrix} 1 \\ 1 \\ 0 \end{pmatrix} + \beta \begin{pmatrix} 0 \\ -1 \\ 1 \end{pmatrix} \alpha, \beta \in \mathbb{R} \right\}$$

Es ist dabei schon erstaunlich, dass die Dimension von ZR(M), der *Zeilenrang* und jene von SR(M), der *Spaltenrang*, gleich sind. Das ist kein Zufall:

Für jede Matrix M gilt, dass *Zeilenrang* und *Spaltenrang* gleich sind. Daher wird der Begriff *Rang* auch auf die Matrix selbst übertragen und steht für die Dimension des sich durch die Zeilen oder Spalten ergebenden Unterraums!

Aber ist nun ZR(M) gleich SR(M)? Um sicher zu gehen, werfen Sie alle vier beteiligten Vektoren in die »Gauß'sche Waschmaschine«:

$$\begin{array}{rrr} 1 & 2 & 2 \\ 0 & -1 & 0 \\ 1 & 1 & 0 \\ 0 & -1 & 1 \end{array}$$

Nach dem ersten Schritt erhalten Sie:

$$\begin{array}{rrr} 1 & 2 & 2 \\ 0 & -1 & 0 \\ 0 & -1 & -2 \\ 0 & -1 & 1 \end{array}$$

Als nächstes ergibt sich:

$$\begin{array}{rrr} 1 & 2 & 2 \\ 0 & -1 & 0 \\ 0 & 0 & -2 \\ 0 & 0 & 1 \end{array}$$

Schließlich erhalten Sie:

$$\begin{array}{rrr} 1 & 2 & 2 \\ 0 & -1 & 0 \\ 0 & 0 & -2 \\ 0 & 0 & 0 \end{array}$$

Somit ergibt die Summe ZR(M) + SR(M) = $\mathbb{R}^3$, was eine Gleichheit von ZR(M) und SR(M) ausschließt.

Lösung zu Aufgabe 13

Da die erzeugenden Vektoren in der vektoriellen Darstellung von U nicht *kollinear* sind, einer ist also nicht das Vielfache des anderen, verfügt U über zwei Freiheitsgrade und ist zweidimensional. Es spielt dabei keine Rolle, ob U über $\mathbb{C}$ oder über $\mathbb{R}$ definiert ist, in beiden Fällen ergibt sich dieselbe Dimension, auch wenn die Menge an Vektoren unterschiedlich ist.

Lösung zu Aufgabe 14

Polynome ersten Grades besitzen bereits die Dimension 2, daher ist V als Vektorraum von Polynomen höchstens vierten Grades fünfdimensional. Mit einer analogen Argumentation ist U dreidimensional und W zweidimensional. Das sieht demnach auf den ersten Blick so aus, als ob die Summe von U und W tatsächlich V ergeben könnte.

Andererseits wäre das absurd. Die Summe von Polynomen dritten und zweiten Grades sind ja wieder Polynome dritten, und nicht etwa fünften Grades. Demnach hat die Summe von U und W keine Chance, V zu erzeugen. Tatsächlich ist W sogar eine echte Teilmenge von U, so dass $U = U + W$ gilt.

Es spielt dabei auch keine Rolle, dass V über $\mathbb{C}$ definiert worden ist. Die Antwort wäre dieselbe bei V über $\mathbb{R}$.

Lösung zu Aufgabe 15

Um bei dieser Aufgabe mit Dimensionen argumentieren zu dürfen, ist es notwendig, die lineare Unabhängigkeit der drei Vektoren in U zu bestätigen. Dies ist zum Glück sehr einfach. Die oberste Komponente ist nur beim ersten der drei Vektoren ungleich Null, daher kann dieser keine Linearkombination aus den beiden anderen sein. Eine analoge Argumentation funktioniert für den dritten Vektor anhand der dritten und für den mittleren, anhand der vierten Komponente. Demnach werden alle drei Vektoren benötigt und U besitzt die Dimension 3.

Auch W besitzt 3 Unbekannte. Gäbe es die Einschränkung $x + y + z = 0$ nicht, so wäre auch W dreidimensional. Die Gleichung erlaubt dagegen nur 2 Freiheitsgrade, während die dritte Unbekannte von den beiden anderen eindeutig abhängig ist. Demnach ist W nur zweidimensional und daher gilt zwangsläufig: $U \neq W$.

Basis und Dimension

7

In diesem Kapitel ...

- Übungsaufgaben zum Aufbau von Vektorräumen lösen
- Vektoren als Linearkombinationen erkennen
- Die Basis eines Vektorraums bestimmen
- Die Lineare Unabhängigkeit von Vektoren untersuchen
- Erzeugendensysteme finden

Dieses Kapitel befasst sich mit dem Aufbau von Vektorräumen aus linear unabhängigen Basisvektoren. Dazu werden Sie alle möglichen Aufgabentypen entdecken. Von der Bestimmung einer Linearkombination bis zur Extraktion von Basiselementen, von der Untersuchung der linearen Unabhängigkeit bis zur Dimensionierung eines gegebenen Unterraumes, alles ist dabei. Viel Spaß damit!

Linearkombinationen finden

Jeder Vektorraum V besitzt eine Basis. Jeder einzelne Vektor aus v ist demnach zwingend als eindeutige *Linearkombination* der Basisvektoren darstellbar. Zur Übung und Festigung dieser Linearkombinationen habe ich Ihnen einige Aufgaben zusammengestellt.

Sie beginnen mit dem Aufstellen eines linearen Gleichungssystems. Es gibt stets viele Möglichkeiten, dieses LGS zu lösen:

- ✔ Mittels Gauß- oder Gauß-Jordan Algorithmus
- ✔ Mit der Cramer'schen Regel
- ✔ Alternativ können Sie eine Matrix aus den zu kombinierenden Vektoren invertieren und die Matrixgleichung lösen
- ✔ Durch »scharfes Hinsehen«

Zur letzten Variante gebe ich Ihnen gleich ein Beispiel.

Beispiel

Geben Sie eine Linearkombination von $\begin{pmatrix} 1 \\ 2 \\ 3 \end{pmatrix}, \begin{pmatrix} -1 \\ 0 \\ 1 \end{pmatrix}, \begin{pmatrix} 1 \\ 1 \\ 0 \end{pmatrix}$ an, um den Vektor $\begin{pmatrix} 2 \\ 5 \\ 5 \end{pmatrix}$ darzustellen!

Lösung

Zunächst stellen Sie der besseren Übersichtlichkeit halber die gesuchte Linearkombination mit variablen *Skalaren* dar:

$$x\begin{pmatrix}1\\2\\3\end{pmatrix}+y\begin{pmatrix}-1\\0\\1\end{pmatrix}+z\begin{pmatrix}1\\1\\0\end{pmatrix}=\begin{pmatrix}2\\5\\5\end{pmatrix}$$

Hieraus ergibt sich auf natürliche Weise ein lineares Gleichungssystem:

$$\begin{array}{rcrcrcl} x & - & y & + & z & = & 2\\ 2x & & & + & z & = & 5\\ 3x & + & y & & & = & 5 \end{array}$$

Schauen Sie sich dieses LGS genau an! Wenn Sie die erste und die letzte Gleichung addieren, ergibt sich: $4x + z = 7$.

Davon ziehen Sie nun die zweite Gleichung ab und erhalten $2x = 2$. Demnach ist $x = 1$ und mit der soeben erzeugten Gleichung gilt $4 + z = 7$. Also muss $z = 3$ sein. Wegen $3x + y = 5$ muss mit $x = 1$ entsprechend $y = 2$ sein. Damit haben Sie die gesuchte Linearkombination gefunden, was auch die unbedingt durchzuführende Probe bestätigt:

$$1\cdot\begin{pmatrix}1\\2\\3\end{pmatrix}+2\cdot\begin{pmatrix}-1\\0\\1\end{pmatrix}+3\cdot\begin{pmatrix}1\\1\\0\end{pmatrix}=\begin{pmatrix}2\\5\\5\end{pmatrix}$$

Aufgabe 1

Geben Sie eine Linearkombination von $\begin{pmatrix}4\\-1\\1\end{pmatrix}, \begin{pmatrix}2\\1\\0\end{pmatrix}, \begin{pmatrix}3\\1\\1\end{pmatrix}$ an, um den Vektor $\begin{pmatrix}5\\0\\0\end{pmatrix}$ darzustellen!

Aufgabe 2

Geben Sie mindestens zwei unterschiedliche Linearkombinationen von $\begin{pmatrix}2\\3\\1\end{pmatrix}, \begin{pmatrix}1\\2\\2\end{pmatrix}, \begin{pmatrix}1\\1\\-1\end{pmatrix}$ an, um den Vektor $\begin{pmatrix}4\\6\\2\end{pmatrix}$ darzustellen!

Aufgabe 3

Ist der Vektor $\begin{pmatrix}-3-2i\\i\\1+i\end{pmatrix}$ eine Linearkombination der Vektoren $\begin{pmatrix}i\\1\\0\end{pmatrix}, \begin{pmatrix}1\\1\\0\end{pmatrix}, \begin{pmatrix}0\\2\\1-i\end{pmatrix}$ des $\mathbb{C}^3$ über $\mathbb{C}$?

Wie sieht die Angelegenheit aus, wenn Sie anstatt dessen den Vektorraum $\mathbb{C}^3$ über $\mathbb{R}$ voraussetzen. Ändert sich dann Ihre Antwort?

Aufgabe 4

Es sei $\begin{pmatrix} 1 \\ 0 \\ -2 \end{pmatrix}$ eine eindeutige Linearkombination von $\begin{pmatrix} 2 \\ x \\ 2 \end{pmatrix}, \begin{pmatrix} -1 \\ 2 \\ -x \end{pmatrix}, \begin{pmatrix} 0 \\ 4 \\ 10+x \end{pmatrix}$ wobei der erste Vektor mit dem Vorfaktor 2 zu versehen ist. Welche Werte kann x unter diesen Umständen annehmen?

Basisvektoren von Vektorräumen ermitteln

Im letzten Abschnitt haben Sie gesehen, wie Sie Vektoren als Linearkombination anderer Vektoren berechnen können. Jetzt drehen wir den Spieß um und überlegen, wie Sie überhaupt zu Basisvektoren eines Vektorraumes gelangen können.

Nehmen Sie als Beispiel die kanonische Basis des $\mathbb{R}^3$ über $\mathbb{R}$:

$$e = \left(\begin{pmatrix} 1 \\ 0 \\ 0 \end{pmatrix}, \begin{pmatrix} 0 \\ 1 \\ 0 \end{pmatrix}, \begin{pmatrix} 0 \\ 0 \\ 1 \end{pmatrix} \right)$$

Mit diesen drei Vektoren gelingt es Ihnen, jedes beliebige Element des $\mathbb{R}^3$ als Linearkombination darzustellen. Dabei sind die **Koordinaten** a, b und c, also die Vorfaktoren der Basisvektoren, just die Komponenten des zu kombinierenden Vektors, wie Sie hier sehen:

$$\begin{pmatrix} a \\ b \\ c \end{pmatrix} = a \begin{pmatrix} 1 \\ 0 \\ 0 \end{pmatrix} + b \begin{pmatrix} 0 \\ 1 \\ 0 \end{pmatrix} + c \begin{pmatrix} 0 \\ 0 \\ 1 \end{pmatrix}$$

Bei anderen Basen ist das nicht mehr so einfach. In den folgenden Übungsaufgaben stelle ich Ihnen jeweils zwei linear unabhängige Vektoren vor und Ihre Aufgabe besteht darin, einen dritten zu finden, so dass alle drei zusammen eine Basis des $\mathbb{R}^3$ über $\mathbb{R}$ darstellen.

Um das zu bewerkstelligen, haben Sie mehrere Möglichkeiten. Entweder Sie stellen ein LGS auf und lösen dieses, oder Sie nutzen die Tatsache, dass eine Matrix, die aus drei Basisvektoren besteht, stets regulär ist, also eine Determinante ungleich Null besitzt. Dieses Argument ist nicht nur notwendig, sondern auch hinreichend. Dabei dürfen Sie einige Parameter sogar frei wählen!

ÜBUNG

Beispiel

Gegeben seien die Vektoren $\begin{pmatrix} 1 \\ 2 \\ 3 \end{pmatrix}$ sowie $\begin{pmatrix} 2 \\ 0 \\ -1 \end{pmatrix}$. Bestimmen Sie dazu einen dritten Vektor, so dass diese drei zusammen eine Basis des $\mathbb{R}^3$ über $\mathbb{R}$ darstellen!

Lösung

Wenn $\begin{pmatrix} x \\ y \\ z \end{pmatrix}$ der gesuchte dritte Basisvektor ist, so sieht die zugehörige 3×3-Matrix M folgendermaßen aus:

$$M = \begin{pmatrix} 1 & 2 & x \\ 2 & 0 & y \\ 3 & -1 & z \end{pmatrix}$$

Die Determinante von M lautet:

$$|M| = \begin{vmatrix} 1 & 2 & x \\ 2 & 0 & y \\ 3 & -1 & z \end{vmatrix} = 0 + 6y - 2x - 0 + y - 4z = -2x + 7y - 4z$$

Sie können x, y und z frei wählen und haben dabei lediglich sicher zu stellen, dass $-2x + 7y - 4z$ ungleich Null bleibt.

Eine einfache Möglichkeit ist beispielsweise $x = 1$, $y = 0$, $z = 0$. Die gesuchte Basis lautet demnach:

$$b = \left(\begin{pmatrix} 1 \\ 2 \\ 3 \end{pmatrix}, \begin{pmatrix} 2 \\ 0 \\ -1 \end{pmatrix}, \begin{pmatrix} 1 \\ 0 \\ 0 \end{pmatrix} \right)$$

Aufgabe 5

Gegeben seien die Vektoren $\begin{pmatrix} 1 \\ 1 \\ 1 \end{pmatrix}$ sowie $\begin{pmatrix} -1 \\ 1 \\ 1 \end{pmatrix}$. Bestimmen Sie dazu einen dritten Vektor, so dass diese drei zusammen eine Basis des $\mathbb{R}^3$ über $\mathbb{R}$ darstellen!

Aufgabe 6

Gegeben seien die Vektoren $\begin{pmatrix} 2 \\ 1 \\ 0 \end{pmatrix}$ sowie $\begin{pmatrix} 0 \\ 2 \\ 1 \end{pmatrix}$. Bestimmen Sie dazu einen dritten Vektor, so dass diese drei zusammen eine Basis des $\mathbb{R}^3$ über $\mathbb{R}$ darstellen!

Aufgabe 7

Gegeben seien die Vektoren $\begin{pmatrix} 1 \\ 3 \\ -1 \end{pmatrix}$ sowie $\begin{pmatrix} 1 \\ 2 \\ 2 \end{pmatrix}$. Bestimmen Sie dazu einen dritten Vektor der Form $\begin{pmatrix} 1 \\ 1 \\ x \end{pmatrix}$, so dass diese drei zusammen eine Basis des $\mathbb{R}^3$ über $\mathbb{R}$ darstellen!

Aufgabe 8

Gegeben seien drei Vektoren: $\begin{pmatrix} 1 \\ x \\ 0 \end{pmatrix}$, $\begin{pmatrix} x \\ 1 \\ 1 \end{pmatrix}$ sowie $\begin{pmatrix} 4 \\ 4 \\ -1 \end{pmatrix}$. Welche Werte darf x nicht annehmen, damit diese drei Vektoren einen Basis bilden?

Lineare Unabhängigkeit von Basisvektoren untersuchen

Wie Sie im letzten Abschnitt gesehen haben, ist die Suche nach Basisvektoren eng mit der Entscheidung verwandt, ob eine gegebene Menge von Vektoren *linear unabhängig* ist oder nicht.

Lineare Unabhängigkeit einer Menge von Vektoren bedeutet nichts anderes, als dass sich kein einziger Vektor aus der Menge durch Linearkombination der anderen darstellen lässt, also alle tatsächlich »gebraucht« werden.

Wenn Sie nur entscheiden müssen, ob **zwei** Vektoren linear abhängig sind oder nicht, reduziert sich diese Frage darauf, ob die beiden Vektoren kollinear sind, ob Sie also das Vielfache voneinander darstellen.

Dies trifft zum Beispiel für $\begin{pmatrix} 1 \\ 2 \\ 3 \end{pmatrix}$ und $\begin{pmatrix} -2 \\ -4 \\ -6 \end{pmatrix}$ zu, weil letzterer das Minus-Zweifache des ersteren ist. Bei drei Vektoren aus einem dreidimensionalen Vektorraum fällt die lineare Unabhängigkeit zusammen mit der Eigenschaft, eine Basis zu bilden. Dann dürfen Sie, genau wie im letzten Abschnitt, die Determinante der zugehörigen Matrix berechnen. Sollte das Ergebnis Null sein, liegt lineare Abhängigkeit vor, ansonsten sind die Vektoren linear unabhängig.

Dieses Verfahren funktioniert leider nicht mehr in vier- oder höherdimensionalen Räumen, denn drei Vektoren können unmöglich eine Basis etwa des $\mathbb{R}^4$ bilden, demnach steht Ihnen auch keine 4×4-Matrix zur Verfügung und das schnelle Verfahren mit der Determinante scheitert. Der erste Ansatz wäre demnach, die Vektorgleichung zu lösen, die zur Ermittlung der linearen Abhängigkeit notwendig ist. Sollten Ihre Vektoren v_1 bis v_n aus dem Vektorraum V über dem Körper K lauten, ist folgende Vektorgleichung zu lösen:

$$k_1 \cdot v_1 + \cdots + k_n \cdot v_n = 0 \text{ mit } k_i \in K \text{ für } i \in \{1, \ldots, n\}$$

Dabei steht die Null auf der rechten Seite der Gleichung für den Nullvektor aus dem entsprechenden Vektorraum V.

Übrigens resultiert die obige Vektorgleichung stets in einem *homogenen linearen Gleichungssystem*. Finden Sie dort eine andere als die *triviale Lösung* $k_1 = k_2 = \cdots = k_n = 0$, sind die Vektoren linear abhängig, ansonsten linear unabhängig.

Wie das genau funktioniert, zeige ich Ihnen am besten anhand eines Beispiels. Im nächsten Abschnitt zeige ich Ihnen noch eine alternative Möglichkeit zur Bestimmung der linearen Abhängigkeit, die sogar die überzähligen Vektoren automatisch elimiert.

Beispiel

Sind die drei Vektoren $\begin{pmatrix} 1 \\ 2 \\ -3 \\ 4 \end{pmatrix}, \begin{pmatrix} -1 \\ 0 \\ 2 \\ -1 \end{pmatrix}, \begin{pmatrix} -1 \\ 2 \\ 1 \\ 2 \end{pmatrix}$ des $\mathbb{R}^4$ über $\mathbb{R}$ linear abhängig?

Lösung

Lineare Abhängigkeit liegt genau dann vor, wenn die Vektorgleichung

$$x \begin{pmatrix} 1 \\ 2 \\ -3 \\ 4 \end{pmatrix} + y \begin{pmatrix} -1 \\ 0 \\ 2 \\ -1 \end{pmatrix} + z \begin{pmatrix} -1 \\ 2 \\ 1 \\ 2 \end{pmatrix} = \begin{pmatrix} 0 \\ 0 \\ 0 \\ 0 \end{pmatrix}$$

außer der trivialen Lösung $x = y = z = 0$ auch noch weitere Lösungen besitzt. Das zugehörige LGS besitzt die folgende Form:

$$\begin{array}{rcrcrcl} x & - & y & - & z & = & 0 \\ 2x & & & + & 2z & = & 0 \\ -3x & + & 2y & + & z & = & 0 \\ 4x & - & y & + & 2z & = & 0 \end{array}$$

Die Anwendung des Gauß-Verfahrens, das hier angebracht ist, führt Sie zum Ansatz:

x	y	z
1	−1	−1
2	0	2
−3	2	1
4	−1	2

Wie Sie sehen, können Sie die Konstantenspalte getrost weglassen. Die bleibt ohnehin immer Null.

Der erste Eliminationsschritt ergibt:

x	y	z
1	−1	−1
0	2	4
0	−1	−2
0	3	6

Sie ahnen schon, was da kommt. Der zweite Eliminationsschritt führt zu:

x	y	z
1	−1	−1
0	2	4
0	0	0
0	0	0

Weil nur 2 Zeilen übrig bleiben, ist bereits geklärt, dass lineare Abhängigkeit der Vektoren vorliegt. Anderenfalls müssten nämlich so viele Zeilen übrig bleiben, wie Vektoren vorhanden sind. Es ist jedoch eine gute *Probe*, zumindest *eine* nicht-triviale Lösung auch konkret anzugeben.

Wegen $2y + 4z = 0$ muss für $z = 1y$ den Wert -2 annehmen. Die obere Gleichung $x - y - z = 0$ liefert dann $x = -2 + 1 = -1$. Insgesamt ergibt sich somit als eine (von unendlich vielen) Möglichkeiten der linearen Kombination:

$$(-1) \cdot \begin{pmatrix} 1 \\ 2 \\ -3 \\ 4 \end{pmatrix} + (-2) \cdot \begin{pmatrix} -1 \\ 0 \\ 2 \\ -1 \end{pmatrix} + 1 \cdot \begin{pmatrix} -1 \\ 2 \\ 1 \\ 2 \end{pmatrix} = \begin{pmatrix} 0 \\ 0 \\ 0 \\ 0 \end{pmatrix}$$

In den folgenden Aufgaben finden Sie weitere Vektoren über verschiedenen Vektorräumen.

Aufgabe 9

Sind die drei Vektoren $\begin{pmatrix} 1 \\ -2 \\ 0 \\ 1 \\ 2 \end{pmatrix}, \begin{pmatrix} 2 \\ 1 \\ 0 \\ 2 \\ 1 \end{pmatrix}, \begin{pmatrix} 0 \\ 0 \\ 1 \\ 1 \\ 0 \end{pmatrix}$ des $\mathbb{R}^5$ über $\mathbb{R}$ linear abhängig?

Aufgabe 10

Sind die drei Vektoren $x^2 + 2x - 1$, $x + 1$, $-2x^2 - 3x + 3$ des Vektorraums der Polynome höchstens zweiten Grades über $\mathbb{R}$ linear abhängig?

Aufgabe 11

Sind die drei Vektoren $\begin{pmatrix} 1 & 0 \\ 0 & -1 \end{pmatrix}, \begin{pmatrix} 3 & -1 \\ -1 & 2 \end{pmatrix}, \begin{pmatrix} -2 & 1 \\ 1 & -3 \end{pmatrix}$ des Vektorraumes der symmetrischen reellen 2×2-Matrizen über $\mathbb{R}$ linear abhängig?

Erzeugendensysteme für Vektorräume finden

Basen, Linearkombinationen und die ewige Suche nach der linearen Unabhängigkeit sind Ihnen inzwischen recht vertraut.

Allerdings fehlt noch ein Aspekt zu Ihrem Glück. Die Frage lautet: »Wie können Sie aus einer Menge linear abhängiger Vektoren just jene herausfinden, die nötig wären, um daraus eine Basis zu bilden?«

Oder anders, etwas formaler gesprochen: »Wie finden Sie zu einer gegebenen Menge von Vektoren das Erzeugendensystem?«

Sollte diese ursprüngliche Menge bereits linear unabhängig sein, sind Sie bereits fertig, bevor die eigentliche Arbeit richtig begonnen hat. Denn dann stellt die ursprüngliche Menge bereits ein Erzeugendensystem des jeweiligen Untervektorraums dar.

Wenn dies nicht der Fall ist, hilft Ihnen wieder einmal der Gauß-Algorithmus. Im letzten Kapitel wurde diese Idee bereits angesprochen. Alle nicht-linearen Zeilen, die nach dem Diagonalisierungsschritt nicht aus lauter Nullen bestehen, stellen automatisch die Grundlage für ein Erzeugendensystem dar.

Der Gauß-Algorithmus wirkt wie eine *Waschmaschine*. Er »bereinigt« die lineare Abhängigkeit in den Zeilen und lässt nur die linear unabhängigen Anteile zurück. Zur Bestimmung eines *Erzeugendensystems* werfen Sie also lediglich eine Zeilendarstellung der Vektoren in die Gauß'sche Waschmaschine ein und nach Bereinigung durch den Eliminationsalgorithmus transformieren Sie das Ergebnis wieder in die vektorielle Darstellung zurück!

Wie das genau funktioniert, zeige ich Ihnen anhand eines Beispiels. Die Übungsaufgaben drehen sich dann wiederum um unterschiedliche Vektorräume, damit die nicht in Vergessenheit geraten, das wäre ja zu schade...

Beispiel

Bestimmen Sie ein Erzeugendensystem zu den Vektoren $\begin{pmatrix}1\\2\\3\end{pmatrix}, \begin{pmatrix}2\\1\\0\end{pmatrix}, \begin{pmatrix}0\\-3\\-6\end{pmatrix}, \begin{pmatrix}3\\0\\-3\end{pmatrix}$ des $\mathbb{R}^3$ über $\mathbb{R}$!

Lösung

Da der $\mathbb{R}^3$ nur aus drei Dimensionen besteht, kann jede Menge linear unabhängiger Vektoren aus höchstens drei Elementen bestehen. Andererseits wäre es sogar denkbar, dass diese vier Vektoren noch nicht einmal den gesamten $\mathbb{R}^3$ aufspannen. Dazu müssen Sie jeden Vektor in eine *Zeile* zur Berechnung des Gauß-Algorithmus packen. Die Konstantenspalte wird nicht benötigt. Die gefüllte Gauß'sche Waschmaschine sieht dann so aus:

1	2	3
2	1	0
0	−3	−6
3	0	−3

Sie benötigen auch keine Spaltenüberschrift. Der erste Gauß-Schritt eliminiert die erste Spalte unterhalb des obersten Eintrags.

1	2	3
0	−3	−6
0	−3	−6
0	−6	−12

Auch hier »liegt es in der Luft«, was da kommen wird. Der nächste Schritt versetzt die Gauß'sche Waschmaschine in den Schleudergang:

$$\begin{matrix} 1 & 2 & 3 \\ 0 & -3 & -6 \\ 0 & 0 & 0 \\ 0 & 0 & 0 \end{matrix}$$

Das Ergebnis sind zwei Vektoren, die nicht nur linear unabhängig sind, sondern auch ein Erzeugendensystem des Unterraums der ursprünglichen Menge bilden. Vergessen Sie nur nicht, die korrekte vektorielle Schreibweise zu verwenden:

Lösung: $\left\{ \begin{pmatrix} 1 \\ 2 \\ 3 \end{pmatrix}, \begin{pmatrix} 0 \\ -3 \\ -6 \end{pmatrix} \right\}$

Diese beiden Vektoren bilden also das *Erzeugendensystem* für den jeweiligen Unterraum, der dann folgende Gestalt besitzt:

$$\left\{ \lambda \begin{pmatrix} 1 \\ 2 \\ 3 \end{pmatrix} + \mu \begin{pmatrix} 0 \\ -3 \\ -6 \end{pmatrix} \middle| \text{ mit } \lambda,\ \mu \in \mathbb{R} \right\}$$

Da es sich um Basisvektoren handelt, dürfen Sie auch andere Repräsentanten wählen. Dazu können Sie, müssen aber nicht, den zweiten Vektor skalar mit Minus-ein-Drittel multiplizieren und erhalten:

Alternative Lösung: $\left\{ \begin{pmatrix} 1 \\ 2 \\ 3 \end{pmatrix}, \begin{pmatrix} 0 \\ 1 \\ 2 \end{pmatrix} \right\}$

Aufgabe 12

Bestimmen Sie ein Erzeugendensystem zu den Vektoren $\begin{pmatrix} 1 \\ 2 \\ 3 \\ -1 \end{pmatrix}, \begin{pmatrix} 0 \\ -1 \\ 2 \\ 3 \end{pmatrix}, \begin{pmatrix} 2 \\ 5 \\ 4 \\ -5 \end{pmatrix}$ des $\mathbb{R}^4$ über $\mathbb{R}$!

Aufgabe 13

Bestimmen Sie ein Erzeugendensystem zu den Vektoren

$$x^2 - x + 1,\ 2x^2 - 4,\ x^2 + x - 5$$

des Vektorraums der Polynome höchstens zweiten Grades über $\mathbb{R}$!

Aufgabe 14

Bestimmen Sie ein Erzeugendensystem zu den Vektoren

$$\begin{pmatrix} 1 & 2 \\ 2 & -2 \end{pmatrix}, \begin{pmatrix} 3 & 0 \\ 0 & 3 \end{pmatrix}, \begin{pmatrix} 1 & -4 \\ -4 & 7 \end{pmatrix}$$

des Vektorraums der reellen symmetrischen 2×2-Matrizen über $\mathbb{R}$!

Aufgabe 15

Bestimmen Sie ein Erzeugendensystem zu den Vektoren $\begin{pmatrix} i \\ 0 \\ -i \\ 2i \end{pmatrix}, \begin{pmatrix} 1 \\ 1 \\ 2i \\ 3+i \end{pmatrix}, \begin{pmatrix} 0 \\ 1 \\ 2i+1 \\ 1+i \end{pmatrix}$ des $\mathbb{C}^4$ über $\mathbb{C}$!

Lösungen der Aufgaben zu Basis und Dimension

Lösung zu Aufgabe 1

Analog zur Beispielaufgabe gilt hier der Ansatz:

$$x \begin{pmatrix} 4 \\ -1 \\ 1 \end{pmatrix} + y \begin{pmatrix} 2 \\ 1 \\ 0 \end{pmatrix} + z \begin{pmatrix} 3 \\ 1 \\ 1 \end{pmatrix} = \begin{pmatrix} 5 \\ 0 \\ 0 \end{pmatrix}$$

Die vielen Nullen im Ergebnisvektor helfen übrigens nicht weiter. Für den Schwierigkeitsgrad des LGS sind eher die Nullen in den zu kombinierenden Vektoren entscheidend. Wie dem auch sei, als lineares Gleichungssystem erhalten Sie:

$$\begin{array}{rcrcrcl} 4x & + & 2y & + & 3z & = & 5 \\ -x & + & y & + & z & = & 0 \\ x & & & + & z & = & 0 \end{array}$$

Zur Feier des Tages können Sie hier die »mächtige« Gauß-Maschine anwerfen.

Viele Übungsaufgaben zu den Lösungsverfahren eines LGS finden sich im Teil III dieses Buches. Weitere Details und Erläuterungen rund um den Gauß-Algorithmus und vieles andere finden Sie im Buch »Lineare Algebra für Dummies«!

Dabei vertausche ich gleich zu Beginn die ersten beiden Zeilen, um Brüche zu vermeiden:

x	y	z	
−1	1	1	0
4	2	3	5
1	0	1	0

Der erste Gauß-Schritt eliminiert die meisten Werte der ersten Spalte:

x	y	z	
-1	1	1	0
0	6	7	5
0	1	2	0

Wenn Sie weiter Brüche vermeiden wollen, bietet sich hier ein Zeilentausch der zweiten und dritten Zeile an.

x	y	z	
-1	1	1	0
0	1	2	0
0	6	7	5

Weiter geht es! Das Minus-Sechsfache der zweiten Zeile zur dritten addiert ergibt:

x	y	z	
-1	1	1	0
0	1	2	0
0	0	-5	5

Ergo ist $z = -1$. Und wegen der zweiten Zeile, nämlich $y + 2z = 0$, muss $y = 2$ sein. Aus der ersten Zeile erkennen Sie schließlich $-x + y + z = 0$, woraus $x = 1$ folgt. Insgesamt erhalten Sie als Linearkombination, die Sie auch gleich als Probe verwenden dürfen:

$$1 \cdot \begin{pmatrix} 4 \\ -1 \\ 1 \end{pmatrix} + 2 \cdot \begin{pmatrix} 2 \\ 1 \\ 0 \end{pmatrix} - 1 \cdot \begin{pmatrix} 3 \\ 1 \\ 1 \end{pmatrix} = \begin{pmatrix} 5 \\ 0 \\ 0 \end{pmatrix}$$

Lösung zu Aufgabe 2

Hier ist die Sache ein wenig »vertrackter«. Der Ansatz funktioniert noch einwandfrei:

$$x \begin{pmatrix} 2 \\ 3 \\ 1 \end{pmatrix} + y \begin{pmatrix} 1 \\ 2 \\ 2 \end{pmatrix} + z \begin{pmatrix} 1 \\ 1 \\ -1 \end{pmatrix} = \begin{pmatrix} 4 \\ 6 \\ 2 \end{pmatrix}$$

Auch bereitet Ihnen das Aufstellen des LGS keine Probleme:

$$\begin{aligned} 2x + y + z &= 4 \\ 3x + 2y + z &= 6 \\ x + 2y - z &= 2 \end{aligned}$$

Allerdings ist die Lösung jetzt nicht mehr eindeutig. Wenn Sie die erste Zeile zur letzten und anschließend die mittlere ebenfalls zur letzten Zeile addieren, eliminieren Sie dadurch z und es ergibt sich ein LGS mit 2 Gleichungen und 2 Unbekannten:

$$\begin{aligned} 3x + 3y &= 6 \\ 4x + 4y &= 8 \end{aligned}$$

Beide Zeilen erhalten dieselbe Information, nämlich die, dass $x + y = 2$ ist. Damit fehlt Ihnen insgesamt eine Gleichung, um das LGS eindeutig zu lösen. Vielmehr gibt es unendlich viele Möglichkeiten der Linearkombination. Zum Beispiel: $x = 0$, $y = 2$ und dann ist wegen der ersten Zeile des LGS ebenfalls $z = 2$.

Alternativ ist beispielsweise $x = 1, y = 1$ und $z = 1$. Die beiden Möglichkeiten stelle ich Ihnen zur Übersicht und zwecks Probe noch einmal dar:

$$0 \cdot \begin{pmatrix} 2 \\ 3 \\ 1 \end{pmatrix} + 2 \cdot \begin{pmatrix} 1 \\ 2 \\ 2 \end{pmatrix} + 2 \cdot \begin{pmatrix} 1 \\ 1 \\ -1 \end{pmatrix} = \begin{pmatrix} 4 \\ 6 \\ 2 \end{pmatrix}$$

$$1 \cdot \begin{pmatrix} 2 \\ 3 \\ 1 \end{pmatrix} + 1 \cdot \begin{pmatrix} 1 \\ 2 \\ 2 \end{pmatrix} + 1 \cdot \begin{pmatrix} 1 \\ 1 \\ -1 \end{pmatrix} = \begin{pmatrix} 4 \\ 6 \\ 2 \end{pmatrix}$$

Aber woran liegt das nur? Tatsächlich sind die drei Ausgangsvektoren nicht linear unabhängig, sondern selbst linear zu kombinieren, beispielsweise so:

$$\begin{pmatrix} 2 \\ 3 \\ 1 \end{pmatrix} = 1 \cdot \begin{pmatrix} 1 \\ 2 \\ 2 \end{pmatrix} + 1 \cdot \begin{pmatrix} 1 \\ 1 \\ -1 \end{pmatrix}$$

Damit ergeben sich automatisch unendlich viele Möglichkeiten der Linearkombination!

Basisvektoren sind »von Berufs wegen« stets linear unabhängig und deswegen sind ihre Linearkombinationen eindeutig!

Lösung zu Aufgabe 3

Endlich brechen Sie aus dem engen Korsett der reellen Zahlen aus und begeben sich in die schöne, aber komplexe Welt des $\mathbb{C}^3$. Der Ansatz ist nach wie vor derselbe:

$$x \begin{pmatrix} i \\ 1 \\ 0 \end{pmatrix} + y \begin{pmatrix} 1 \\ 1 \\ 0 \end{pmatrix} + z \begin{pmatrix} 0 \\ 2 \\ 1 - i \end{pmatrix} = \begin{pmatrix} -3 - 2i \\ i \\ 1 + i \end{pmatrix}$$

Die Werte von x, y und z sind bei der ersten Fragestellung Elemente von $\mathbb{C}$, also komplexe Zahlen. Das zugehörige LGS ist nett, besonders die letzte Zeile:

$$\begin{array}{rcl} ix + y & = & -3 - 2i \\ x + y + 2z & = & i \\ (1 - i)z & = & 1 + i \end{array}$$

Damit ist der zwingende und eindeutige Wert von z gegeben durch:

$$z = \frac{1 + i}{1 - i} = \frac{1 + i}{1 - i} \cdot \frac{1 + i}{1 + i} = \frac{1 + i + i - 1}{1 + 1} = \frac{2i}{2} = i$$

Diese Erkenntnis wird nun in Zeile 2 eingesetzt und Sie erhalten nach einer Termumstellung ein kleineres LGS mit zwei Gleichungen und zwei Unbekannten:

$$\begin{array}{rcrcr} ix & + & y & = & -3-2i \\ x & + & y & = & -i \end{array}$$

Hier bietet es sich an, die untere Zeile nach y aufzulösen (mit $y = -i - x$) und dieses Ergebnis in die obere Zeile einzusetzen:

$$ix - i - x = -3 - 2i \;\Rightarrow\; (i-1)x = -3 - i$$
$$\Rightarrow\; x = \frac{-3-i}{i-1} \cdot \frac{i+1}{i+1} = \frac{-3i-3+1-i}{-2} = \frac{-2-4i}{-2} = 1 + 2i$$

Wegen $y = -i - x$ gilt demnach $y = -i - 1 - 2i = -1 - 3i$. Insgesamt erhalten Sie als Linearkombination, die zugleich eine Probe darstellt:

$$(1+2i) \cdot \begin{pmatrix} i \\ 1 \\ 0 \end{pmatrix} + (-1-3i) \cdot \begin{pmatrix} 1 \\ 1 \\ 0 \end{pmatrix} + i \cdot \begin{pmatrix} 0 \\ 2 \\ 1-i \end{pmatrix} = \begin{pmatrix} -3-2i \\ i \\ 1+i \end{pmatrix}$$

Würden Sie jedoch eine Linearkombination des Vektorraumes $\mathbb{C}^3$ über $\mathbb{R}$ verlangt haben, sähe das Ergebnis anders aus! z war ja zwingend i, was kein Element von $\mathbb{R}$ ist und somit wäre keine Linearkombination möglich!

Lösung zu Aufgabe 4

Lassen Sie sich von der unbekannten Variablen x nicht irritieren und setzen Sie die geforderte Linearkombination wie üblich an. Der gegebene Vorfaktor wird jetzt gemäß Aufgabenstellung fix zu 2 gesetzt:

$$2 \cdot \begin{pmatrix} 2 \\ x \\ 2 \end{pmatrix} + y \begin{pmatrix} -1 \\ 2 \\ -x \end{pmatrix} + z \begin{pmatrix} 0 \\ 4 \\ 10+x \end{pmatrix} = \begin{pmatrix} 1 \\ 0 \\ -2 \end{pmatrix} \;\Rightarrow\; y \begin{pmatrix} -1 \\ 2 \\ -x \end{pmatrix} + z \begin{pmatrix} 0 \\ 4 \\ 10+x \end{pmatrix} = \begin{pmatrix} -3 \\ -2x \\ -6 \end{pmatrix}$$

Diese Gleichung, so harmlos sie daherkommt, resultiert nicht in einem linearen Gleichungssystem! Vielmehr tauchen fiese Produkte wie $y \cdot x$ und $z \cdot x$ auf. Lassen Sie sich davon nicht beeindrucken und setzen Sie das Gleichungssystem an, auch wenn es nicht mehr linear ist:

$$\begin{array}{rcrcr} -y & & & = & -3 \\ 2y & + & 4z & = & -2x \\ -xy & + & (10+x)z & = & -6 \end{array}$$

Die erste Zeile verrät Ihnen ohne Aufwand, dass $y = 3$ gilt. Sobald Sie diese Information in die beiden unteren Gleichungen einsetzen, öffnet sich wie von Wunderhand bereits die nächste Tür:

$$\begin{array}{rcrcr} 6 & + & 4z & = & -2x \\ -3x & + & (10+x)z & = & -6 \end{array}$$

Die obere Gleichung besagt nun $x = -2z - 3$. Dies können Sie bequem in die untere Gleichung eintragen und erhalten:

$$-3(-2z-3)+(10-2z-3)z=-6$$
$$\Rightarrow\ 6z+9+7z-2z^2=-6$$
$$\Rightarrow\ z^2-\frac{13}{2}z-\frac{15}{2}=0$$
$$\Rightarrow\ (z+1)\cdot\left(z-\frac{15}{2}\right)=0$$

Demnach ist $z = -1$ oder $z = \frac{15}{2}$.

Im ersteren Fall ist $x = -1$, während im zweiten Falle $x = -18$ gilt. Andere Möglichkeiten gibt es für x nicht!

Lösung zu Aufgabe 5

Setzen Sie den dritten Vektor wie in der Beispielaufgabe an, erhalten Sie als Determinante der Matrix:

$$\begin{vmatrix} 1 & -1 & x \\ 1 & 1 & y \\ 1 & 1 & z \end{vmatrix} = z - y + x - x - y + z = -2y + 2z$$

x ist offenbar beliebig zu wählen, also warum nicht $x = 0$? Jetzt darf y nicht denselben Wert wie z annehmen, alles andere ist gleichgültig, also zum Beispiel $y = 1$, $z = 2$. Sie erhalten im Ergebnis die Basis:

$$b = \left(\begin{pmatrix} 1 \\ 1 \\ 1 \end{pmatrix}, \begin{pmatrix} -1 \\ 1 \\ 1 \end{pmatrix}, \begin{pmatrix} 0 \\ 1 \\ 2 \end{pmatrix}\right)$$

Lösung zu Aufgabe 6

Auch bei dieser Aufgabe klingt der Ansatz mit der Determinante nicht schlecht. Es ergibt sich:

$$\begin{vmatrix} 2 & 0 & x \\ 1 & 2 & y \\ 0 & 1 & z \end{vmatrix} = 4z + 0 + x - 0 - 2y - 0 = x - 2y + 4z$$

Die Determinante darf nicht Null werden, dies ist schon für $x = 1, y = z = 0$ der Fall. Damit ergibt sich als eine Möglichkeit die Basis:

$$b = \left(\begin{pmatrix} 2 \\ 1 \\ 0 \end{pmatrix}, \begin{pmatrix} 0 \\ 2 \\ 1 \end{pmatrix}, \begin{pmatrix} 1 \\ 0 \\ 0 \end{pmatrix}\right)$$

Lösung zu Aufgabe 7

Die Aufgabe ist überraschend einfach. Bestimmen Sie dazu die Determinante der Matrix aus den drei Vektoren:

$$\begin{vmatrix} 1 & 1 & 1 \\ 3 & 2 & 1 \\ -1 & 2 & x \end{vmatrix} = 2x - 1 + 6 + 2 - 2 - 3x = -x + 5$$

Wenn x beispielsweise den Wert 1 annimmt, stellen die drei Vektoren eine Basis dar. Jeder andere Wert ist auch ok, außer $x = 5$, das wäre peinlich!

Lösung zu Aufgabe 8

Wenn Sie bei dieser Aufgabe die Determinante der Matrix aus den drei Basisvektoren berechnen, erhalten Sie keine *lineare*, sondern eine *quadratische* Gleichung:

$$\begin{vmatrix} 1 & x & 4 \\ x & 1 & 4 \\ 0 & 1 & -1 \end{vmatrix} = -1 + 0 + 4x - 0 - 4 + x^2 = x^2 + 4x - 5$$

Um zu bestimmen, welchen Wert x **nicht** annehmen darf, damit die Vektoren eine Basis bilden, müssen Sie die quadratische Gleichung lösen:

$$\begin{aligned} x^2 + 4x - 5 &= 0 \\ (x+2)^2 - 9 &= 0 \\ (x+5)(x-1) &= 0 \end{aligned}$$

Wenn x den Wert -5 oder 1 annimmt, bilden die drei Vektoren ***keine*** Basis, ansonsten sehr wohl!

Lösung zu Aufgabe 9

Die Standard-Gleichung besitzt bei dieser Aufgabe die Form:

$$x\begin{pmatrix} 1 \\ -2 \\ 0 \\ 1 \\ 2 \end{pmatrix} + y\begin{pmatrix} 2 \\ 1 \\ 0 \\ 2 \\ 1 \end{pmatrix} + z\begin{pmatrix} 0 \\ 0 \\ 1 \\ 1 \\ 0 \end{pmatrix} = \begin{pmatrix} 0 \\ 0 \\ 0 \\ 0 \\ 0 \end{pmatrix}$$

Das zugehörige LGS lautet also:

$$\begin{aligned} x + 2y \phantom{{}+z} &= 0 \\ -2x + y \phantom{{}+z} &= 0 \\ z &= 0 \\ x + 2y + z &= 0 \\ 2x + y \phantom{{}+z} &= 0 \end{aligned}$$

Auch hier dürfen Sie ohne Schaden den Gauß-Algorithmus anwenden, allerdings ist die dritte Zeile so ungewöhnlich einfach, dass es hier eine Abkürzung gibt. Offenbar ist $z = 0$, da führt kein Weg daran vorbei. Aus der ersten Gleichung sehen Sie weiter, dass $x = -2y$ gilt. Dieses Wissen führt, eingesetzt in die zweite Zeile, zu $-2(-2y) + y = 0$. Damit muss auch $y = 0$ sein! Und somit ebenfalls $x = 0$, was nichts anderes besagt, als dass die triviale Lösung $x = y = z = 0$ die einzige ist, die das LGS erfüllt. Demnach sind die drei Ausgangsvektoren *linear unabhängig*.

Lösung zu Aufgabe 10

Die polynomiale Vektorgleichung zur Untersuchung der linearen Abhängigkeit sieht hier so aus:

$$a \cdot \left(x^2 + 2x - 1\right) + b \cdot (x + 1) + c \cdot \left(-2x^2 - 3x + 3\right) = 0$$

Als Unbekannte war die Variable x schon »verbraten«, deswegen habe ich a, b und c als Platzhalter für die reellen *Koeffizienten*, also Vorfaktoren gewählt. So außerordentlich die Gleichung auch erscheinen mag, am Ende führt der Koeffizientenvergleich links und rechts des Gleichheitszeichens geradewegs in ein typisches, gewöhnliches LGS:

$$\begin{array}{rcrcrcl} a & & & - & 2c & = & 0 \\ 2a & + & b & - & 3c & = & 0 \\ -a & + & b & + & 3c & = & 0 \end{array}$$

Dabei ist die erste Zeile aus dem Vergleich der Koeffizienten von x^2 hervorgegangen, die zweite aus dem Vergleich der Vorfaktoren von x und die dritte – na, das können Sie sich sicherlich selbst denken.

Wiederum wäre ein Gauß-Algorithmus möglich und gut, aber auch hier können Sie die Einfachheit des LGS ausnutzen, um schneller ans Ziel zu gelangen.

Die erste Zeile enthält bereits kein »b« mehr und zeigt Ihnen, dass $a = 2c$ gelten muss. Wenn Sie nun die zweite Zeile von der dritten abziehen, verschwindet auch dort das »b«:

$$-3a + 6c = 0$$

Den Wert von a, nämlich $2c$, in dieser Gleichung zu ersetzen ist schnell getan:

$$-3 \cdot (2c) + 6c = 0$$

Also verschwindet c vollständig und ist somit beliebig. Damit ist der Nachweis der *linearen Abhängigkeit* bereits geführt. Zur Probe empfehle ich Ihnen jedoch dringend, eine konkrete Linearkombination auch anzugeben. Zum Beispiel ergibt sich für $c = 1$ der Wert von a zu 2. Beides eingesetzt in die zweite Gleichung führt Sie zu $4 + b - 3 = 0$. Demnach ist $b = -1$. Insgesamt ergibt sich als eine mögliche Linearkombination:

$$2 \cdot \left(x^2 + 2x - 1\right) - 1 \cdot (x + 1) + 1 \cdot \left(-2x^2 - 3x + 3\right) = 0$$

Lösung zu Aufgabe 11

Die Matrizengleichung zur Klärung der linearen Unabhängigkeit besitzt die Gestalt:

$$x\begin{pmatrix} 1 & 0 \\ 0 & -1 \end{pmatrix} + y\begin{pmatrix} 3 & -1 \\ -1 & 2 \end{pmatrix} + z\begin{pmatrix} -2 & 1 \\ 1 & -3 \end{pmatrix} = \begin{pmatrix} 0 & 0 \\ 0 & 0 \end{pmatrix}$$

Wie Sie sehen, muss der Nullvektor in diesem Fall eine 2×2-Nullmatrix sein. Jede der vier Komponenten links und rechts des Gleichheitszeichens muss übereinstimmen, also erhalten Sie auch hier, wie immer, ein LGS:

$$\begin{array}{rcrcrcl} x & + & 3y & - & 2z & = & 0 \\ & - & y & + & z & = & 0 \\ & - & y & + & z & = & 0 \\ -x & + & 2y & - & 3z & = & 0 \end{array}$$

Wie Sie feststellen, stimmen die Zeilen 2 und 3 überein, was kein Wunder ist bei symmetrischen Matrizen. Den beiden mittleren Zeilen entnehmen Sie, dass $z = y$ ist. Wenn Sie nun darüber hinaus die erste und die letzte Zeile addieren, verschwindet auch dort das »x« und Sie erhalten $5y - 5z = 0$, was nichts anderes als Ihre ursprüngliche Erkenntnis darstellt, dass $y = z$ ist. Somit sind die drei Matrizen *linear abhängig*. Auch hier sollten Sie zur Probe wenigstens eine konkrete Linearkombination erzeugen. Beispielsweise führt mit $y = z = 1$ die erste Zeile zu: $x + 3 - 2 = 0$, also $x = -1$. Insgesamt erhalten Sie somit:

$$(-1) \cdot \begin{pmatrix} 1 & 0 \\ 0 & -1 \end{pmatrix} + \begin{pmatrix} 3 & -1 \\ -1 & 2 \end{pmatrix} + \begin{pmatrix} -2 & 1 \\ 1 & -3 \end{pmatrix} = \begin{pmatrix} 0 & 0 \\ 0 & 0 \end{pmatrix}$$

Lösung zu Aufgabe 12

Das Verfahren ist das übliche. Zuerst werden die drei Vektoren in *Zeilenform* gebracht und anschließend in die »Gauß'sche Waschmaschine« gestopft:

$$\begin{array}{rrrr} 1 & 2 & 3 & -1 \\ 0 & -1 & 2 & 3 \\ 2 & 5 & 4 & -5 \end{array}$$

Los geht's! Der erste Eliminationsschritt verändert nur die dritte Zeile:

$$\begin{array}{rrrr} 1 & 2 & 3 & -1 \\ 0 & -1 & 2 & 3 \\ 0 & 1 & -2 & -3 \end{array}$$

Auch wenn die lineare Abhängigkeit der dritten Zeile offenbar ist, schadet es nicht, das »Programm der Waschmaschine« bis zum Ende laufen zu lassen:

$$\begin{array}{rrrr} 1 & 2 & 3 & -1 \\ 0 & -1 & 2 & 3 \\ 0 & 0 & 0 & 0 \end{array}$$

Das schlussendliche Ergebnis resultiert in den verbliebenen Zeilen, die Sie jedoch in vektorieller Form angeben müssen:

Lösung: $\left\{\begin{pmatrix} 1 \\ 2 \\ 3 \\ -1 \end{pmatrix}, \begin{pmatrix} 0 \\ -1 \\ 2 \\ 3 \end{pmatrix}\right\}$

Lösung zu Aufgabe 13

Um die Polynome in Zeilenform zu bringen, notieren Sie lediglich die Koeffizienten, beginnend bei der höchstens Potenz und so weiter bis zur niedrigsten. Sollte ein Term fehlen, setzen Sie an dieser Stelle eine Null ein:

$$\begin{matrix} 1 & -1 & 1 \\ 2 & 0 & -4 \\ 1 & 1 & -5 \end{matrix}$$

Nach dem ersten Schritt in der »Gauß'schen Waschmaschine« wird die »Wäsche« schon »sauberer«:

$$\begin{matrix} 1 & -1 & 1 \\ 0 & 2 & -6 \\ 0 & 2 & -6 \end{matrix}$$

Da die beiden letzten Zeilen identisch sind, verschwindet die unterste im nächsten Schritt:

$$\begin{matrix} 1 & -1 & 1 \\ 0 & 2 & -6 \\ 0 & 0 & 0 \end{matrix}$$

Das Endergebnis des zugehörigen Vektorraums in polynomialer Form lautet:

Lösung: $\{x^2 - x + 1,\ 2x - 6\}$

Lösung zu Aufgabe 14

Um die Matrizen in Zeilenform darzustellen, denken Sie sich eine beliebige, aber feste Reihenfolge der Felder aus. Zum Beispiel von links nach rechts und oben nach unten. Es ergibt sich:

$$\begin{matrix} 1 & 2 & 2 & -2 \\ 3 & 0 & 0 & 3 \\ 1 & -4 & -4 & 7 \end{matrix}$$

Sicherlich hätten Sie auch auf die doppelte Ausführung der mittleren Spalten verzichten können, aber die schadet auch nicht. Nach dem ersten Durchlauf der »Waschmaschine« ergibt sich:

$$\begin{matrix} 1 & 2 & 2 & -2 \\ 0 & -6 & -6 & 9 \\ 0 & -6 & -6 & 9 \end{matrix}$$

Auch hier ist wieder eine lineare Abhängigkeit zu beobachten:

$$\begin{array}{cccc} 1 & 2 & 2 & -2 \\ 0 & -6 & -6 & 9 \\ 0 & 0 & 0 & 0 \end{array}$$

Das Endergebnis in der geforderten Matrizenschreibweise sieht so aus:

Lösung: $\left\{ \begin{pmatrix} 1 & 2 \\ 2 & -2 \end{pmatrix}, \begin{pmatrix} 0 & -6 \\ -6 & 9 \end{pmatrix} \right\}$

Lösung zu Aufgabe 15

Es spielt keine Rolle, ob die Einträge reell oder komplex sind. Die »Gauß'sche Waschmaschine« macht alles »sauber«:

$$\begin{array}{cccc} i & 0 & -i & 2i \\ 1 & 1 & 2i & 3+i \\ 0 & 1 & 2i+1 & 1+i \end{array}$$

Der erste Schritt erfordert die Multiplikation der ersten Zeile mit »i« und anschließender Addition zur zweiten Zeile:

$$\begin{array}{cccc} i & 0 & -i & 2i \\ 0 & 1 & 2i+1 & 1+i \\ 0 & 1 & 2i+1 & 1+i \end{array}$$

Auch hier eliminiert der letzte Gauß-Schritt die dritte Zeile:

$$\begin{array}{cccc} i & 0 & -i & 2i \\ 0 & 1 & 2i+1 & 1+i \\ 0 & 0 & 0 & 0 \end{array}$$

Zum Schluss verbleiben nur zwei Vektoren:

Lösung: $\left\{ \begin{pmatrix} i \\ 0 \\ -i \\ 2i \end{pmatrix}, \begin{pmatrix} 0 \\ 1 \\ 2i+1 \\ 1+i \end{pmatrix} \right\}$

Kümmern Sie sich nicht weiter darum, dass just zwei der Ausgangsvektoren übrig geblieben sind. Das Verfahren produziert bei korrekter Anwendung immer ein richtiges Resultat. Weil es nicht eindeutig ist, gibt es unendlich viele Lösungen...

Teil III

Lineare Gleichungssysteme lösen

»Was genau wollten wir nochmal beweisen?«

In diesem Teil ...

Erfahren Sie alles über lineare Gleichungssysteme! In den drei Kapiteln werden Sie die unterschiedlichen Facetten von linearen Gleichungssystemen anhand von vollständig durchgerechneten Beispielaufgaben erleben.

Es beginnt mit den einfachsten Systemen, den homogenen linearen Gleichungssystemen, deren Konstantenspalte aus lauter Nullen besteht. Weiter geht es mit inhomogenen Systemen. Das letzte Kapitel dieses Teiles führt Sie schließlich in die hohe Kunst der parametrisierten linearen Gleichungssysteme ein, bei denen weitere Unbekannte innerhalb der Koeffizienten auftauchen.

Homogene lineare Gleichungssysteme

8

In diesem Kapitel …

- Systematisch lineare Gleichungssysteme klassifizieren
- Triviale Lösungen identifizieren
- Mögliche Lösungsräume von linearen Gleichungssystemen verstehen
- Das Gauß'sche Eliminiationsverfahren einstudieren
- Die Jordan'sche Erweiterung des Gauß-Algorithmus anwenden
- Unterbestimmte Systeme und lineare Abhängigkeit als Ergebnis des systematischen Lösens begreifen

In diesem Kapitel geht es endlich »zur Sache«. Das wichtige Thema »lineare Gleichungssysteme« steht auf dem Programm. Ausgehend von homogenen Gleichungssystemen finden Sie hier zahlreiche Beispiele und Übungen zu den systematischen Lösungsverfahren mittels des Gauß-Algorithmus und der Erweiterung von Jordan.

Dabei behandeln die ersten Abschnitte speziell die Darstellung der Lösungsmenge, angefangen von trivialen Lösungen bis hin zu freien Parametern beliebiger Dimension.

Natürlich werden Sie ebenso einige kritische Situationen meistern. Was Sie tun und lassen dürfen bei unter- oder überbestimmten linearen Gleichungssystemen wird anhand zahlreicher Übungsaufgaben gezeigt, wie immer mit ausführlicher Lösungsdarstellung am Ende des Kapitels!

Triviale Lösungen

Ein *homogenes lineares Gleichungssystem*, kurz *HLGS*, zeichnet sich dadurch aus, dass die Konstantenspalte komplett Null ist:

$$\begin{array}{ccccccc} a_{11}x_1 & + & \cdots & + & a_{1n}x_n & = & 0 \\ a_{21}x_1 & + & \cdots & + & a_{2n}x_n & = & 0 \\ \vdots & \vdots & \ddots & \vdots & \vdots & \vdots & \vdots \\ a_{m1}x_1 & + & \cdots & + & a_{mn}x_n & = & 0 \end{array}$$

Das Schöne an diesem Gleichungssystem ist die Tatsache, dass zumindest eine Lösung von vornherein völlig klar ist. Für $x_1 = \ldots = x_n = 0$ sind alle Bedingungen erfüllt.

Allerdings bringt diese Erkenntnis auch nicht sonderlich viel ein. Daher wird das Resultat auch als *triviale Lösung* bezeichnet.

Jedes HLGS verfügt zumindest über die triviale Lösung!

Den Lösungsraum erweitern

Nun dürfen Sie davon ausgehen, dass es im Allgemeinen auch weitere Lösungen geben könnte. Wenn es aber auch nur eine einzige nicht-triviale Möglichkeit für die Variablenbelegung gibt, dann existieren gleich noch unendlich viele andere!

In diesem Abschnitt üben Sie die Verallgemeinerung einer einzigen expliziten nicht-trivialen Lösung zu einer unendlichen Lösungsmenge. Das funktioniert so einfach aber nur bei homogenen linearen Gleichungssystemen.

Erschrecken Sie nicht, aber Sie können die allgemeine Lösung aus der Vorgabe einer einzigen bereits ablesen.

Stellen Sie sich dazu vor, ein HLGS besäße die explizite Lösung $x = 1$, $y = 2$ und $z = 3$. Dann erfüllen diese Zahlen die Bedingung in jeder Zeile des Gleichungssystems. Eine könnte beispielsweise so aussehen:

$$x - 2y + z = 0$$

Nun hindert Sie niemand daran, die Zeile mit einem beliebigen Vielfachen zu multiplizieren, etwa r. Dann ergibt sich: $r(x - 2y + z) = 0$, und damit $rx - 2ry + rz = 0$. Also muss auch das $\frac{1}{r}$-fache der jeweiligen Werte von x, y, und z eine Lösung darstellen. Somit sind alle reellen Vielfachen einer einzigen Lösung eines HLGS ebenfalls Teil der Lösungsmenge! Und das gilt auch für beliebig viele Gleichungen und Unbekannte ...

Beispiel

Ausgehend vom HLGS

$$\begin{array}{rcrcrcl} 3x & + & 4y & - & 4z & = & 0 \\ x & + & y & - & 2z & = & 0 \\ -x & + & y & + & 6z & = & 0 \end{array}$$

sei die Lösung $x = 4$, $y = -2$ und $z = 1$ bekannt. Wie lautet die allgemeine Lösungsmenge?

Lösung

Weil der Vektor $\begin{pmatrix} 4 \\ -2 \\ 1 \end{pmatrix}$ Element der Lösungsmenge ist, müssen auch alle Vielfachen in der Lösungsmenge L sein, da es sich um ein homogenes System handelt:

$$L = \left\{ \lambda \begin{pmatrix} 4 \\ -2 \\ 1 \end{pmatrix} \middle| \lambda \in \mathbb{R} \right\}$$

Aufgabe 1

Gegeben sei das HLGS

$$\begin{aligned} 3x - 4y &= 0 \\ -12x + 16y &= 0 \end{aligned}$$

Die Lösung $x = 4$ und $y = 3$ sei bekannt. Wie lautet die allgemeine Lösung?

Aufgabe 2

Gegeben sei das homogene LGS

$$\begin{aligned} 3x + 4y - 2z &= 0 \\ -6x + y + 4z &= 0 \\ 9x - y - 6z &= 0 \end{aligned}$$

Die Lösung $x = 2$, $y = 0$ und $z = 3$ sei bekannt. Wie lautet die allgemeine Lösung?

Aufgabe 3

Gegeben sei das homogene LGS

$$\begin{aligned} 2x - y - z &= 0 \\ x + y - 2z &= 0 \\ -x + 2y - z &= 0 \end{aligned}$$

Die Lösung $x = 1$, $y = 1$ und $z = 1$ sei bekannt. Wie lautet die allgemeine Lösung?

Aufgabe 4

Gegeben sei das homogene LGS

$$\begin{aligned} 3x + 2y - z &= 0 \\ 9x + 6y - 3z &= 0 \\ -3x - 2y + z &= 0 \end{aligned}$$

Die Lösungen $x = -1$, $y = 2$ und $z = 1$ sowie $x = y = 1$ und $z = 5$ seien bekannt. Wie lautet somit die allgemeine Lösung?

Das Gauß'sche Eliminationsverfahren

Das *Gauß'sche Eliminationsverfahren*, oder auch der *Gauß-Algorithmus (GA)*, ist das bedeutsamste Verfahren zur Lösung von linearen Gleichungssystemen. Das Schöne ist: es funktioniert immer, ganz gleich, wie viele Unbekannte oder wie viele Zeilen das LGS enthält.

Außerdem ist das Verfahren sehr systematisch. Bei korrekter Anwendung müssen Sie nicht, wie das in manchen Lehrbüchern zu finden ist, groß und breit an den Rand des Systems schreiben, was Sie gerade tun. Denn das ergibt sich **automatisch** aus der Anwendung des Verfahrens.

Der Übersichtlichkeit halber werden alle Rechensymbole entfernt. Fehlende Koeffizienten müssen aber, das ist sehr wichtig, mit Nullen aufgefüllt werden. Die Variablen erscheinen nur noch als Spaltenüberschriften.

Ausgehend vom exemplarischen LGS

$$\begin{array}{rcrcrcl} x & + & y & - & z & = & 0 \\ 2x & - & y & & & = & 0 \\ -3x & + & 3y & - & z & = & 0 \end{array}$$

setzt der GA mit folgender Schreibweise an:

x	y	z	
1	1	−1	0
2	−1	0	0
−3	3	−1	0

Wie Sie sehen, ist die Konstantenspalte für homogene LGS stets Null, das wird auch durch das Gauß'sche Verfahren nicht verändert. Sie dürfen deshalb bei HLGSen diese Spalte komplett weglassen!

Ziel des GA ist es, eine *Zeilenstufenform* zu erreichen, die einer *oberen Dreiecksmatrix* gleicht.

Dazu müssen Sie die Elemente unterhalb der Hauptdiagonalen irgendwie zu Null setzen:

x	y	z	
1	1	−1	0
2	−1	0	0
−3	3	−1	0

Der GA erreicht dieses Ziel spaltenweise! In jedem Schritt werden alle Elemente unterhalb der Hauptdiagonale in jeweils einer Spalte zu Null gesetzt. Sie beginnen mit der äußerst linken, der ersten Spalte und enden mit der vorletzten.

Dabei verändern Sie Zeile für Zeile, angefangen mit derjenigen, in der eine Zahl zu Null gesetzt werden muss. Sie addieren zu der jeweiligen Zeile immer ein Vielfaches derjenigen, die der aktuellen Spalte entspricht. Dieses Vielfache wählen Sie gerade so, dass das angestrebte Element nach der Addition auch tatsächlich Null ergibt.

Am Anfang, wenn Sie die erste Spalte behandeln, benötigen Sie die Vielfachen der ersten Zeile, bei der zweiten Spalte jene der zweiten Zeile und so fort. Die erste Zeile selbst bleibt dabei zu jedem Zeitpunkt unangetastet.

Eine detaillierte Beschreibung des Gauß-Algorithmus sowie weitere Hintergrundinformationen können Sie nachlesen im sechsten Kapitel von »Lineare Algebra für Dummies«!

Wenn Ihnen diese Beschreibung ein wenig kompliziert erscheint, macht das nichts. Sobald Sie das Verfahren selbst anwenden, wird Ihnen alles klar werden.

Auf zwei kritische Punkte muss ich Sie dennoch aufmerksam machen.

Sollte die Zeile, die Sie gerade multiplizieren wollen, an der geforderten Stelle eine Null enthalten, bringen Sie durch *Zeilentausch* oder *Spaltentausch* an diese Stelle eine Zahl ungleich Null. Die gleiche Empfehlung spreche ich Ihnen für größere Zahlen aus. Um Brüche nach Möglichkeit zu vermeiden, sollte der Koeffizient, mit dem Sie multiplizieren, dem Betrage nach möglichst nahe an der Eins sein. Sehen Sie sich dazu auch das folgende Beispiel an:

Beispiel

Ausgehend vom oben gezeigten LGS zeige ich Ihnen nun, wie Sie korrekt und systematisch den Gauß-Algorithmus anwenden.

Sie gehen von der Gauß-Form des HLGS aus:

x	y	z
1	1	–1
2	–1	0
–3	3	–1

Im ersten Gauß-Schritt werden die Zahlen unterhalb der »1«, die sich oben links im Diagramm befindet, nämlich »2« sowie »–3«, *eliminiert*, also zu Null gesetzt.

Dies erreichen Sie, indem Sie die komplette erste Zeile nacheinander mit einem geeigneten Wert multiplizieren und anschließend das Ergebnis zu Zeile 2 und später zu Zeile 3 addieren.

Offenbar können Sie das nur schaffen, wenn Sie zuerst mit –2 die obere Zeile multiplizieren und zur Zeile 2 addieren, und anschließend die ursprüngliche Zeile 1 mit 3 multiplizieren und zu Zeile drei addieren. Beachten Sie dabei, dass Zeile 1 selbst unberührt bleibt.

Nach dem ersten Gauß-Schritt erhalten Sie:

x	y	z
1	1	–1
0	–3	2
0	6	–4

Das war doch nicht so schwer! Weiter geht es. Jetzt nehmen Sie sich die »6« vor. Sie müssen Zeile 2 mit 2 *multiplizieren* und zu Zeile drei *addieren*, um diese Zahl zu *eliminieren*. Das reimt sich sogar. Und was sich reimt, ist bekanntlich gut.

Es ergibt sich nach dem zweiten Gauß-Schritt, der zugleich auch der letzte ist, das folgende LGS:

x	y	z
1	1	–1
0	–3	2
0	0	0

Erschrecken Sie sich nicht über die vielen Nullen in der letzten Zeile. So etwas kommt vor. Dennoch ist das Ziel erreicht. Unterhalb der Hauptdiagonalen sind alle Elemente eliminiert worden.

Zur Angabe der Lösungsmenge benötigen Sie pro Zeile, die nur aus Nullen besteht, eine konkrete nicht-triviale Lösung. Das ist hier recht einfach, weil nur die letzte Zeile lauter Nullen enthält, also müssen Sie sich lediglich eine einzige Lösung »aus den Fingern saugen«.

Die zweite Zeile kommt Ihnen da zur Hilfe. Für $y = 2$ und $z = 3$ ist die Vorgabe offensichtlich erfüllt. Dies, eingesetzt in die erste Zeile, ergibt: $x + 2 - 3 = 0$ und damit $x = 1$. Die allgemeine Lösung des HLGS lautet also:

$$L = \left\{ \lambda \begin{pmatrix} 1 \\ 2 \\ 3 \end{pmatrix} \,\middle|\, \lambda \in \mathbb{R} \right\}$$

Sollte am Ende überhaupt keine Zeile ausschließlich aus Nullen bestehen, bleibt als Lösungsmenge des LGS nur der triviale Nullvektor ...

Nun sind Sie an der Reihe!

Aufgabe 5

Lösen Sie das HLGS mit dem Gauß-Algorithmus!

$$\begin{array}{rcrcrcl} x & + & y & - & 2z & = & 0 \\ 2x & + & y & - & 3z & = & 0 \\ -3x & - & y & + & 4z & = & 0 \end{array}$$

Aufgabe 6

Lösen Sie das HLGS mit dem Gauß-Algorithmus!

$$\begin{array}{rcrcrcl} 3x & + & y & - & 6z & = & 0 \\ -4x & + & 3y & - & 8z & = & 0 \\ x & - & 4y & + & 2z & = & 0 \end{array}$$

Aufgabe 7

Lösen Sie das HLGS mit dem Gauß-Algorithmus!

$$\begin{array}{rcrcrcl} x & + & 2y & - & 3z & = & 0 \\ -3x & - & 6y & + & 9z & = & 0 \\ 4x & + & 8y & - & 12z & = & 0 \end{array}$$

Aufgabe 8

Lösen Sie das HLGS mit dem Gauß-Algorithmus!

$$
\begin{array}{rcrcrcl}
2x & - & y & + & z & = & 0 \\
-x & + & 3y & + & 2z & = & 0 \\
x & - & 4y & + & 3z & = & 0
\end{array}
$$

Aufgabe 9

Lösen Sie das HLGS mit dem Gauß-Algorithmus!

$$
\begin{array}{rcrcrcrcl}
w & + & x & - & y & - & 2z & = & 0 \\
3w & - & 2x & + & 3y & + & 3z & = & 0 \\
4w & - & x & + & 2y & + & z & = & 0 \\
2w & + & 2x & - & 2y & - & 4z & = & 0
\end{array}
$$

Erweiterungen zum Gauß-Jordan-Algorithmus

Es ist ein wenig mühevoll, die speziellen nicht-trivialen Lösungen zu finden, wenn die zu untersuchenden HGLS zunehmend größer werden.

Abhilfe schafft hier eine Erweiterung des Gauß-Algorithmus durch Wilhelm Jordan. Seine Idee ist denkbar einfach: warum schon aufhören, wenn es gerade am schönsten ist? Nachdem Sie also eine *Zeilestufenform* erreicht haben, gehen Sie mit dem Gauß-Jordan-Algorithmus (GJA) daran, eine komplette *Diagonalgestalt* zu erzielen. Dazu wenden Sie dieselben Verfahren an, beginnen jedoch bei der untersten Zeile und der äußerst rechten Spalte!

Darüber hinaus gestattet Ihnen der GJA auch, eine Zeile durch ein Vielfaches Ihrer selbst (mit Ausnahme der Null) zu ersetzen. Einfach so! Das war beim klassischen Gauß verboten, darf jedoch nach der Jordan'schen Erweiterung zu jedem Zeitpunkt eingesetzt werden. Wenn Sie das tun, notieren Sie jedoch das LGS erneut, damit die Gauß-Schritte jederzeit eindeutig nachvollzogen werden können.

Am Ende erhalten Sie so, wenn alles gut geht, nur noch die Zahl 1 an allen Stellen auf der Hauptdiagonalen.

Beispiel

Angenommen, Sie sind bereits mit dem Gauß-Algorithmus bei einer Zeilenstufenform wie der folgenden angelangt:

w	x	y	z
1	2	3	4
0	1	2	3
0	0	1	2
0	0	0	1

Dann dürfen Sie einen GJA-Schritt ausführen, indem Sie die ersten drei Zeilen der rechten Spalte zu Null setzen. Das bewerkstelligen Sie dadurch, dass Sie die unterste Zeile nacheinander mit -2, -3 und -4 multiplizieren und anschließend auf die dritte, zweite und erste Zeile addieren.

Besonders elegant an diesem Verfahren ist, dass die Nullen im linken unteren Bereich unverändert bleiben:

w	x	y	z
1	2	3	0
0	1	2	0
0	0	1	0
0	0	0	1

Wie Sie sehen, verändern sich keine Werte, außer denjenigen, die zu Null gesetzt werden. Sollten Sie es einmal – zum Beispiel im nächsten Kapitel – mit *inhomogenen Gleichungssystemen* zu tun bekommen, bei denen die Konstantenspalte nicht von vorneherein Null ist, dann würde diese sich ebenfalls bei den GJA-Schritten verändern.

So aber dürfen Sie fortfahren mit dem nächsten GJA-Schritt:

w	x	y	z
1	2	0	0
0	1	0	0
0	0	1	0
0	0	0	1

Und schließlich erhalten Sie:

w	x	y	z
1	0	0	0
0	1	0	0
0	0	1	0
0	0	0	1

Der GJA terminiert in einer Diagonalgestalt. Das triviale Ergebnis lautet: $w = x = y = z = 0$.

In den folgenden Beispielen dürfen Sie den GJA selbst anwenden. Zur Übung beginnen Sie stets mit einem gewöhnlichen HLGS und wenden zunächst klassische Gauß-Schritte an, bevor die Erweiterungen von Jordan ins Spiel kommen! In einigen Fällen lässt sich die Jordan'sche Erweiterung bis zur Diagonalgestalt nicht mehr ausführen, dennoch können Sie auch dort von der Möglichkeit profitieren, Zeilen mit einem beliebigen Wert ungleich Null zu multiplizieren.

Versuchen Sie stets, mittels GJA-Operationen so nahe wie möglich an die Einheitsmatrix heranzukommen.

Aufgabe 10

Lösen Sie das HLGS mit dem Gauß-Jordan-Algorithmus!

$$\begin{aligned} x + 2y - 6z &= 0 \\ -x + 2y - 6z &= 0 \\ 2x - 4y + 4z &= 0 \end{aligned}$$

Aufgabe 11

Lösen Sie das HLGS mit dem Gauß-Jordan-Algorithmus!

$$\begin{aligned} x - y + 2z &= 0 \\ 3x - 3y + 6z &= 0 \\ -x + y - 2z &= 0 \end{aligned}$$

Aufgabe 12

Lösen Sie das HLGS mit dem Gauß-Jordan-Algorithmus!

$$\begin{aligned} 5w - 10x + 10y - 5z &= 0 \\ 2w + x + 3y - 2z &= 0 \\ w + 3x + y - z &= 0 \\ 3w - x + 5y - 3z &= 0 \end{aligned}$$

Unterbestimmte Systeme und lineare Abhängigkeit

Das Schöne an einem homogenen linearen Gleichungssystem ist seine Eigenschaft, stets eine, wenn auch triviale Lösung zu besitzen.

Sobald Sie alle Variablen auf Null setzen, ergibt sich automatisch die rechte Seite des LGS, die aus lauter Nullen besteht.

Welchen Einfluss, so dürfen Sie in diesem Abschnitt fragen, hat dann aber die Anzahl an Gleichungen? Im Gegensatz zu einem inhomogenen System, für das Sie möglicherweise keine Lösung finden können, führt eine immer größere Zahl an Gleichungen nicht zu einem Problem. Die triviale Lösung steht fest wie eine Brandung am Ufer der homogenen Gleichungssysteme.

Allerdings wissen Sie, dass die Anzahl an Gleichungen mit der Anzahl an Unbekannten genau übereinstimmen muss, damit sich eine **eindeutige** Lösung ergibt.

Für homogene LGS unterscheiden Sie drei Fälle:

- ✔ Stimmt die Anzahl an linear unabhängigen Gleichungen mit der Anzahl an Unbekannten überein, ist die *triviale Lösung* die einzig mögliche!
- ✔ Falls mehr Gleichungen als Unbekannte auftreten, sind die Zeilen des LGS *linear abhängig*!
- ✔ Sollten weniger Zeilen als Unbekannte vorhanden sein, so ist das LGS *unterbestimmt* und Sie finden **unendlich** viele Lösungen. Dabei enthält die Lösungsmenge für jede fehlende Zeile genau einen *Freiheitsgrad*.

Für den ersten Fall stellen die Koeffizienten des HLGS eine quadratische Matrix dar. Wenn deren Determinante ungleich Null ist, so sind die Zeilen (und Spalten) linear unabhängig und die triviale Lösung ist die einzig denkbare.

Im dritten Fall – und das gilt auch für etliche Beispiele des zweiten Falles – geben Sie für jede überschüssige Variable einen beliebigen reellen Parameter vor und berechnen die restlichen anhand der Vorgaben!

Beispiel

Wie lautet die Lösung des folgenden homogenen LGS?

$$\begin{array}{rcrcrcl} 3x & + & y & - & 2z & = & 0 \\ -x & + & y & + & 4z & = & 0 \end{array}$$

Lösung

Das LGS verfügt über 3 Unbekannte, aber nur 2 Zeilen. Also dürfen Sie eine der Variablen frei wählen. Zunächst reduzieren Sie dazu das System um eine Unbekannte und eine Gleichung, indem Sie beispielsweise Zeile 1 von Zeile 2 subtrahieren. Sie erhalten somit: $-4x + 4z = 0$. Ergo gilt $x = z$. Nun geben Sie $z = \lambda$ mit $\lambda \in \mathbb{R}$ beliebig vor. Dann muss ebenfalls $x = \lambda$ sein. Zeile 2 des ursprünglichen LGS führt Sie weiter zu $-\lambda + y + 4\lambda = 0$ und damit $y = -3\lambda$.

Insgesamt erhalten Sie als Lösungsmenge:

$$L = \left\{ \lambda \begin{pmatrix} 1 \\ -3 \\ 1 \end{pmatrix} \middle| \lambda \in \mathbb{R} \right\}$$

Aufgabe 13

Wie lautet die Lösungsmenge des nachfolgenden LGS?

$$\begin{array}{rcrcrcl} 2x & - & 2y & - & z & = & 0 \\ -3x & + & 4y & + & z & = & 0 \end{array}$$

Aufgabe 14

Wie lautet die Lösungsmenge des nachfolgenden LGS?

$$\begin{array}{rcrcrcl} 2x & + & 3y & + & 3z & = & 0 \\ -x & + & 2y & - & 2z & = & 0 \\ 4x & - & y & + & z & = & 0 \end{array}$$

Aufgabe 15

Wie lautet die Lösungsmenge des nachfolgenden LGS?

$$3x - 2y + z = 0$$

Aufgabe 16

Wie lautet die Lösungsmenge des nachfolgenden LGS?

$$\begin{array}{rcrcrcrcl} 2w & + & 2x & - & 4y & + & 2z & = & 0 \\ -w & + & x & + & 4y & + & 3z & = & 0 \end{array}$$

Lösungen der Aufgaben zu homogenen LGS

Lösung zu Aufgabe 1

Da es sich um ein HLGS handelt, geben Sie die allgemeine Lösungsmenge L sofort an:

$$L = \left\{ \lambda \begin{pmatrix} 4 \\ 3 \end{pmatrix} \middle| \lambda \in \mathbb{R} \right\}$$

Lösung zu Aufgabe 2

Auch hier ergibt sich die allgemeine Lösung aus der speziellen:

$$L = \left\{ \lambda \begin{pmatrix} 2 \\ 0 \\ 3 \end{pmatrix} \middle| \lambda \in \mathbb{R} \right\}$$

Lösung zu Aufgabe 3

Wieder ist die Ausgangsbasis ein HLGS. Damit ergibt sich die allgemeine Lösung L zu:

$$L = \left\{ \lambda \begin{pmatrix} 1 \\ 1 \\ 1 \end{pmatrix} \middle| \lambda \in \mathbb{R} \right\}$$

Lösung zu Aufgabe 4

Bei dieser Aufgabe ist die Angelegenheit etwas schwieriger. Zwei unterschiedliche spezielle Lösungen sind angegeben. Damit können Sie alle Linearkombinationen der beiden Vektoren in die Gesamtlösungsmenge aufnehmen:

$$L = \left\{ \lambda \begin{pmatrix} -1 \\ 2 \\ 1 \end{pmatrix} + \mu \begin{pmatrix} 1 \\ 1 \\ 5 \end{pmatrix} \middle| \lambda, \mu \in \mathbb{R} \right\}$$

Wenn Sie sich das ursprüngliche LGS genauer ansehen, werden Sie feststellen, dass alle 3 Zeilen linear abhängig sind. Im Grunde besteht das LGS also nur aus einer einzigen Lösung. Diese beschreibt eine Ebene in *Koordinatenform*, die Menge L beschreibt dieselbe Ebene in *Parameterform*. So einfach ist das!

Lösung zu Aufgabe 5

Sie transformieren das HLGS zunächst in eine nettere Gestalt:

x	y	z
1	1	−2
2	1	−3
−3	−1	4

Mit dem ersten GA-Schritt wird die erste Spalte »gesäubert«. Als Vielfache von Zeile 1 benötigen Sie die Werte −2 sowie 3.

x	y	z
1	1	−2
0	−1	1
0	2	−2

Der zweite GA-Schritt ist bereits der letzte. Sie müssen dazu Zeile 2 mit 2 multiplizieren und zur letzten Zeile addieren.

x	y	z
1	1	−2
0	−1	1
0	0	0

Als spezielle Lösung finden Sie anhand von Zeile 2 zum Beispiel $y = 1$ und $z = 1$. Die erste Zeile ergibt damit $x + 1 - 2 = 0$, das heißt $x = 1$. Die Lösung lautet demnach:

$$L = \left\{ \lambda \begin{pmatrix} 1 \\ 1 \\ 1 \end{pmatrix} \middle| \, \lambda \in \mathbb{R} \right\}$$

Lösung zu Aufgabe 6

Die 3 an der ersten Stelle ist bei dieser Aufgabe unschön, denn die Anwendung der Gauß-Elimination würde hier zu Brüchen führen. Niemand hindert Sie aber daran, die erste Zeile mit der letzten zu vertauschen. Wie Sie sich vorstellen können, hat das auf die Lösungsmenge keinen Einfluss. Sie erhalten somit ein HLGS in der Gauß-Form:

x	y	z
1	−4	2
−4	3	−8
3	1	−6

Im ersten Gauß-Schritt muss die Spalte 1 bereinigt werden. Dazu addieren Sie das Vierfache von Zeile 1 zu Zeile 2. Anschließend erreichen Sie durch Multiplikation mit -3 und Summation zu Zeile 3 eine weitere Null:

x	y	z
1	−4	2
0	−13	0
0	−11	0

Der zweite GA-Schritt muss nun aus der −11 eine Null zaubern. Dies gelingt, indem Sie das $-\frac{11}{13}$ von Zeile 2 zu Zeile 3 addieren. Sie erhalten:

x	y	z
1	−4	2
0	−13	0
0	0	0

Das Ergebnis sieht merkwürdig aus, aber der Gauß-Algorithmus terminiert erfolgreich.

Zeile 2 lautet nun $-13y = 0$. Damit ist $y = 0$ zwingend. Zeile 1 resultiert in $x + 2z = 0$. Da eine Nullzeile entstanden ist, benötigen Sie auch nur eine spezielle Lösung. Wie gefällt Ihnen $x = -2$, $y = 0$ und $z = 1$? Die allgemeine Lösung notieren Sie als:

$$L = \left\{ \lambda \begin{pmatrix} -2 \\ 0 \\ 1 \end{pmatrix} \middle| \lambda \in \mathbb{R} \right\}$$

Lösung zu Aufgabe 7

Hier finden Sie als Ansatz für den GA:

x	y	z
1	2	−3
−3	−6	9
4	8	−12

Auf geht's, wie immer. Als Faktoren im ersten Gauß-Schritt finden Sie 3 (für Zeile 2) und −4 (für Zeile 3). Sie erhalten:

x	y	z
1	2	−3
0	0	0
0	0	0

Huch! Der Algorithmus ist bereits fertig, weil das Ziel der Zeilenstufenform erreicht worden ist. Diesmal sind jedoch 2 Nullzeilen entstanden, also benötigen Sie auch 2 verschiedene nicht-triviale Lösungen. Das ist aber nicht so schwer wie es den Anschein hat. Betrachten Sie sich die übrig gebliebene Zeile genauer: $x + 2y - 3z = 0$. Für $x = y = z = 1$ geht die Sache auf. $x = 2$, $y = -1$ und $z = 0$ sieht ebenfalls gut aus. Also dürfen Sie die allgemeine Lösung angeben mit:

$$L = \left\{ \lambda \begin{pmatrix} 1 \\ 1 \\ 1 \end{pmatrix} + \mu \begin{pmatrix} 2 \\ -1 \\ 0 \end{pmatrix} \middle| \lambda, \mu \in \mathbb{R} \right\}$$

Lösung zu Aufgabe 8

Hier bietet es sich wieder an, einen *Zeilentausch* vorzunehmen. Alternativ dürfen Sie auch einen *Spaltentausch* durchführen, Hauptsache, Sie kommen betragsmäßig nahe an die 1 heran und vergessen nicht, die Spaltenüberschriften ebenfalls zu tauschen.

Wenn Sie also die Spalten 1 und 2 des LGS vertauschen, erhalten Sie:

y	x	z
−1	2	1
3	−1	2
−4	1	3

Der erste GA-Schritt führt Sie nun nach Multiplikation von 3 und –4 der ersten Zeile und anschließender Addition zu:

y	x	z
–1	2	1
0	5	5
0	–7	–1

Jetzt lassen sich Brüche nicht länger vermeiden. Für den zweiten GA-Schritt multiplizieren Sie Zeile 2 mit $\frac{7}{5}$ und addieren das Ergebnis zu Zeile 3:

y	x	z
–1	2	1
0	5	5
0	0	6

Das Ergebnis ist erfreulich. Keine Zeile ist zu einer reinen Nullzeile degradiert worden, also kommt nur die triviale Lösung als Ergebnis in Frage.

$$L = \left\{ \begin{pmatrix} 0 \\ 0 \\ 0 \end{pmatrix} \right\}$$

Lösung zu Aufgabe 9

Hier handelt es sich hier um ein HLGS mit 4 Zeilen. Der Ansatz ist derselbe wie eh und je:

w	x	y	z
1	1	–1	–2
3	–2	3	3
4	–1	2	1
2	2	–2	–4

An dieser Stelle sind Sie schon Profi, was die Anwendung des GA betrifft. Daher schreibe ich nur die Zwischenergebnisse auf, damit Sie diese mit Ihren Unterlagen vergleichen können. Nach dem ersten Schritt ergibt sich:

w	x	y	z
1	1	–1	–2
0	–5	6	9
0	–5	6	9
0	0	0	0

Die letzte Zeile wurde bereits »genullt«. Doch der GA ist noch nicht zu Ende. Nach dem zweiten Schritt erhalten Sie:

w	x	y	z
1	1	–1	–2
0	–5	6	9
0	0	0	0
0	0	0	0

Zwei Nullzeilen bedeutet, Sie benötigen zwei von einander unabhängige nicht-triviale Lösungen. Beginnen Sie mit Zeile 2: $-5x + 6y + 9z = 0$. Wenn $y = z = 1$ von Ihnen vorgegeben würde, müsste $x = 3$ sein, damit die Gleichung funktioniert. Die erste Zeile lautet dann $w + 3 - 1 - 2 = 0$, also $w = 0$. Das ist nicht schlimm. Damit ist die erste Lösung gefunden.

Eine zweite Lösung ergibt sich beispielsweise nach $z = 0$ aus $-5x + 6y = 0$. Denn für $x = 6$ und $y = 5$ muss die Gleichung erfüllt sein. Die Zeile 1 liefert dann $w + 6 - 5 + 0 = 0$, und damit $w = -1$.

Insgesamt erhalten Sie als allgemeine Lösung des HLGS:

$$L = \left\{ \lambda \begin{pmatrix} 0 \\ 3 \\ 1 \\ 1 \end{pmatrix} + \mu \begin{pmatrix} -1 \\ 6 \\ 5 \\ 0 \end{pmatrix} \middle| \lambda, \mu \in \mathbb{R} \right\}$$

Lösung zu Aufgabe 10

Als Gauß-Ansatz finden Sie bei dieser Aufgabe:

x	y	z
1	2	−6
−1	2	−6
2	−4	4

Nach dem ersten Gauß-Schritt ergibt sich:

x	y	z
1	2	−6
0	4	−12
0	−8	16

Nach dem zweiten Schritt ist der »klassische Gauß« bereits am Ende:

x	y	z
1	2	−6
0	4	−12
0	0	−6

Weiter kommen Sie mittels der Gauß-Erweiterung. Als erstes bietet es sich an, die Zeile 2 durch 4 und die letzte Zeile durch −6 zu dividieren:

x	y	z
1	2	−6
0	1	−3
0	0	1

Jetzt kommen die zusätzlichen Ersetzungen ins Spiel. Für die zweite Zeile lautet der Multiplikator 3, für die erste 6. Diese Zahlen sind mit der letzten Zeile zu multiplizieren, und anschließend auf die jeweilig anderen Zeilen aufzuaddieren:

x	y	z
1	2	0
0	1	0
0	0	1

Nach dem letzten GJA-Schritt erhalten Sie, wie erwartet, die Gestalt einer Einheitsmatrix:

x	y	z
1	0	0
0	1	0
0	0	1

Dies bestätigt, dass hier nur die triviale Lösung in Frage kommt:

$$L = \left\{ \begin{pmatrix} 0 \\ 0 \\ 0 \end{pmatrix} \right\}$$

Lösung zu Aufgabe 11

Noch einmal dürfen Sie hier den GJA anhand eines 3er LGS üben:

x	y	z
1	−1	2
3	−3	6
−1	1	−2

Der erste Gauß-Schritt ist für Sie inzwischen längst Routine:

x	y	z
1	−1	2
0	0	0
0	0	0

Hier ist wichtig zu erwähnen, dass der GJA nun ebenfalls am Ende ist. Es gelingt Ihnen nicht, durch Addition der unteren Zeilen die obere Zeile zu verändern. Die entstandene Mini-Einheitsmatrix besteht ausschließlich aus der Zahl 1.

Sie dürfen durchaus auch geometrische Überlegungen anstellen. Die Ebene $x - y + 2z = 0$, also die Zeile 1, verfügt beispielsweise über die Punkte $x = y = 1$ und $z = 0$ oder $x = 0, y = 2$, $z = 1$. Beide zusammen gestatten es Ihnen, die Lösungsmenge sofort anzugeben:

$$L = \left\{ \lambda \begin{pmatrix} 1 \\ 1 \\ 0 \end{pmatrix} + \mu \begin{pmatrix} 0 \\ 2 \\ 1 \end{pmatrix} \middle| \lambda, \mu \in \mathbb{R} \right\}$$

Lösung zu Aufgabe 12

Hier erwartet Sie ein LGS mit 4 Zeilen und 4 Unbekannten, die sich in Form von 4 Spalten in der Gauß-Ansicht darstellen:

w	x	y	z
5	−10	10	−5
2	1	3	−2
1	3	1	−1
3	−1	5	−3

Die reine Gauß-Variante würde hier einen Tausch der Zeilen 1 und 3 nahe legen, aber seit der Jordan-Erweiterung haben Sie eine weitere, mächtige »Waffe« an der Hand, um eine 1 an die oberste Stelle zu bringen. Dividieren Sie einfach die erste Zeile durch 5. Dies ist hier ohne Brüche möglich!

w	x	y	z
1	−2	2	−1
2	1	3	−2
1	3	1	−1
3	−1	5	−3

Und los geht's mit dem ersten Gauß-Schritt:

w	x	y	z
1	−2	2	−1
0	5	−1	0
0	5	−1	0
0	5	−1	0

Da bahnt sich etwas Schreckliches an, drei Zeilen sind gleich! Fürs erste ignorieren Sie einfach diese Erkenntnis und setzen unbeirrt fort:

w	x	y	z
1	−2	2	−1
0	5	−1	0
0	0	0	0
0	0	0	0

Der nächste GJA-Schritt sieht vor, aus der 5 eine 1 zu machen. Dies erreichen Sie, indem Sie die zweite Zeile durch 5 dividieren:

w	x	y	z
1	−2	2	−1
0	1	$-\frac{1}{5}$	0
0	0	0	0
0	0	0	0

Stören Sie sich jetzt bloß nicht an der $-1/5$, an der 2 oder der -1. Alle diese Werte sind nicht im Fokus des GJA. Vielmehr sollten Sie Ihr Augenmerk auf die -2 richten! Die muss nämlich genullt werden.

Kein Problem, denn dazu ist der GJA schließlich konstruiert worden. Sie addieren einfach das Doppelte der zweiten Zeile auf die erste:

w	x	y	z
1	0	$\frac{8}{5}$	-1
0	1	$-\frac{1}{5}$	0
0	0	0	0
0	0	0	0

Ich habe Ihnen hier extra markiert, wo die Einheitsmatrix steht, die das Ergebnis des GJA darstellt.

Sie benötigen zwei linear unabhängige, nicht-triviale Lösungen, um die Gesamtlösungsmenge L zu bestimmen.

Zeile 2 zeigt Ihnen, dass für $y = 5$ und $z = 1$ gilt: $x - 1 = 0$, also $x = 1$. Die erste Zeile ergibt dabei $w + 8 - 1 = 0$ und somit $w = -7$.

Die zweite Lösung ergibt sich beispielsweise bei $y = 0$, dann muss auch $x = 0$ gelten. Die erste Zeile verweist Sie damit auf $w - z = 0$. Die gilt etwa für $w = z = 1$.

Damit sind Sie in der Lage, L anzugeben:

$$L = \left\{ \lambda \begin{pmatrix} -7 \\ 1 \\ 5 \\ 1 \end{pmatrix} + \mu \begin{pmatrix} 1 \\ 0 \\ 0 \\ 1 \end{pmatrix} \middle| \lambda, \mu \in \mathbb{R} \right\}$$

Lösung zu Aufgabe 13

Analog zur Beispielaufgabe verfügt das LGS, um eindeutig zu sein, über eine Unbekannte zu viel – oder eine Gleichung zu wenig, wie Sie wollen.

Die Addition der beiden Gleichungen ergibt $-x + 2y = 0$, und ergo $x = 2y$. Sie geben beispielsweise $y = \lambda$ vor und erhalten so $x = 2\lambda$. z ermitteln Sie anhand von Zeile Eins: $4\lambda - 2\lambda - z = 0$. Demnach ist $z = 2\lambda$. Die Lösungsmenge lautet:

$$L = \left\{ \lambda \begin{pmatrix} 2 \\ 1 \\ 2 \end{pmatrix} \middle| \lambda \in \mathbb{R} \right\}$$

Lösung zu Aufgabe 14

Da die Anzahl an Gleichungen mit der Anzahl an Unbekannten übereinstimmt, dürfen Sie bei dieser Aufgabe die Determinante der Koeffizientenmatrix berechnen. Es ergibt sich:

$$\det\begin{pmatrix} 2 & 3 & 3 \\ -1 & 2 & -2 \\ 4 & -1 & 1 \end{pmatrix} = 4 - 24 + 3 - 24 - 4 + 3 = -42 \neq 0$$

Die Zeilen sind demnach linear unabhängig, was bedeutet, dass das Ergebnis eindeutig ist und nur aus der trivialen Lösung besteht.

$$L = \left\{\begin{pmatrix} 0 \\ 0 \\ 0 \end{pmatrix}\right\}$$

Lösung zu Aufgabe 15

Ja, selbst eine einzige Zeile kann als ein sehr, sehr einfaches LGS betrachtet werden. Da hier 2 Unbekannte überschüssig sind, dürfen Sie nach Herzenslust auch zwei Parameter frei wählen, zum Beispiel $x = \lambda$ und $y = \mu$. Dann gilt $3\lambda - 2\mu + z = 0$, also $z = -3\lambda + 2\mu$.

Die Lösungsmenge sieht so aus:

$$L = \left\{\lambda\begin{pmatrix} 1 \\ 0 \\ -3 \end{pmatrix} + \mu\begin{pmatrix} 0 \\ 1 \\ 2 \end{pmatrix} \middle|\, \lambda, \mu \in \mathbb{R}\right\}$$

Ein LGS mit einer Zeile und drei Unbekannten korrespondiert mit der *Koordinatendarstellung* einer Ebene E. Die Lösungsmenge des LGS ist nichts anderes als eine *Parameterdarstellung* von E!

Lösung zu Aufgabe 16

Endlich kommen mehr Variablen ins Spiel. Hier empfehle ich die Addition der beiden Zeilen, damit Sie das System zunächst um eine Unbekannte reduzieren: $w + 3x + 5z = 0$.

Die so entstandene Situation ist mit jener von Aufgabe 15 vergleichbar. Sie dürfen erneut 2 freie Parameter vorgeben. Um Brüche zu vermeiden, schlage ich vor, Sie setzen $x = \lambda$ und $z = \mu$. Dann gilt $w = -3\lambda - 5\mu$.

Zeile 1 des LGS ergibt demnach:

$$2(-3\lambda - 5\mu) + 2\lambda - 4y + 2\mu = 0 \quad\Rightarrow\quad y = -\lambda - 2\mu$$

Die gesamte Lösungsmenge in sauberer mathematischer Schreibweise lautet:

$$L = \left\{\lambda\begin{pmatrix} -3 \\ 1 \\ -1 \\ 0 \end{pmatrix} + \mu\begin{pmatrix} -5 \\ 0 \\ -2 \\ 1 \end{pmatrix} \middle|\, \lambda, \mu \in \mathbb{R}\right\}$$

Inhomogene lineare Gleichungssysteme

9

In diesem Kapitel ...

- Inhomogene lineare Gleichungssysteme als Matrizengleichungen betrachten
- Eine Matrizengleichung aus der Inversen der Koeffizientenmatrix lösen
- Den Gauß-Algorithmus zur Lösung inhomogener LGS einsetzen
- Inkonsistente LGS in den Griff bekommen
- Lösungen mittels Cramer'scher Regel herbeiführen

Endlich sind Sie bei den allgemeinsten linearen Gleichungssystemen angelangt! Alles, was Sie bisher über homogene Systeme gelernt haben, dürfen Sie in diesem Kapitel einsetzen und vertiefen.

Inhomogene Systeme sind komplexer als homogene, weil die triviale Lösung nicht mehr in Frage kommt. Andererseits werden Sie erfreut feststellen, dass Ihnen zur Ermittlung der jeweiligen Lösung zahlreiche Methoden zur Verfügung stehen, die Sie auch schon von den homogenen Verwandten kennen!

Alle Übungsaufgaben werden wie immer am Ende des Kapitels anhand detaillierter Beschreibungen gelöst ...

Ein LGS in eine Matrizengleichung überführen

Sie gehen wieder einmal von einem linearen Gleichungssystem mit m Zeilen und n Unbekannten aus.

$$\begin{array}{ccccccc} a_{11}x_1 & + & \cdots & + & a_{1n}x_n & = & b_1 \\ a_{21}x_1 & + & \cdots & + & a_{2n}x_n & = & b_2 \\ \vdots & \vdots & \ddots & \vdots & \vdots & \vdots & \vdots \\ a_{m1}x_1 & + & \cdots & + & a_{mn}x_n & = & b_m \end{array}$$

Haben Sie sich jemals gefragt, ob dieses LGS auch in Form einer Matrizengleichung geschrieben werden kann? Das geht und sieht so aus:

$$\begin{pmatrix} a_{11} & \cdots & a_{1n} \\ \vdots & \ddots & \vdots \\ a_{m1} & \cdots & a_{nm} \end{pmatrix} \cdot \begin{pmatrix} x_1 \\ \vdots \\ x_n \end{pmatrix} = \begin{pmatrix} b_1 \\ \vdots \\ b_m \end{pmatrix}$$

Noch eleganter wird die Sache, wenn Sie die Matrix mit »A«, den Vektor der Unbekannten mit »x« und den Konstantenvektor mit »b« bezeichnen. Die Matrizengleichung lautet dann:

$$A \cdot x = b$$

Umgekehrt dürfen Sie genauso gut aus einer gegebenen Matrizengleichung ein LGS formen. Damit das in »Fleisch und Blut« übergeht, habe ich Ihnen nach dem Beispiel ein paar Übungsaufgaben vorbereitet.

Beispiel

Beschreiben Sie das nachfolgende LGS als Matrizengleichung!

$$\begin{aligned} 2x + 3y &= 13 \\ x - y &= 4 \end{aligned}$$

Lösung

Nach Transformation der Koeffizientenmatrix sowie Eingabe- und Ausgabevektor erhalten Sie:

$$\begin{pmatrix} 2 & 3 \\ 1 & -1 \end{pmatrix} \cdot \begin{pmatrix} x \\ y \end{pmatrix} = \begin{pmatrix} 13 \\ 4 \end{pmatrix}$$

Aufgabe 1

Beschreiben Sie das nachfolgende LGS als Matrizengleichung!

$$\begin{aligned} 3x + 2y &= -1 \\ x + 2y &= 1 \end{aligned}$$

Aufgabe 2

Beschreiben Sie das nachfolgende LGS als Matrizengleichung!

$$\begin{aligned} 3x + y + 2z &= 6 \\ 2x + 2y - z &= 3 \\ x + y - 2z &= 0 \end{aligned}$$

Aufgabe 3

Stellen Sie die nachfolgende Matrizengleichung als LGS dar!

$$\begin{pmatrix} 1 & 1 & 2 \\ 2 & 1 & 0 \\ 3 & -1 & 0 \end{pmatrix} \cdot \begin{pmatrix} x \\ y \\ z \end{pmatrix} = \begin{pmatrix} 9 \\ 4 \\ 1 \end{pmatrix}$$

Aufgabe 4

Beschreiben Sie das nachfolgende LGS als Matrizengleichung!

$$\begin{array}{rcrcrcr} x & + & 2y & + & 2z & = & 6 \\ -x & & & - & 2z & = & -4 \\ 2x & - & 2y & + & z & = & 0 \end{array}$$

Inverse Matrizen zur Lösung der Matrizengleichung

Die Matrizengleichung legt es nahe, durch Multiplikation der Inversen von A, nämlich A^{-1}, die Gleichung zu lösen. Das geht so:

$$\begin{aligned} A \cdot x &= b \\ A^{-1}A \cdot x &= A^{-1}b \\ I \cdot x &= A^{-1}b \\ x &= A^{-1}b \end{aligned}$$

Die Multiplikation der Inversen muss unbedingt **von links** erfolgen!

Leider lässt sich eine Matrizengleichung nur dann mittels der Inversen der Koeffizientenmatrix A lösen, falls A sowohl *quadratisch* als auch *regulär*, also *invertierbar* ist. Für alle anderen Fälle bleibt Ihnen immer noch das *Gauß-Jordan-Verfahren*!

Sie müssen A lediglich invertieren und mit dem Konstantenvektor von links multiplizieren, und schon erhalten Sie den Ergebnisvektor.

Beispiel

Lösen Sie die Matrizengleichung des Beispiels aus dem letzten Abschnitt!

Lösung

Die Gleichung lautete:

$$\begin{pmatrix} 2 & 3 \\ 1 & -1 \end{pmatrix} \cdot \begin{pmatrix} x \\ y \end{pmatrix} = \begin{pmatrix} 13 \\ 4 \end{pmatrix}$$

Die Inverse der Koeffizientenmatrix ergibt

$$\begin{pmatrix} 2 & 3 \\ 1 & -1 \end{pmatrix}^{-1} = -\frac{1}{5}\begin{pmatrix} -1 & -3 \\ -1 & 2 \end{pmatrix} = \frac{1}{5}\begin{pmatrix} 1 & 3 \\ 1 & -2 \end{pmatrix}$$

Also gilt:

$$\begin{pmatrix} x \\ y \end{pmatrix} = \frac{1}{5}\begin{pmatrix} 1 & 3 \\ 1 & -2 \end{pmatrix} \cdot \begin{pmatrix} 13 \\ 4 \end{pmatrix} = \frac{1}{5}\begin{pmatrix} 20 \\ 5 \end{pmatrix} = \begin{pmatrix} 4 \\ 1 \end{pmatrix}$$

Wenn Sie das Gefühl haben, in Sachen Matrizen-Invertierung noch ein wenig fitter werden zu wollen, empfehle ich Ihnen die Lektüre des Kapitels 15 aus diesem Übungsbuch!

Aufgabe 5

Lösen Sie das LGS aus Aufgabe 1 mittels der inversen Koeffizientenmatrix!

Aufgabe 6

Lösen Sie das LGS aus Aufgabe 2 mittels der inversen Koeffizientenmatrix!

Aufgabe 7

Lösen Sie die Matrizengleichung aus Aufgabe 3 mittels der inversen Koeffizientenmatrix!

Aufgabe 8

Lösen Sie das LGS aus Aufgabe 4 mittels der inversen Koeffizientenmatrix!

Bestimmung eines LGS über die erweiterte Koeffizientenmatrix

Viele Wege führen bekanntlich nach Rom. Sollten Sie beispielsweise wenig Lust verspüren, die Inverse einer Koeffizientenmatrix zu berechnen, sei es, weil Ihnen das zu aufwändig erscheint oder weil es gar überhaupt nicht möglich ist, so bleibt immer noch der gute alte *Gauß-Jordan-Algorithmus (GJA)*.

Im vorangegangenen Kapitel dieses Übungsbuches finden Sie bereits einige Aufgaben zu dem Thema, allerdings geht es dort immer nur um homogene lineare Gleichungssysteme, bei denen die Konstantenspalte stets auf Null verbleibt.

Das ist jetzt anders, insofern haben Sie bei der Anwendung des Verfahrens etwas mehr Arbeit, aber die einzelnen Schritte sind genau dieselben wie eh und je. Die zusätzliche Konstantenspalte zählen Sie am Ende zur Koeffizientenmatrix dazu, daher wird das Resultat auch *erweiterte Koeffizientenmatrix* genannt.

Beispiel

Bestimmen Sie die Lösungsmenge des LGS mittels Gauß-Jordan-Algorithmus!

$$\begin{array}{rcrcrcr} x & + & 2y & + & 3z & = & -1 \\ -x & + & 2y & & & = & -3 \\ 2x & - & y & + & z & = & 3 \end{array}$$

Lösung

Der Ansatz zum GJA eliminiert alle überflüssigen Symbole aus dem LGS, dafür müssen fehlende Koeffizienten zu Null gesetzt werden:

x	y	z	
1	2	3	−1
−1	2	0	−3
2	−1	1	3

Der erste Schritt eliminiert die Werte der ersten Spalte unterhalb der Hauptdiagonalen durch die Addition der jeweiligen Zeile mit einem *geeigneten Vielfachen* der ersten Zeile. Diese Faktoren lauten für Zeile 2 Eins und für Zeile 3 Minus-Zwei:

x	y	z	
1	2	3	−1
0	4	3	−4
0	−5	−5	5

Zum Glück erlaubt der GJA die Multiplikation einer Zeile mit einer reellen Zahl ungleich Null. Hier bietet sich die Division der letzten Zeile durch Minus-Fünf an. Anschließend werden die beiden unteren Zeilen vertauscht:

x	y	z	
1	2	3	−1
0	1	1	−1
0	4	3	−4

Als nächstes wird die Zeilenstufenform erreicht, indem Sie das Minus-Vierfache der mittleren Zeile zur unteren addieren:

x	y	z	
1	2	3	−1
0	1	1	−1
0	0	−1	0

Nun geht es umgekehrt weiter. Die Zahlen oberhalb der Hauptdiagonalen werden mit Gauß-Jordan-Schritten genullt. Beginnend mit der z-Spalte. Die Konstantenspalte wird jeweils mit »operiert«, bleibt aber in diesem speziellen Fall aufgrund der unteren Null unverändert:

x	y	z	
1	2	0	−1
0	1	0	−1
0	0	−1	0

Zum Schluss wird die 2 eliminiert, indem Sie das Minus-Zweifache der mittleren Zeile zur oberen addieren:

x	y	z	
1	0	0	1
0	1	0	−1
0	0	−1	0

Sie haben damit die Lösungsmenge L eindeutig bestimmt:

$$L = \left\{ \begin{pmatrix} 1 \\ -1 \\ 0 \end{pmatrix} \right\}$$

Aufgabe 9

Bestimmen Sie die Lösungsmenge des LGS mittels GJA!

$$\begin{aligned} -x - y \phantom{{}+z} &= -5 \\ 2x + 2y + z &= 11 \\ -x + 2y + z &= 2 \end{aligned}$$

Aufgabe 10

Bestimmen Sie die Lösungsmenge des LGS mittels GJA!

$$\begin{aligned} w + 3x \phantom{{}+y} + 2z &= 6 \\ 2w \phantom{{}+3x} + y + z &= 4 \\ -2w - x + y + z &= -1 \\ -w + 2x + y + 3z &= 5 \end{aligned}$$

Paradox: inkonsistente Systeme

Sie finden gelegentlich für inhomogene lineare Gleichungssysteme eine Art von Lösung, die Sie bei homogenen niemals entdecken werden: die *leere Menge*!

Weil die triviale Lösung nicht von vorneherein gegeben ist, könnte es auch sein, dass überhaupt keine Belegungen der Variablen alle Gleichungen eines LGS erfüllen.

Dies kann nur passieren, wenn die Zeilen der Koeffizientenseite linear abhängig sind und dazu die Konstanten auf der rechten Seite der Gleichung gerade **nicht passen**.

Beispielsweise ist das LGS

$$\begin{aligned} x + y &= 1 \\ 2x + 2y &= 2 \end{aligned}$$

unterbestimmt. Weil die linken Seiten beider Gleichungen sich im Wesentlichen aufgrund ihrer *linearen Abhängigkeit* auf eine einzige reduzieren, liegt nur eine Gleichung für zwei Variable vor. Die Konstanten auf der rechten Seite stimmen just mit den Koeffizienten auf der linken überein. Die unteren Werte sind jeweils doppelt so groß wie die oberen. Sobald aber eine der beiden Zahlen auf der rechten Seite auch nur ein klein wenig verändert wird, dann gibt es plötzlich keine Lösung mehr! Betrachten Sie dazu folgendes, nur minimal verändertes Beispiel:

$$\begin{aligned} x + y &= 1 \\ 2x + 2y &= 4 \end{aligned}$$

Nach der Division der zweiten Zeile durch 2 erhalten Sie:

$$\begin{aligned} x + y &= 1 \\ x + y &= 2 \end{aligned}$$

Dies macht den Widerspruch offenbar: $x + y$ kann nicht unterschiedliche Werte ergeben, das macht keinen Sinn. Die zugehörige Lösungsmenge ist leer. Man sagt auch, das LGS ist *inkonsistent*. Nicht zu verwechseln mit »inkonsequent« oder »inkontinent«, das ist wirklich etwas ganz anderes ...

Linear abhängige Zeilen der Koeffizientenmatrix können Sie mittels Gauß-Algorithmus erkennen. Wenn sich im Rahmen der Diagonalisierung wenigstens eine Nullzeile ergibt, liegt eine lineare Abhängigkeit vor, ansonsten nicht.

Verfügt ein LGS über mehr Gleichungen als Variablen, sind die Zeilen der Koeffizientenmatrix zwangsläufig linear abhängig. Aber das heißt keineswegs, wie Sie an der ersten Version des obigen Beispiels sehen, dass die Lösungsmenge leer ist. Wenigstens ein Freiheitsgrad oder eine leere Menge ist das, was Sie als Lösung erwarten können.

Ganz sicher ausschließen dürfen Sie jedoch eine leere Menge, wenn die Zeilen linear unabhängig sind. Im Falle einer quadratischen Koeffizientenmatrix zeigt Ihnen eine Determinante ungleich Null, dass dies der Fall ist.

Beispiel

Untersuchen Sie, ob die Lösungsmenge des LGS leer ist!

$$\begin{aligned} 2x - 2y + 2z &= 4 \\ 3y + z &= 3 \\ -3x + y - 2z &= -1 \end{aligned}$$

Lösung

Da es sich um eine quadratische Koeffizientenmatrix handelt, lohnt sich vielleicht ein Blick auf die Determinante. Sie lautet:

$$\det\begin{pmatrix} 2 & -2 & 2 \\ 0 & 3 & 1 \\ -3 & 1 & -2 \end{pmatrix} = -12 + 6 + 0 - (-18) - 2 - 0 = 10 \neq 0$$

Damit ist die Lösung des LGS eindeutig, unabhängig davon, wie die Konstantenspalte genau aussieht. Die leere Lösungsmenge ist in jedem Fall ausgeschlossen!

Aufgabe 11

Untersuchen Sie, ob die Lösungsmenge des LGS leer ist!

$$\begin{array}{rcrcrcr} x & + & y & - & z & = & -1 \\ 2x & - & 2y & - & 3z & = & 0 \\ -x & + & 3y & - & z & = & 2 \end{array}$$

Aufgabe 12

Untersuchen Sie, ob das LGS inkonsistent ist!

$$\begin{array}{rcrcrcr} 4x & - & y & + & 2z & = & 4 \\ x & - & y & & & = & 3 \\ -3x & & & - & 2z & = & -1 \end{array}$$

Aufgabe 13

Untersuchen Sie, ob die Lösungsmenge des LGS leer ist!

$$\begin{array}{rcrcrcr} 3x & - & 3y & + & z & = & 2 \\ x & + & y & + & z & = & 0 \\ -x & + & y & - & 2z & = & -1 \end{array}$$

Aufgabe 14

Untersuchen Sie, ob das LGS inkonsistent ist!

$$\begin{array}{rcrcrcrcr} 3w & + & x & - & y & + & z & = & 1 \\ 2w & - & x & + & 2y & - & z & = & 2 \\ 5w & & & + & y & & & = & 3 \\ 8w & + & x & & & + & z & = & 3 \end{array}$$

Die Cramer'sche Regel

Es gibt eine Möglichkeit, ein LGS allein mittels Determinanten zu lösen. Einzige Voraussetzung dafür ist, dass die Koeffizientenmatrix A regulär und die Lösung ergo eindeutig ist.

Dies wiederum bedeutet, dass die Determinante von A ungleich Null sein muss. Und das ist auch sehr gut so, weil sich diese im Nenner der Lösung befindet.

Allgemein lösen Sie ein LGS mittels Cramer'scher Regel wie folgt:

Wenn Sie die Determinante der Koeffizientenmatrix mit Δ und mit Δi die Determinante derjenigen Matrix benennen, die entsteht, sobald Sie die i-te Spalte der Koeffizientenmatrix durch den Konstantenvektor ersetzen, so lautet die *Cramersche Regel*:

$$x_i = \frac{\Delta_i}{\Delta}$$

Richtig Spaß macht dieses Verfahren aber nur, wenn wenigstens eine der nachfolgenden Bedingungen zutrifft:

- ✔ Es handelt sich um ein LGS mit drei Gleichungen und drei Unbekannten. Sind es mehr, wird die Berechnung der Determinante im Vergleich zum Gauß-Algorithmus zu aufwändig. Sind es weniger, können Sie andere Verfahren ebenso leicht einsetzen.
- ✔ Sie benötigen für die Lösung nicht alle Unbekannten. Das Cramer'sche Verfahren ermittelt immer genau den Wert **einer** Unbekannten. Der Aufwand ist dann deutlich geringer, wenn Sie nicht an allen interessiert sind.
- ✔ Sie lieben es, Determinanten auszurechnen und fühlen sich unwohl, wenn es gerade nichts zu tun gibt. Dann gibt es keine bessere Medizin als die Cramer'sche Regel!

Beispiel

Bestimmen Sie den Wert der Unbekannten x des nachfolgenden LGS!

$$\begin{aligned} 2x - 2y + z &= 1 \\ 3x + y + 3z &= 7 \\ 4x + y - 2z &= 3 \end{aligned}$$

Lösung

Die Determinante Δ der Koeffizientenmatrix ergibt:

$$\Delta = \begin{vmatrix} 2 & -2 & 1 \\ 3 & 1 & 3 \\ 4 & 1 & -2 \end{vmatrix} = -4 - 24 + 3 - 4 - 6 - 12 = -47$$

Nach Austausch der x-Spalte mit der Konstantenspalte sieht die Determinante so aus:

$$\Delta_x = \begin{vmatrix} 1 & -2 & 1 \\ 7 & 1 & 3 \\ 3 & 1 & -2 \end{vmatrix} = -2 - 18 + 7 - 3 - 3 - 28 = -47$$

Damit ergibt sich x nach der Cramer'schen Regel zu:

$$x = \frac{\Delta_x}{\Delta} = \frac{-47}{-47} = 1$$

Aufgabe 15

Bestimmen Sie den Wert der Unbekannten y des nachfolgenden LGS!

$$\begin{aligned} x - 3y + 3z &= 2 \\ -x + 2y - 2z &= -2 \\ 4x - 2y + z &= 6 \end{aligned}$$

Aufgabe 16

Bestimmen Sie den Wert der Unbekannten z des nachfolgenden LGS!

$$\begin{aligned} 4x - 5y - z &= -6 \\ 5x + 2y - 2z &= 15 \\ -3x + 3z &= 0 \end{aligned}$$

Aufgabe 17

Lässt sich das folgende LGS mittels der Cramer'schen Regel auflösen?

$$\begin{aligned} 2w + x + 3y - z &= 3 \\ 2w - x - 2y - z &= 1 \\ 5w + y - z &= 2 \\ w + z &= 4 \end{aligned}$$

Aufgabe 18

Bestimmen Sie den Wert der Unbekannten w des nachfolgenden LGS!

$$\begin{aligned} 3w + x + 3y - z &= 0 \\ 2w - x - 2y - z &= -6 \\ 3x + y + z &= 5 \\ w - y &= -2 \end{aligned}$$

Lösungen der Aufgaben zu inhomogenen LGS

Lösung zu Aufgabe 1

Die zugehörige Matrizengleichung lautet:

$$\begin{pmatrix} 3 & 2 \\ 1 & 2 \end{pmatrix} \cdot \begin{pmatrix} x \\ y \end{pmatrix} = \begin{pmatrix} -1 \\ 1 \end{pmatrix}$$

Lösung zu Aufgabe 2

Die zugehörige Matrizengleichung lautet:

$$\begin{pmatrix} 3 & 1 & 2 \\ 2 & 2 & -1 \\ 1 & 1 & -2 \end{pmatrix} \cdot \begin{pmatrix} x \\ y \\ z \end{pmatrix} = \begin{pmatrix} 6 \\ 3 \\ 0 \end{pmatrix}$$

Lösung zu Aufgabe 3

Das gesuchte LGS sieht so aus:

$$\begin{aligned} x + y + 2z &= 9 \\ 2x + y &= 4 \\ 3x - y &= 1 \end{aligned}$$

Lösung zu Aufgabe 4

Die geforderte Matrizengleichung besitzt die Form:

$$\begin{pmatrix} 1 & 2 & 2 \\ -1 & 0 & -2 \\ 2 & -2 & 1 \end{pmatrix} \cdot \begin{pmatrix} x \\ y \\ z \end{pmatrix} = \begin{pmatrix} 6 \\ -4 \\ 0 \end{pmatrix}$$

Lösung zu Aufgabe 5

Die Inverse der Koeffizientenmatrix lautet

$$\begin{pmatrix} 3 & 2 \\ 1 & 2 \end{pmatrix}^{-1} = \frac{1}{4}\begin{pmatrix} 2 & -2 \\ -1 & 3 \end{pmatrix}$$

Diese Matrix multipliziert mit der Matrizengleichung ergibt:

$$\begin{pmatrix} x \\ y \end{pmatrix} = \frac{1}{4}\begin{pmatrix} 2 & -2 \\ -1 & 3 \end{pmatrix} \cdot \begin{pmatrix} -1 \\ 1 \end{pmatrix} = \frac{1}{4}\begin{pmatrix} -4 \\ 4 \end{pmatrix} = \begin{pmatrix} -1 \\ 1 \end{pmatrix}$$

Lösung zu Aufgabe 6

Hier erhalten Sie als Inverse der 3 × 3-Matrix:

$$\begin{pmatrix} 3 & 1 & 2 \\ 2 & 2 & -1 \\ 1 & 1 & -2 \end{pmatrix}^{-1} = -\frac{1}{6}\begin{pmatrix} -3 & 4 & -5 \\ 3 & -8 & 7 \\ 0 & -2 & 4 \end{pmatrix}$$

Die Matrixgleichung vereinfacht sich damit zu:

$$\begin{pmatrix} x \\ y \\ z \end{pmatrix} = -\frac{1}{6}\begin{pmatrix} -3 & 4 & -5 \\ 3 & -8 & 7 \\ 0 & -2 & 4 \end{pmatrix} \cdot \begin{pmatrix} 6 \\ 3 \\ 0 \end{pmatrix} = -\frac{1}{6}\begin{pmatrix} -6 \\ -6 \\ -6 \end{pmatrix} = \begin{pmatrix} 1 \\ 1 \\ 1 \end{pmatrix}$$

Lösung zu Aufgabe 7

Hier ergibt die Inverse der Koeffizientenmatrix:

$$\begin{pmatrix} 1 & 1 & 2 \\ 2 & 1 & 0 \\ 3 & -1 & 0 \end{pmatrix}^{-1} = \frac{1}{10}\begin{pmatrix} 0 & 2 & 2 \\ 0 & 6 & -4 \\ 5 & -4 & 1 \end{pmatrix}$$

Die Matrixgleichung vereinfacht sich damit zu:

$$\begin{pmatrix} x \\ y \\ z \end{pmatrix} = \frac{1}{10}\begin{pmatrix} 0 & 2 & 2 \\ 0 & 6 & -4 \\ 5 & -4 & 1 \end{pmatrix} \cdot \begin{pmatrix} 9 \\ 4 \\ 1 \end{pmatrix} = \frac{1}{10}\begin{pmatrix} 10 \\ 20 \\ 30 \end{pmatrix} = \begin{pmatrix} 1 \\ 2 \\ 3 \end{pmatrix}$$

Lösung zu Aufgabe 8

Wiederum starten Sie mit der Inversen:

$$\begin{pmatrix} 1 & 2 & 2 \\ -1 & 0 & -2 \\ 2 & -2 & 1 \end{pmatrix}^{-1} = \frac{1}{6}\begin{pmatrix} 4 & 6 & 4 \\ 3 & 3 & 0 \\ -2 & -6 & -2 \end{pmatrix}$$

Nach Multiplikation dieser Matrix von links auf beiden Seiten des Gleichheitszeichens erhalten Sie:

$$\begin{pmatrix} x \\ y \\ z \end{pmatrix} = \frac{1}{6}\begin{pmatrix} 4 & 6 & 4 \\ 3 & 3 & 0 \\ -2 & -6 & -2 \end{pmatrix} \cdot \begin{pmatrix} 6 \\ -4 \\ 0 \end{pmatrix} = \frac{1}{6}\begin{pmatrix} 0 \\ 6 \\ 12 \end{pmatrix} = \begin{pmatrix} 0 \\ 1 \\ 2 \end{pmatrix}$$

Lösung zu Aufgabe 9

Der Ansatz des GJA ergibt:

x	y	z	
−1	−1	0	−5
2	2	1	11
−1	2	1	2

Los geht es wie immer mit der ersten Spalte. Die geforderten Multiplikatoren der ersten Zeile sind nacheinander »2« und »−1«:

x	y	z	
−1	−1	0	−5
0	0	1	1
0	3	1	7

Jetzt ist ein Tausch der beiden unteren Zeilen angezeigt:

x	y	z	
−1	−1	0	−5
0	3	1	7
0	0	1	1

Nun geht es der z-Spalte an den Kragen. Die untere Zeile, abgezogen von der mittleren resultiert in:

x	y	z	
−1	−1	0	−5
0	3	0	6
0	0	1	1

Die mittlere Zeile »schreit« danach, durch 3 dividiert zu werden:

x	y	z	
−1	−1	0	−5
0	1	0	2
0	0	1	1

Schließlich erreichen Sie eine fast perfekte Idealform, indem Sie die mittlere Zeile zu oberen addieren:

x	y	z	
−1	0	0	−3
0	1	0	2
0	0	1	1

Nach der Multiplikation der oberen Zeile mit »−1« lesen Sie das Endergebnis einfach ab:

$$L = \left\{ \begin{pmatrix} 3 \\ 2 \\ 1 \end{pmatrix} \right\}$$

Lösung zu Aufgabe 10

Endlich kommt eine Variable mehr ins Spiel. Sie erhalten als Ansatz:

w	x	y	z	
1	3	0	2	6
2	0	1	1	4
−2	−1	1	1	−1
−1	2	1	3	5

Das Verfahren ist auch hier dasselbe. Nach dem ersten Gauß-Schritt ergibt sich:

w	x	y	z	
1	3	0	2	6
0	−6	1	−3	−8
0	5	1	5	11
0	5	1	5	11

Um Brüche zu vermeiden, empfehle ich Ihnen einen *Spaltentausch* der x- und der y-Spalte!

Beim Spaltentausch dürfen Sie nicht vergessen, auch die *Spaltenüberschrift* anzupassen!

w	y	x	z	
1	0	3	2	6
0	1	−6	−3	−8
0	1	5	5	11
0	1	5	5	11

Weiter geht es mit dem Standardprozedere. Nun ist die zweite Spalte an der Reihe:

w	y	x	z	
1	0	3	2	6
0	1	−6	−3	−8
0	0	11	8	19
0	0	11	8	19

Die Subtraktion der dritten von der vierten Zeile ergibt:

w	y	x	z	
1	0	3	2	6
0	1	−6	−3	−8
0	0	11	8	19
0	0	0	0	0

Die letzte Zeile entfällt und wird künftig nicht weitergeführt. Die Lösungsmenge enthält also einen *Freiheitsgrad*.

Jetzt müssen Sie in den sauren Apfel beißen und die dritte Reihe durch 11 dividieren:

w	y	x	z	
1	0	3	2	6
0	1	−6	−3	−8
0	0	1	$\frac{8}{11}$	$\frac{19}{11}$
0	0	0	0	0

Nun geht es nach oben. Dabei ist der z-Spalte nicht weiter zu helfen. Sie konzentrieren sich auf die 3×3-Matrix an der oberen linken Ecke. Die Jordan-Erweiterung ergibt im nächsten Schritt:

w	y	x	z	
1	0	0	$-\frac{2}{11}$	$\frac{9}{11}$
0	1	0	$\frac{15}{11}$	$\frac{26}{11}$
0	0	1	$\frac{8}{11}$	$\frac{19}{11}$
0	0	0	0	0

Das Ziel ist erreicht. Um die Lösungsmenge von überflüssigen Brüchen zu befreien, setzen Sie als Freiheitsgrad $z = 11\lambda$ an. Denken Sie bei der Darstellung daran, dass die x- und y-Spalten vertauscht sind! Sie erhalten somit insgesamt:

$$L = \left\{ \begin{pmatrix} \frac{9}{11} \\ \frac{19}{11} \\ \frac{26}{11} \\ 0 \end{pmatrix} + \lambda \begin{pmatrix} 2 \\ -8 \\ -15 \\ 11 \end{pmatrix} \middle| \text{ mit } \lambda \in \mathbb{R} \right\}$$

Lösung zu Aufgabe 11

Ein Blick auf die Determinante der Koeffizientenmatrix verrät Ihnen:

$$\det \begin{pmatrix} 1 & 1 & -1 \\ 2 & -2 & -3 \\ -1 & 3 & -1 \end{pmatrix} = 2 + 3 - 6 - (-2) - (-9) - (-2) = 12 \neq 0$$

Die Lösungsmenge kann unmöglich leer sein!

Lösung zu Aufgabe 12

Hier dagegen ist der Blick auf die Determinante enttäuschend:

$$\begin{vmatrix} 4 & -1 & 2 \\ 1 & -1 & 0 \\ -3 & 0 & -2 \end{vmatrix} = 8 + 0 + 0 - 6 - 0 - 2 = 0$$

Die Lösung besteht zwar auf keinen Fall nur aus einem Element, könnte aber unendlich groß – oder auch leer sein. Hier hilft Ihnen, wie immer, der Gauß-Algorithmus aus dem Schlammassel heraus. Der Ansatz lautet:

x	y	z	
4	−1	2	4
1	−1	0	3
−3	0	−2	−1

Wie wäre es mit einem Tausch der x- und y-Spalte?

y	x	z	
−1	4	2	4
−1	1	0	3
0	−3	−2	−1

Nach dem ersten Gauß-Schritt erhalten Sie:

y	x	z	
−1	4	2	4
0	−3	−2	−1
0	−3	−2	−1

Der nächste Schritt ist bereits der letzte:

y	x	z	
−1	4	2	4
0	−3	−2	−1
0	0	0	0

Weil die letzte Zeile aus lauter Nullen besteht, inklusive der Konstantenspalte, ist das LGS nicht inkonsistent und besitzt eine unendlich große Lösungsmenge mit einem Freiheitsgrad!

Das Schöne an der Aufgabenstellung ist, dass nach der genauen Lösung nicht gefragt wurde und daher Ihre Arbeit bereits beendet ist!

Lösung zu Aufgabe 13

Auch hier hilft Ihnen der Test der Determinante bereits entscheidend weiter:

$$\det\begin{pmatrix} 3 & -3 & 1 \\ 1 & 1 & 1 \\ -1 & 1 & -2 \end{pmatrix} = -6 + 3 + 1 - (-1) - 3 - 6 = -10 \neq 0$$

Das System besitzt eine Lösung, in dem nur ein einziger Vektor steckt. Insbesondere ist die Lösungsmenge nicht leer!

Lösung zu Aufgabe 14

Bei größeren Koeffizientenmatrizen ist das Ausrechnen der Determinante bereits recht aufwändig. Hier empfehle ich Ihnen, gleich die »Gauß'sche Maschine« anzuwerfen. Der Ansatz ist noch einfach:

w	x	y	z	
3	1	−1	1	1
2	−1	2	−1	2
5	0	1	0	3
8	1	0	1	3

Die erste Spalte sieht schlimm aus, alle anderen wären besser. Nach dem Tausch der beiden vorderen Spalten erhalten Sie:

x	w	y	z	
1	3	−1	1	1
−1	2	2	−1	2
0	5	1	0	3
1	8	0	1	3

Los geht's mit den Gauß-Operationen. Sie erhalten im ersten Schritt:

x	w	y	z	
1	3	−1	1	1
0	5	1	0	3
0	5	1	0	3
0	5	1	0	2

Der nächste Schritt ist bereits der letzte. Hier ergibt sich:

x	w	y	z	
1	3	−1	1	1
0	5	1	0	3
0	0	0	0	0
0	0	0	0	−1

Die vorletzte Zeile ist eine reine Nullzeile und macht keinen Kummer. Die letzte Zeile dagegen hat es in sich. Die Koeffizienten der Variablenspalte sind linear abhängig, aber der Konstanteneintrag macht da nicht mit. Ausgeschrieben lautet die Zeile. $0x + 0w + 0y + 0z = -1$, also $0 = -1$. Das kann nicht sein. Das System ist *inkonsistent* und besitzt die leere Menge als Lösung!

Lösung zu Aufgabe 15

Die Determinante der Koeffizientenmatrix lautet:

$$\Delta = \begin{vmatrix} 1 & -3 & 3 \\ -1 & 2 & -2 \\ 4 & -2 & 1 \end{vmatrix} = 2 + 24 + 6 - 24 - 4 - 3 = 1$$

Wenn Sie die y-Spalte mit der Konstantenspalte vertauschen ergibt sich:

$$\Delta_y = \begin{vmatrix} 1 & 2 & 3 \\ -1 & -2 & -2 \\ 4 & 6 & 1 \end{vmatrix} = -2 - 16 - 18 + 24 + 12 + 2 = 2$$

Als Wert von y erhalten Sie:

$$y = \frac{\Delta_y}{\Delta} = \frac{2}{1} = 2$$

Lösung zu Aufgabe 16

Die Determinante der Koeffizientenmatrix ergibt:

$$\Delta = \begin{vmatrix} 4 & -5 & -1 \\ 5 & 2 & -2 \\ -3 & 0 & 3 \end{vmatrix} = 24 - 30 + 0 - 6 - 0 + 75 = 63$$

Sobald Sie die z-Spalte durch die Konstantenspalte ersetzen, erhalten Sie:

$$\Delta_z = \begin{vmatrix} 4 & -5 & -6 \\ 5 & 2 & 15 \\ -3 & 0 & 0 \end{vmatrix} = 0 + 225 + 0 - 36 - 0 - 0 = 189$$

Demnach ergibt sich für z:

$$z = \frac{\Delta_z}{\Delta} = \frac{189}{63} = 3$$

Lösung zu Aufgabe 17

Um die Frage zu beantworten genügt es, die Determinante der Koeffizientenmatrix zu bestimmen. Dazu bietet sich eine Entwicklung nach der letzten Zeile an:

$$\Delta = \begin{vmatrix} 2 & 1 & 3 & -1 \\ 2 & -1 & -2 & -1 \\ 5 & 0 & 1 & -1 \\ 1 & 0 & 0 & 1 \end{vmatrix} = -1 \cdot \begin{vmatrix} 1 & 3 & -1 \\ -1 & -2 & -1 \\ 0 & 1 & -1 \end{vmatrix} + 1 \cdot \begin{vmatrix} 2 & 1 & 3 \\ 2 & -1 & -2 \\ 5 & 0 & 1 \end{vmatrix}$$

$$= -1(2+0+1-0+1-3) + (-2-10+0+15-0-2) = -1+1 = 0$$

Weil die Antwort »Null« lautet, ist eine Lösung mittels Cramer'scher Regel ausgeschlossen!

Lösung zu Aufgabe 18

Zum Glück ist die Determinante mittels Entwicklung nach Zeile 4 einigermaßen schnell durchgeführt:

$$\Delta = \begin{vmatrix} 3 & 1 & 3 & -1 \\ 2 & -1 & -2 & -1 \\ 0 & 3 & 1 & 1 \\ 1 & 0 & -1 & 0 \end{vmatrix} = -1 \cdot \begin{vmatrix} 1 & 3 & -1 \\ -1 & -2 & -1 \\ 3 & 1 & 1 \end{vmatrix} + (-1) \cdot (-1) \cdot \begin{vmatrix} 3 & 1 & -1 \\ 2 & -1 & -1 \\ 0 & 3 & 1 \end{vmatrix}$$

$$= -1(-2-9+1-6+1+3) + (-3+0-6-0+9-2) = 12-2 = 10$$

Vertauschen Sie die w-Spalte mit der Konstantenspalte, ergibt sich:

$$\Delta_w = \begin{vmatrix} 0 & 1 & 3 & -1 \\ -6 & -1 & -2 & -1 \\ 5 & 3 & 1 & 1 \\ -2 & 0 & -1 & 0 \end{vmatrix} = -1 \cdot (-2) \cdot \begin{vmatrix} 1 & 3 & -1 \\ -1 & -2 & -1 \\ 3 & 1 & 1 \end{vmatrix} + (-1) \cdot (-1) \cdot \begin{vmatrix} 0 & 1 & -1 \\ -6 & -1 & -1 \\ 5 & 3 & 1 \end{vmatrix}$$

$$= 2 \cdot (-2-9+1-6+1+3) + (0-5+18-5-0+6) = -24+14 = -10$$

Insgesamt erhalten Sie somit für w:

$$w = \frac{\Delta_w}{\Delta} = \frac{-10}{10} = -1$$

Parametrisierte LGS lösen

10

In diesem Kapitel …

- Einfache parametrisierte LGS lösen
- Fortgeschrittene und komplizierte LGS mit Parametern angehen

Die schwierigste Form linearer Gleichungssysteme entsteht durch zusätzliche freie Parameter. Noch unbekanntere Unbekannte, gewissermaßen.

Das macht nicht nur Spaß, sondern trainiert auch die wichtige Fähigkeit, zwischen verschiedenen Formen von Variablen zu unterscheiden.

Am Ende des Kapitels erwartet Sie auch hier ein Abschnitt mit ausführlichen Lösungen zu allen Übungsaufgaben.

Einfache parametrisierte LGS

Ein zusätzlicher *Parameter* in einem LGS ist nicht einfach eine weitere Unbekannte. Vielmehr macht er aus einem konkreten LGS eine ganze Schar von Systemen, je nach Belegung des entsprechenden Parameters.

Das ist nicht nur eine erhebliche Zeitersparnis, sondern zeigt Ihnen auch deutlicher die innere Struktur des gegebenen Systems.

Beim Umgang mit dem Parameter sollten Sie den folgenden wichtigen Punkt beachten:

- ✔ Bei der Anwendung der Gauß-Operationen ist eine *Fallunterscheidung* durchzuführen, falls die Möglichkeit besteht, dass der zu multiplizierende Term dadurch den Wert Null (oder unendlich) annimmt!

Beispiel

Bestimmen Sie die Lösungsmenge des parametrisierten LGS

$$\begin{aligned} x + ry &= 1 \\ rx + y &= 1 \end{aligned}$$

mit $r \in \mathbb{R}$!

Lösung

Ich empfehle Ihnen die Anwendung des Gauß-Jordan-Algorithmus. Der Ansatz lautet:

x	y	
1	r	1
r	1	1

Bereits im ersten Gauß-Schritt müsste nun die erste Zeile mit $-r$ multipliziert werden. Nun ist eine Fallunterscheidung durchzuführen. Fall 1 berücksichtigt dabei, dass $r = 0$ sein könnte, während Fall 2 dies ausschließt.

Streng genommen ist hier noch gar keine Fallunterscheidung notwendig. Die Erfahrung lehrt jedoch, dass Studierende diese Aufgaben erfolgreicher lösen, wenn sie auch bei reinen Gauß-Operationen eine Fallunterscheidung anwenden. Am Ende wird diese in die Gesamtlösung integriert.

Fall 1: $r = 0$

Das LGS sieht in diesem Fall sehr, sehr einfach aus:

x	y	
1	0	1
0	1	1

und besitzt die eindeutige Lösung:

$$L_1 = \left\{ \begin{pmatrix} 1 \\ 1 \end{pmatrix} \right\}$$

Ist Ihnen der Index bei der Angabe der Lösungsmenge aufgefallen? Er entspricht genau der Nummer des gelösten Falles und erleichtert am Ende die Konsolidierung der Gesamtlösung.

Fall 2: $r \neq 0$

Jetzt dürfen Sie mit dem GJA fortfahren, als ob r eine gewöhnliche Zahl ungleich Null wäre:

x	y	
1	r	1
0	$-r^2 + 1$	$-r + 1$

Nun sieht der Algorithmus vor, dass durch $-r^2 + 1$ zu dividieren ist. Wieder ist eine Fallunterscheidung von Nöten, die ausschließt, dass der Divisor den Wert Null annimmt. Dies trifft für $r = 1$ oder $r = -1$ zu. Damit erhalten Sie drei neue »Unterfälle«:

Fall 2.1: $r = 1$

Jetzt besitzt das LGS folgende Gestalt:

x	y	
1	1	1
0	0	0

Die unterste Zeile verweist Sie auf einen freien Parameter. Mit $y = \lambda$ und $x = 1 - \lambda$ aufgrund der ersten Zeile lautet die Lösungsmenge:

$$L_{2.1} = \left\{ \begin{pmatrix} 1 \\ 0 \end{pmatrix} + \lambda \begin{pmatrix} -1 \\ 1 \end{pmatrix} \middle| \text{ mit } \lambda \in \mathbb{R} \right\}$$

Fall 2.2: r = −1

Hier ergibt sich folgendes LGS:

$$\begin{array}{cc|c} x & y & \\ \hline 1 & -1 & 1 \\ 0 & 0 & 2 \end{array}$$

Die letzte Zeile zeigt einen Widerspruch an, die Lösungsmenge ist leer:

$$L_{2.2} = \emptyset$$

Fall 2.3: $r \notin \{-1, 0, 1\}$

In diesem Fall dürfen Sie die untere Zeile durch den Term $r^2 + 1$ dividieren:

$$\begin{array}{cc|c} x & y & \\ \hline 1 & r & 1 \\ 0 & 1 & \dfrac{1}{1+r} \end{array}$$

Als nächstes wird das $-r$-fache der unteren Zeile zur oberen addiert; dies ist unkritisch, weil Sie $r = 0$ bereits im Fall 1 behandelt haben und hier ausschließen dürfen:

$$\begin{array}{cc|c} x & y & \\ \hline 1 & 0 & 1 - \dfrac{r}{1+r} \\ 0 & 1 & \dfrac{1}{1+r} \end{array}$$

Die Konstante der ersten Zeile lässt sich eleganter schreiben, wenn Sie sie auf einen gemeinsamen Bruch ziehen $1 - \frac{r}{1+r} = \frac{1+r-r}{1+r} = \frac{1}{1+r}$. Als Lösungsmenge erhalten Sie:

$$L_{2.3} = \left\{ \frac{1}{1+r} \begin{pmatrix} 1 \\ 1 \end{pmatrix} \right\}$$

In der *Gesamtlösung* fassen Sie zum Abschluss alle Teillösungen zusammen:

$$L = \begin{cases} \left\{ \begin{pmatrix} 1 \\ 0 \end{pmatrix} + \lambda \begin{pmatrix} -1 \\ 1 \end{pmatrix} \middle| \text{ mit } \lambda \in \mathbb{R} \right\} & \text{für} \quad r = 1 \\ \emptyset & \text{für} \quad r = -1 \\ \left\{ \dfrac{1}{1+r} \begin{pmatrix} 1 \\ 1 \end{pmatrix} \right\} & \text{sonst} \end{cases}$$

Dabei ist der Fall $r = 0$ bereits in »sonst« enthalten!

Aufgabe 1

Bestimmen Sie die Lösungsmenge des parametrisierten LGS

$$\begin{aligned} x + (r+1)y &= 1 \\ rx + 2y &= -2 \end{aligned}$$

mit $r \in \mathbb{R}$!

Aufgabe 2

Bestimmen Sie die Lösungsmenge des parametrisierten LGS

$$\begin{aligned} rx - y &= 1 \\ x + (r-2)y &= -1 \end{aligned}$$

mit $r \in \mathbb{R}$!

Aufgabe 3

Für welche $r \in \mathbb{R}$ besitzt das nachfolgende System keine Lösung?

$$\begin{aligned} x + (r-1)y &= 1 \\ rx + 6y &= 3 \end{aligned}$$

Aufgabe 4

Für welche $r \in \mathbb{R}$ ist die Lösung des LGS einelementig?

$$\begin{aligned} (r+1)x + 2y &= -1 \\ 2x + (r-2)y &= 2 \end{aligned}$$

Kniffligere Ausgangssituationen

Bisher waren die Aufgaben vergleichsweise einfach, weil es sich bei den LGS lediglich um solche mit zwei Gleichungen und zwei Unbekannten gehandelt hat.

Das wird jetzt anders. Auch wenn mehr Gleichungen und Variablen ins Spiel kommen, bleibt die Grundidee dieselbe. Sie führen den Gauß-Jordan-Algorithmus »ganz normal« durch. Sobald jedoch bei irgendwelchen Operationen der Parameter r ins Spiel kommt, führen Sie eine *Fallunterscheidung* durch. Diese soll sicherstellen, dass Sie nicht mit Null multiplizieren oder durch Null teilen.

Ein Blick auf die *Determinante* der Koeffizientenmatrix hilft Ihnen bei der Entscheidung, ob eine eindeutige Lösung vorliegen kann oder nicht.

Am Ende, wenn Sie die Gesamtlösung aufschreiben, fassen Sie so viele Einzelfälle wie möglich zusammen.

Beispiel

Bestimmen Sie die Lösungsmenge des parametrisierten LGS

$$\begin{array}{rcrcrcr} x & + & y & + & rz & = & 3 \\ -x & - & ry & - & z & = & -3r \\ rx & + & y & + & z & = & 3 \end{array}$$

mit $r \in \mathbb{R}$!

Lösung

Es geht los mit der Gauß-Darstellung des LGS:

x	y	z	
1	1	r	3
−1	$-r$	−1	$-3r$
r	1	1	3

Im Laufe des ersten Schrittes müssen Sie für die untere Zeile die obere mit $-r$ multiplizieren, daher starten Sie gleich mit der ersten Fallunterscheidung.

Fall 1: $r = 0$

Das LGS sieht dann so aus:

x	y	z	
1	1	0	3
−1	0	−1	0
0	1	1	3

Nach dem Gauß-Schritt ergibt sich:

x	y	z	
1	1	0	3
0	1	−1	3
0	1	1	3

Im zweiten Schritt nehmen Sie die zweite Spalte in Angriff:

x	y	z	
1	1	0	3
0	1	−1	3
0	0	2	0

Sie sehen anhand von Zeile 3, dass $z = 0$ ist. Ergo ist wegen Zeile 2 entsprechend $y = 3$ und, aufgrund von Zeile 1, $x = 0$. Die Lösungsmenge ergibt:

$$L_1 = \left\{ \begin{pmatrix} 0 \\ 3 \\ 0 \end{pmatrix} \right\}$$

Fall 2: $r \neq 0$

Nach Beendigung von Gauß-Schritt 1 erhalten Sie:

x	y	z	
1	1	r	3
0	$1-r$	$r-1$	$3-3r$
0	$1-r$	$-r^2+1$	$3-3r$

Da Sie nun Zeile 2 nur mit -1 multiplizieren müssen, ist keine Fallunterscheidung nötig. Sie finden damit:

x	y	z	
1	1	r	3
0	$1-r$	$r-1$	$3-3r$
0	0	$-r^2-r+2$	0

Jetzt sieht die Jordan-Erweiterung des GA vor, dass Sie die untere Zeile durch $-r^2-r+2$ dividieren. Null wird dieser Wert, falls $r=-2$ oder $r=1$ gilt.

Fall 2.1: $r = -2$

Das LGS besitzt dann die Gestalt:

x	y	z	
1	1	-2	3
0	3	-3	9
0	0	0	0

Nach Division der mittleren Zeile durch 3 und der Vorgabe $z=\lambda$ erhalten Sie $y=3+\lambda$. Die erste Zeile ergibt $x=5-y=2-\lambda$. Damit schaut Ihre Lösungsmenge so aus:

$$L_{2.1} = \left\{ \begin{pmatrix} 2 \\ 3 \\ 0 \end{pmatrix} + \lambda \begin{pmatrix} -1 \\ 1 \\ 1 \end{pmatrix} \middle| \text{ mit } \lambda \in \mathbb{R} \right\}$$

Fall 2.2: $r = 1$

Hier erhalten Sie:

x	y	z	
1	1	1	3
0	0	0	0
0	0	0	0

Was einer wunderschönen Lösung mit 2 Freiheitsgraden entspricht. Für $y=\lambda$ und $z=\mu$ ergibt sich $x=3-\lambda-\mu$.

$$L_{2.2} = \left\{ \begin{pmatrix} 3 \\ 0 \\ 0 \end{pmatrix} + \lambda \begin{pmatrix} -1 \\ 1 \\ 0 \end{pmatrix} + \mu \begin{pmatrix} -1 \\ 0 \\ 1 \end{pmatrix} \middle| \text{ mit } \lambda, \mu \in \mathbb{R} \right\}$$

Fall 2.3: $r \notin \{-2, 0, 1\}$

Weiter geht es mit dem Gauß-Algorithmus. Nach der Division der unteren Zeile erhalten Sie:

x	y	z	
1	1	r	3
0	$1-r$	$r-1$	$3-3r$
0	0	1	0

Demnach ist $z = 0$ und der Rest des Systems vereinfacht sich.

x	y	
1	1	3
0	$1-r$	$3-3r$

Da $r = 1$ bereits ausgeschlossen wurde, dürfen Sie die untere Zeile durch $1 - r$ dividieren:

x	y	
1	1	3
0	1	3

Damit haben Sie $y = 1$ und $x = 0$ identifiziert. Die Lösung lautet:

$$L_{2.3} = \left\{ \begin{pmatrix} 0 \\ 3 \\ 0 \end{pmatrix} \right\}$$

Insgesamt erhalten Sie als zusammengefasste Lösungsmenge:

$$L = \begin{cases} \left\{ \begin{pmatrix} 2 \\ 3 \\ 0 \end{pmatrix} + \lambda \begin{pmatrix} -1 \\ 1 \\ 1 \end{pmatrix} \middle| \text{ mit } \lambda \in \mathbb{R} \right\} & \text{für} \quad r = -2 \\ \left\{ \begin{pmatrix} 3 \\ 0 \\ 0 \end{pmatrix} + \lambda \begin{pmatrix} -1 \\ 1 \\ 0 \end{pmatrix} + \mu \begin{pmatrix} -1 \\ 0 \\ 1 \end{pmatrix} \middle| \text{ mit } \lambda, \mu \in \mathbb{R} \right\} & \text{für} \quad r = 1 \\ \left\{ \begin{pmatrix} 0 \\ 3 \\ 0 \end{pmatrix} \right\} & \text{sonst} \end{cases}$$

Aufgabe 5

Bestimmen Sie die Lösungsmenge des parametrisierten LGS

$$\begin{aligned} rx + y + rz &= r \\ x + ry + z &= 1 \\ x + y + rz &= 1 \end{aligned}$$

mit $r \in \mathbb{R}$!

Aufgabe 6

Für welche $r \in \mathbb{R}$ ist die Lösungsmenge des parametrisierten LGS leer?

$$\begin{array}{rcrcrcr} rx & - & y & - & z & = & r \\ rx & + & y & + & z & = & r \\ rx & + & ry & + & rz & = & -1 \end{array}$$

Aufgabe 7

Für welche $r \in \mathbb{R}$ besitzt das LGS eine einelementige Lösung?

$$\begin{array}{rcrcrcr} x & + & y & & & = & 4 \\ rx & + & ry & + & rz & = & 7 \\ 0 & + & ry & + & rz & = & 11 \end{array}$$

Aufgabe 8

Für welche $r \in \mathbb{R}$ besitzt das LGS unendlich viele Lösungen?

$$\begin{array}{rcrcrcr} rx & + & y & + & z & = & 7 \\ 2x & & & + & rz & = & 8 \\ -x & + & ry & - & rz & = & -4 \end{array}$$

Lösungen der Aufgaben zu parametrisierten LGS

Lösung zu Aufgabe 1

Der übliche Gauß-Ansatz verläuft hier folgendermaßen:

x	y	
1	$r+1$	1
r	2	-2

Wie in der Beispielaufgabe müssen Sie gleich im ersten Schritt eine Fallunterscheidung durchführen, denn die Multiplikation der ersten Zeile mit $-r$ könnte Null ergeben.

Fall 1: r = 0

Dann vereinfacht sich das LGS zu:

x	y	
1	1	1
0	2	-2

Demnach gilt $y = -1$ und das in Zeile 1 eingesetzt führt zu $x = 2$.

$$L_1 = \left\{ \begin{pmatrix} 2 \\ -1 \end{pmatrix} \right\}$$

Fall 2: $r \neq 0$

Nach Anwendung der Gauß-Operation erhalten Sie:

x	y	
1	$r+1$	1
0	$-r^2-r+2$	$-r-2$

Jetzt sollte die untere Zeile durch $-r^2 - r + 2$ dividiert werden. Dies könnte jedoch fatal sein, wenn der Ausdruck Null ergibt, was für $r = -2$ oder $r = 1$ der Fall ist. Erneut berücksichtigen Sie alle diese Möglichkeiten getrennt!

Fall 2.1: $r = -2$

Nachdem Sie r eingesetzt haben, ergibt sich:

x	y	
1	-1	1
0	0	0

Für $y = \lambda$ erhalten Sie aufgrund von Zeile Eins $x = \lambda + 1$.

$$L_{2.1} = \left\{ \begin{pmatrix} 1 \\ 0 \end{pmatrix} + \lambda \begin{pmatrix} 1 \\ 1 \end{pmatrix} \middle| \text{ mit } \lambda \in \mathbb{R} \right\}$$

Fall 2.2: $r = 1$

Jetzt ergibt sich:

x	y	
1	2	1
0	0	-3

Der Widerspruch in der unteren Zeile ist offensichtlich.

$$L_{2.2} = \emptyset$$

Fall 2.3: $r \notin \{-2, 0, 1\}$

Hier können Sie mit dem Gauß-Algorithmus fortfahren:

x	y	
1	$r+1$	1
0	1	$\frac{1}{r-1}$

Jetzt ist das $-(r + 1)$-fache der unteren Zeile zur oberen zu addieren. Für $r = -1$ könnte das problematisch sein, also ist eine weitere Fallunterscheidung nötig.

Fall 2.3.1: $r = -1$

Es ergibt sich nun:

x	y	
1	0	1
0	1	$-\frac{1}{2}$

Dies führt Sie zu der einelementigen Lösung:

$$L_{2.3.1} = \left\{ \begin{pmatrix} 1 \\ -\frac{1}{2} \end{pmatrix} \right\}$$

Fall 2.3.2: $r \notin \{-2, -1, 0, 1\}$

Zum Schluss erhalten Sie die Idealform der Koeffizientenmatrix:

x	y	
1	0	$1 - \frac{r+1}{r-1}$
0	1	$\frac{1}{r-1}$

Führen Sie den Ausdruck in der Konstantenspalte der ersten Zeile zusammen, ergibt sich die Lösungsmenge:

$$L_{2.3.2} = \left\{ \frac{1}{r-1} \begin{pmatrix} -2 \\ 1 \end{pmatrix} \right\}$$

Witzigerweise ergibt sich genau die Lösung im Fall 2.3.1, wenn Sie für r den Wert -1 einsetzen. Außerdem erhalten Sie für $r = 0$ genau das Resultat aus Fall 1. Das ist aber nicht schlimm. Wichtig ist nur, dass Sie am Ende bei der Angabe der Gesamtlösungsmenge die überflüssigen Fälle wieder konsolidieren.

So erhalten Sie:

$$L = \begin{cases} \left\{ \begin{pmatrix} 1 \\ 0 \end{pmatrix} + \lambda \begin{pmatrix} 1 \\ 1 \end{pmatrix} \middle| \text{ mit } \lambda \in \mathbb{R} \right\} & \text{für} \quad r = -2 \\ \emptyset & \text{für} \quad r = 1 \\ \left\{ \frac{1}{r-1} \begin{pmatrix} -2 \\ 1 \end{pmatrix} \right\} & \text{sonst} \end{cases}$$

Lösung zu Aufgabe 2

Wiederum setzen Sie den Gauß-Algorithmus an:

x	y	
r	-1	1
1	$r-2$	-1

Nun geht das Problem schon los, bevor Sie den ersten Gauß-Schritt ausführen. Wenn $r = 0$ gilt, müssen die Zeilen vertauscht werden. Das dürfen Sie aber in jedem Falle:

x	y	
1	$r-2$	-1
r	-1	1

Die Freude währt jedoch nur von kurz. Gemäß des Gauß-Algorithmus ist nun das $-r$-fache der ersten Zeile zur zweiten zu addieren. Also heißt es wieder einmal: *Fallunterscheidung*!

Fall 1: $r = 0$

Nun vereinfacht sich das LGS zu:

x	y	
1	-2	-1
0	-1	1

Zeile 2 zeigt Ihnen, dass $y = -1$ gelten muss, während Zeile 1 anschließend zu $x = -3$ führt.

$$L_1 = \left\{ \begin{pmatrix} -3 \\ -1 \end{pmatrix} \right\}$$

Fall 2: $r \neq 0$

Weiter geht es mit dem Gauß'schen Eliminiationsverfahren:

x	y	
1	$r-2$	-1
0	$-r^2+2r-1$	$r+1$

Sie kennen die Situation bereits. Die Division durch $-r^2 + 2r - 1$ darf nicht Null ergeben. Dies ist zum Glück nur für $r = 1$ der Fall.

Fall 2.1: $r = 1$

Hier erhalten Sie

x	y	
1	-1	-1
0	0	2

was zu einem Widerspruch führt. Die Lösungsmenge ist entsprechend klein:

$$L_{2.1} = \emptyset$$

Fall 2.2: $r \notin \{0, 1\}$

In diesem Fall dürfen Sie die untere Zeile durch $-r^2 + 2r - 1$ dividieren und erhalten:

x	y	
1	$r-2$	-1
0	1	$-\frac{r+1}{(r-1)^2}$

Das nächste Problem steht ins Haus. Die Multiplikation der unteren Zeile mit $-(r-2)$, die jetzt nötig ist, darf wieder nicht Null ergeben.

Fall 2.2.1: $r = 2$

Sie erhalten:

x	y	
1	0	-1
0	1	-3

Das resultiert in der folgenden Lösungsmenge:

$$L_{2.2.1} = \left\{ \begin{pmatrix} -1 \\ -3 \end{pmatrix} \right\}$$

Fall 2.2.2: $r \notin \{0, 1, 2\}$

Bevor Sie das Gauß-Verfahren weitertreiben, empfehle ich Ihnen an dieser Stelle eine Nebenrechnung, damit die entstehenden Terme gleich vereinfacht werden können. Glauben Sie mir, das rettet Ihren Tag:

$$\frac{r+1}{(r-1)^2} \cdot (r-2) - 1 = \frac{(r+1)(r-2) - (r-1)^2}{(r-1)^2} = \frac{r^2 - r - 2 - r^2 + 2r - 1}{(r-1)^2}$$

$$= \frac{r-3}{(r-1)^2}$$

Das finale LGS besitzt somit folgendes Aussehen:

x	y	
1	0	$\frac{r-3}{(r-1)^2}$
0	1	$-\frac{r+1}{(r-1)^2}$

Die Lösungsmenge für diesen Fall lesen Sie unmittelbar ab:

$$L_{2.2.2} = \left\{ \frac{1}{(r-1)^2} \begin{pmatrix} r-3 \\ -r-1 \end{pmatrix} \right\}$$

Bevor Sie die Lösung insgesamt angeben, setzen Sie die Werte der expliziten Fallunterscheidungen von r in die allgemeine Lösung des Falles 2.2.2 ein. Für $r = 0$ ergibt sich die Lösung von Fall 1. Für $r = 2$ finden Sie ebenfalls einen Treffer, diesmal im Fall 2.2.1. Damit verschlankt sich die Gesamtlösungsmenge erheblich:

$$L = \begin{cases} \emptyset & \text{für} \quad r = 1 \\ \left\{ \frac{1}{(r-1)^2} \begin{pmatrix} r-3 \\ -r-1 \end{pmatrix} \right\} & \text{sonst} \end{cases}$$

Als Alternative könnten Sie die Determinante der Koeffizientenmatrix berechnen und alle Fälle untersuchen, bei denen sich der Wert Null ergibt. Dadurch ersparen Sie sich die Konsolidierung der Gesamtlösungsmenge am Ende. Allerdings scheidet diese Möglichkeit aus, wenn es sich nicht um eine quadratische Matrix handelt, während das vorgestellte Verfahren mittels GJA immer auf die gleiche Weise funktioniert!

Lösung zu Aufgabe 3

Die leere Menge kommt als Lösung nur in Frage, wenn ein Widerspruch entsteht. Dieser wiederum setzt voraus, dass die Gleichungen linear abhängig sind und die Konstantenspalte nicht dazu passt.

Hier hilft Ihnen die *Determinante*!

Nur wenn die Determinante der Koeffizientenmatrix Null ergibt, kann ein LGS die leere Menge als Lösung besitzen!

Für diese Aufgabe ergibt sich:

$$\det\begin{pmatrix} 1 & r-1 \\ r & 6 \end{pmatrix} = 6 - r^2 + r \stackrel{!}{=} 0 \Rightarrow r^2 - r - 6 = 0 \Rightarrow r = 3 \vee r = -2$$

Wenn Sie nun beide Möglichkeiten in das ursprüngliche LGS einsetzen, ergibt nur $r = -2$ einen Widerspruch, während $r = 3$ zu einer unendlichen Lösungsmenge mit einem Freiheitsgrad führt!

Lösung zu Aufgabe 4

Analog zu Aufgabe 3 dürfen Sie auch hier mit der Determinanten der Koeffizientenmatrix argumentieren.

Ein LGS weist genau dann eine einelementige Lösung auf, wenn die Determinante der Koeffizientenmatrix ungleich Null ist!

Im vorliegenden Fall ergibt sich:

$$\det\begin{pmatrix} r+1 & 2 \\ 2 & r-2 \end{pmatrix} = (r+1)(r-2) - 4 = r^2 - r - 6 = (r-3)(r+2)$$

Für jeden reellen Wert von r, mit Ausnahme $r = 3$ und $r = -2$, ergibt sich eine einelementige Lösung dieses parametrisierten LGS!

Lösung zu Aufgabe 5

Der Ansatz zum GJA lautet hier, nachdem Sie die beiden ersten Zeilen vertauscht haben:

x	y	z	
1	r	1	1
r	1	r	r
1	1	r	1

Wie so oft sollten Sie auch hier bereits im ersten Schritt überprüfen was passiert, wenn $r = 0$ gilt.

Fall 1: $r = 0$

Das LGS sieht dann so aus:

x	y	z	
1	0	1	1
0	1	0	0
1	1	0	1

Nach dem ersten Gauß-Schritt ergibt sich:

x	y	z	
1	0	1	1
0	1	0	0
0	1	-1	0

Die mittlere Zeile zeigt an, dass y=0 gilt. Wegen Zeile 3 ist dann auch $z = 0$ und anhand von Zeile 1 erkennen Sie, dass $x = 1$ gelten muss.

$$L_1 = \left\{\begin{pmatrix} 1 \\ 0 \\ 0 \end{pmatrix}\right\}$$

Fall 2: $r \neq 0$

Hier erhalten Sie nach Anwendung des ersten Gauß-Schrittes:

x	y	z	
1	r	1	1
0	$-r^2+1$	0	0
0	$1-r$	$r-1$	0

Wieder ist zu unterscheiden, ob $-r^2 + 1 = 0$ gilt. In dem Fall wäre die mittlere Zeile aus lauter Nullen obsolet. Damit haben Sie neue Arbeit generiert, denn für $r = 1$ oder $r = -1$ ist genau das der Fall.

Fall 2.1: r = 1

Nun fallen beide unteren Zeilen weg und nur die obere bleibt übrig. Für $y = \lambda$ und $z = \mu$ erhalten Sie $x = 1 - \lambda - \mu$. In Mengenschreibweise sieht das so aus:

$$L_{2.1} = \left\{ \begin{pmatrix} 1 \\ 0 \\ 0 \end{pmatrix} + \lambda \begin{pmatrix} -1 \\ 1 \\ 0 \end{pmatrix} + \mu \begin{pmatrix} -1 \\ 0 \\ 1 \end{pmatrix} \middle| \text{ mit } \lambda, \mu \in \mathbb{R} \right\}$$

Fall 2.2: r = −1

Das LGS lautet:

x	y	z	
1	−1	1	1
0	0	0	0
0	2	−2	0

Wieder ist ein Freiheitsgrad entstanden. Für $z = \lambda$ gilt gemäß der unteren Zeile $y = \lambda$. Eingesetzt in die obere Zeile erhalten Sie $x = 1$.

$$L_{2.2} = \left\{ \begin{pmatrix} 1 \\ 0 \\ 0 \end{pmatrix} + \lambda \begin{pmatrix} 0 \\ 1 \\ 1 \end{pmatrix} \middle| \text{ mit } \lambda \in \mathbb{R} \right\}$$

Fall 2.3: r ∉ {−1, 0, 1}

Weiter geht es. In diesem Fall führt die mittlere Zeile zu $y = 0$. Der Rest des Systems vereinfacht sich dabei zu:

x	z	
1	1	1
0	$r - 1$	0

Da $r = 1$ ausgeschlossen ist, muss ebenfalls $z = 0$ gelten. Zeile 1 weist Sie damit auf $x = 1$ hin. Die Lösungsmenge besitzt also folgende Form:

$$L_{2.3} = \left\{ \begin{pmatrix} 1 \\ 0 \\ 0 \end{pmatrix} \right\}$$

Insgesamt haben Sie drei Möglichkeiten ermittelt:

$$L = \begin{cases} \left\{ \begin{pmatrix} 1 \\ 0 \\ 0 \end{pmatrix} + \lambda \begin{pmatrix} 0 \\ 1 \\ 1 \end{pmatrix} \middle| \text{ mit } \lambda \in \mathbb{R} \right\} & \text{für} \quad r = -1 \\ \left\{ \begin{pmatrix} 1 \\ 0 \\ 0 \end{pmatrix} + \lambda \begin{pmatrix} -1 \\ 1 \\ 0 \end{pmatrix} + \mu \begin{pmatrix} -1 \\ 0 \\ 1 \end{pmatrix} \middle| \text{ mit } \lambda, \mu \in \mathbb{R} \right\} & \text{für} \quad r = 1 \\ \left\{ \begin{pmatrix} 1 \\ 0 \\ 0 \end{pmatrix} \right\} & \text{sonst} \end{cases}$$

Lösung zu Aufgabe 6

Bei diesem LGS kommen Sie der Lösung auf die Spur, wenn Sie die beiden oberen Zeilen addieren. Es ergibt sich dann nämlich $2rx = 2r$. Hier sind 2 Fälle zu unterscheiden. Für $r = 0$ ergibt Zeile 3 einen Widerspruch, die Lösungsmenge ist also leer. Für r ungleich 0 ist zwingend $x = 1$.

Eingesetzt in das LGS erhalten Sie:

$$\begin{array}{rcrcrcr} r & - & y & - & z & = & r \\ r & + & y & + & z & = & r \\ r & + & ry & + & rz & = & -1 \end{array}$$

Die beiden oberen Zeilen sind äquivalent und erfüllt, falls $y = -z$ gilt. Dies in die untere Zeile eingesetzt führt zu $r = -1$. In allen anderen Fällen entsteht ein Widerspruch.

Zusammenfassend haben Sie so erkannt, dass das LGS nur für $r = -1$ keine leere Menge als Lösung ergibt.

Lösung zu Aufgabe 7

Eine einelementige Lösung setzt voraus, dass die Koeffizientenmatrix regulär ist. Das wiederum ist genau dann der Fall, wenn ihre Determinante ungleich Null ist:

$$\det \begin{pmatrix} 1 & 1 & 0 \\ r & r & r \\ 0 & r & r \end{pmatrix} = r^2 + 0 + 0 - 0 - r^2 - r^2 = -r^2$$

Für r ungleich Null besitzt das LGS eine einelementige Lösungsmenge!

Lösung zu Aufgabe 8

Unendlich viele Lösungen können überhaupt nur dann auftreten, wenn die Determinante der Koeffizientenmatrix verschwindet:

$$\begin{vmatrix} r & 1 & 1 \\ 2 & 0 & r \\ -1 & r & -r \end{vmatrix} = 0 - r + 2r - 0 - r^3 + 2r = -r^3 + 3r$$

Sie erhalten also 3 potenzielle Möglichkeiten für unendliche Lösungsmengen. $r = 0$, $r = \sqrt{3}$ oder $r = -\sqrt{3}$.

Fall 1: $r = 0$

Es ergibt sich:

$$\begin{aligned} 0 + y + z &= 7 \\ 2x \quad\quad + 0 &= 8 \\ -x + 0 - 0 &= -4 \end{aligned}$$

Die beiden unteren Zeilen enthalten dieselbe Information, nämlich $x = 4$. Demnach können Sie für y oder z einen freien Parameter vorgeben und erhalten unendlich viele Lösungen!

Fall 2: $r = \sqrt{3}$

Der Gauß-Ansatz liefert Ihnen hier, wenn Sie die beiden vorderen Spalten vertauschen:

y	x	z	
1	$\sqrt{3}$	1	7
0	2	$\sqrt{3}$	8
$\sqrt{3}$	-1	$-\sqrt{3}$	-4

Nach Multiplikation der oberen Zeile mit $-\sqrt{3}$ und anschließender Addition zur unteren Zeile erhalten Sie:

y	x	z	
1	$\sqrt{3}$	1	7
0	2	$\sqrt{3}$	8
0	-4	$-2\sqrt{3}$	$-7\sqrt{3} - 4$

Ein weiterer Gauß-Schritt eliminiert die untere Zeile, aber nicht vollständig:

y	x	z	
1	$\sqrt{3}$	1	7
0	2	$\sqrt{3}$	8
0	0	0	$12 - 7\sqrt{3}$

Der Widerspruch entsteht in der untersten Zeile! Für $r = \sqrt{3}$ gibt es also keine einzige Lösung.

Fall 3: $r = -\sqrt{3}$

Analog zum Fall 2 erhalten Sie nach Vertauschen der beiden vorderen Spalten:

y	x	z	
1	$-\sqrt{3}$	1	7
0	2	$-\sqrt{3}$	8
$-\sqrt{3}$	-1	$\sqrt{3}$	-1

Nach der ersten »echten« Gauß-Operation ergibt sich:

y	x	z	
1	$-\sqrt{3}$	1	7
0	2	$-\sqrt{3}$	8
0	-4	$2\sqrt{3}$	$7\sqrt{3}-1$

Wieder sehen Sie bereits nach der nächsten Gauß-Operation, dass die letzte Zeile in einen Widerspruch mündet:

y	x	z	
1	$-\sqrt{3}$	1	7
0	2	$-\sqrt{3}$	8
0	0	0	$12+7\sqrt{3}$

Insgesamt ergibt sich lediglich für $r = 0$ eine unendlich große Lösungsmenge!

Teil IV

Rund um die analytische Geometrie

»Mir ist zu Ohren gekommen, dass du meinst, alle Winkel berechnet zu haben. Okay, vielleicht hast du, vielleicht auch nicht. Möglicherweise sind die Verhältnisse der Längen sich entsprechender Seiten eines gleichwinkligen Dreiecks gleich, möglicherweise sind sie es nicht – sehen wir uns deine Gleichungen an.«

In diesem Teil ...

Geometrie ist derjenige Teil der Mathematik, der den meisten Menschen gefällt. Dieser Teil befasst sich mit allen Aspekten der analytischen Geometrie, die einen festen Bezug zur linearen Algebra besitzen, und das ist ganz schön viel! Ob es um geometrische Grundformen wie Punkte, Geraden oder Ebenen geht, um Abstandmessungen oder affine Transformationen, stets werden Sie darin die lineare Algebra erkennen. Die Krönung stellen Hauptachsentransformationen geometrischer Flächen dar, die nicht einmal linear sind ...

Geometrische Grundelemente beherrschen

11

In diesem Kapitel ...

- Die geometrischen Grundformen einstudieren
- Unterschiedliche Darstellungen von Geraden betrachten
- Die wichtigsten Beschreibungsmöglichkeiten von Ebenen behandeln
- Ebenen in verschiedene Varianten der Repräsentation transformieren

Dieses erste Kapitel im geometrischen Teil Ihres Übungsbuches stellt Ihnen jede Menge Rüstzeug für die erfolgreiche Arbeit mit Geraden und Ebenen bereit. Sowohl die konkreten Darstellungsformen als auch die jeweiligen Umrechnungen sind Basis für die Anwendungen der analytischen Geometrie, die Sie im kommenden Kapitel erwartet.

Dazu gibt es neben den einleitenden Erläuterungen zu jedem Abschnitt ein ausführlich durchgerechnetes Musterbeispiel, mit Lösung, versteht sich. Anschließend ist es Ihre Aufgabe, die erarbeiteten Konzepte anhand von Übungsaufgaben anzuwenden. Am Ende des Kapitels dürfen Sie Ihre Lösungen mit den Musterlösungen vergleichen!

Geradenformen ermitteln

Die einfachste geometrische Form ist der Punkt. In einem 2D-Koordinatensystem benötigen Sie lediglich zwei reelle Zahlen, ein so genanntes *2-Tupel*, um einen Punkt eindeutig zu identifizieren. Gehen Sie zu dreidimensionalen Koordinaten über, so wird jeder Punkt durch ein *3-Tupel* repräsentiert.

Je zwei verschiedene Punkte legen eine *Gerade* eindeutig fest. In den beiden folgenden Unterabschnitten zeige ich Ihnen zwei Möglichkeiten, eine solche Gerade als *algebraische Gleichung* darzustellen!

Die Parameterform

Die wichtigste Darstellungsmöglichkeit einer Gerade innerhalb der linearen Algebra ist die *Parameterform*. Dazu legen Sie einen *Aufpunkt* so wie einen *Richtungsvektor* fest, den Sie erhalten, indem Sie die Ortsvektoren der beiden Ausgangspunkte subtrahieren! Das Endergebnis besitzt dann folgende Gestalt:

$$G = \{\vec{a} + \lambda \cdot \vec{r} | \lambda \in \mathbb{R}\}$$

Dabei ist $\vec{a}$ der Aufpunkt und $\vec{r}$ der Richtungsvektor der Geraden G.

Beispiel

Gegeben seien die beiden Punkte $P_1(1,2)$ sowie $P_2(3,5)$. Wie lautet die Parameterform der Geraden G, die durch P_1 und P_2 verläuft? (vgl. Abbildung 11.1)

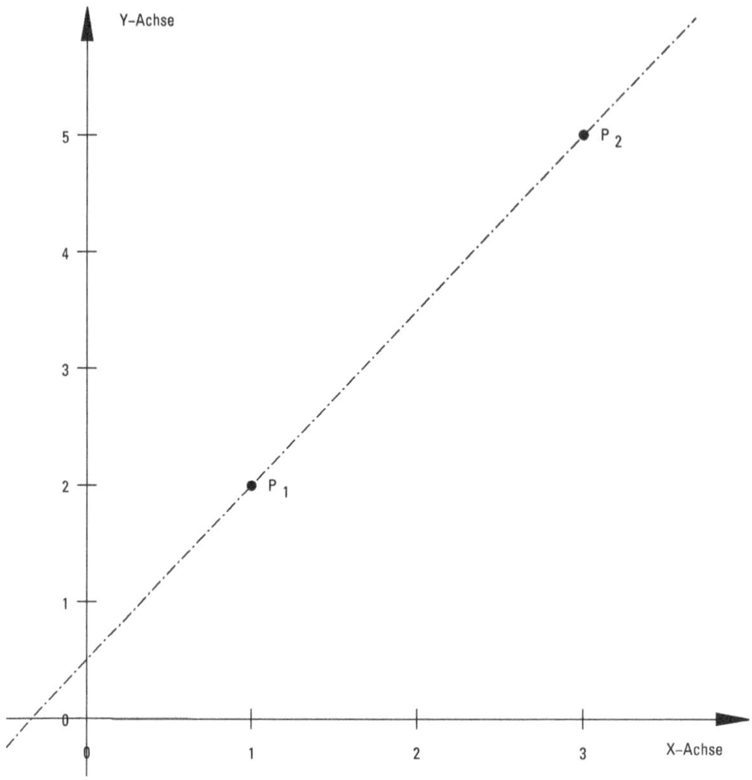

Abbildung 11.1: Konstruktion einer Geraden aus 2 Punkten

Lösung

Als Aufpunkt bietet sich einer der beiden gegebenen Punkte an. Sie wählen beispielsweise $\vec{a} = \begin{pmatrix} 1 \\ 2 \end{pmatrix}$. Der Richtungsvektor $\vec{r}$ ergibt sich aus der Differenz der beiden Punkte, $\vec{r} = \begin{pmatrix} 3 \\ 5 \end{pmatrix} - \begin{pmatrix} 1 \\ 2 \end{pmatrix} = \begin{pmatrix} 2 \\ 3 \end{pmatrix}$. Die Parameterform von G lautet demnach:

$$G = \left\{ \begin{pmatrix} 1 \\ 2 \end{pmatrix} + \lambda \cdot \begin{pmatrix} 2 \\ 3 \end{pmatrix} \middle| \lambda \in \mathbb{R} \right\}$$

Aufgabe 1

Gegeben seien die beiden Punkte $P_1(2,1)$ sowie $P_2(6,2)$. Wie lautet die Parameterform der Geraden G, die durch P_1 und P_2 verläuft?

Aufgabe 2

Gegeben seien die beiden Punkte $P_1(1,2,3)$ sowie $P_2(2,-1,4)$. Wie lautet die Parameterform der Geraden G, die durch P_1 und P_2 verläuft?

Aufgabe 3

Wie lautet die Parameterform der Ursprungsgeraden G, die durch den Punkt $P_1(5,3,1)$ läuft?

Aufgabe 4

Wie lautet die Parameterform der Geraden G, die als Parallele zur Y-Achse durch den Punkt $P_1(6,-1,2)$ läuft?

Die Gleichungsform

Vielleicht haben Sie sich schon gefragt, wieso die wichtigste Darstellung einer Geraden die Parameterform sein soll? Möglicherweise ist Ihnen folgende Gleichung geläufiger.

$$y = m \cdot x + b$$

Dabei sind x und y die *Variablen*, m die *Steigung* und b der *y-Achsenabschnitt*. Ausgehend von zwei Punkten $P_1(x_1,y_1)$ und $P_2(x_2,y_2)$ ist allerdings etwas mehr Mühe erforderlich, um die Geradengleichung zu erhalten. Das ist zum Beispiel einer der Gründe, warum die obige Gleichung eventuell doch nicht so »prickelnd« ist. Der zweite Grund ist jedoch entscheidend. Die Gleichungsform funktioniert nur im zweidimensionalen Raum!

Die Idee besteht darin, die Koordinaten der beiden Punkte in die Gleichung für x und y einzusetzen und so ein LGS mit zwei Gleichungen und zwei Unbekannten zu erhalten. Die beiden Unbekannten sind dabei logischerweise m und b.

Beispiel

Gegeben seien die Punkte $P_1(-1,4)$ sowie $P_2(2,1)$. Wie lautet die Gleichungsform der Geraden G, die durch P_1 und P_2 verläuft?

Lösung

Wie im Eingangstext angedeutet, müssen Sie hier die Koordinaten von P_1 und P_2 für x und y einsetzen. Jeder der beiden Punkte ergibt eine Gleichung, weil ein Punkt aus je zwei Werten besteht. Mit zwei Gleichungen ermitteln Sie die notwendigen Angaben für die Gleichungsform, nämlich m und b.

$$\begin{aligned} 4 &= -m + b \\ 1 &= 2m + b \end{aligned}$$

Wenn Sie die obere Gleichung von der unteren subtrahieren, ergibt sich $-3 = 3m$, woraus $m = -1$ folgt. Daraus leiten Sie (durch Einsetzen in eine der beiden Gleichungen) $b = 3$ ab. Insgesamt sieht die Gleichungsform von G so aus:

$$y = -x + 3$$

Es schadet nicht, die Probe zu machen, indem Sie die beiden Punkte einsetzen: es funktioniert (zum Glück)!

Aufgabe 5

Gegeben seien die beiden Punkte $P_1(2, 11)$ sowie $P_2(-1, -1)$. Wie lautet die Gleichungsform der Geraden G, die durch P_1 und P_2 verläuft?

Aufgabe 6

Gegeben seien die beiden Punkte $P_1(4, 8)$ sowie $P_2(-1, -2)$. Wie lautet die Gleichungsform der Geraden G, die durch P_1 und P_2 verläuft?

Aufgabe 7

Gegeben sei die Parameterform einer Geraden G:

$$G = \left\{ \begin{pmatrix} 1 \\ 6 \end{pmatrix} + \lambda \cdot \begin{pmatrix} 1 \\ 5 \end{pmatrix} \middle| \lambda \in \mathbb{R} \right\}$$

Wie lautet die Gleichungsform von G?

Aufgabe 8

Gegeben sei die Gleichungsform einer Geraden G:

$$y = -2x + 3$$

Wie lautet eine zugehörige Parameterform von G?

Darstellungsmöglichkeiten von Ebenen erkennen

Auf die Dauer ist das alleinige Beschäftigen mit Geraden doch recht langweilig. Etwas spannender sieht die Angelegenheit für *Ebenen* aus. Dabei sind Sie nunmehr auf wenigstens drei Dimensionen angewiesen. Es gibt auch genau drei unterschiedliche Darstellungsmöglichkeiten von Ebenen, die Sie sich merken sollten.

- ✔ Die *Parameterform*, die Sie schon von den Geraden kennen, allerdings diesmal mit zwei Richtungsvektoren

- ✔ Die *Normalenform*, die mit einem Aufpunktvektor und einem Normalenvektor auskommt
- ✔ Die *Koordinatenform*, insbesondere die spezielle *Achsenabschnittsform*, die der Gleichungsform für Geraden entspricht, aber eine Unbekannte mehr aufweist

Die folgenden Abschnitte befassen sich der Reihe nach mit allen drei Darstellungsformen. Diesmal benötigen Sie, um eine Ebene eindeutig zu identifizieren, drei Punkte, die natürlich nicht auf einer Gerade liegen dürfen. Außerdem wird es Sie freuen zu lesen, dass die zahlreichen Übungsaufgaben sich darüber hinaus mit den jeweiligen Transformationen von einer Form in eine andere befassen.

Die Parameterform

Die *Parameterform* einer Ebene ist am leichtesten zu verstehen. Neben dem Aufpunkt $\vec{a}$ benötigen Sie nicht nur einen, sondern zwei nicht kollineare Richtungsvektoren $\vec{r}_1$ und $\vec{r}_2$. Jeder dieser beiden Vektoren ist mit einem freien reellen Parameter, zum Beispiel λ und μ zu versehen. Insgesamt stellen Sie eine Ebene E wie folgt dar:

$$E = \{\vec{x} = \vec{a} + \lambda \cdot \vec{r}_1 + \mu \cdot \vec{r}_2 | \lambda,\ \mu \in \mathbb{R}\}$$

Das Verfahren, um aus drei gegebenen Punkten P_1, P_2 und P_3 eine Ebene E in Parameterform abzuleiten, besteht in folgenden Schritten.

1. Setzen Sie $\vec{a}$ als P_1 an!
2. Bestimmten Sie $\vec{r}_1$ als Differenzvektor von P_2 und P_1!
3. Bestimmten Sie $\vec{r}_2$ als Differenzvektor von P_3 und P_1!
4. Fertig!

Grafisch sieht das so aus, wie in Abbildung 11.2 dargestellt.

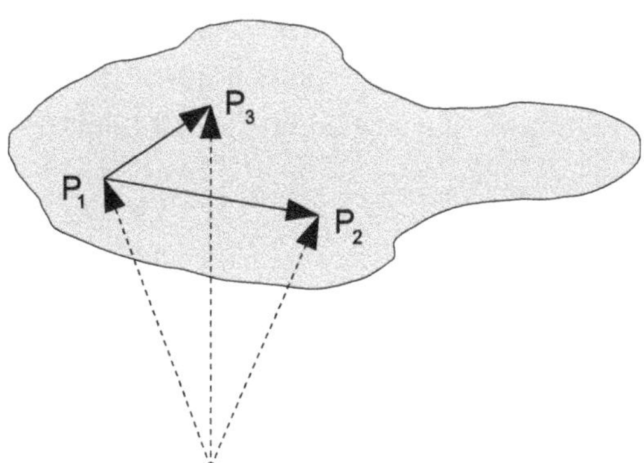

Abbildung 11.2: Ebenengleichung aus Punkten konstruieren

Beispiel

Gegeben seien drei Punkte $P_1(1,2,3)$, $P_2(3,-1,0)$ sowie $P_3(2,2,3)$. Wie lautet die Parameterform der Ebene E, die durch P_1, P_2 und P_3 verläuft?

Lösung

Wie oben beschrieben, gehen Sie der Reihe nach vor. Als Aufpunkt wählen Sie die Ortskoordinaten von P_1 und für die Richtungsvektoren erhalten Sie:

$$\begin{aligned}
\vec{a} &= \begin{pmatrix} 1 \\ 2 \\ 3 \end{pmatrix} \\
\vec{r}_1 &= \begin{pmatrix} 3 \\ -1 \\ 0 \end{pmatrix} - \begin{pmatrix} 1 \\ 2 \\ 3 \end{pmatrix} = \begin{pmatrix} 2 \\ -3 \\ -3 \end{pmatrix} \\
\vec{r}_2 &= \begin{pmatrix} 2 \\ 2 \\ 3 \end{pmatrix} - \begin{pmatrix} 1 \\ 2 \\ 3 \end{pmatrix} = \begin{pmatrix} 1 \\ 0 \\ 0 \end{pmatrix}
\end{aligned}$$

Somit ergibt sich die Parameterform von E zu:

$$E = \left\{ \vec{x} = \begin{pmatrix} 1 \\ 2 \\ 3 \end{pmatrix} + \lambda \cdot \begin{pmatrix} 2 \\ -3 \\ -3 \end{pmatrix} + \mu \cdot \begin{pmatrix} 1 \\ 0 \\ 0 \end{pmatrix} \middle| \lambda, \mu \in \mathbb{R} \right\}$$

Jetzt sind Sie an der Reihe!

Aufgabe 9

Gegeben seien die drei Punkte $P_1(1,-1,1)$, $P_2(2,2,-1)$ sowie $P_3(0,1,-3)$. Wie lautet die Parameterform der Ebene E, die durch P_1, P_2 und P_3 verläuft?

Aufgabe 10

Liegt der Punkt $P(-1,1,-1)$ in der Ebene, die durch die drei Punkte $P_1(1,1,3)$, $P_2(-1,2,1)$ sowie $P_3(1,0,1)$ verläuft?

Die Normalenform

Was eine *Ebene* anschaulich darstellt, dürfte Ihnen klar sein. Dass aber ein einziger Punkt sowie ein Vektor genügen, um eine Ebene eindeutig darzustellen, ist dagegen schon etwas Besonderes.

Sollten Sie mir nicht glauben, dann empfehle ich Ihnen folgenden Versuch. Schnappen Sie sich ein Buch Ihrer Wahl, im Zweifel das »Übungsbuch Lineare Algebra für Dummies«. Der Umschlagdeckel stellt Ihre Ebene dar. Drehen Sie diese beliebig im Raum hin und her. Dann halten Sie an einer bestimmten Stelle, die Sie den *Aufpunkt* nennen, einen Bleistift senkrecht zur Buchoberfläche an. Der Bleistift repräsentiert den *Normalenvektor*.

Ein *Normalenvektor* steht immer senkrecht auf dem betrachteten Objekt!

Wenn die Angelegenheit etwas wackelig ist, können Sie auch die spitze Seite eines Zirkels verwenden. Aber beschweren Sie sich nicht bei Ihrem Buchhändler, wenn Sie anschließend ein Loch auf etlichen Seiten Ihres Lieblingsmathebuches finden.

Bezeichnen Sie den Normalenvektor mit $\vec{n}$ und den Aufpunkt mit $\vec{a}$, so besteht die Ebene E aus allen Punkten $\vec{x}$, deren Differenzvektor zum Aufpunkt senkrecht zum Normalenvektor stehen. Das überprüfen Sie, indem Sie das Skalarprodukt dieser beiden Vektoren auf Null setzen:

$$E = \{\vec{x} | \vec{n} \cdot (\vec{x} - \vec{a}) = 0\}$$

Aber wie ermitteln Sie den Normalenvektor? Ganz einfach, er ist das *Kreuzprodukt* aus den Richtungsvektoren, die Sie wiederum entsprechend der Berechnung der Parameterform ermitteln. Alles klar? Dann kann es losgehen!

Beispiel

Gegeben seien drei Punkte $P_1(1,1,2)$, $P_2(1,-1,1)$ sowie $P_3(0,2,0)$. Wie lautet die Normalenform der Ebene E, die durch P_1, P_2 und P_3 verläuft?

Lösung

Das Verfahren ist jetzt ein wenig langwieriger, weil Sie zunächst die notwendigen Angaben für die Parameterform bestimmen müssen. Diese lauten nach dem Standardverfahren aus dem letzten Abschnitt:

$$\vec{a} = \begin{pmatrix} 1 \\ 1 \\ 2 \end{pmatrix}$$

$$\vec{r}_1 = \begin{pmatrix} 1 \\ -1 \\ 1 \end{pmatrix} - \begin{pmatrix} 1 \\ 1 \\ 2 \end{pmatrix} = \begin{pmatrix} 0 \\ -2 \\ -1 \end{pmatrix}$$

$$\vec{r}_2 = \begin{pmatrix} 0 \\ 2 \\ 0 \end{pmatrix} - \begin{pmatrix} 1 \\ 1 \\ 2 \end{pmatrix} = \begin{pmatrix} -1 \\ 1 \\ -2 \end{pmatrix}$$

Der Normalenvektor ergibt sich aus dem Kreuzprodukt der Richtungsvektoren:

$$\vec{n} = \vec{r}_1 \times \vec{r}_2 = \begin{pmatrix} 0 \\ -2 \\ -1 \end{pmatrix} \times \begin{pmatrix} -1 \\ 1 \\ -2 \end{pmatrix} = \begin{pmatrix} 5 \\ 1 \\ -2 \end{pmatrix}$$

Vergessen Sie niemals die Probe nach dem Kreuzprodukt, die Sie mit Hilfe zweier Skalarprodukte durchführen. Das Ergebnis muss Null sein:

$$\text{Probe: } \vec{n} \cdot \vec{r}_1 = \begin{pmatrix} 5 \\ 1 \\ -2 \end{pmatrix} \cdot \begin{pmatrix} 0 \\ -2 \\ -1 \end{pmatrix} = 0 - 2 + 2 = 0$$

$$\wedge\ \vec{n} \cdot \vec{r}_2 = \begin{pmatrix} 5 \\ 1 \\ -2 \end{pmatrix} \cdot \begin{pmatrix} -1 \\ 1 \\ -2 \end{pmatrix} = -5 + 1 + 4 = 0$$

Damit haben Sie die gesuchte Normalenform der Ebene E bereits berechnet:

$$E = \left\{ \vec{x} \,\middle|\, \begin{pmatrix} 5 \\ 1 \\ -2 \end{pmatrix} \cdot \left(\vec{x} - \begin{pmatrix} 1 \\ 1 \\ 2 \end{pmatrix} \right) = 0 \right\}$$

Nun sind Sie am Zuge!

Aufgabe 11

Gegeben seien drei Punkte $P_1(1,2,4)$, $P_2(-1,0,-1)$ sowie $P_3(0,2,3)$. Wie lautet die Normalenform der Ebene E, die durch P_1, P_2 und P_3 verläuft?

Aufgabe 12

Liegt der Punkt $P(1,2,5)$ in der Ebene, die durch die drei Punkte $P_1(1,1,3)$, $P_2(-1,2,1)$ sowie $P_3(1,0,1)$ verläuft?

Aufgabe 13

Gegeben sei die Ebene E in Parameterform:

$$E = \left\{ \vec{x} = \begin{pmatrix} 1 \\ -1 \\ 1 \end{pmatrix} + \lambda \cdot \begin{pmatrix} 2 \\ 1 \\ -3 \end{pmatrix} + \mu \cdot \begin{pmatrix} 1 \\ 0 \\ 2 \end{pmatrix} \,\middle|\, \lambda, \mu \in \mathbb{R} \right\}$$

Wie lautet eine Normalenform von E?

Aufgabe 14

Gegeben sei die Ebene E in Normalenform:

$$E = \left\{ \vec{x} \,\middle|\, \begin{pmatrix} 1 \\ 1 \\ -3 \end{pmatrix} \cdot \left(\vec{x} - \begin{pmatrix} 2 \\ 0 \\ -1 \end{pmatrix} \right) = 0 \right\}$$

Wie lautet eine Parameterform von E?

Die Koordinatenform und die Achsenabschnittsform

Analog zur Gleichungsform dürfte die *Koordinatenform* bei Ebenen diejenige sein, die Ihnen schon wenigstens einmal in Ihrem Leben begegnet ist, bevor Sie die wunderbare Welt der linearen Algebra betraten.

Die allgemeine Form sieht so aus:

$$ax + by + cz = d$$

Dabei sind x, y und z wie gehabt die *Variablen* und a, b und c sind die zugehörigen reellen *Koeffizienten*. Jede Kombination von *Koordinaten* (x, y, z), die die Gleichung erfüllt, gehört zu der Ebene.

Wenn der Wert d auf der rechten Seite ungleich Null ist, dürfen Sie die komplette Gleichung durch d dividieren. Weiter können Sie die Koeffizienten vor den Unbekannten immer als Kehrwert in den Nenner schreiben. Das klingt erst einmal unvernünftig, denn so entstehen zwangläufig Brüche. Allerdings hat diese *Achsenabschnittsform* eine besonders schöne Eigenschaft:

$$\frac{x}{a'} + \frac{y}{b'} + \frac{z}{c'} = 1$$

Die Werte im Nenner a', b' und c' stellen exakt die *Achsenabschnitte* der zugehörigen Ebene dar. a' ist also der Schnittpunkt der Ebene mit der x-Achse, b' mit der y-Achse und c' mit der einzig verbliebenen z-Achse.

ÜBUNG

Beispiel

Gegeben seien drei Punkte $P_1(4, 1, 1)$, $P_2(3, 5, 0)$ sowie $P_3(0, -1, 0)$. Wie lautet die Koordinatenform der Ebene E, die durch P_1, P_2 und P_3 verläuft?

Lösung

Wenn Sie jeden der angegebenen Punkte in die allgemeine Koordinatenform mit x, y und z einsetzen, verbleiben a, b, c und d als Unbekannte. Damit erhalten Sie ein unterbestimmtes LGS mit 3 Gleichungen und 4 Unbekannten.

$$\begin{array}{rcrcrcl} 4a & + & b & + & c & = & d \\ 3a & + & 5b & & & = & d \\ & & -b & & & = & d \end{array}$$

Wie Sie sehen, gibt es keine eindeutige Lösung. Sie dürfen beispielsweise $d = 1$ vorgeben, dann zeigt Ihnen die letzte Zeile, dass $b = -1$ gilt. Eingesetzt in die mittlere führt das zu $3a - 5 = 1$, was gleichbedeutend mit $a = 2$ ist. Alle diese Erkenntnisse in die erste Gleichung eingesetzt ergeben $8 - 1 + c = 1$, also $c = -6$. Insgesamt lautet eine mögliche Koordinatenform von E also:

$$2x - y - 6z = 1$$

Aufgabe 15

Gegeben seien drei Punkte $P_1(3,2,-1)$, $P_2(0,4,1)$ sowie $P_3(-3,0,0)$. Wie lautet die Koordinatenform der Ebene E, die durch P_1, P_2 und P_3 verläuft?

Aufgabe 16

Wie lautet eine Koordinatenform folgender Ebene in Parameterform?

$$E = \left\{ \vec{x} = \begin{pmatrix} 2 \\ -2 \\ 0 \end{pmatrix} + \lambda \cdot \begin{pmatrix} 3 \\ 1 \\ 1 \end{pmatrix} + \mu \cdot \begin{pmatrix} 1 \\ 2 \\ 0 \end{pmatrix} \middle| \lambda, \mu \in \mathbb{R} \right\}$$

Aufgabe 17

Wie lautet eine Koordinatenform folgender Ebene in Normalenform?

$$E = \left\{ \vec{x} \middle| \begin{pmatrix} 1 \\ 2 \\ -2 \end{pmatrix} \cdot \left(\vec{x} - \begin{pmatrix} 4 \\ 1 \\ -5 \end{pmatrix} \right) = 0 \right\}$$

Lösungen der Aufgaben zu den geometrischen Grundelementen

Lösung zu Aufgabe 1

Sie wählen $\vec{a} = \begin{pmatrix} 2 \\ 1 \end{pmatrix}$. Als Richtungsvektor ergibt sich dann $\vec{r} = \begin{pmatrix} 6 \\ 2 \end{pmatrix} - \begin{pmatrix} 2 \\ 1 \end{pmatrix} = \begin{pmatrix} 4 \\ 1 \end{pmatrix}$. Die Parameterform von G lautet somit:

$$G = \left\{ \begin{pmatrix} 2 \\ 1 \end{pmatrix} + \lambda \cdot \begin{pmatrix} 4 \\ 1 \end{pmatrix} \middle| \lambda \in \mathbb{R} \right\}$$

Lösung zu Aufgabe 2

Auch wenn Sie sich nun in der dritten Dimension bewegen, ändert sich am grundsätzlichen Verfahren nichts. Sie können beispielsweise $\vec{a} = \begin{pmatrix} 1 \\ 2 \\ 3 \end{pmatrix}$ ansetzen. Als Richtungsvektor ergibt sich dann $\vec{r} = \begin{pmatrix} 2 \\ -1 \\ 4 \end{pmatrix} - \begin{pmatrix} 1 \\ 2 \\ 3 \end{pmatrix} = \begin{pmatrix} 1 \\ 1 \\ 1 \end{pmatrix}$. Die Parameterform von G lautet deshalb:

$$G = \left\{ \begin{pmatrix} 1 \\ 2 \\ 3 \end{pmatrix} + \lambda \cdot \begin{pmatrix} 1 \\ 1 \\ 1 \end{pmatrix} \middle| \lambda \in \mathbb{R} \right\}$$

Lösung zu Aufgabe 3

Wo steckt der zweite Punkt bei dieser Aufgabe? Der Begriff *Ursprungsgerade* signalisiert Ihnen die Antwort: es handelt sich hierbei um den *Ursprung*, also $P_2(0, 0, 0)$. Wenn Sie den Ursprung als zu addierenden Aufpunkt wählen, können Sie ihn auch gleich weglassen. Als Richtungsvektor ergibt sich dabei wegen $\vec{r} = \begin{pmatrix} 5 \\ 3 \\ 1 \end{pmatrix} - \begin{pmatrix} 0 \\ 0 \\ 0 \end{pmatrix} = \begin{pmatrix} 5 \\ 3 \\ 1 \end{pmatrix}$ wiederum P_1. Insgesamt erhalten Sie:

$$G = \left\{ \lambda \cdot \begin{pmatrix} 5 \\ 3 \\ 1 \end{pmatrix} \middle| \lambda \in \mathbb{R} \right\}$$

Lösung zu Aufgabe 4

Der Aufpunkt ist klar, nämlich $\vec{a} = \begin{pmatrix} 6 \\ -1 \\ 2 \end{pmatrix}$. Es stellt sich hier jedoch die Frage, wie der Richtungsvektor aussieht. Als »Parallele zur Y-Achse« können Sie dies beantworten. In x-Richtung und in z-Richtung findet keine Veränderung statt, also gilt $\vec{r} = \begin{pmatrix} 0 \\ 1 \\ 0 \end{pmatrix}$. Die Parameterform von G lautet deshalb:

$$G = \left\{ \begin{pmatrix} 6 \\ -1 \\ 2 \end{pmatrix} + \lambda \cdot \begin{pmatrix} 0 \\ 1 \\ 0 \end{pmatrix} \middle| \lambda \in \mathbb{R} \right\}$$

Lösung zu Aufgabe 5

Als Ansatz dient wieder einmal ein LGS. Sie setzen dazu einfach die Koordinaten der Punkte für x und y ein:

$$\begin{aligned} 11 &= 2m + b \\ -1 &= -m + b \end{aligned}$$

Wenn Sie die untere von der oberen Gleichung abziehen, ergibt sich $12 = 3$ m, womit $m = 4$ bestimmt ist. Damit löst sich ebenfalls $b = 3$ auf. Sie erhalten als Ergebnis:

$$y = 4x + 3$$

Lösung zu Aufgabe 6

Hier finden Sie als LGS:

$$\begin{aligned} 8 &= 4m + b \\ -2 &= -m + b \end{aligned}$$

Wieder bietet es sich an, die untere Gleichung von der oberen abzuziehen. Es ergibt sich $10 = 5$ m und damit $m = 2$. b muss den Wert 0 haben. Es handelt sich bei G somit um eine *Ursprungsgerade* in der Gleichungsform:

$$y = 2x$$

Lösung zu Aufgabe 7

Aus der Parameterform einer Geraden die Gleichungsform zu gewinnen ist nicht übermäßig schwer. Wieder haben Sie die Qual der Wahl. Entweder Sie ermitteln einfach zwei Punkte, zum Beispiel den Aufpunkt sowie den Punkt, der sich für $\lambda = 1$ ergibt und wenden dann dasselbe Verfahren wie bei den Aufgaben 5 und 6 an.

Alternativ mach Sie sich klar, dass der y-Achsenabschnitt b nichts anderes ist als der Wert von y, wenn $x = 0$ gilt.

Die obere Komponente steht für die Variable x, die untere für y. Das sieht dann so aus:

$$\begin{aligned} x &= 1 + \lambda \\ y &= 6 + 5\lambda \end{aligned}$$

Nun müssen Sie lediglich die obere zu Null setzen:

$$x = 1 + \lambda \Rightarrow 0 = 1 + \lambda \quad \Rightarrow \quad \lambda = -1$$

Dies wieder in die originale Parameterform eingesetzt ergibt:

$$\vec{x} = \begin{pmatrix} 1 \\ 6 \end{pmatrix} + (-1) \cdot \begin{pmatrix} 1 \\ 5 \end{pmatrix} = \begin{pmatrix} 1-1 \\ 6-5 \end{pmatrix} = \begin{pmatrix} 0 \\ 1 \end{pmatrix}$$

Die 1 in der unteren Komponente ist nichts anderes als der Wert von b. Weiter ist die Steigung m genau der Anteil, um den y wächst, wenn sich x um einen Schritt aufwärts bewegt. Dazu müssen Sie sich nur den Richtungsvektor anschauen und ein λ finden, so dass die obere Komponente 1 ergibt. Das fällt bei dieser Aufgabe erstaunlich leicht, denn dazu muss $\lambda = 1$ gelten. Der y-Wert lautet somit 5, und dies ist die gesuchte Steigung m. Insgesamt gilt für G:

$$y = 5x + 1$$

Lösung zu Aufgabe 8

Noch leichter als die Transformation der Parameterform in die Gleichungsform einer Geraden ist die umgekehrte Richtung. Sie benötigen zunächst einen Aufpunkt. Der ergibt sich zum Beispiel dadurch, dass Sie $x = 0$ in die Gleichungsform einsetzen. Dann gilt:

$$y = -2 \cdot 0 + 3 = 3$$

Der Aufpunkt ist also mit (0,3) »in der Tasche«. Den Richtungsvektor können Sie von der Steigung m ablesen. Setzen Sie dazu einfach $x = 1$ und $y = m$ als Komponenten ein. Sie erhalten:

$$G = \left\{ \begin{pmatrix} 0 \\ 3 \end{pmatrix} + \lambda \cdot \begin{pmatrix} 1 \\ -2 \end{pmatrix} \middle| \lambda \in \mathbb{R} \right\}$$

Lösung zu Aufgabe 9

Mit dem Standardverfahren ermitteln Sie nacheinander:

$$\vec{a} = \begin{pmatrix} 1 \\ -1 \\ 1 \end{pmatrix}$$

$$\vec{r}_1 = \begin{pmatrix} 2 \\ 2 \\ -1 \end{pmatrix} - \begin{pmatrix} 1 \\ -1 \\ 1 \end{pmatrix} = \begin{pmatrix} 1 \\ 3 \\ -2 \end{pmatrix}$$

$$\vec{r}_2 = \begin{pmatrix} 0 \\ 1 \\ -3 \end{pmatrix} - \begin{pmatrix} 1 \\ -1 \\ 1 \end{pmatrix} = \begin{pmatrix} -1 \\ 2 \\ -4 \end{pmatrix}$$

Somit ergibt sich die Parameterform von E zu:

$$E = \left\{ \vec{x} = \begin{pmatrix} 1 \\ -1 \\ 1 \end{pmatrix} + \lambda \cdot \begin{pmatrix} 1 \\ 3 \\ -2 \end{pmatrix} + \mu \cdot \begin{pmatrix} -1 \\ 2 \\ -4 \end{pmatrix} \middle| \lambda, \mu \in \mathbb{R} \right\}$$

Lösung zu Aufgabe 10

Diese Aufgabe lösen Sie in zwei Schritten. Zunächst ist aus den drei Punkten eine Ebene in Parameterform zu bestimmen. Das übliche Verfahren liefert hier:

$$\vec{a} = \begin{pmatrix} 1 \\ 1 \\ 3 \end{pmatrix}$$

$$\vec{r}_1 = \begin{pmatrix} -1 \\ 2 \\ 1 \end{pmatrix} - \begin{pmatrix} 1 \\ 1 \\ 3 \end{pmatrix} = \begin{pmatrix} -2 \\ 1 \\ -2 \end{pmatrix}$$

$$\vec{r}_2 = \begin{pmatrix} 1 \\ 0 \\ 1 \end{pmatrix} - \begin{pmatrix} 1 \\ 1 \\ 3 \end{pmatrix} = \begin{pmatrix} 0 \\ -1 \\ -2 \end{pmatrix}$$

Die Parameterform, bei der Sie, um Vorzeichen zu sparen, die negativen Varianten der Richtungsvektoren verwenden, lautet:

$$E = \left\{ \begin{pmatrix} 1 \\ 1 \\ 3 \end{pmatrix} + \lambda \cdot \begin{pmatrix} 2 \\ -1 \\ 2 \end{pmatrix} + \mu \cdot \begin{pmatrix} 0 \\ 1 \\ 2 \end{pmatrix} \middle| \lambda, \mu \in \mathbb{R} \right\}$$

Wie finden Sie nun heraus, ob auch der Punkt $P(-1, 1, -1)$ in dieser Menge vorkommt? Ganz klar, Sie berechnen λ und μ aus dem entstehenden LGS, wenn Sie für $\vec{x}$ den Punkt P einsetzen!

$$\begin{aligned} -1 &= 1 + 2\lambda \\ 1 &= 1 - \lambda + \mu \\ -1 &= 3 + 2\lambda + 2\mu \end{aligned}$$

Aus der ersten Zeile erkennen Sie, dass $2\lambda = -2$ ist, also ist $\lambda = -1$. Dies ergibt, eingesetzt in Zeile 2, für μ ebenfalls den Wert -1. Damit bleibt Ihnen zu checken, ob die Zeile drei einen Widerspruch ergibt oder nicht. Wenn ja, ist P kein Element von E, anderenfalls liegt P in E. Die Zeile lautet $-1 = 3 - 2 - 2$, was richtig ist. Daher liegt P in E!

Lösung zu Aufgabe 11

Zuerst berechnen Sie den Aufpunkt und anschließend die Richtungsvektoren der gesuchten Ebene, wie eh und je.

$$\vec{a} = \begin{pmatrix} 1 \\ 2 \\ 4 \end{pmatrix}$$

$$\vec{r}_1 = \begin{pmatrix} -1 \\ 0 \\ -1 \end{pmatrix} - \begin{pmatrix} 1 \\ 2 \\ 4 \end{pmatrix} = \begin{pmatrix} -2 \\ -2 \\ -5 \end{pmatrix}$$

$$\vec{r}_2 = \begin{pmatrix} 0 \\ 2 \\ 3 \end{pmatrix} - \begin{pmatrix} 1 \\ 2 \\ 4 \end{pmatrix} = \begin{pmatrix} -1 \\ 0 \\ -1 \end{pmatrix}$$

Der Normalenvektor ergibt sich wiederum aus dem Kreuzprodukt der Richtungsvektoren. Um die Fehlergefahr durch Vorzeichen möglichst gering zu halten, verwenden Sie die negativen Versionen der Richtungsvektoren:

$$\vec{n} = \vec{r}_1 \times \vec{r}_2 = \begin{pmatrix} 2 \\ 2 \\ 5 \end{pmatrix} \times \begin{pmatrix} 1 \\ 0 \\ 1 \end{pmatrix} = \begin{pmatrix} 2 \\ 3 \\ -2 \end{pmatrix}$$

Natürlich vergessen Sie die Probe nicht:

$$\text{Probe: } \vec{n} \cdot \vec{r}_1 = \begin{pmatrix} 2 \\ 3 \\ -2 \end{pmatrix} \cdot \begin{pmatrix} 2 \\ 2 \\ 5 \end{pmatrix} = 4 + 6 - 10 = 0$$

$$\wedge\ \vec{n} \cdot \vec{r}_2 = \begin{pmatrix} 2 \\ 3 \\ -2 \end{pmatrix} \cdot \begin{pmatrix} 1 \\ 0 \\ 1 \end{pmatrix} = 2 + 0 - 2 = 0$$

Damit haben Sie eine Normalenform der Ebene E ermittelt:

$$E = \left\{ \vec{x} \,\middle|\, \begin{pmatrix} 2 \\ 3 \\ -2 \end{pmatrix} \cdot \left(\vec{x} - \begin{pmatrix} 1 \\ 2 \\ 4 \end{pmatrix} \right) = 0 \right\}$$

Lösung zu Aufgabe 12

Bei dieser Aufgabe empfehle ich Ihnen, zuerst eine Normalenform der Ebene zu ermitteln. Ein scharfer Blick verrät Ihnen, dass die hier geforderte Ebene mit jener aus Aufgabe 12 identisch ist. Dort haben Sie bereits Aufpunkt und Richtungsvektoren ermittelt, daher dürfen Sie jetzt mit dem Normalenvektor fortfahren:

$$\vec{n} = \vec{r}_1 \times \vec{r}_2 = \begin{pmatrix} 2 \\ -1 \\ 2 \end{pmatrix} \times \begin{pmatrix} 0 \\ 1 \\ 2 \end{pmatrix} = \begin{pmatrix} -4 \\ -4 \\ 2 \end{pmatrix}$$

Auch wenn Sie in Zeitnot sind, die obligatorische Probe geht schnell und ist wichtig:

$$\text{Probe}: \vec{n} \cdot \vec{r}_1 = \begin{pmatrix} -4 \\ -4 \\ 2 \end{pmatrix} \cdot \begin{pmatrix} 2 \\ -1 \\ 2 \end{pmatrix} = -8 + 4 + 2 = 0$$

$$\wedge\, \vec{n} \cdot \vec{r}_2 = \begin{pmatrix} -4 \\ -4 \\ 2 \end{pmatrix} \cdot \begin{pmatrix} 0 \\ 1 \\ 2 \end{pmatrix} = 0 - 4 + 4 = 0$$

Die Ebene in Normalenform lautet:

$$E = \left\{ \vec{x} \,\middle|\, \begin{pmatrix} -4 \\ -4 \\ 2 \end{pmatrix} \cdot \left(\vec{x} - \begin{pmatrix} 1 \\ 1 \\ 3 \end{pmatrix} \right) = 0 \right\}$$

Nun ist rasch getestet, ob ein gegebener Punkt P tatsächlich in der Ebene liegt. Sie müssen dazu kein LGS berechnen, sondern P einfach in die Normalengleichung einsetzen. Wenn das Ergebnis Null ist, befindet sich P in der Ebene, ansonsten nicht.

Für die Aufgabe ergibt sich mit $P(1, 2, 5)$:

$$\begin{pmatrix} -4 \\ -4 \\ 2 \end{pmatrix} \cdot \left(\begin{pmatrix} 1 \\ 2 \\ 5 \end{pmatrix} - \begin{pmatrix} 1 \\ 1 \\ 3 \end{pmatrix} \right) = \begin{pmatrix} -4 \\ -4 \\ 2 \end{pmatrix} \cdot \begin{pmatrix} 0 \\ 1 \\ 2 \end{pmatrix} = 0 - 4 + 4 = 0$$

Damit liegt P in E.

Lösung zu Aufgabe 13

Die Transformation einer Ebene von der Parameterform in die Normalenform ist nicht allzu schwer. Sie übernehmen den Aufpunkt und berechnen mittels Kreuzprodukt aus den Richtungsvektoren den Normalenvektor. Und das ist auch schon alles!

$$\vec{n} = \vec{r}_1 \times \vec{r}_2 = \begin{pmatrix} 2 \\ 1 \\ -3 \end{pmatrix} \times \begin{pmatrix} 1 \\ 0 \\ 2 \end{pmatrix} = \begin{pmatrix} 2 \\ -7 \\ -1 \end{pmatrix}$$

Wie immer darf auch hier die Probe nicht fehlen:

$$\text{Probe: } \vec{n}\cdot\vec{r}_1 = \begin{pmatrix} 2\\ -7\\ -1 \end{pmatrix} \cdot \begin{pmatrix} 2\\ 1\\ -3 \end{pmatrix} = 4 - 7 + 3 = 0$$

$$\wedge\, \vec{n}\cdot\vec{r}_2 = \begin{pmatrix} 2\\ -7\\ -1 \end{pmatrix} \cdot \begin{pmatrix} 1\\ 0\\ 2 \end{pmatrix} = 2 + 0 - 2 = 0$$

Die Ebene in Normalenform lautet also:

$$E = \left\{ \vec{x} \,\middle|\, \begin{pmatrix} 2\\ -7\\ -1 \end{pmatrix} \cdot \left(\vec{x} - \begin{pmatrix} 1\\ -1\\ 1 \end{pmatrix} \right) = 0 \right\}$$

Lösung zu Aufgabe 14

Um eine Ebene von der Normalenform in die Parameterform zu überführen, ist etwas mehr Aufwand nötig, denn Sie können die Operation *Kreuzprodukt* nicht einfach rückgängig machen. Dennoch gibt es ein systematisches Verfahren, zu einem gegebenen Normalenvektor orthogonale Richtungsvektoren zu bestimmen. Geben Sie dazu zwei Koordinaten vor und wählen Sie die dritte so, dass das Skalarprodukt Null ergibt. Um Brüche zu vermeiden, setzen Sie eine der beiden oberen Koordinaten zu Null, während die andere just der dritten des Normalenvektors entspricht:

$$\begin{pmatrix} 1\\ 1\\ -3 \end{pmatrix} \cdot \begin{pmatrix} 0\\ -3\\ x \end{pmatrix} = 0 - 3 - 3x = 0 \Rightarrow x = -1$$

Jetzt wird die zweite Komponente zu Null gesetzt:

$$\begin{pmatrix} 1\\ 1\\ -3 \end{pmatrix} \cdot \begin{pmatrix} -3\\ 0\\ x \end{pmatrix} = -3 + 0 - 3x = 0 \Rightarrow x = -1$$

Damit haben Sie als Richtungsvektoren ermittelt:

$$\vec{r}_1 = \begin{pmatrix} 0\\ -3\\ -1 \end{pmatrix}$$

$$\vec{r}_2 = \begin{pmatrix} -3\\ 0\\ -1 \end{pmatrix}$$

Zusammen mit dem Aufpunkt aus der Normalenform der Ebene haben Sie nun alle »Zutaten« für die Parameterform beisammen. Als Richtungsvektoren wählen Sie die negativen Versionen, um unnötige Vorzeichen einzusparen und so wertvolle Druckerschwärze für dieses Buch einzusparen:

$$E = \left\{ \begin{pmatrix} 2\\ 0\\ -1 \end{pmatrix} + \lambda \cdot \begin{pmatrix} 0\\ -3\\ -1 \end{pmatrix} + \mu \cdot \begin{pmatrix} -3\\ 0\\ -1 \end{pmatrix} \,\middle|\, \lambda, \mu \in \mathbb{R} \right\}$$

Lösung zu Aufgabe 15

Wie im zugehörigen Beispiel erhalten Sie wieder ein LGS mit 3 Gleichungen und 4 Unbekannten:

$$\begin{array}{rcrcrcl} 3a & + & 2b & - & c & = & d \\ & & 4b & + & c & = & d \\ -3a & & & & & = & d \end{array}$$

Setzen Sie anhand der letzten Zeile $a = 1$, so gilt $d = -3$. Die Summe der beiden oberen Zeilen führt zu $3 + 6b = -6$. Also muss gelten

$$b = -\frac{9}{6} = -\frac{3}{2}$$

Die Auflösung der mittleren Zeile ergibt $-6 + c = -3$, das heißt $c = 3$.

Insgesamt lautet eine mögliche Koordinatenform von E:

$$x - \frac{3}{2}y + 3z = -3$$

Niemand hindert Sie daran, die gesamte Gleichung mit 2 zu multiplizieren, um die Brüche in der Darstellung aufzulösen:

$$2x - 3y + 6z = -6$$

Lösung zu Aufgabe 16

Um aus einer gegebenen Parameterform eine Koordinatenform zu generieren, merken Sie sich folgenden Trick.

Der Vektor $\vec{x}$ der Parameterform oder der Normalenform einer Ebene lässt sich jederzeit ersetzen durch $\vec{x} = \begin{pmatrix} x \\ y \\ z \end{pmatrix}$. Daraus entsteht im Falle der Parameterform ein LGS, das Sie in die Koordinatenform auflösen. Für die Normalenform multiplizieren Sie lediglich das Skalarprodukt aus und sind noch schneller am Ziel!

Angewendet auf die gegebene Parameterform ergibt sich:

$$\begin{pmatrix} x \\ y \\ z \end{pmatrix} = \begin{pmatrix} 2 \\ -2 \\ 0 \end{pmatrix} + \lambda \cdot \begin{pmatrix} 3 \\ 1 \\ 1 \end{pmatrix} + \mu \cdot \begin{pmatrix} 1 \\ 2 \\ 0 \end{pmatrix}$$

Es ist ein LGS mit 3 Zeilen und den 2 Unbekannten λ und μ entstanden.

$$\begin{array}{rcrcrcr} x & = & 2 & + & 3\lambda & + & \mu \\ y & = & -2 & + & \lambda & + & 2\mu \\ z & = & & & \lambda & & \end{array}$$

Ausnahmsweise sind hier x, y und z nicht die zu ersetzenden Unbekannten, denn die sollen ja am Ende in der Koordinatenform übrig bleiben. Es handelt sich um ein *unterbestimmtes LGS*, weil mehr Unbekannte als Zeilen vorhanden sind. Am besten beginnen Sie mit der unteren Zeile und erkennen, dass Sie in den beiden oberen Zeilen λ durch z ersetzen dürfen. Es verbleibt dann lediglich:

$$\begin{array}{rcrcrcr} x & = & 2 & + & 3z & + & \mu \\ y & = & -2 & + & z & + & 2\mu \end{array}$$

Um μ zu ersetzen, subtrahieren Sie das Doppelte der ersten Zeile von der zweiten $y - 2x = -2 - 4 + z - 6z$. Dies ist bereits eine Koordinatenform, die etwas hübscher ausschaut, wenn Sie die Terme ein wenig ordnen:

$$-2x + y + 5z = -6$$

Fertig!

Lösung zu Aufgabe 17

Eine Transformation von der Normalenform in die Koordinatenform einer Ebene ist auffallend einfach. Ersetzen Sie zunächst, wie in Aufgabe 16 beschrieben, den x-Vektor durch die drei Koordinaten x, y und z. Anschließend multiplizieren Sie das *Skalarprodukt* aus!

$$\begin{pmatrix} 1 \\ 2 \\ -2 \end{pmatrix} \cdot \left(\begin{pmatrix} x \\ y \\ z \end{pmatrix} - \begin{pmatrix} 4 \\ 1 \\ -5 \end{pmatrix} \right) = 0$$
$$\Rightarrow \quad 1 \cdot (x - 4) + 2 \cdot (y - 1) - 2 \cdot (z + 5) = 0$$

Zum Schluss fassen Sie die Terme zusammen und das Ergebnis ist bereits eine sehr schöne Koordinatenform!

$$x + 2y - 2z = 16$$

Abstände berechnen und Objekte schneiden

12

In diesem Kapitel ...

- ✔ Den Abstand von Punkten zu Geraden und Ebenen berechnen
- ✔ Abstände zwischen Gerade und Ebenen bestimmen
- ✔ Schnittpunkte und Schnittwinkel von Geraden und Ebenen ermitteln
- ✔ Verschiedene Möglichkeiten der Lage von Ebenen zueinander auskundschaften

Dieses Kapitel wird Sie mit zahlreichen Übungen zur Lage geometrischer Objekte versorgen. Es beginnt mit dem einfachsten Fall, dem Abstand eines Punktes von einer Geraden oder einer Ebene. Geraden untereinander können bereits unterschiedliche Schnittobjekte erzeugen, und das wird bei Ebenen noch schlimmer!

In allen diesen Fällen dürfen Sie solange Schnittpunkte, Schnittgeraden, Schnittwinkel und Abstände ermitteln, bis Sie das Thema vollkommen verinnerlicht haben. Dazu gibt es am Ende, wie immer, ausführlich durchgerechnete Lösungen zu den Übungsaufgaben!

Punkte im Fokus

Wir sind uns hoffentlich einig, dass die denkbar einfachste geometrische Form der Punkt ist. Je nach der Dimension des Raumes, in dem der Punkt »lebt«, benötigen Sie eine unterschiedliche Zahl an Koordinaten, um einen Punkt eindeutig zu beschreiben. $P(2,3)$ wäre beispielsweise ein Element des $\mathbb{R}^2$, während $Q(3,-1,4)$ aus dem $\mathbb{R}^3$ stammt.

In den folgenden Unterabschnitten finden Sie einige Überlegungen zur kleinst möglichen Entfernung, dem *Abstand* zwischen einem Punkt und verschiedenen anderen geometrischen Objekten.

Abstand von einem einzelnen Punkt zu einem anderen Punkt

Um den Abstand zweier Punkte P_1 und P_2 zu ermitteln, betrachten Sie die zugehörigen Koordinaten lediglich als Komponenten eines *Ortsvektors*.

Die *Norm* der Differenz zweier Ortsvektoren stellt den Abstand der zugehörigen Punkte dar!

Das ist ja komplizierter zu beschreiben als auszurechnen!

Beispiel

Wie groß ist der Abstand d der Punkte $P_1(1,2,3)$ und $P_2(5-1,3)$?

Lösung

Der Abstand d berechnen Sie als die Norm der Differenz der zu P_1 und P_2 zugehörigen Ortsvektoren:

$$d = \left\| \begin{pmatrix} 1 \\ 2 \\ 3 \end{pmatrix} - \begin{pmatrix} 5 \\ -1 \\ 3 \end{pmatrix} \right\| = \left\| \begin{pmatrix} -4 \\ 3 \\ 0 \end{pmatrix} \right\| = \sqrt{16+9+0} = \sqrt{25} = 5$$

Abstand von einem Punkt zu einer Gerade

Etwas spannender wird die Angelegenheit, wenn Sie die kürzeste Distanz zwischen einem Punkt P und einer Gerade G interessiert.

Ist $\vec{p}$ der Ortsvektor eines Punktes P und G: $\vec{x} = \vec{a} + \lambda\vec{r}$ mit $\lambda \in \mathbb{R}$ eine Gerade. Dann berechnen Sie die Distanz d zwischen $\vec{p}$ und G mit:

$$d = \frac{\|(\vec{p}-\vec{a}) \times \vec{r}\|}{\|\vec{r}\|}$$

Beispiel

Bestimmen Sie den Abstand d zwischen dem Punkt $P(1,2,3)$ und der Geraden

$$\vec{x} = \begin{pmatrix} 2 \\ 0 \\ 1 \end{pmatrix} + \lambda \begin{pmatrix} 1 \\ 1 \\ 1 \end{pmatrix}!$$

Lösung

Die Aufgabe ist nicht kompliziert. Sie setzen die gegebenen Werte in die Formel ein und rechnen anschließend das Ergebnis aus:

$$d = \frac{\|(\vec{p}-\vec{a}) \times \vec{r}\|}{\|\vec{r}\|} = \frac{\left\| \left(\begin{pmatrix} 1 \\ 2 \\ 3 \end{pmatrix} - \begin{pmatrix} 2 \\ 0 \\ 1 \end{pmatrix} \right) \times \begin{pmatrix} 1 \\ 1 \\ 1 \end{pmatrix} \right\|}{\left\| \begin{pmatrix} 1 \\ 1 \\ 1 \end{pmatrix} \right\|} = \frac{\left\| \begin{pmatrix} -1 \\ 2 \\ 2 \end{pmatrix} \times \begin{pmatrix} 1 \\ 1 \\ 1 \end{pmatrix} \right\|}{\sqrt{1+1+1}}$$

$$= \frac{\left\| \begin{pmatrix} 0 \\ 3 \\ -3 \end{pmatrix} \right\|}{\sqrt{3}} = \frac{\sqrt{0+9+9}}{\sqrt{3}} = \frac{\sqrt{18}}{\sqrt{3}} = \sqrt{6}$$

Nun sind Sie am Zuge!

Aufgabe 1

Bestimmen Sie den Abstand d zwischen den Punkten $P_1(5,1,2)$ und $P_2(1,2,-4)$!

Aufgabe 2

Bestimmen Sie den Abstand d zwischen dem Punkt $P(-1,0,2)$ und der Geraden $\vec{x} = \begin{pmatrix} 1 \\ 1 \\ 1 \end{pmatrix} + \lambda \begin{pmatrix} 1 \\ 0 \\ 1 \end{pmatrix}$!

Aufgabe 3

Bestimmen Sie den Abstand d zwischen dem Punkt $P(1,2,2)$ und der Geraden $\vec{x} = \begin{pmatrix} 3 \\ 2 \\ 1 \end{pmatrix} + \lambda \begin{pmatrix} 2 \\ 0 \\ -1 \end{pmatrix}$!

Abstand von einem Punkt zu einer Ebene

Die nächst höhere Kategorie ist die Ebene. Der Abstand zwischen einem Punkt P und einer Ebene E in Normalenform berechnen Sie wie folgt.

Ist $\vec{p}$ der Ortsvektor eines Punktes P und E: $\vec{n} \cdot (\vec{x} - \vec{a}) = 0$ eine Ebene. Dann beträgt die Distanz d zwischen $\vec{p}$ und E:

$$d = \frac{|\vec{n} \cdot (\vec{p} - \vec{a})|}{\|\vec{n}\|}$$

Beispiel

Bestimmen Sie den Abstand d zwischen dem Punkt $P(1,2,3)$ und der Ebene $\begin{pmatrix} 2 \\ 0 \\ -1 \end{pmatrix} \cdot \left(\vec{x} - \begin{pmatrix} 3 \\ 2 \\ 1 \end{pmatrix}\right) = 0$!

Lösung

Für die Abstandsformel müssen Sie lediglich Aufpunkt und Normalenvektor der Ebene identifizieren. Der häufigste Fehler besteht darin, diese beiden Vektoren zu vertauschen. Dabei ist klar, dass der Normalenvektor stets derjenige ist, der alleine auf einer Seite des Skalarproduktes steht!

Für das Beispiel gilt:

$$d = \frac{|\vec{n} \cdot (\vec{p} - \vec{a})|}{\|\vec{n}\|} = \frac{\left| \begin{pmatrix} 2 \\ 0 \\ -1 \end{pmatrix} \cdot \left(\begin{pmatrix} 1 \\ 2 \\ 3 \end{pmatrix} - \begin{pmatrix} 3 \\ 2 \\ 1 \end{pmatrix} \right) \right|}{\left\| \begin{pmatrix} 2 \\ 0 \\ -1 \end{pmatrix} \right\|}$$

$$= \frac{\left| \begin{pmatrix} 2 \\ 0 \\ -1 \end{pmatrix} \cdot \begin{pmatrix} -2 \\ 0 \\ 2 \end{pmatrix} \right|}{\sqrt{4+0+1}} = \frac{|-4+0-2|}{\sqrt{5}} = \frac{6}{\sqrt{5}} = \frac{6}{5}\sqrt{5}$$

Aufgabe 4

Bestimmen Sie den Abstand d zwischen dem Punkt $P(-1, 2, -3)$ und der Ebene $\begin{pmatrix} 1 \\ 1 \\ 1 \end{pmatrix} \cdot \left(\vec{x} - \begin{pmatrix} -1 \\ 0 \\ 2 \end{pmatrix} \right) = 0$!

Aufgabe 5

Bestimmen Sie den Abstand d zwischen dem Punkt $P(4, 5, 2)$ und der Ebene $\begin{pmatrix} 4 \\ -1 \\ 0 \end{pmatrix} \cdot \left(\vec{x} - \begin{pmatrix} 3 \\ 1 \\ -2 \end{pmatrix} \right) = 0$!

Aufgabe 6

Bestimmen Sie den Abstand d zwischen dem Punkt $P(1, 2, 3)$ und der Ebene E mit der Parameterform $\vec{x} = \begin{pmatrix} 1 \\ 1 \\ 1 \end{pmatrix} + \lambda \begin{pmatrix} -2 \\ 1 \\ 3 \end{pmatrix} + \mu \begin{pmatrix} 0 \\ 0 \\ 1 \end{pmatrix}$ (mit $\lambda, \mu \in \mathbb{R}$)!

Geraden untersuchen

Das Thema »Punkte« ist damit soweit abgeschlossen. Nun wagen wir uns an die nächst höher dimensionierten Objekte heran, nämlich *Geraden*.

Der zweidimensionale Raum ist dabei zu langweilig, weil sich zwei Geraden dort zwingend schneiden, identisch oder parallel sind. Spannender ist deswegen der dreidimensionale Raum. Dort gibt es vier verschiedene Möglichkeiten der Lage zweier Geraden G_1 und G_2:

1. G_1 und G_2 fallen komplett zusammen, sind also *identisch*
2. G_1 und G_2 sind *parallel*
3. G_1 und G_2 *schneiden sich* in einem Schnittpunkt S
4. G_1 und G_2 sind *windschief*, verfügen also über keine Schnittpunkte, sind aber auch nicht parallel

Der Begriff »*windschief*« ist nicht schwer zu verstehen. Bauen Sie ein Regal aus einem Möbeldiscounter Ihrer Wahl zusammen, und Sie wissen, was ich meine ...

Für die Besserwisser: auch zwei Ebenen können durchaus windschief sein, dazu werden jedoch wenigstens **vier** Dimensionen benötigt. Das kann sich zwar kein Mensch vorstellen, ist aber auch nicht nötig. Mit Hilfe der linearen Algebra können Sie zeigen, dass sich zwei nicht-parallele Ebenen im $\mathbb{R}^4$ durchaus nicht schneiden müssen. Das ist nicht nur recht witzig, sondern zeigt, wie Sie gedanklich mit Hilfe der Mathematik die engen Grenzen der Vorstellungskraft sprengen ...

In den nächsten Abschnitten untersuchen Sie nacheinander die unterschiedlichen Möglichkeiten für die Lage von Geraden.

Abstände paralleler Geraden berechnen

Der einfachste Fall ist derjenige, bei denen zwei Geraden zusammenfallen. Das sehen Sie zunächst den Richtungsvektoren an, denn diese sind *kollinear*, unterscheiden sich also nur durch einen Faktor. Dabei bleibt immer noch die Möglichkeit offen, dass die beiden Geraden parallel sind. Beide Möglichkeiten »erschlagen« Sie jedoch auf vornehme Weise. Berechnen Sie einfach den Abstand des Aufpunktes der ersten Gerade von der zweiten. Das haben Sie bereits in den vorangegangenen Abschnitten geübt. Sollte sich dabei der Wert 0 ergeben, sind die beiden Geraden identisch, ansonsten parallel.

Beispiel

Wie groß ist der Abstand d der beiden Geraden G_1 und G_2 mit

$$G_1 : \vec{x} = \begin{pmatrix} 1 \\ 2 \\ 3 \end{pmatrix} + \lambda \begin{pmatrix} 4 \\ 0 \\ 2 \end{pmatrix} \text{ sowie } G_2 : \vec{x} = \begin{pmatrix} 2 \\ 2 \\ 1 \end{pmatrix} + \mu \begin{pmatrix} -2 \\ 0 \\ -1 \end{pmatrix} \text{ mit } \lambda, \mu \in \mathbb{R}$$

Lösung

Zuerst testen Sie, ob die beiden Richtungsvektoren kollinear sind. Dies ist der Fall, da $\begin{pmatrix} 4 \\ 0 \\ 2 \end{pmatrix} = -2 \cdot \begin{pmatrix} -2 \\ 0 \\ -1 \end{pmatrix}$. Also dürfen Sie einfach die Abstandsformel Punkt-Gerade verwenden. Ob Sie nun den Abstand des Aufpunktes von G_1 zu G_2 oder umgekehrt ansetzen, spielt dabei keine Rolle. Ich zeige Ihnen die erste Variante, und sollten Sie mir nicht glauben, dürfen Sie auch gerne die umgekehrte Version ausprobieren.

$$d = \frac{\|(\vec{p} - \vec{a}) \times \vec{r}\|}{\|\vec{r}\|} = \frac{\left\| \left(\begin{pmatrix} 1 \\ 2 \\ 3 \end{pmatrix} - \begin{pmatrix} 2 \\ 2 \\ 1 \end{pmatrix} \right) \times \begin{pmatrix} -2 \\ 0 \\ -1 \end{pmatrix} \right\|}{\left\| \begin{pmatrix} -2 \\ 0 \\ -1 \end{pmatrix} \right\|} = \frac{\left\| \begin{pmatrix} -1 \\ 0 \\ 2 \end{pmatrix} \times \begin{pmatrix} -2 \\ 0 \\ -1 \end{pmatrix} \right\|}{\sqrt{4+0+1}}$$

$$= \frac{\left\| \begin{pmatrix} 0 \\ -5 \\ 0 \end{pmatrix} \right\|}{\sqrt{5}} = \frac{\sqrt{0+25+0}}{\sqrt{5}} = \frac{5}{\sqrt{5}} = \sqrt{5}$$

Abstände windschiefer Geraden ermitteln

Falls der Test auf Parallelität negativ ausfällt, die Richtungsvektoren der betroffenen Geraden also nicht kollinear sind, bleiben nur noch die beiden anderen Möglichkeiten offen. Entweder sind die Geraden windschief oder sie schneiden sich in genau einem Punkt.

Hierzu empfehle ich Ihnen folgendes Vorgehen.

1. Zuerst messen Sie den Abstand der nicht-parallelen Geraden mit der nachfolgenden Formel!
2. Sollte das Ergebnis ungleich Null sein, handelt es sich um *windschiefe* Geraden und die Arbeit ist bereits getan.
3. Wenn dagegen der Abstand Null beträgt, bestimmen Sie anschließend *Schnittpunkt* und *-winkel* der Geraden, wie ich es Ihnen im nächsten Abschnitt zeige!

Die angesprochene Formel lautet:

Der Abstand d zwischen den *windschiefen* Geraden G_1 mit $\vec{x} = \vec{a}_1 + \lambda \cdot \vec{r}_1$ sowie G_2 mit $\vec{x} = \vec{a}_2 + \mu \cdot \vec{r}_2$ ermittelt sich zu:

$$d = \frac{|(\vec{a}_1 - \vec{a}_2) \cdot (\vec{r}_1 \times \vec{r}_2)|}{\|\vec{r}_1 \times \vec{r}_2\|}$$

Sollten Sie einmal fälschlicherweise annehmen, dass zwei parallele Geraden windschief sind und Sie wenden versehentlich die obige Formel an, werden Sie rasch feststellen, dass das nicht funktioniert. Das Kreuzprodukt der Richtungsvektoren resultiert dann nämlich im Nullvektor, dessen Norm ebenfalls Null ist. Die Null im Nenner macht Sie darauf aufmerksam, dass Sie die falsche Formel angewendet haben!

Beispiel

Bestimmen Sie den Abstand der Geraden G_1 und G_2 mit

$$G_1\colon \vec{x} = \begin{pmatrix} 1 \\ 2 \\ 3 \end{pmatrix} + \lambda \begin{pmatrix} -1 \\ 0 \\ 2 \end{pmatrix} \text{ sowie } G_2\colon \vec{x} = \begin{pmatrix} 3 \\ 2 \\ 1 \end{pmatrix} + \mu \begin{pmatrix} 1 \\ 1 \\ 1 \end{pmatrix} \text{ mit } \lambda, \mu \in \mathbb{R}$$

Lösung

Ein flüchtiger Blick auf die Richtungsvektoren von G_1 und G_2 offenbart bereits, dass es sich nicht um parallele Geraden handelt. Also dürfen Sie die Formel für windschiefe Geraden verwenden:

$$d = \frac{|(\vec{a}_1 - \vec{a}_2) \cdot (\vec{r}_1 \times \vec{r}_2)|}{\|\vec{r}_1 \times \vec{r}_2\|} = \frac{\left| \left(\begin{pmatrix} 1 \\ 2 \\ 3 \end{pmatrix} - \begin{pmatrix} 3 \\ 2 \\ 1 \end{pmatrix} \right) \cdot \left(\begin{pmatrix} -1 \\ 0 \\ 2 \end{pmatrix} \times \begin{pmatrix} 1 \\ 1 \\ 1 \end{pmatrix} \right) \right|}{\|\vec{r}_1 \times \vec{r}_2\|}$$

$$= \frac{\left| \begin{pmatrix} -2 \\ 0 \\ 2 \end{pmatrix} \cdot \begin{pmatrix} -2 \\ 3 \\ -1 \end{pmatrix} \right|}{\left\| \begin{pmatrix} -2 \\ 3 \\ -1 \end{pmatrix} \right\|} = \frac{|4 + 0 - 2|}{\sqrt{4 + 9 + 1}} = \frac{2}{\sqrt{14}} = \frac{1}{7}\sqrt{14}$$

Da das Ergebnis ungleich Null ist, sind die Geraden tatsächlich windschief und die Aufgabe ist gelöst.

Aufgabe 7

Bestimmen Sie den Abstand der Geraden G_1 und G_2 mit

$$G_1\colon \vec{x} = \begin{pmatrix} 1 \\ 1 \\ -1 \end{pmatrix} + \lambda \begin{pmatrix} 2 \\ -2 \\ 2 \end{pmatrix} \text{ sowie } G_2\colon \vec{x} = \begin{pmatrix} 0 \\ 2 \\ 1 \end{pmatrix} + \mu \begin{pmatrix} -1 \\ 1 \\ -1 \end{pmatrix} \text{ mit } \lambda, \mu \in \mathbb{R}$$

Aufgabe 8

Bestimmen Sie den Abstand der Geraden G_1 und G_2 mit

$$G_1\colon \vec{x} = \begin{pmatrix} -1 \\ -1 \\ 7 \end{pmatrix} + \lambda \begin{pmatrix} 2 \\ 0 \\ -3 \end{pmatrix} \text{ sowie } G_2\colon \vec{x} = \begin{pmatrix} 3 \\ -1 \\ 1 \end{pmatrix} + \mu \begin{pmatrix} -4 \\ 0 \\ 6 \end{pmatrix} \text{ mit } \lambda, \mu \in \mathbb{R}$$

Aufgabe 9

Bestimmen Sie den Abstand der Geraden G_1 und G_2 mit

$$G_1\colon \vec{x} = \begin{pmatrix} 0 \\ 1 \\ -1 \end{pmatrix} + \lambda \begin{pmatrix} 0 \\ 2 \\ 0 \end{pmatrix} \text{ sowie } G_2\colon \vec{x} = \begin{pmatrix} 3 \\ 2 \\ 1 \end{pmatrix} + \mu \begin{pmatrix} 0 \\ 1 \\ 1 \end{pmatrix} \text{ mit } \lambda, \mu \in \mathbb{R}$$

Schnittpunkt und -winkel zweier Geraden herausfinden

Für den Fall, dass der Abstand zweier vermeintlich windschiefer Geraden Null ist, liegt ein *Schnittpunkt* vor. Außerdem macht es Sinn, den *Schnittwinkel* gleich mit zu bestimmen.

Den Schnittpunkt erhalten Sie, indem Sie die Parameterformen der Geraden *gleichsetzen*. So entsteht ein lineares Gleichungssystem mit drei Gleichungen und zwei Unbekannten, nämlich λ und μ. Wenn es tatsächlich einen Schnittpunkt gibt, müssen die Zeilen des LGS linear abhängig sein, ansonsten haben Sie sich verrechnet! Anschließend setzen Sie den ermittelten Wert von λ oder μ in die zugehörige Geradengleichung ein und erhalten so den Schnittpunkt S.

Zum Schluss bestimmen Sie den *Schnittwinkel* α aus den Richtungsvektoren der Geraden mit der Formel:

$$\cos\alpha = \frac{|\vec{r}_1 \cdot \vec{r}_2|}{\|\vec{r}_1\| \cdot \|\vec{r}_2\|}$$

Denken Sie daran, bei der Berechnung des Winkels mittels der *Arkus-Kosinusfunktion* am Taschenrechner die richtige Einheit einzustellen. »Deg« steht für die Angabe im *Gradmaß,* während »Rad« auf das *Bogenmaß* hinweist!

Beispiel

Bestimmen Sie Schnittpunkt und -winkel der Geraden

$$G_1 : \vec{x} = \begin{pmatrix} 2 \\ 1 \\ 3 \end{pmatrix} + \lambda \begin{pmatrix} -1 \\ 0 \\ -2 \end{pmatrix} \text{ sowie } G_2 : \vec{x} = \begin{pmatrix} 4 \\ -2 \\ 1 \end{pmatrix} + \mu \begin{pmatrix} 3 \\ -3 \\ 0 \end{pmatrix} \text{ mit } \lambda, \mu \in \mathbb{R}$$

Lösung

Da Ihnen die Aufgabenstellung bereits verrät, dass sich die Geraden schneiden, dürfen Sie sofort mit dem LGS beginnen:

$$\begin{pmatrix} 2 \\ 1 \\ 3 \end{pmatrix} + \lambda \begin{pmatrix} -1 \\ 0 \\ -2 \end{pmatrix} = \begin{pmatrix} 4 \\ -2 \\ 1 \end{pmatrix} + \mu \begin{pmatrix} 3 \\ -3 \\ 0 \end{pmatrix} \quad \Rightarrow \quad \begin{array}{rcrcrcr} 2 & - & \lambda & = & 4 & + & 3\mu \\ 1 & & & = & -2 & - & 3\mu \\ 3 & - & 2\lambda & = & 1 & & \end{array}$$

Nach Umstellung der Terme in die gewohnte Form ergibt sich:

$$\begin{array}{rcrcr} -\lambda & - & 3\mu & = & 2 \\ & & 3\mu & = & -3 \\ -2\lambda & & & = & -2 \end{array}$$

Die mittlere Zeile zeigt Ihnen, dass $\mu = -1$ gilt, die untere besagt $\lambda = 1$. Wenn Sie zur Kontrolle diese Werte in die erste Zeile einsetzen, stellen Sie erfreut fest, dass die Gleichung aufgeht. Somit haben Sie sich nicht verrechnet. Den Schnittpunkt S erhalten Sie, indem Sie entweder den gefundenen Wert für λ in die Gleichung von G_1 einsetzen oder den Wert von

μ in G_2. Beides ist gleichwertig und sollte zum selben Resultat führen. Das ist zugleich eine gute Probe!

$$G_1: S = \begin{pmatrix} 2 \\ 1 \\ 3 \end{pmatrix} + 1 \cdot \begin{pmatrix} -1 \\ 0 \\ -2 \end{pmatrix} = \begin{pmatrix} 1 \\ 1 \\ 1 \end{pmatrix}$$

$$G_2: S = \begin{pmatrix} 4 \\ -2 \\ 1 \end{pmatrix} + (-1) \cdot \begin{pmatrix} 3 \\ -3 \\ 0 \end{pmatrix} = \begin{pmatrix} 1 \\ 1 \\ 1 \end{pmatrix}$$

Als Schnittwinkel α erhalten Sie:

$$\cos\alpha = \frac{|\vec{r}_1 \cdot \vec{r}_2|}{\|\vec{r}_1\| \cdot \|\vec{r}_2\|} = \frac{\left| \begin{pmatrix} -1 \\ 0 \\ -2 \end{pmatrix} \cdot \begin{pmatrix} 3 \\ -3 \\ 0 \end{pmatrix} \right|}{\left\| \begin{pmatrix} -1 \\ 0 \\ -2 \end{pmatrix} \right\| \cdot \left\| \begin{pmatrix} 3 \\ -3 \\ 0 \end{pmatrix} \right\|} = \frac{3}{\sqrt{5} \cdot \sqrt{18}} = \frac{3}{\sqrt{5} \cdot 3\sqrt{2}} = \frac{1}{10}\sqrt{10}$$

$$\Rightarrow \alpha \approx 72°$$

Aufgabe 10

Bestimmen Sie Schnittpunkt und -winkel der Geraden

$$G_1: \vec{x} = \begin{pmatrix} 3 \\ 4 \\ 5 \end{pmatrix} + \lambda \begin{pmatrix} 1 \\ 1 \\ 1 \end{pmatrix} \text{ sowie } G_2: \vec{x} = \begin{pmatrix} -1 \\ 2 \\ 4 \end{pmatrix} + \mu \begin{pmatrix} 2 \\ 0 \\ -1 \end{pmatrix} \text{ mit } \lambda, \mu \in \mathbb{R}$$

Aufgabe 11

Bestimmen Sie Schnittpunkt und -winkel der Geraden

$$G_1: \vec{x} = \begin{pmatrix} 2 \\ 0 \\ -1 \end{pmatrix} + \lambda \begin{pmatrix} 3 \\ 1 \\ 0 \end{pmatrix} \text{ sowie } G_2: \vec{x} = \begin{pmatrix} 3 \\ 3 \\ 1 \end{pmatrix} + \mu \begin{pmatrix} 2 \\ 2 \\ 1 \end{pmatrix} \text{ mit } \lambda, \mu \in \mathbb{R}$$

Aufgabe 12

Untersuchen Sie die Lage der Geraden. Bestimmen Sie gegebenenfalls Abstand oder Schnittpunkt und -winkel!

$$G_1: \vec{x} = \begin{pmatrix} 2 \\ 0 \\ -1 \end{pmatrix} + \lambda \begin{pmatrix} 1 \\ 2 \\ 3 \end{pmatrix} \text{ sowie } G_2: \vec{x} = \begin{pmatrix} 1 \\ 2 \\ 3 \end{pmatrix} + \mu \begin{pmatrix} 2 \\ 0 \\ -1 \end{pmatrix} \text{ mit } \lambda, \mu \in \mathbb{R}$$

Ebenen im Blick

Als nächstes kommt eine weitere Dimension ins Spiel, aus Geraden werden *Ebenen*. Wieder möchte ich Ihre Aufmerksamkeit auf Abstände, Schnittwinkel und Schnittobjekte richten. Aber alles wird jetzt ein wenig spannender.

Abstand einer Gerade zu einer parallelen Ebene

Den Abstand einer Gerade zu einer parallelen Ebene finden Sie genau so, wie Sie den Abstand eines einzelnen Punktes zu einer Ebene bestimmt haben. Denn der Abstand der Geraden ist zugleich der Abstand jedes Punktes der Geraden, insbesondere auch des Aufpunktes.

Ist $\vec{x}=\vec{a}_g + \lambda\vec{r}$ die Parameterdarstellung einer Geraden G und $\vec{n}\cdot(\vec{x}-\vec{a}_e)=0$ die Normalenform einer Ebene E mit $\vec{n}\cdot\vec{r}=0$, dann beträgt die *Distanz d* zwischen G und E:

$$d=\frac{|\vec{n}\cdot(\vec{a}_g-\vec{a}_e)|}{\|\vec{n}\|}$$

Sie erkennen die parallele Lage zwischen Ebene E und Gerade G daran, dass der Normalenvektor von E auch orthogonal zum Richtungsvektor von G ist. Das Skalarprodukt dieser beiden Vektoren beträgt Null.

Schnittpunkt und -winkel von Gerade zu Ebene

Wenn die wichtige Bedingung $\vec{n}\cdot\vec{r}=0$ nicht erfüllt ist, sind Gerade und Ebene nicht parallel – und auch nicht identisch. Das heißt im $\mathbb{R}^3$ zwingend, dass sich Gerade und Ebene in einem Punkt schneiden. Dieser Schnittpunkt wird auch als *Durchstoßpunkt* bezeichnet. Außerdem gibt es dann auch einen Schnittwinkel, den *Durchstoßwinkel* zwischen Ebene und Gerade.

Um den Durchstoßpunkt zu ermitteln, gibt es einen Trick, vorausgesetzt, die Ebene liegt in Normalenform vor.

Zur Bestimmung des Durchstoßpunktes einer Ebene E in Normalform und einer dazu nicht-parallelen Geraden G setzen Sie die komplette rechte Seite der Parametergleichung von G in E anstatt des x-Vektors ein! Es ergibt sich ein eindeutiger Wert, der den Schnittpunkt identifiziert.

Beispiel

Bestimmen Sie Schnittpunkt und -winkel der nachfolgenden Ebene E und der Geraden G!

$$E:\ \begin{pmatrix}2\\0\\-1\end{pmatrix}\cdot\left(\vec{x}-\begin{pmatrix}1\\2\\3\end{pmatrix}\right)=0 \text{ sowie } G:\vec{x}=\begin{pmatrix}-1\\3\\1\end{pmatrix}+\lambda\begin{pmatrix}1\\1\\1\end{pmatrix} \text{ mit } \lambda\in\mathbb{R}$$

Lösung

Wie ich Ihnen als Trick bereits verraten habe, erhalten Sie den Durchstoßpunkt, indem Sie die rechte Seite der Parametergleichung von G anstatt des x-Vektors in E einsetzen:

$$\begin{pmatrix} 2 \\ 0 \\ -1 \end{pmatrix} \cdot \left(\begin{pmatrix} -1 \\ 3 \\ 1 \end{pmatrix} + \lambda \begin{pmatrix} 1 \\ 1 \\ 1 \end{pmatrix} - \begin{pmatrix} 1 \\ 2 \\ 3 \end{pmatrix} \right) = 0$$

Jetzt müssen Sie diese Vektorgleichung nur noch ausmultiplizieren und nach λ auflösen:

$$\begin{aligned} & \begin{pmatrix} 2 \\ 0 \\ -1 \end{pmatrix} \cdot \left(\begin{pmatrix} -1 \\ 3 \\ 1 \end{pmatrix} + \lambda \begin{pmatrix} 1 \\ 1 \\ 1 \end{pmatrix} - \begin{pmatrix} 1 \\ 2 \\ 3 \end{pmatrix} \right) = 0 \\ \Rightarrow \quad & \begin{pmatrix} 2 \\ 0 \\ -1 \end{pmatrix} \cdot \left(\begin{pmatrix} -2 \\ 1 \\ -2 \end{pmatrix} + \lambda \begin{pmatrix} 1 \\ 1 \\ 1 \end{pmatrix} \right) = 0 \\ \Rightarrow \quad & 2(-2 + \lambda) + 0(1 + \lambda) - 1(-2 + \lambda) = 0 \\ \Rightarrow \quad & -2 + \lambda = 0 \end{aligned}$$

Demnach ist $\lambda = 2$, was Sie in die Geradengleichung einsetzen. Dies ergibt den Schnittpunkt S:

$$S = \begin{pmatrix} -1 \\ 3 \\ 1 \end{pmatrix} + 2 \begin{pmatrix} 1 \\ 1 \\ 1 \end{pmatrix} = \begin{pmatrix} 1 \\ 5 \\ 3 \end{pmatrix}$$

Den Durchstoßwinkel erhalten Sie mit der bekannten Winkelformel zwischen zwei Vektoren. Da Sie für die Ebene jedoch den Normalenvektor $\vec{n}$ einsetzen, ergibt sich als Quotient nicht der Kosinus, sondern der Sinus des gesuchten Winkels α:

$$\sin \alpha = \frac{|\vec{n} \cdot \vec{r}|}{\|\vec{n}\| \cdot \|\vec{r}\|}$$

Dabei ist $\vec{r}$ der Richtungsvektor der Geraden.

Die algebraische Begründung für den Wechsel von Kosinus auf Sinus basiert darauf, dass der Normalenvektor der Ebene um $90° = \pi/2$ versetzt ist. Führen Sie sich das klassische *Additionstheorem* für den Kosinus vor Augen:

$$\cos\left(\alpha - \frac{\pi}{2}\right) = \cos \alpha \cdot \cos \frac{\pi}{2} + \sin \alpha \cdot \sin \frac{\pi}{2} = \cos \alpha \cdot 0 + \sin \alpha \cdot 1 = \sin \alpha$$

Im Beispiel ergibt sich als Schnittwinkel α zwischen E und G:

$$\sin \alpha = \frac{|\vec{n} \cdot \vec{r}|}{\|\vec{n}\| \cdot \|\vec{r}\|} = \frac{\left| \begin{pmatrix} 2 \\ 0 \\ -1 \end{pmatrix} \cdot \begin{pmatrix} 1 \\ 1 \\ 1 \end{pmatrix} \right|}{\left\| \begin{pmatrix} 2 \\ 0 \\ -1 \end{pmatrix} \right\| \cdot \left\| \begin{pmatrix} 1 \\ 1 \\ 1 \end{pmatrix} \right\|} = \frac{|2 + 0 - 1|}{\sqrt{5} \cdot \sqrt{3}} = \frac{1}{\sqrt{15}} = \frac{1}{15}\sqrt{15}$$

$$\Rightarrow \quad \alpha \approx 15°$$

Aufgabe 13

Bestimmen Sie Schnittpunkt und -winkel der nachfolgenden Ebene E und der Geraden G!

$$E: \begin{pmatrix} 3 \\ -1 \\ 1 \end{pmatrix} \cdot \left(\vec{x} - \begin{pmatrix} 2 \\ 2 \\ -1 \end{pmatrix}\right) = 0 \text{ sowie } G: \vec{x} = \begin{pmatrix} 1 \\ 6 \\ 1 \end{pmatrix} + \lambda \begin{pmatrix} -1 \\ 3 \\ 1 \end{pmatrix} \text{ mit } \lambda \in \mathbb{R}$$

Aufgabe 14

Bestimmen Sie den Abstand der Ebene E von der Geraden G!

$$E: \begin{pmatrix} 3 \\ 4 \\ 2 \end{pmatrix} \cdot \left(\vec{x} - \begin{pmatrix} 1 \\ 2 \\ 3 \end{pmatrix}\right) = 0 \text{ sowie } G: \vec{x} = \begin{pmatrix} 3 \\ 2 \\ 0 \end{pmatrix} + \lambda \begin{pmatrix} -2 \\ 1 \\ 1 \end{pmatrix} \text{ mit } \lambda \in \mathbb{R}$$

Aufgabe 15

Bestimmen Sie Durchstoßpunkt und -winkel der nachfolgenden Ebene E und der Geraden G!

$$E: \begin{pmatrix} 1 \\ -1 \\ 2 \end{pmatrix} \cdot \left(\vec{x} - \begin{pmatrix} 1 \\ 2 \\ 3 \end{pmatrix}\right) = 0 \text{ sowie } G: \vec{x} = \begin{pmatrix} -1 \\ 4 \\ -1 \end{pmatrix} + \lambda \begin{pmatrix} -2 \\ 2 \\ -4 \end{pmatrix} \text{ mit } \lambda \in \mathbb{R}$$

Abstand zweier paralleler Ebenen

Inzwischen sind Sie bei der Lage zweier Ebenen im $\mathbb{R}^3$ angelangt. Sollten beide Ebenen parallel oder gar identisch sein, hilft Ihnen wiederum die einfache Formel für den Abstand Punkt-Ebene:

Sind $\vec{n}_1 \cdot (\vec{x} - \vec{a}_1) = 0$ und $\vec{n}_2 \cdot (\vec{x} - \vec{a}_2) = 0$ Normalenformen zweier *paralleler* Ebenen E_1 und E_2 mit $\vec{n}_1 \times \vec{n}_2 = \vec{0}$, dann beträgt die *Distanz* d zwischen E_1 und E_2:

$$d = \frac{|\vec{n}_2 \cdot (\vec{a}_1 - \vec{a}_2)|}{\|\vec{n}_2\|}$$

Wahlweise hätten Sie auch den Normalenvektor von E_1 verwenden dürfen. Achten Sie aber darauf, dass Sie im Zähler und Nenner denselben Vektor verwenden! Die Parallelität der beiden Ebenen ergibt sich daraus, dass die Normalenvektoren kollinear sind, also deren Kreuzprodukt Null ergibt. Im Zweifel sehen Sie aber auch ohne explizites Ausrechnen, dass einer der Vektoren das Vielfache des anderen ist.

Schnittgerade und -winkel zwischen Ebenen

Wenn zwei Ebenen nicht parallel oder identisch sind, schneiden sie sich in einer Geraden, der *Schnittgeraden*. Dann macht auch das Berechnen des *Schnittwinkels* wieder Sinn.

Zwei Ebenen können auch windschief, also weder parallel sein noch eine Schnittgerade aufweisen. Dazu müssen Sie aber mindestens vier Dimensionen spendieren, zum Beispiel im $\mathbb{R}^4$.

Das Berechnen der Schnittgerade läuft auf das Lösen eines linearen Gleichungssystems hinaus, wie Sie anhand des Beispiels sehen werden.

Zum Berechnen des Schnittwinkels α machen Sie sich klar, dass der Winkel zwischen den Normalenvektoren und jener zwischen den Ebenen gleich ist. Das erfordert ein wenig Nachdenken, ist aber einleuchtend. Es gilt also:

Sind $\vec{n}_1 \cdot (\vec{x} - \vec{a}_1) = 0$ und $\vec{n}_2 \cdot (\vec{x} - \vec{a}_2) = 0$ Normalenformen zweier nicht-paralleler Ebenen E_1 und E_2. Dann berechnen Sie den *Schnittwinkel* α zwischen E_1 und E_2 mittels:

$$\cos\alpha = \frac{|\vec{n}_1 \cdot \vec{n}_2|}{\|\vec{n}_1\| \cdot \|\vec{n}_2\|}$$

Aufgabe 16

Berechnen Sie den Abstand der beiden Ebenen E_1 und E_2!

$$E_1: \begin{pmatrix} -6 \\ -4 \\ -6 \end{pmatrix} \cdot \left(\vec{x} - \begin{pmatrix} 1 \\ 2 \\ 3 \end{pmatrix}\right) = 0 \text{ sowie } E_2: \begin{pmatrix} 3 \\ 2 \\ 3 \end{pmatrix} \cdot \left(\vec{x} - \begin{pmatrix} 2 \\ 0 \\ 1 \end{pmatrix}\right) = 0$$

Aufgabe 17

Berechnen Sie Schnittgerade und -winkel der beiden Ebenen E_1 und E_2 in Koordinatenform!

$$E_1: x + y + z = 1 \text{ sowie } E_2: \ -x + 2y - z = -2$$

Lösungen der Aufgaben zu Abständen und Schnittobjekten

Lösung zu Aufgabe 1

Den Abstand der Punkte ermitteln Sie aus der Norm des Differenzvektors:

$$d = \left\| \begin{pmatrix} 5 \\ 1 \\ 2 \end{pmatrix} - \begin{pmatrix} 1 \\ 2 \\ -4 \end{pmatrix} \right\| = \left\| \begin{pmatrix} 4 \\ -1 \\ 6 \end{pmatrix} \right\| = \sqrt{16 + 1 + 36} = \sqrt{53}$$

Lösung zu Aufgabe 2

Setzen Sie einfach die gegebenen Werte in die Formel ein. Der Abstand d beträgt dann:

$$d = \frac{\|(\vec{p} - \vec{a}) \times \vec{r}\|}{\|\vec{r}\|} = \frac{\left\|\left(\begin{pmatrix}-1\\0\\2\end{pmatrix} - \begin{pmatrix}1\\1\\1\end{pmatrix}\right) \times \begin{pmatrix}1\\0\\1\end{pmatrix}\right\|}{\left\|\begin{pmatrix}1\\0\\1\end{pmatrix}\right\|} = \frac{\left\|\begin{pmatrix}-2\\-1\\1\end{pmatrix} \times \begin{pmatrix}1\\0\\1\end{pmatrix}\right\|}{\sqrt{1+0+1}}$$

$$= \frac{\left\|\begin{pmatrix}-1\\3\\1\end{pmatrix}\right\|}{\sqrt{2}} = \frac{\sqrt{1+9+1}}{\sqrt{2}} = \frac{\sqrt{11}}{\sqrt{2}} = \frac{1}{2}\sqrt{22}$$

Lösung zu Aufgabe 3

Die Formel verrät Ihnen auch hier den Abstand d:

$$d = \frac{\|(\vec{p} - \vec{a}) \times \vec{r}\|}{\|\vec{r}\|} = \frac{\left\|\left(\begin{pmatrix}1\\2\\2\end{pmatrix} - \begin{pmatrix}3\\2\\1\end{pmatrix}\right) \times \begin{pmatrix}2\\0\\-1\end{pmatrix}\right\|}{\left\|\begin{pmatrix}2\\0\\-1\end{pmatrix}\right\|} = \frac{\left\|\begin{pmatrix}-2\\0\\1\end{pmatrix} \times \begin{pmatrix}2\\0\\-1\end{pmatrix}\right\|}{\sqrt{4+0+1}} = \frac{\left\|\begin{pmatrix}0\\0\\0\end{pmatrix}\right\|}{\sqrt{2}} = 0$$

Das Resultat beträgt Null. Das bedeutet, der Punkt P liegt auf der Geraden G. Wenn Sie mir nicht glauben, setzen Sie doch einmal $\lambda = -1$ ein!

Lösung zu Aufgabe 4

Sie setzen die Abstandsformel an und achten darauf, insbesondere Aufpunkt und Normalenvektor der Ebene nicht zu verwechseln. Tatsächlich macht es für das Ergebnis keinen Unterschied, wenn Sie den Aufpunkt der Ebene und den gesuchten Punkt P vertauschen. Nur der Normalenvektor muss zwingend an seinem Platz bleiben:

$$d = \frac{|\vec{n} \cdot (\vec{p} - \vec{a})|}{\|\vec{n}\|} = \frac{\left|\begin{pmatrix}1\\1\\1\end{pmatrix} \cdot \left(\begin{pmatrix}-1\\2\\-3\end{pmatrix} - \begin{pmatrix}-1\\0\\2\end{pmatrix}\right)\right|}{\left\|\begin{pmatrix}1\\1\\1\end{pmatrix}\right\|} = \frac{\left|\begin{pmatrix}1\\1\\1\end{pmatrix} \cdot \begin{pmatrix}0\\2\\-5\end{pmatrix}\right|}{\sqrt{1+1+1}}$$

$$= \frac{|0+2-5|}{\sqrt{3}} = \frac{3}{\sqrt{3}} = \sqrt{3}$$

Lösung zu Aufgabe 5

Bei dieser Aufgabe erwartet Sie eine kleine Überraschung. Die Formel führt nämlich zu

$$d=\frac{|\vec{n}\cdot(\vec{p}-\vec{a})|}{\|\vec{n}\|}=\frac{\left|\begin{pmatrix}4\\-1\\0\end{pmatrix}\cdot\left(\begin{pmatrix}4\\5\\2\end{pmatrix}-\begin{pmatrix}3\\1\\-2\end{pmatrix}\right)\right|}{\left\|\begin{pmatrix}4\\-1\\0\end{pmatrix}\right\|}=\frac{\left|\begin{pmatrix}4\\-1\\0\end{pmatrix}\cdot\begin{pmatrix}1\\4\\4\end{pmatrix}\right|}{\sqrt{16+1+0}}=\frac{|4-4+0|}{\sqrt{17}}=0$$

Somit ist P tatsächlich ein Teil der Ebene, was Sie dadurch überprüfen können, dass Sie P in die Ebenengleichung einsetzen.

Lösung zu Aufgabe 6

Die Ebene E ist nicht in Normalenform, sondern in Parameterform gegebenen.

Zum Glück haben Sie bereits in Kapitel 11 die Transformationen der Ebenendarstellungen geübt!

Für die Formel wird Aufpunkt und Normalenvektor von E benötigt. Der Aufpunkt ist in der Parameterform unmittelbar abzulesen, für einen Normalenvektor ziehen Sie das Kreuzprodukt der Richtungsvektoren heran:

$$\vec{n}=\begin{pmatrix}-2\\1\\3\end{pmatrix}\times\begin{pmatrix}0\\0\\1\end{pmatrix}=\begin{pmatrix}1\\2\\0\end{pmatrix}$$

Sicherlich muss ich Sie nicht an die Probe erinnern. Sie können diese auch im Kopf durchführen: das Ergebnis des Kreuzproduktes wird nacheinander skalar mit den Operanden multipliziert. In beiden Fällen ergibt sich Null. Fantastisch, damit hat die Probe funktioniert!

Jetzt können Sie die Formel mit dem ermittelten Vektor »füttern«:

$$d=\frac{|\vec{n}\cdot(\vec{p}-\vec{a})|}{\|\vec{n}\|}=\frac{\left|\begin{pmatrix}1\\2\\0\end{pmatrix}\cdot\left(\begin{pmatrix}1\\2\\3\end{pmatrix}-\begin{pmatrix}1\\1\\1\end{pmatrix}\right)\right|}{\left\|\begin{pmatrix}1\\2\\0\end{pmatrix}\right\|}=\frac{\left|\begin{pmatrix}1\\2\\0\end{pmatrix}\cdot\begin{pmatrix}0\\1\\2\end{pmatrix}\right|}{\sqrt{1+4+0}}$$

$$=\frac{|0+2+0|}{\sqrt{5}}=\frac{2}{\sqrt{5}}=\frac{2}{5}\sqrt{5}$$

Lösung zu Aufgabe 7

Offenbar ist der Richtungsvektor von G_1 das Minus-Zweifache desjenigen von G_2. Daher verwenden Sie die Formel für parallele Geraden:

$$d = \frac{\|(\vec{p}-\vec{a})\times\vec{r}\|}{\|\vec{r}\|} = \frac{\left\|\left(\begin{pmatrix}1\\1\\-1\end{pmatrix}-\begin{pmatrix}0\\2\\1\end{pmatrix}\right)\times\begin{pmatrix}-1\\1\\-1\end{pmatrix}\right\|}{\left\|\begin{pmatrix}-1\\1\\-1\end{pmatrix}\right\|} = \frac{\left\|\begin{pmatrix}1\\-1\\-2\end{pmatrix}\times\begin{pmatrix}-1\\1\\-1\end{pmatrix}\right\|}{\sqrt{1+1+1}}$$

$$= \frac{\left\|\begin{pmatrix}3\\3\\0\end{pmatrix}\right\|}{\sqrt{3}} = \frac{\sqrt{9+9+0}}{\sqrt{3}} = \frac{\sqrt{18}}{\sqrt{3}} = \sqrt{6}$$

Lösung zu Aufgabe 8

Der Richtungsvektor von G_2 ist das Minus-Zweifache desjenigen von G_1, also setzen Sie die Formel für parallele Geraden an:

$$d = \frac{\|(\vec{p}-\vec{a})\times\vec{r}\|}{\|\vec{r}\|} = \frac{\left\|\left(\begin{pmatrix}-1\\-1\\7\end{pmatrix}-\begin{pmatrix}3\\-1\\1\end{pmatrix}\right)\times\begin{pmatrix}-4\\0\\6\end{pmatrix}\right\|}{\left\|\begin{pmatrix}-4\\0\\6\end{pmatrix}\right\|} = \frac{\left\|\begin{pmatrix}-4\\0\\6\end{pmatrix}\times\begin{pmatrix}-4\\0\\6\end{pmatrix}\right\|}{\sqrt{16+0+64}}$$

$$= \frac{\left\|\begin{pmatrix}0\\0\\0\end{pmatrix}\right\|}{\sqrt{80}} = 0$$

G_1 und G_2 sind nicht nur parallel, sondern fallen komplett zusammen, sind also identisch!

Lösung zu Aufgabe 9

Bei dieser Aufgabe ist wiederum der Einsatz der Formel für windschiefe Geraden anzuwenden:

$$d = \frac{|(\vec{a}_1-\vec{a}_2)\cdot(\vec{r}_1\times\vec{r}_2)|}{\|\vec{r}_1\times\vec{r}_2\|} = \frac{\left|\left(\begin{pmatrix}0\\1\\-1\end{pmatrix}-\begin{pmatrix}3\\2\\1\end{pmatrix}\right)\cdot\left(\begin{pmatrix}0\\2\\0\end{pmatrix}\times\begin{pmatrix}0\\1\\1\end{pmatrix}\right)\right|}{\|\vec{r}_1\times\vec{r}_2\|}$$

$$= \frac{\left|\begin{pmatrix}-3\\-1\\-2\end{pmatrix}\cdot\begin{pmatrix}2\\0\\0\end{pmatrix}\right|}{\left\|\begin{pmatrix}2\\0\\0\end{pmatrix}\right\|} = \frac{|-6+0+0|}{\sqrt{4+0+0}} = \frac{6}{2} = 3$$

Lösung zu Aufgabe 10

Sie finden hier als LGS, das aus der Vektorgleichung resultiert:

$$\begin{pmatrix}3\\4\\5\end{pmatrix}+\lambda\begin{pmatrix}1\\1\\1\end{pmatrix}=\begin{pmatrix}-1\\2\\4\end{pmatrix}+\mu\begin{pmatrix}2\\0\\-1\end{pmatrix}\Rightarrow\begin{array}{rcrcl}3+\lambda&=&-1&+&2\mu\\4+\lambda&=&2&&\\5+\lambda&=&4&-&\mu\end{array}$$

Das LGS in der üblichen, zusammengefassten Version sieht so aus:

$$\begin{array}{lcrcr}\lambda&-&2\mu&=&-4\\\lambda&&&=&-2\\\lambda&+&\mu&=&-1\end{array}$$

Wegen Zeile 2 ist $\lambda = -2$. Eingesetzt in Zeile 1 erhalten Sie $-2 - 2\mu = -4$, und damit $\mu = 1$. Als Schnittpunkt S (gleich mit Probe) ergibt sich:

$$G_1 : S = \begin{pmatrix}3\\4\\5\end{pmatrix}+(-2)\cdot\begin{pmatrix}1\\1\\1\end{pmatrix}=\begin{pmatrix}1\\2\\3\end{pmatrix}$$

$$G_2 : S = \begin{pmatrix}-1\\2\\4\end{pmatrix}+1\cdot\begin{pmatrix}2\\0\\-1\end{pmatrix}=\begin{pmatrix}1\\2\\3\end{pmatrix}$$

Den Schnittwinkel α finden Sie wie folgt:

$$\cos\alpha=\frac{|\vec{r}_1\cdot\vec{r}_2|}{\|\vec{r}_1\|\cdot\|\vec{r}_2\|}=\frac{\left|\begin{pmatrix}1\\1\\1\end{pmatrix}\cdot\begin{pmatrix}2\\0\\-1\end{pmatrix}\right|}{\left\|\begin{pmatrix}1\\1\\1\end{pmatrix}\right\|\cdot\left\|\begin{pmatrix}2\\0\\-1\end{pmatrix}\right\|}=\frac{2+0-1}{\sqrt{3}\cdot\sqrt{5}}=\frac{1}{\sqrt{15}}=\frac{1}{15}\sqrt{15}\Rightarrow\alpha\approx 75^\circ$$

Lösung zu Aufgabe 11

Hier ergibt sich als LGS:

$$\begin{pmatrix}2\\0\\-1\end{pmatrix}+\lambda\begin{pmatrix}3\\1\\0\end{pmatrix}=\begin{pmatrix}3\\3\\1\end{pmatrix}+\mu\begin{pmatrix}2\\2\\1\end{pmatrix}\Rightarrow\begin{array}{rcrcrcr}2&+&3\lambda&=&3&+&2\mu\\0&+&\lambda&=&3&+&2\mu\\-1&&&=&1&+&\mu\end{array}$$

Die nettere, zusammengefasste Form des LGS lautet:

$$\begin{array}{rcrcr}3\lambda&-&2\mu&=&1\\\lambda&-&2\mu&=&3\\&-&\mu&=&2\end{array}$$

Die letzte Zeile verrät Ihnen $\mu = -2$. Eingesetzt in Zeile 1 ergibt sich $3\lambda + 4 = 1$, also $\lambda = -1$. Als Schnittpunkt S, wiederum mit Probe, erhalten Sie:

$$G_1: S = \begin{pmatrix} 2 \\ 0 \\ -1 \end{pmatrix} + (-1) \cdot \begin{pmatrix} 3 \\ 1 \\ 0 \end{pmatrix} = \begin{pmatrix} -1 \\ -1 \\ -1 \end{pmatrix}$$

$$G_2: S = \begin{pmatrix} 3 \\ 3 \\ 1 \end{pmatrix} + (-2) \cdot \begin{pmatrix} 2 \\ 2 \\ 1 \end{pmatrix} = \begin{pmatrix} -1 \\ -1 \\ -1 \end{pmatrix}$$

Auch der Schnittwinkel α bereitet Ihnen keine Sorgen:

$$\cos\alpha = \frac{|\vec{r}_1 \cdot \vec{r}_2|}{\|\vec{r}_1\| \cdot \|\vec{r}_2\|} = \frac{\left|\begin{pmatrix} 3 \\ 1 \\ 0 \end{pmatrix} \cdot \begin{pmatrix} 2 \\ 2 \\ 1 \end{pmatrix}\right|}{\left\|\begin{pmatrix} 3 \\ 1 \\ 0 \end{pmatrix}\right\| \cdot \left\|\begin{pmatrix} 2 \\ 2 \\ 1 \end{pmatrix}\right\|} = \frac{6+2+0}{\sqrt{10} \cdot \sqrt{9}} = \frac{8}{3\sqrt{10}} = \frac{4}{15}\sqrt{10} \quad \Rightarrow \quad \alpha \approx 33°$$

Lösung zu Aufgabe 12

Bei dieser Aufgabe wurde nicht angegeben, ob sich die Geraden überhaupt schneiden. Ein kurzer Blick auf die Richtungsvektoren verrät Ihnen, dass es sich nicht um parallele Geraden handelt. Also setzen Sie »auf gut Glück« die Abstandsformel für windschiefe Geraden ein:

$$d = \frac{|(\vec{a}_1 - \vec{a}_2) \cdot (\vec{r}_1 \times \vec{r}_2)|}{\|\vec{r}_1 \times \vec{r}_2\|} = \frac{\left|\left(\begin{pmatrix} 2 \\ 0 \\ -1 \end{pmatrix} - \begin{pmatrix} 1 \\ 2 \\ 3 \end{pmatrix}\right) \cdot \left(\begin{pmatrix} 1 \\ 2 \\ 3 \end{pmatrix} \times \begin{pmatrix} 2 \\ 0 \\ -1 \end{pmatrix}\right)\right|}{\|\vec{r}_1 \times \vec{r}_2\|}$$

$$= \frac{\left|\begin{pmatrix} 1 \\ -2 \\ -4 \end{pmatrix} \cdot \begin{pmatrix} -2 \\ 7 \\ -4 \end{pmatrix}\right|}{\left\|\begin{pmatrix} -2 \\ 7 \\ -4 \end{pmatrix}\right\|} = \frac{|-2 - 14 + 16|}{\sqrt{4 + 49 + 16}} = 0$$

Der Abstand ist Null, also schneiden sich die Geraden. Bei genauem Hinsehen fällt Ihnen vielleicht auf, dass Aufpunkt und Richtungsvektor der beiden Geraden just vertauscht sind. Gut beobachtet! Das bedeutet aber, dass für $\lambda = \mu = 1$ offenbar ein Schnittpunkt vorliegen muss. Die Probe beweist das:

$$G_1: S = \begin{pmatrix} 2 \\ 0 \\ -1 \end{pmatrix} + 1 \cdot \begin{pmatrix} 1 \\ 2 \\ 3 \end{pmatrix} = \begin{pmatrix} 3 \\ 2 \\ 2 \end{pmatrix}$$

$$G_2: S = \begin{pmatrix} 1 \\ 2 \\ 3 \end{pmatrix} + 1 \cdot \begin{pmatrix} 2 \\ 0 \\ -1 \end{pmatrix} = \begin{pmatrix} 3 \\ 2 \\ 2 \end{pmatrix}$$

Weiter erhalten Sie als Schnittwinkel α:

$$\cos\alpha = \frac{|\vec{r}_1 \cdot \vec{r}_2|}{\|\vec{r}_1\| \cdot \|\vec{r}_2\|} = \frac{\left|\begin{pmatrix}1\\2\\3\end{pmatrix} \cdot \begin{pmatrix}2\\0\\-1\end{pmatrix}\right|}{\left\|\begin{pmatrix}1\\2\\3\end{pmatrix}\right\| \cdot \left\|\begin{pmatrix}2\\0\\-1\end{pmatrix}\right\|} = \frac{1}{\sqrt{14} \cdot \sqrt{5}} = \frac{1}{\sqrt{70}} = \frac{1}{70}\sqrt{70} \quad \Rightarrow \quad \alpha \approx 83^\circ$$

Lösung zu Aufgabe 13

Sie setzen gemäß meines Tipps einfach die komplette rechte Seite der Geradendarstellung in die Ebenengleichung ein:

$$\begin{aligned}
&\begin{pmatrix}3\\-1\\1\end{pmatrix} \cdot \left(\left(\begin{pmatrix}1\\6\\1\end{pmatrix} + \lambda\begin{pmatrix}-1\\3\\1\end{pmatrix}\right) - \begin{pmatrix}2\\2\\-1\end{pmatrix}\right) = 0\\
\Rightarrow\ &\begin{pmatrix}3\\-1\\1\end{pmatrix} \cdot \left(\begin{pmatrix}-1\\4\\2\end{pmatrix} + \lambda\begin{pmatrix}-1\\3\\1\end{pmatrix}\right) = 0\\
\Rightarrow\ &3(-1-\lambda) - (4+3\lambda) + (2+\lambda) = 0\\
\Rightarrow\ &-5-5\lambda = 0\\
\Rightarrow\ &\lambda = -1
\end{aligned}$$

Diesen Wert für λ eingesetzt in die ursprüngliche Geradengleichung ergibt den Durchstoßpunkt S:

$$S = \begin{pmatrix}1\\6\\1\end{pmatrix} + (-1) \cdot \begin{pmatrix}-1\\3\\1\end{pmatrix} = \begin{pmatrix}2\\3\\0\end{pmatrix}$$

Den Durchstoßwinkel α berechnen Sie zu:

$$\sin\alpha = \frac{|\vec{n} \cdot \vec{r}|}{\|\vec{n}\| \cdot \|\vec{r}\|} = \frac{\left|\begin{pmatrix}3\\-1\\1\end{pmatrix} \cdot \begin{pmatrix}-1\\3\\1\end{pmatrix}\right|}{\left\|\begin{pmatrix}3\\-1\\1\end{pmatrix}\right\| \cdot \left\|\begin{pmatrix}-3\\3\\1\end{pmatrix}\right\|} = \frac{|-3-3+1|}{\sqrt{11} \cdot \sqrt{19}} = \frac{5}{\sqrt{209}} = \frac{5}{209} \cdot \sqrt{209} \Rightarrow \alpha \approx 20^\circ$$

Lösung zu Aufgabe 14

Sie verwenden hier die Abstandsformel zwischen einem Punkt, dem Aufpunkt von G, sowie einer Ebene E:

$$d = \frac{|\vec{n} \cdot (\vec{a}_g - \vec{a}_e)|}{\|\vec{n}\|} = \frac{\left|\begin{pmatrix}3\\4\\2\end{pmatrix} \cdot \left(\begin{pmatrix}3\\2\\0\end{pmatrix} - \begin{pmatrix}1\\2\\3\end{pmatrix}\right)\right|}{\left\|\begin{pmatrix}3\\4\\2\end{pmatrix}\right\|} = \frac{\left|\begin{pmatrix}3\\4\\2\end{pmatrix} \cdot \begin{pmatrix}2\\0\\-3\end{pmatrix}\right|}{\sqrt{9+16+4}} = 0$$

Die Gerade G liegt vollständig in der Ebene E, ihr Abstand ist 0.

Lösung zu Aufgabe 15

Wieder setzen Sie zunächst die Geradengleichung in die Ebenengleichung ein:

$$\begin{aligned}
&\begin{pmatrix}1\\-1\\2\end{pmatrix} \cdot \left(\begin{pmatrix}-1\\4\\-1\end{pmatrix} + \lambda\begin{pmatrix}-2\\2\\-4\end{pmatrix} - \begin{pmatrix}1\\2\\3\end{pmatrix}\right) = 0\\
\Rightarrow\ &\begin{pmatrix}1\\-1\\2\end{pmatrix} \cdot \left(\begin{pmatrix}-2\\2\\-4\end{pmatrix} + \lambda\begin{pmatrix}-2\\2\\-4\end{pmatrix}\right) = 0\\
\Rightarrow\ &(-2-2\lambda) - (2+2\lambda) + 2(-4-4\lambda) = 0\\
\Rightarrow\ &-12 - 12\lambda = 0\\
\Rightarrow\ &\lambda = -1
\end{aligned}$$

Mit Hilfe der ursprünglichen Geradengleichung finden Sie den Durchstoßpunkt S:

$$S = \begin{pmatrix}-1\\4\\-1\end{pmatrix} + (-1)\begin{pmatrix}-2\\2\\-4\end{pmatrix} = \begin{pmatrix}1\\2\\3\end{pmatrix}$$

Den Durchstoßwinkel α erhalten Sie über die Sinus-Formel:

$$\sin\alpha = \frac{|\vec{n} \cdot \vec{r}|}{\|\vec{n}\| \cdot \|\vec{r}\|} = \frac{\left|\begin{pmatrix}1\\-1\\2\end{pmatrix} \cdot \begin{pmatrix}-2\\2\\-4\end{pmatrix}\right|}{\left\|\begin{pmatrix}1\\-1\\2\end{pmatrix}\right\| \cdot \left\|\begin{pmatrix}-2\\2\\-4\end{pmatrix}\right\|} = \frac{|-2-2-8|}{\sqrt{6}\cdot\sqrt{24}} = \frac{12}{\sqrt{144}} = \frac{12}{12} = 1$$

$$\Rightarrow \alpha = 90^\circ = \frac{\pi}{2}$$

Die Gerade steht genau senkrecht auf der Ebene. Wenn Sie sich den Normalenvektor von E und den Richtungsvektor von G genauer ansehen, werden Sie feststellen, dass diese kollinear sind, was das Ergebnis bestätigt.

Lösung zu Aufgabe 16

Sie setzen lediglich die benötigten Vektoren in die Formel ein:

$$d = \frac{|\vec{n}_2 \cdot (\vec{a}_1 - \vec{a}_2)|}{\|\vec{n}_2\|} = \frac{\left|\begin{pmatrix}3\\2\\3\end{pmatrix} \cdot \left(\begin{pmatrix}1\\2\\3\end{pmatrix} - \begin{pmatrix}2\\0\\1\end{pmatrix}\right)\right|}{\left\|\begin{pmatrix}3\\2\\3\end{pmatrix}\right\|} = \frac{\left|\begin{pmatrix}3\\2\\3\end{pmatrix} \cdot \begin{pmatrix}-1\\2\\2\end{pmatrix}\right|}{\sqrt{9+4+9}}$$

$$= \frac{7}{\sqrt{22}} = \frac{7}{22}\sqrt{22}$$

Fertig!

Lösung zu Aufgabe 17

Bei dieser Aufgabe können Sie sich die Transformation in die Koordinatenform sparen, denn die liegt ja bereits für beide Ebenen vor. Das LGS lautet dementsprechend:

$$\begin{aligned} x + y + z &= 1 \\ -x + 2y - z &= -2 \end{aligned}$$

Die Summe der Gleichungen reduziert die Variablen dramatisch: $3y = -1$, und ergo $y = -\frac{1}{3}$. Dieses Wissen setzen Sie in die erste Zeile ein und erhalten nach Zusammenfassen der Konstanten: $x + z = \frac{4}{3}$. Für $z = \lambda$ ist $x = \frac{4}{3} - \lambda$. Die Schnittgerade G hat danach die Form:

$$\mathrm{G} : \vec{x} = \begin{pmatrix}\frac{4}{3}\\-\frac{1}{3}\\0\end{pmatrix} + \lambda\begin{pmatrix}-1\\0\\1\end{pmatrix} \text{ mit } \lambda \in \mathbb{R}$$

Um den Schnittwinkel α auszurechnen, benötigen Sie die Normalenvektoren. Diese können Sie aber unmittelbar aus den Koeffizienten der Variablen in der Koordinatenform ablesen. Sie erhalten:

$$\cos\alpha = \frac{|\vec{n}_1 \cdot \vec{n}_2|}{\|\vec{n}_1\| \cdot \|\vec{n}_2\|} = \frac{\left|\begin{pmatrix}1\\1\\1\end{pmatrix} \cdot \begin{pmatrix}-1\\2\\-1\end{pmatrix}\right|}{\left\|\begin{pmatrix}1\\1\\1\end{pmatrix}\right\| \cdot \left\|\begin{pmatrix}-1\\2\\-1\end{pmatrix}\right\|} = \frac{|-1+2-1|}{\sqrt{3} \cdot \sqrt{6}} = 0 \Rightarrow \alpha = 90^\circ = \frac{\pi}{2}$$

Geometrische Transformationen

13

In diesem Kapitel ...

- Affine Abbildungen klassifizieren
- Translationen berechnen
- Übungen zu Rotationen und Spiegelungen absolvieren
- Kontraktionen behandeln
- Hauptachsentransformationen durchführen

In diesem finalen Kapitel des geometrischen Teils des Übungsbuches werden die wichtigsten affinen Abbildungen behandelt.

Sie dürfen hier nach Herzenslust transponieren, kontrahieren oder spiegeln. Hoffentlich kommen Sie bei den Drehungen nicht allzu sehr ins Rotieren.

Eine der bedeutsamsten Hilfsmittel, die die lineare Algebra überhaupt für die Geometrie bereitstellt, ist die Hauptachsentransformation. Dazu und zu den anderen Transformationen stehen einige Übungsaufgaben für Sie bereit, deren ausführliche Lösungen Sie wie gewohnt am Ende des Kapitels finden.

Aufgaben zu affinen Abbildungen

Affine Abbildungen bestehen aus zwei Komponenten. Zunächst wird ein *Homomorphismus* angewendet. Das ist eine lineare Abbildung, bei der Sie auf drei *Treueeigenschaften* zählen können:

- ✔ Geradentreue
- ✔ Parallelentreue
- ✔ Teilverhältnistreue

Diese Eigenschaften bleiben gegenüber dem ursprünglichen Objekt erhalten, alles andere kann sich verändern. Nach dem Anwenden des Homomorphismus wird auch noch eine *Parallelverschiebung* durchgeführt. Das ist notwendig, weil ansonsten der Ursprung stets in den Ursprung abgebildet werden würde, was nicht nur ausgesprochen langweilig wäre, sondern auch beispielsweise bei Anwendungen in der Computergrafik allzu sehr einschränken würde.

Eine affine Abbildung α sieht algebraisch so aus:

$$\alpha: \vec{p}\,' = A \cdot \vec{p} + \vec{v}$$

Dabei wird der ursprüngliche Punkt $\vec{p}$ in den Bildpunkt $\vec{p}\,'$ abgebildet. A ist die Matrix, die den Homomorphismus repräsentiert und $\vec{v}$ übernimmt als einfacher Richtungsvektor die Parallelverschiebung.

Durch unterschiedliche Eigenschaften von A entstehen eine Reihe recht netter Klassen von affinen Abbildungen. Um in diesem Dschungel zurecht zu kommen, präsentiere ich Ihnen zunächst eine Liste der wichtigsten Exemplare affiner Transformationen:

- ✔ *Translationen* sind einfache *Parallelverschiebungen*, bei denen die Matrix A die Identität darstellt.
- ✔ *Scherungen* oder *Transvektionen* orientieren sich an einer festen Achse, der *Scherachse*. Alle Punkte werden dabei jeweils auf Geraden parallel zur Scherachse verschoben. Für geschlossene geometrische Objekte bleibt dabei der *Flächeninhalt* erhalten.
- ✔ *Rotationen* oder *Drehungen* sind genau das, was Sie von Ihnen erwarten: affine Abbildungen, die geometrische Objekte um einen bestimmten Punkt mit einem festen Winkel β drehen.
- ✔ *Spiegelungen* erfordern eine Spiegelachse. Alle Punkte werden im selben Abstand auf die andere Seite der Spiegelachse abgebildet.
- ✔ *Kontraktionen* oder *zentrische Streckungen* stellen eine Verallgemeinerung der Spiegelung an einem Punkt dar. Alle Objekte werden ausgehend von diesem Punkt vergrößert oder verkleinert, je nachdem, wie weit sie entfernt sind. Maler benutzen das Verfahren beispielsweise, um Gegenstände unterschiedlicher Entfernung auf einem Gemälde maßstabsgetreu darzustellen.

Die folgenden Abschnitte stellen Ihnen diese wichtigen affinen Abbildungen algebraisch vor und Sie dürfen Ihre Erkenntnisse an den Übungsaufgaben gleich anwenden.

Ausführen der Translation

Algebraisch ist eine *Translation* eine sehr, sehr einfache Operation:

$$\vec{p}\,' = \vec{p} + \vec{v}$$

Beispiel

Wie lautet die Translation, die den Koordinatenursprung in den Punkt $P(1, 2, 3)$ abbildet?

Lösung

Sie benötigen im Grunde nur den Verschiebevektor $\vec{v}$. Der ergibt sich aus der Differenz zwischen P und dem Koordinatenursprung, also einfach P als Richtungsvektor:

$$\vec{p}\,' = \vec{p} + \begin{pmatrix} 1 \\ 2 \\ 3 \end{pmatrix}$$

Aufgabe 1

Wie lautet die Translation, die den Punkt $P(2,4,-1)$ in den Punkt $P'(-1,2,-1)$ abbildet?

Aufgabe 2

Gegeben sei die Translation:

$$\vec{p}\,' = \vec{p} + \begin{pmatrix} -2 \\ 1 \\ 3 \end{pmatrix}$$

Welche Koordinaten besitzt der Bildpunkt P' von $P(1,2,3)$?

Die Rotation als affine Abbildung

Eine *Drehung* oder *Rotation* liegt immer dann vor, wenn die Matrix eine *Drehmatrix* um den *Drehwinkel* β darstellt. Die allgemeine Form lautet im $\mathbb{R}^2$:

$$D_\beta = \begin{pmatrix} \cos\beta & -\sin\beta \\ \sin\beta & \cos\beta \end{pmatrix}$$

Der *Drehpunkt* oder *Rotationspunkt* R ergibt sich aus dem Verschiebevektor. Aber nicht so einfach, wie Sie vielleicht vermuten.

Angenommen, Sie suchen die affine Abbildung, die alle Punkte um den Rotationspunkt $R(1,1)$ um $90° = \pi/2$ entgegen dem Uhrzeigersinn, also im mathematisch positiven Sinn kreist. Die Drehmatrix ist dabei das kleinste Problem:

$$D_{\frac{\pi}{2}} = \begin{pmatrix} 0 & -1 \\ 1 & 0 \end{pmatrix}$$

Jeder Punkt wird zunächst von R in Richtung Ursprung geschoben. Nach der Drehung muss der jeweilige Punkt anschließend wieder an seinen ursprünglichen Platz zurück. Das sieht dann so aus:

$$\vec{p}\,' = D_\beta \cdot (\vec{p} - \vec{R}) + \vec{R} = D_\beta \cdot \vec{p} + (\vec{R} - D_\beta \vec{R}) = D_\beta \cdot \vec{p} + \vec{v}$$

Wie Sie sehen, ist der Drehpunkt nicht mehr so einfach aus der Darstellung der affinen Abbildung abzulesen. Da es sich aber um den einzigen und eindeutigen Fixpunkt handelt, können Sie ihn aus der Gleichung berechnen.

ÜBUNG

Beispiel

Wie lautet der Drehpunkt der folgenden Rotation?

$$\vec{p}\,' = \begin{pmatrix} 0 & -1 \\ 1 & 0 \end{pmatrix} \cdot \vec{p} + \begin{pmatrix} 1 \\ 1 \end{pmatrix}$$

Lösung

Der Rotationspunkt ist der einzige Fixpunkt. Daher setzen Sie an:

$$\begin{pmatrix} x \\ y \end{pmatrix} = \begin{pmatrix} 0 & -1 \\ 1 & 0 \end{pmatrix} \cdot \begin{pmatrix} x \\ y \end{pmatrix} + \begin{pmatrix} 1 \\ 1 \end{pmatrix}$$

$$\Rightarrow \begin{matrix} x & = & -y & + & 1 \\ y & = & x & + & 1 \end{matrix}$$

Wenn Sie das x aus der oberen Gleichung in die untere einsetzen, erhalten Sie: $y = -y + 1 + 1$ und damit $y = 1$. Demnach ist $x = 0$. Der Drehpunkt lautet somit $R(0, 1)$.

Aufgabe 3

Wie lautet der Drehpunkt der folgenden Rotation?

$$\vec{p}\,' = \begin{pmatrix} 0 & 1 \\ -1 & 0 \end{pmatrix} \cdot \vec{p} + \begin{pmatrix} 2 \\ 3 \end{pmatrix}$$

Aufgabe 4

Bestimmen Sie die affine Abbildung der Rotation mit dem Winkel $\beta = 30^\circ = \pi/6$ um den Drehpunkt $R(1, 2)$!

Spiegelungen leicht gemacht

Spiegelungen benötigen eine *Spiegelachse* und weisen, was die zugehörige Matrix angeht, eine gewisse Ähnlichkeit zu Rotationen auf.

Nicht erschrecken, aber die allgemeine Darstellung der affinen Spiegelung sieht so aus:

$$\vec{p}\,' = \frac{1}{r_x^2 + r_y^2} \begin{pmatrix} r_x^2 - r_y^2 & 2r_x^2 r_y^2 \\ 2r_x^2 r_y^2 & r_y^2 - r_x^2 \end{pmatrix} \cdot \vec{p} + \left(\vec{a} - \frac{1}{r_x^2 + r_y^2} \begin{pmatrix} r_x^2 - r_y^2 & 2r_x^2 r_y^2 \\ 2r_x^2 r_y^2 & r_y^2 - r_x^2 \end{pmatrix} \vec{a} \right)$$

wobei die Spiegelachse die Parameterdarstellung

$$\vec{x} = \vec{a} + \lambda \cdot \vec{r} = \vec{a} + \lambda \cdot \begin{pmatrix} r_x \\ r_y \end{pmatrix} \text{ mit } \lambda \in \mathbb{R}.$$

besitzt.

Beispiel

Bestimmen Sie die affine Spiegelung an der Geraden

$$\vec{x} = \begin{pmatrix} 1 \\ -1 \end{pmatrix} + \lambda \begin{pmatrix} 1 \\ 1 \end{pmatrix} \text{ mit } \lambda \in \mathbb{R}.$$

Lösung

Sie setzen die notwendigen Werte in die Spiegelachsenformel ein und erhalten:

$$\begin{aligned}
\vec{p}\,' &= \frac{1}{1+1}\begin{pmatrix} 1-1 & 2 \\ 2 & 1-1 \end{pmatrix} \cdot \vec{p} + \left(\begin{pmatrix} -1 \\ 1 \end{pmatrix} - \frac{1}{1+1}\begin{pmatrix} 1-1 & 2 \\ 2 & 1-1 \end{pmatrix}\begin{pmatrix} -1 \\ 1 \end{pmatrix} \right) \\
&= \frac{1}{2}\begin{pmatrix} 0 & 2 \\ 2 & 0 \end{pmatrix} \cdot \vec{p} + \left(\begin{pmatrix} -1 \\ 1 \end{pmatrix} - \frac{1}{2}\begin{pmatrix} 0 & 2 \\ 2 & 0 \end{pmatrix}\begin{pmatrix} -1 \\ 1 \end{pmatrix} \right) \\
&= \begin{pmatrix} 0 & 1 \\ 1 & 0 \end{pmatrix} \cdot \vec{p} + \left(\begin{pmatrix} -1 \\ 1 \end{pmatrix} - \begin{pmatrix} 1 \\ -1 \end{pmatrix} \right) \\
&= \begin{pmatrix} 0 & 1 \\ 1 & 0 \end{pmatrix} \cdot \vec{p} + \begin{pmatrix} 2 \\ -2 \end{pmatrix}
\end{aligned}$$

Aufgabe 5

Bestimmen Sie die affine Spiegelung an der Geraden

$$\vec{x} = \begin{pmatrix} 1 \\ 2 \end{pmatrix} + \lambda \begin{pmatrix} -1 \\ 3 \end{pmatrix} \quad \text{mit } \lambda \in \mathbb{R}.$$

Aufgabe 6

Gegeben sei die affine Spiegelung mit

$$\vec{p}\,' = \begin{pmatrix} 1 & 0 \\ 0 & -1 \end{pmatrix} \cdot \vec{p} + \begin{pmatrix} 0 \\ 4 \end{pmatrix}$$

Geben Sie eine Parameterform der Spiegelachse an!

Berechnen der Kontraktion

Die *Kontraktion* oder *zentrische Streckung* am Punkt Z besitzt folgende algebraische Darstellung:

$$\vec{p}\,' = \begin{pmatrix} s & 0 \\ 0 & s \end{pmatrix} \cdot (\vec{p} - \vec{z}) + \vec{z} = \begin{pmatrix} s & 0 \\ 0 & s \end{pmatrix} \cdot \vec{p} + \left(\vec{z} - \begin{pmatrix} s & 0 \\ 0 & s \end{pmatrix} \vec{z} \right) = s \cdot \vec{p} + (1-s)\vec{z}$$

Dabei ist s der *Streckungsfaktor*. Ist $|s| > 1$, ist der Terminus *Streckung* angebracht, denn dann vergrößert sich der Abstand der Bildpunkte gegenüber den Urbildpunkten. Für $0 < |s| < 1$ sollten Sie eher eine *Kontraktion* vor Augen haben, denn die Abstände werden verringert. Für $s = 1$, wer hätte das gedacht, bleiben die Abstände gleich!

Wenn $s < 0$ sein sollte, werden die Punkte jenseits des Kontraktionszentrums Z abgebildet.

Beispiel

Geben Sie die Kontraktion mit Streckungsfaktor 2 am Punkt $Z(1, 2)$ an!

Lösung

Es genügt, die vorgegebenen Parameter in die Formel einzusetzen:

$$\vec{p}\,' = 2 \cdot \vec{p} + (1-2) \cdot \begin{pmatrix} 1 \\ 2 \end{pmatrix} = 2 \cdot \vec{p} + \begin{pmatrix} -1 \\ -2 \end{pmatrix}$$

Das ist bereits das Endergebnis.

Aufgabe 7

Geben Sie die Kontraktion mit Streckungsfaktor -1 am Punkt $Z(3, -1)$ an!

Aufgabe 8

Gegeben sei die Kontraktion

$$\vec{p}\,' = \frac{1}{2} \cdot \vec{p} + \begin{pmatrix} 1 \\ -\frac{1}{2} \end{pmatrix}$$

Wie groß ist der Streckungsfaktor? Wie lauten die Koordinaten des Zentrums?

Die Hauptachsentransformation

Die Hauptachsentransformation ist ein paar Nummern schwieriger als die bisherigen Übungen zu affinen Abbildungen, denn jetzt wagen Sie einen Blick über den Rand des linearen Schachbrettes hinaus ...

Ausgangspunkt sind *Kegelschnitte* wie Ellipsen, Kreise oder Parabeln im $\mathbb{R}^2$, oder sogar *Flächen zweiter Ordnung* im $\mathbb{R}^3$, die nicht nur quadratische Terme in den Variablen enthalten, sondern gemischte Ausdrücke aufweisen, wie zum Beispiel $x^2 + xy + y^2 - z = 1$. Diese geometrischen Objekte werden auch *Quadriken* genannt.

Hierdurch ergeben sich geometrische Figuren wie in Abbildung 13.1, die ganz hübsch anzusehen sind.

Generell weisen die gemischten Terme in der Gleichung darauf hin, dass sich das Objekt nicht in *Standardlage* befindet, sondern beispielsweise **quer** im Raum liegt.

Das Verfahren, ein solches Objekt durch eine geeignete Abbildung in Standardlage zu bringen, wird als *Hauptachsentransformation* bezeichnet.

Eine derartige Hauptachsentransformation ist mit Hilfe der Analysis zu bewerkstelligen, aber teilweise unangenehm aufwändig. Das geht mit Hilfe der linearen Algebra etwas einfacher und, ganz unter uns, macht viel mehr Spaß!

Zuerst ist die nicht-lineare Gleichung in eine Vektordarstellung zu transformieren. Das klingt zunächst wie ein Widerspruch, ist aber im Grunde nicht schwer. Betrachten Sie dazu die Formel $\vec{x}^T \cdot (A\vec{x} + \vec{v}) = b$.

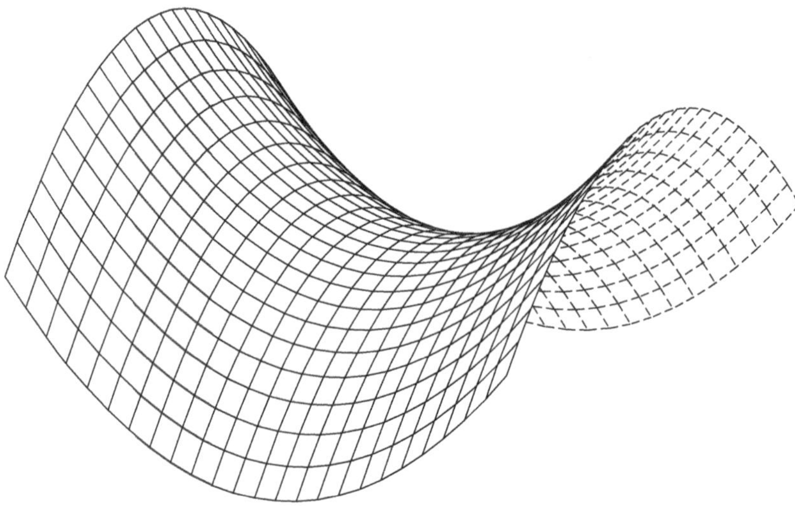

Abbildung 13.1: Hyperbolisches Paraboloid

Der rechte Ausdruck auf der linken Seite ist eine *affine Transformation*. Diese wird von links mit dem transponierten Eingabevektor multipliziert. Beispielsweise ergibt

$$x^2 + xy + y^2 = 1 \;\Rightarrow\; (x \;\; y) \cdot \left(\begin{pmatrix} 1 & \frac{1}{2} \\ \frac{1}{2} & 1 \end{pmatrix} \begin{pmatrix} x \\ y \end{pmatrix} + \begin{pmatrix} 0 \\ 0 \end{pmatrix} \right) = 1$$

Beachten Sie, dass die gemischten Terme $x \cdot y$ sowie $y \cdot x$ doppelt vorkommen. Sie sollten diese Anteile genau **gleichmäßig** in der Nebendiagonale von A verteilen. Damit stellen Sie sicher, dass A *symmetrisch* wird!

Sobald Sie eine Hauptachsentransformation durchgeführt haben, verschwinden die Werte auf der Nebendiagonalen und damit auch die gemischten Terme in der Gleichung. Sie erreichen dies, indem Sie die Matrix A *diagonalisieren*. Danach sind alle Elemente der diagonalisierten Version von A außerhalb der Hauptdiagonale Null.

Und das geht so: Mit der Matrix T, die aus den *normierten Eigenvektoren* von A besteht, diagonalisieren Sie A zu D durch eine Matrixmultiplikation:

$$D = T^{-1}AT \;\Rightarrow\; A = TDT^{-1}$$

Anschließend werden die ursprünglichen Koordinaten *transformiert*:

$$\vec{x}'^T = \vec{x}^T \cdot T \text{ und somit } \vec{x}' = (\vec{x}^T \cdot T)^T = T^T \cdot (\vec{x}^T)^T = \mathrm{T}^T\vec{x}$$

Die ursprüngliche Gleichung sieht nach der Hauptachsentransformation so aus:

$$
\begin{aligned}
&\vec{x}^T \cdot (A\vec{x} + \vec{v}) = b \\
\Rightarrow\ &\vec{x}^T \cdot A\vec{x} + \vec{x}^T \cdot \vec{v} = b \\
\Rightarrow\ &\vec{x}^T \cdot TDT^{-1}\vec{x} + \vec{x}^T \cdot \vec{v} = b \\
\Rightarrow\ &\underbrace{\vec{x}^T \cdot T}_{\vec{x}'^T} \cdot D \underbrace{T^{-1}\vec{x}}_{\vec{x}'} + \underbrace{\vec{x}^T \cdot T}_{\vec{x}'^T} T^{-1} \cdot \vec{v} = b \\
\Rightarrow\ &\vec{x}'^T \cdot D\vec{x}' + \vec{x}'^T \cdot T^{-1}\vec{v} = b \\
\Rightarrow\ &\vec{x}'^T \cdot \left(D\vec{x}' + T^{-1}\vec{v}\right) = b
\end{aligned}
$$

Auf der Hauptdiagonalen von D bleiben nur die Eigenwerte von A übrig. Sie können sich das Leben übrigens in bestimmten Fällen deutlich erleichtern:

Für den Fall, dass $\vec{v} = \vec{0}$ gilt, müssen Sie die Matrix T der Hauptachsentransformation nicht eigens berechnen. Dann genügt es, D aus den *Eigenwerten auf der Hauptdiagonalen* zu erzeugen!

Weitere Details rund um die Hauptachsentransformation finden Sie im 23. Kapitel Ihres Übungsbuches sowie noch ausführlicher im zwölften Kapitel des Buches »Lineare Algebra für Dummies«!

Beispiel

Führen Sie eine Hauptachsentransformation für

$$x^2 + xy + y^2 = 1$$

durch!

Lösung

Ausgehend von

$$x^2 + xy + y^2 = 1 \ \Rightarrow\ (x \ \ y) \cdot \left(\begin{pmatrix} 1 & \frac{1}{2} \\ \frac{1}{2} & 1 \end{pmatrix} \begin{pmatrix} x \\ y \end{pmatrix} + \begin{pmatrix} 0 \\ 0 \end{pmatrix} \right) = 1$$

diagonalisieren Sie die Matrix A mit

$$A = \begin{pmatrix} 1 & \frac{1}{2} \\ \frac{1}{2} & 1 \end{pmatrix}$$

Dazu bestimmen Sie die Eigenwerte mit der *charakteristischen Gleichung*:

$$\begin{vmatrix} \lambda - 1 & -\frac{1}{2} \\ -\frac{1}{2} & \lambda - 1 \end{vmatrix} = 0 \Rightarrow (\lambda - 1)^2 - \frac{1}{4} = 0 \Rightarrow \lambda = \frac{1}{2} \vee \lambda = \frac{3}{2}$$

Somit lautet die diagonalisierte Version von A:

$$D = \frac{1}{2}\begin{pmatrix} 1 & 0 \\ 0 & 3 \end{pmatrix}$$

Eingesetzt in die ursprüngliche Funktionsgleichung ergibt sich:

$$(x' \quad y')' \cdot \left(\frac{1}{2}\begin{pmatrix} 1 & 0 \\ 0 & 3 \end{pmatrix}\begin{pmatrix} x' \\ y' \end{pmatrix} + \begin{pmatrix} 0 \\ 0 \end{pmatrix}\right) = 1 \Rightarrow \frac{1}{2}x'^2 + \frac{3}{2}y'^2 = 1$$

Bei diesem Beispiel handelt es sich also um eine *Ellipse*!

Aufgabe 9

Führen Sie eine Hauptachsentransformation durch für

$$x^2 - 2xy - y^2 = 1!$$

Aufgabe 10

Führen Sie eine Hauptachsentransformation durch für

$$3x^2 + 4xy = 1!$$

Aufgabe 11

Führen Sie eine Hauptachsentransformation durch für

$$x^2 + 2xy + y^2 - z = 0!$$

Lösungen der Aufgaben zu den geometrischen Transformationen

Lösung zu Aufgabe 1

Der Verschiebevektor ergibt sich aus der Differenz von P und P'. Sie erhalten als gesuchte Translation:

$$\vec{p}\,' = \vec{p} + \begin{pmatrix} -3 \\ -2 \\ 0 \end{pmatrix}$$

Lösung zu Aufgabe 2

Um P' zu bestimmen, setzen Sie einfach den ursprünglichen Punkt P in die affine Abbildung ein:

$$\vec{p}\,' = \begin{pmatrix} 1 \\ 2 \\ 3 \end{pmatrix} + \begin{pmatrix} -2 \\ 1 \\ 3 \end{pmatrix} = \begin{pmatrix} -1 \\ 3 \\ 6 \end{pmatrix}$$

Lösung zu Aufgabe 3

Sie suchen wiederum nach dem Fixpunkt mit dem Ansatz:

$$\begin{pmatrix} x \\ y \end{pmatrix} = \begin{pmatrix} 0 & 1 \\ -1 & 0 \end{pmatrix} \cdot \begin{pmatrix} x \\ y \end{pmatrix} + \begin{pmatrix} 2 \\ 3 \end{pmatrix}$$

$$\Rightarrow \begin{array}{rcrcl} x & = & y & + & 2 \\ y & = & -x & + & 3 \end{array}$$

Wenn Sie das x der oberen Gleichung in die untere einsetzen, ergibt sich $y = -(y+2)+3$ und $y = \frac{1}{2}$. Damit ist $x = \frac{5}{2}$. Der Rotationspunkt lautet insgesamt $R\left(\frac{5}{2}, \frac{1}{2}\right)$.

Lösung zu Aufgabe 4

Sie beginnen mit der Drehmatrix, wobei Sie den Winkel $\beta = 30° = \pi/6$ in die trigonometrischen Funktionen einsetzen.

$$D_{\pi/6} = \begin{pmatrix} \frac{1}{2} \cdot \sqrt{3} & -\frac{1}{2} \\ \frac{1}{2} & \frac{1}{2} \cdot \sqrt{3} \end{pmatrix} = \frac{1}{2} \cdot \begin{pmatrix} \sqrt{3} & -1 \\ 1 & \sqrt{3} \end{pmatrix}$$

Jetzt bleibt nur noch, den Verschiebevektor zu berechnen. Wegen

$$\vec{p}\,' = D_\beta \cdot \vec{p} + \left(\vec{R} - D_\beta \vec{R}\right) = D_\beta \cdot \vec{p} + \vec{v}$$

gilt

$$\vec{v} = \vec{R} - D_\beta \vec{R} = \begin{pmatrix} 1 \\ 2 \end{pmatrix} - \frac{1}{2}\begin{pmatrix} \sqrt{3} & -1 \\ 1 & \sqrt{3} \end{pmatrix} \cdot \begin{pmatrix} 1 \\ 2 \end{pmatrix} = \begin{pmatrix} 1 - \frac{\sqrt{3}}{2} + 1 \\ 2 - \frac{1}{2} - \sqrt{3} \end{pmatrix} = \frac{1}{2}\begin{pmatrix} 4 - \sqrt{3} \\ 3 - 2\sqrt{3} \end{pmatrix}$$

Die gesuchte Affinität lautet:

$$\vec{p}\,' = \frac{1}{2}\begin{pmatrix} \sqrt{3} & -1 \\ 1 & \sqrt{3} \end{pmatrix}\vec{p} + \frac{1}{2}\begin{pmatrix} 4 - \sqrt{3} \\ 3 - 2\sqrt{3} \end{pmatrix}$$

Lösung zu Aufgabe 5

Die Lösung ergibt sich durch Einsetzen in die Formel:

$$\begin{aligned}
\vec{p}\,' &= \frac{1}{1+9}\begin{pmatrix} 1-9 & 18 \\ 18 & 9-1 \end{pmatrix}\cdot\vec{p}+\left(\begin{pmatrix}1\\2\end{pmatrix}-\frac{1}{1+9}\begin{pmatrix} 1-9 & 18 \\ 18 & 9-1 \end{pmatrix}\begin{pmatrix}1\\2\end{pmatrix}\right)\\
&= \frac{1}{10}\begin{pmatrix} -8 & 18 \\ 18 & 8 \end{pmatrix}\cdot\vec{p}+\left(\begin{pmatrix}1\\2\end{pmatrix}-\frac{1}{5}\begin{pmatrix} -4 & 9 \\ 9 & 4 \end{pmatrix}\begin{pmatrix}1\\2\end{pmatrix}\right)\\
&= \frac{1}{5}\begin{pmatrix} -4 & 9 \\ 9 & 4 \end{pmatrix}\cdot\vec{p}+\begin{pmatrix}1\\2\end{pmatrix}-\frac{1}{5}\begin{pmatrix}14\\17\end{pmatrix}\\
&= \frac{1}{5}\begin{pmatrix} -4 & 9 \\ 9 & 4 \end{pmatrix}\cdot\vec{p}+\frac{1}{5}\begin{pmatrix}-9\\-7\end{pmatrix}
\end{aligned}$$

Lösung zu Aufgabe 6

Dieser Aufgabentyp ist im Allgemeinen recht schwierig, weil die Vektoroperationen nicht einfach rückgängig gemacht werden können. In diesem speziellen Fall sieht die Sache allerdings recht gut aus. Sie starten mit der Spiegelmatrix:

$$\frac{1}{r_x^2+r_y^2}\begin{pmatrix} r_x^2-r_y^2 & 2r_x^2r_y^2 \\ 2r_x^2r_y^2 & r_y^2-r_x^2 \end{pmatrix}\stackrel{!}{=}\begin{pmatrix} 1 & 0 \\ 0 & -1 \end{pmatrix}$$

Wegen der Nullen auf der rechten Seite muss $r_x=0$ oder $r_y=0$ sein. Die Vorzeichen der Hauptdiagonalelemente verraten Ihnen, dass $r_y=0$ richtig ist. Wegen $\frac{1}{r_x^2}\begin{pmatrix} r_x^2 & 0 \\ 0 & -r_x^2 \end{pmatrix}=\begin{pmatrix} 1 & 0 \\ 0 & -1 \end{pmatrix}$ ist r_x beliebig, aber ungleich Null.

Der Einfachheit halber setzen Sie $r_x=1$ an. Für den Aufpunkt gilt:

$$\vec{a}-\begin{pmatrix} 1 & 0 \\ 0 & -1 \end{pmatrix}\vec{a}=\begin{pmatrix}0\\4\end{pmatrix}$$

Sie kommen an dieser Stelle weiter, wenn Sie $\vec{a}=\begin{pmatrix}a_x\\a_y\end{pmatrix}$ einsetzen:

$$\begin{aligned}
&\begin{pmatrix}a_x\\a_y\end{pmatrix}-\begin{pmatrix} 1 & 0 \\ 0 & -1 \end{pmatrix}\begin{pmatrix}a_x\\a_y\end{pmatrix}\stackrel{!}{=}\begin{pmatrix}0\\4\end{pmatrix}\\
\Rightarrow &\begin{pmatrix}a_x\\a_y\end{pmatrix}-\begin{pmatrix}a_x\\-a_y\end{pmatrix}\stackrel{!}{=}\begin{pmatrix}0\\4\end{pmatrix}\\
\Rightarrow &\, 2a_y=4
\end{aligned}$$

Diesmal ist a_x beliebig, zum Beispiel $a_x=0$, während hingegen $a_y=2$ zwingend erforderlich ist. Insgesamt erhalten Sie so als eine mögliche Parameterdarstellung der Spiegelachse:

$$\vec{x}=\begin{pmatrix}0\\2\end{pmatrix}+\lambda\begin{pmatrix}1\\0\end{pmatrix}\ \text{mit}\ \lambda\in\mathbb{R}.$$

Wie Sie sehen, ist die Spiegelachse eine Parallele zur x-Achse!

Lösung zu Aufgabe 7

Die Aufgabe ist rasch gelöst. Eingesetzt in die Formel ergibt sich:

$$\vec{p}\,' = (-1)\cdot\vec{p} + (1-(-1))\cdot\begin{pmatrix}3\\-1\end{pmatrix} = -\vec{p} + \begin{pmatrix}6\\-2\end{pmatrix}$$

Lösung zu Aufgabe 8

Den Streckungsfaktor $s = \frac{1}{2}$ können Sie unmittelbar ablesen. Für das Kontraktionszentrum $Z(z_x, z_y)$ muss gelten:

$$\left(1-\frac{1}{2}\right)\cdot\begin{pmatrix}z_x\\z_y\end{pmatrix} \stackrel{!}{=} \begin{pmatrix}1\\-\frac{1}{2}\end{pmatrix}$$

Nach Auflösen der Klammer auf der linken Seite und Multiplikation mit 2 der gesamten Gleichung erhalten Sie:

$$\begin{pmatrix}z_x\\z_y\end{pmatrix} = \begin{pmatrix}2\\-1\end{pmatrix}$$

Damit ist $Z(2,-1)$ identifiziert. Als Probe dürfen Sie die affine Abbildung mit diesen Koordinaten »füttern« und erkennen, dass es sich bei Z um den einzigen Fixpunkt handelt:

$$\vec{p}\,' = \frac{1}{2}\cdot\begin{pmatrix}2\\-1\end{pmatrix} + \begin{pmatrix}1\\-\frac{1}{2}\end{pmatrix} = \begin{pmatrix}1+1\\-\frac{1}{2}-\frac{1}{2}\end{pmatrix} = \begin{pmatrix}2\\-1\end{pmatrix}$$

Lösung zu Aufgabe 9

Die Matrix-Vektorgleichung dieser Funktion besitzt die Gestalt:

$$x^2 - 2xy - y^2 = 1 \;\Rightarrow\; (x \;\; y)\cdot\left(\begin{pmatrix}1 & -1\\-1 & -1\end{pmatrix}\begin{pmatrix}x\\y\end{pmatrix} + \begin{pmatrix}0\\0\end{pmatrix}\right) = 1$$

Der Darstellung entnehmen Sie die Matrix A:

$$A = \begin{pmatrix}1 & -1\\-1 & -1\end{pmatrix}$$

Die charakteristische Gleichung von A lautet:

$$\begin{vmatrix}\lambda-1 & 1\\1 & \lambda+1\end{vmatrix} = 0 \;\Rightarrow\; \lambda^2 - 2 = 0 \;\Rightarrow\; \lambda = \sqrt{2} \vee \lambda = -\sqrt{2}$$

Die diagonalisierte Version von A besteht aus den Eigenwerten auf der Hauptdiagonalen:

$$D = \sqrt{2}\begin{pmatrix}1 & 0\\0 & -1\end{pmatrix}$$

Eingesetzt in die ursprüngliche Funktionsgleichung erhalten Sie:

$$(x' \;\; y')'\cdot\left(\sqrt{2}\begin{pmatrix}1 & 0\\0 & -1\end{pmatrix}\begin{pmatrix}x'\\y'\end{pmatrix} + \begin{pmatrix}0\\0\end{pmatrix}\right) = 1 \;\Rightarrow\; \sqrt{2}x'^2 - \sqrt{2}y'^2 = 1$$

Die Gleichung stellt eine *Hyperbel* dar!

Lösung zu Aufgabe 10

Diese Gleichung transformieren Sie mit Hilfe linearer Algebra in:

$$3x^2 + 4xy = 1 \Rightarrow (x \;\; y) \cdot \left(\begin{pmatrix} 3 & 2 \\ 2 & 0 \end{pmatrix}\begin{pmatrix} x \\ y \end{pmatrix} + \begin{pmatrix} 0 \\ 0 \end{pmatrix}\right) = 1$$

Als Matrix A erhalten Sie:

$$A = \begin{pmatrix} 3 & 2 \\ 2 & 0 \end{pmatrix}$$

Die charakteristische Gleichung von A ergibt:

$$\begin{vmatrix} \lambda - 3 & -2 \\ -2 & \lambda \end{vmatrix} = 0 \Rightarrow \lambda^2 - 3\lambda - 4 = 0 \Rightarrow \lambda = 4 \vee \lambda = -1$$

Also lautet die diagonalisierte Version D von A:

$$D = \begin{pmatrix} 4 & 0 \\ 0 & -1 \end{pmatrix}$$

Die Hauptachsentransformation führt Sie zur Gleichung:

$$(x' \;\; y)' \cdot \left(\begin{pmatrix} 4 & 0 \\ 0 & -1 \end{pmatrix}\begin{pmatrix} x' \\ y' \end{pmatrix} + \begin{pmatrix} 0 \\ 0 \end{pmatrix}\right) = 1 \Rightarrow 4x'^2 - y'^2 = 1$$

Auch diese Gleichung ergibt eine *Hyperbel*!

Lösung zu Aufgabe 11

Bei dieser Aufgabe kommt eine weitere Variable ins Spiel, daher benötigen Sie auch drei Variablen in der Matrix-Vektor-Version:

$$x^2 + 2xy + y^2 - z = 0 \Rightarrow (x \;\; y \;\; z) \cdot \left(\begin{pmatrix} 1 & 1 & 0 \\ 1 & 1 & 0 \\ 0 & 0 & 0 \end{pmatrix}\begin{pmatrix} x \\ y \\ z \end{pmatrix} + \begin{pmatrix} 0 \\ 0 \\ -1 \end{pmatrix}\right) = 0$$

Beachten Sie, dass durch die Matrixmultiplikation stets Kombinationen aus den Variablen x, y und z entstehen. Den Wert »$-z$« erhalten Sie nur durch die anschließende Vektoraddition. A lautet:

$$A = \begin{pmatrix} 1 & 1 & 0 \\ 1 & 1 & 0 \\ 0 & 0 & 0 \end{pmatrix}$$

Als charakteristische Gleichung von A erhalten Sie:

$$\begin{vmatrix} \lambda - 1 & -1 & 0 \\ -1 & \lambda - 1 & 0 \\ 0 & 0 & \lambda \end{vmatrix} = 0 \Rightarrow \lambda^3 - 2\lambda^2 + \lambda - \lambda = 0 \Rightarrow \lambda = 2 \vee \lambda = 0$$

Bei dieser Aufgabe müssen Sie die Transformationsmatrix T explizit bestimmen, weil $\vec{v} \neq \vec{0}$ ist. Sie erhalten mit dem Eigenwert 2 einen eindimensionalen Eigenraum E_2:

$$\begin{pmatrix} 1 & 1 & 0 \\ 1 & 1 & 0 \\ 0 & 0 & 0 \end{pmatrix} \cdot \begin{pmatrix} x \\ y \\ z \end{pmatrix} = 2 \cdot \begin{pmatrix} x \\ y \\ z \end{pmatrix} \quad \Rightarrow \quad \begin{array}{rcl} x + y &=& 2x \\ x + y &=& 2y \\ 0 &=& 2z \end{array} \quad \Rightarrow \mathrm{x} = \mathrm{y} \wedge z = 0$$

$$\Rightarrow \quad E_2 = \left\{ \mu \begin{pmatrix} 1 \\ 1 \\ 0 \end{pmatrix} \middle| \text{ mit } \mu \in \mathbb{R} \right\}$$

Für den Eigenwert Null erhalten Sie sogar einen zweidimensionalen Eigenraum:

$$\begin{pmatrix} 1 & 1 & 0 \\ 1 & 1 & 0 \\ 0 & 0 & 0 \end{pmatrix} \cdot \begin{pmatrix} x \\ y \\ z \end{pmatrix} = 0 \cdot \begin{pmatrix} x \\ y \\ z \end{pmatrix} \quad \Rightarrow \quad \begin{array}{rcl} x + y &=& 0 \\ x + y &=& 0 \\ 0 &=& 0 \end{array} \quad \Rightarrow \mathrm{x} = -\mathrm{y}$$

$$\Rightarrow \quad E_0 = \left\{ \mu \begin{pmatrix} -1 \\ 1 \\ 0 \end{pmatrix} + \nu \begin{pmatrix} 0 \\ 0 \\ 1 \end{pmatrix} \middle| \text{ mit } \mu, \nu \in \mathbb{R} \right\}$$

Die normierten Versionen der Eigenvektoren setzen Sie zur Transformationsmatrix T zusammen:

$$T = \frac{1}{2}\sqrt{2} \begin{pmatrix} 1 & -1 & 0 \\ 1 & 1 & 0 \\ 0 & 0 & \sqrt{2} \end{pmatrix} \quad \Rightarrow \quad T^{-1} = \frac{1}{2}\sqrt{2} \begin{pmatrix} 1 & 1 & 0 \\ -1 & 1 & 0 \\ 0 & 0 & \sqrt{2} \end{pmatrix}$$

Als Probe dürfen Sie verifizieren, ob T tatsächlich A diagonalisiert und ob die Eigenwerte am Ende herauskommen:

$$\begin{aligned} D &= T^{-1}AT = \frac{1}{2} \begin{pmatrix} 1 & 1 & 0 \\ -1 & 1 & 0 \\ 0 & 0 & \sqrt{2} \end{pmatrix} \begin{pmatrix} 1 & 1 & 0 \\ 1 & 1 & 0 \\ 0 & 0 & 0 \end{pmatrix} \begin{pmatrix} 1 & -1 & 0 \\ 1 & 1 & 0 \\ 0 & 0 & \sqrt{2} \end{pmatrix} \\ &= \frac{1}{2} \begin{pmatrix} 2 & 2 & 0 \\ 0 & 0 & 0 \\ 0 & 0 & 0 \end{pmatrix} \begin{pmatrix} 1 & -1 & 0 \\ 1 & 1 & 0 \\ 0 & 0 & \sqrt{2} \end{pmatrix} = \frac{1}{2} \begin{pmatrix} 4 & 0 & 0 \\ 0 & 0 & 0 \\ 0 & 0 & 0 \end{pmatrix} = \begin{pmatrix} 2 & 0 & 0 \\ 0 & 0 & 0 \\ 0 & 0 & 0 \end{pmatrix} \end{aligned}$$

Die Hauptachsentransformation ergibt insgesamt:

$$\begin{pmatrix} x & y & z \end{pmatrix} \cdot \left(\begin{pmatrix} 1 & 1 & 0 \\ 1 & 1 & 0 \\ 0 & 0 & 0 \end{pmatrix} \begin{pmatrix} x \\ y \\ z \end{pmatrix} + \begin{pmatrix} 0 \\ 0 \\ -1 \end{pmatrix} \right) = 0$$

$$\Rightarrow \quad \begin{pmatrix} x' & y' & z \end{pmatrix}' \cdot \begin{pmatrix} 2 & 0 & 0 \\ 0 & 0 & 0 \\ 0 & 0 & 0 \end{pmatrix} \begin{pmatrix} x' \\ y' \\ z' \end{pmatrix} + \begin{pmatrix} x' & y' & z \end{pmatrix}' \cdot \frac{1}{2}\sqrt{2} \begin{pmatrix} 1 & 1 & 0 \\ -1 & 1 & 0 \\ 0 & 0 & \sqrt{2} \end{pmatrix} \cdot \begin{pmatrix} 0 \\ 0 \\ -1 \end{pmatrix} = 0$$

$$\Rightarrow \quad x'^2 - z' = 0$$

Das Ergebnis ist ein *parabolischer Zylinder*!

Teil V

Matrizenrechnung und Determinanten beherrschen

Auf 9 24
Auf 11 26
Auf 14
Auf 15
19
20
22

In diesem Teil ...

Rechenoperationen mit Matrizen ziehen sich durch die gesamte lineare Algebra. Von den einfachsten linearen Gleichungssystemen bis hin zu den kompliziertesten Transformationen begegnen Ihnen immer wieder Matrizen. Dieser Teil Ihres Übungsbuches will Ihnen helfen, alle wesentlichen Operationen mit Matrizen einzuüben und bis zur Perfektion zu treiben. Ihnen werden einige Kapitel zu den grundlegenden Operationen wie der Addition und Multiplikation angeboten, dem Invertieren von Matrizen, der sehr bedeutsamen Determinantenermittlungen sowie sonstige Eigenschaften. Dagegen wird den recht komplizierten Eigenwerten zusammen mit der Diagonalisierung ein eigener Teil in Ihrem Dummies-Buch reserviert.

Fit im Rechnen mit Matrizen

14

In diesem Kapitel ...

- Addition und skalare Multiplikation von Matrizen einstudieren
- Besonderheiten der Matrix-Vektor sowie der Matrix-Matrix-Multiplikation erlernen und anwenden
- Matrizen transponieren
- Adjungierte von Matrizen ermitteln
- Komplementäre Matrizen berechnen

In der linearen Algebra rechnen Sie nicht wie in der Schulmathematik einfach nur mit Zahlen, sondern mit wesentlich komplizierteren Objekten, zum Beispiel Matrizen. In diesem Kapitel werden alle wichtigen grundlegenden Operationen mit Matrizen übersichtlich dargestellt und anhand von Musteraufgaben vorgerechnet.

Anschließend sind Sie an der Reihe und dürfen zu allen behandelten Themen Übungsaufgaben selbst lösen. Am Ende des Kapitels finden Sie die Musterlösungen zum Vergleichen.

Addition von Matrizen durchführen

Addieren dürfen Sie nur Matrizen, deren Zeilen- und Spaltenanzahl übereinstimmt. Als Ergebnis erhalten Sie eine Matrix derselben Größe, bei der die einzelnen Elemente jeweils paarweise summiert erscheinen. Das funktioniert mit rationalen, reellen oder komplexen Zahlen.

Allgemein sieht das so aus. Ausgehend von einer $m \times n$-Matrix A

$$A = \begin{pmatrix} a_{11} & \cdots & a_{1n} \\ a_{21} & \cdots & a_{2n} \\ \vdots & \ddots & \vdots \\ a_{m1} & \cdots & a_{mn} \end{pmatrix}$$

sowie einer $m \times n$-Matrix B

$$B = \begin{pmatrix} b_{11} & \cdots & b_{1n} \\ b_{21} & \cdots & b_{2n} \\ \vdots & \ddots & \vdots \\ b_{m1} & \cdots & b_{mn} \end{pmatrix}$$

erhalten Sie die *Summe* mittels

$$A + B = \begin{pmatrix} a_{11} + b_{11} & \cdots & a_{1n} + b_{1n} \\ a_{21} + b_{21} & \cdots & a_{2n} + b_{2n} \\ \vdots & \ddots & \vdots \\ a_{m1} + b_{m1} & \cdots & a_{mn} + b_{mn} \end{pmatrix}$$

Im Musterbeispiel zeige ich Ihnen anhand zweier komplexer 3×2-Matrizen, wie das funktioniert.

Beispiel

Was ergibt $A + B$?

$$A = \begin{pmatrix} 2 & 2-2i \\ 1+i & 0 \\ -i & 3 \end{pmatrix}, \quad B = \begin{pmatrix} 1 & -2+i \\ 2-3i & i \\ i & -2 \end{pmatrix}$$

Lösung

Sie gehen komponentenweise vor und addieren jeweils einander entsprechende Einträge paarweise:

$$\begin{aligned} A + B &= \begin{pmatrix} 2 & 2-2i \\ 1+i & 0 \\ -i & 3 \end{pmatrix} + \begin{pmatrix} 1 & -2+i \\ 2-3i & i \\ i & -2 \end{pmatrix} \\ &= \begin{pmatrix} 2+1 & (2-2i)+(-2+i) \\ (1+i)+(2-3i) & 0+i \\ -i+i & 3-2 \end{pmatrix} = \begin{pmatrix} 3 & -i \\ 3-2i & i \\ 0 & 1 \end{pmatrix} \end{aligned}$$

Aufgabe 1

Was ergibt $A + B$?

$$A = \begin{pmatrix} i & -1+i \\ i & -1 \\ 2+i & 1+i \end{pmatrix}, \quad B = \begin{pmatrix} 1-i & 1-i \\ 1 & i \\ -2-i & 2+2i \end{pmatrix}$$

Aufgabe 2

Addieren Sie A und B!

$$A = \begin{pmatrix} 2 & 4 & 0 \\ -3 & 2 & 1 \end{pmatrix}, \quad B = \begin{pmatrix} -1 & 2 & 0 \\ 2 & 3 & -1 \end{pmatrix}$$

Aufgabe 3

Was ergibt $A + B$?

$$A = \begin{pmatrix} \frac{2}{3} & \frac{1}{3} \\ -\frac{2}{3} & \frac{4}{3} \end{pmatrix}, \quad B = \begin{pmatrix} \frac{1}{4} & \frac{1}{6} \\ \frac{2}{3} & -\frac{1}{3} \end{pmatrix}$$

Aufgabe 4

Lassen sich die Matrizen A und B addieren?

$$A = \begin{pmatrix} 3 & 1 \\ 2 & 0 \\ 3 & 4 \end{pmatrix}, \quad B = \begin{pmatrix} 1 & -1 & 2 \\ 0 & 2 & 3 \end{pmatrix}$$

Skalare Multiplikation von Matrizen lernen

Sie dürfen eine Matrix A vervielfachen! Das bedeutet, dass Sie ein Skalar k, also eine einfache Zahl, mit A multiplizieren. Dabei wird k mit jeder einzelnen Komponente von A multipliziert. Das geht so:

Für den Spezialfall, dass $k = -1$ ist, schreibt man im Allgemeinen statt $(-1) \cdot A$ einfach $-A$. Damit haben Sie, ganz nebenbei, die *Subtraktion* zweier Matrizen erfunden: $A - B = A + (-1) \cdot B$.

Die skalare Multiplikation führen Sie stets so durch, dass der Skalar links steht. Das Multiplikationszeichen selbst dürfen Sie auch weglassen: $3 \cdot A = 3A$

Beispiel

Berechnen Sie $4A$ mit

$$A = \begin{pmatrix} 1 & 3 & -1 \\ 2 & 0 & 2 \\ 3 & 1 & 2 \end{pmatrix}!$$

Lösung

Sie erhalten:

$$4A = \begin{pmatrix} 4 \cdot 1 & 4 \cdot 3 & 4 \cdot (-1) \\ 4 \cdot 2 & 4 \cdot 0 & 4 \cdot 2 \\ 4 \cdot 3 & 4 \cdot 1 & 4 \cdot 2 \end{pmatrix} = \begin{pmatrix} 4 & 12 & -4 \\ 8 & 0 & 8 \\ 12 & 4 & 8 \end{pmatrix}$$

Aufgabe 5

Berechnen Sie $3A$ mit

$$A = \begin{pmatrix} 3 & -3 & 0 & 1 \\ -2 & 2 & 1 & 2 \end{pmatrix}!$$

Aufgabe 6

Berechnen Sie $i \cdot A$ mit

$$A = \begin{pmatrix} 2 + i & 1 - i \\ -i & 2 \end{pmatrix}!$$

Aufgabe 7

Was ergibt $2A - 3B$ mit

$$A = \begin{pmatrix} 2 & 2 & 1 \\ 1 & 0 & 2 \\ -2 & 1 & -1 \end{pmatrix}, \quad B = \begin{pmatrix} -1 & -1 & 0 \\ 0 & 1 & -1 \\ 2 & 1 & 2 \end{pmatrix}?$$

Aufgabe 8

Berechnen Sie $A - A$ für beliebige Matrizen!

Matrix-Vektorprodukt einsetzen

Sie dürfen so verschiedene Dinge wie eine Matrix und einen Vektor miteinander multiplizieren. Allerdings muss die Anzahl der Komponenten des Vektors mit der Spaltenzahl der Matrix übereinstimmen. Außerdem wird der Vektor immer von rechts multipliziert.

Das Ergebnis ist wiederum ein Vektor, der aus genau so vielen Einträgen besteht, wie die Matrix Zeilen besitzt. Jeder dieser Einträge ergibt sich aus der Summe der entsprechenden Matrixzeile, bei der die entsprechenden Spalten des Vektors aufmultipliziert werden.

Das ist ganz schön verwirrend! Vielleicht bringt die algebraische Darstellung ein wenig Licht in die Angelegenheit. A ist nunmehr eine beliebige $m \times n$-Matrix und der Vektor V ist deswegen zwingend ein n-Tupel. Das Matrix-Vektor-Produkt $A \cdot v$ ergibt:

$$A \cdot v = \begin{pmatrix} a_{11} & \cdots & a_{1n} \\ a_{21} & \cdots & a_{2n} \\ \vdots & \ddots & \vdots \\ a_{m1} & \cdots & a_{mn} \end{pmatrix} \cdot \begin{pmatrix} v_1 \\ v_2 \\ \vdots \\ v_n \end{pmatrix} = \begin{pmatrix} a_{11} \cdot v_1 + a_{12} \cdot v_2 + \cdots a_{1n} \cdot v_n \\ a_{21} \cdot v_1 + a_{22} \cdot v_2 + \cdots a_{2n} \cdot v_n \\ \vdots \\ a_{m1} \cdot v_1 + a_{m2} \cdot v_2 + \cdots a_{mn} \cdot v_n \end{pmatrix}$$

Auch wenn es schwer fällt: Studieren Sie die Matrix-Vektor-Multiplikation sorgfältig ein! Das ist bereits eine gute Vorübung für die noch komplizierte Matrix-Matrix-Multiplikation.

Beispiel

Berechnen Sie das Matrix-Vektorprodukt $A \cdot v$!

$$A = \begin{pmatrix} 1 & -1 & 2 \\ 2 & 3 & 3 \end{pmatrix} \text{ und } v = \begin{pmatrix} 2 \\ -1 \\ 3 \end{pmatrix}$$

Lösung

Hier ergibt sich:

$$A \cdot v = \begin{pmatrix} 1 & -1 & 2 \\ 2 & 3 & 3 \end{pmatrix} \cdot \begin{pmatrix} 2 \\ -1 \\ 3 \end{pmatrix} = \begin{pmatrix} 1 \cdot 2 + (-1) \cdot (-1) + 2 \cdot 3 \\ 2 \cdot 2 + 3 \cdot (-1) + 3 \cdot 3 \end{pmatrix} = \begin{pmatrix} 2 + 1 + 6 \\ 4 - 3 + 9 \end{pmatrix} = \begin{pmatrix} 9 \\ 10 \end{pmatrix}$$

Aufgabe 9

Berechnen Sie das Matrix-Vektorprodukt $A \cdot v$!

$$A = \begin{pmatrix} 1 & 2 \\ 2 & -3 \\ -1 & 2 \end{pmatrix} \text{ und } v = \begin{pmatrix} 2 \\ -1 \end{pmatrix}$$

Aufgabe 10

Berechnen Sie das Matrix-Vektorprodukt $A \cdot v$!

$$A = \begin{pmatrix} 2 & 2 & 1 \\ -1 & 0 & 2 \\ 3 & -1 & 3 \end{pmatrix} \text{ und } v = \begin{pmatrix} 1 \\ 2 \\ 3 \end{pmatrix}$$

Aufgabe 11

Berechnen Sie das Matrix-Vektorprodukt $A \cdot v$!

$$A = \begin{pmatrix} 1+i & i & 1 \\ 2-i & 0 & -i \end{pmatrix} \text{ und } v = \begin{pmatrix} i \\ 0 \\ 1 \end{pmatrix}$$

Aufgabe 12

Berechnen Sie das Matrix-Vektorprodukt $A \cdot v$!

$$A = \begin{pmatrix} 1 & -1 & 0 \\ 2 & 0 & 1 \\ 3 & 1 & -2 \\ 4 & 2 & 1 \end{pmatrix} \text{ und } v = \begin{pmatrix} 1 \\ -1 \\ 2 \end{pmatrix}$$

Matrixmultiplikation üben

Die Matrix-Matrix-Multiplikation, oder kurz *Matrixmultiplikation*, ist bereits eine recht komplizierte Operation und sehr fehleranfällig. Wenn Sie jedoch die Matrix-Vektor-Multiplikation beherrschen, haben Sie die richtige Voraussetzung, um auch diese Geschichte mit Erfolg zu meistern.

Stellen Sie sich vor, Sie haben eine 7×5-Matrix A und nicht nur einen Vektor mit 5 Komponenten, sondern deren 9 und Sie würden nacheinander jeden dieser Vektoren einer Matrix-Vektor-Multiplikation mit A unterziehen. Als Ergebnis würden Sie exakt 9 Vektoren mit je 7 Komponenten erhalten. Packen Sie die ursprünglichen 9 Vektoren in eine gemeinsame 5×9-Matrix und tun ebendies mit den 9 resultierenden Vektoren, erhalten Sie eine 7×9-Matrix.

Insgesamt haben Sie damit genau eine Matrixmultiplikation ausgeführt, bei der das Produkt einer 7×5-Matrix mit einer 5×9-Matrix zu einer 7×9-Matrix führt.

Für den allgemeinen Fall gehen Sie von einer $m \times n$-Matrix A sowie einer $n \times p$-Matrix B aus. Wichtig ist dabei, dass die Spaltenzahl von A mit der Zeilenzahl von B übereinstimmt. Das Matrixprodukt sieht dann, zugegebenermaßen ein wenig verwirrend, so aus:

$$A \cdot B = \begin{pmatrix} a_{11} & \cdots & a_{1n} \\ a_{21} & \cdots & a_{2n} \\ \vdots & \ddots & \vdots \\ a_{m1} & \cdots & a_{mn} \end{pmatrix} \cdot \begin{pmatrix} b_{11} & \cdots & b_{1n} \\ b_{21} & \cdots & b_{2n} \\ \vdots & \ddots & \vdots \\ b_{m1} & \cdots & b_{mn} \end{pmatrix}$$

$$= \begin{pmatrix} a_{11} \cdot b_{11} + a_{12} \cdot b_{21} + \cdots + a_{1n} \cdot b_{n1} & a_{11} \cdot b_{12} + a_{12} \cdot b_{22} + \cdots + a_{1n} \cdot b_{n2} & \cdots & a_{11} \cdot b_{1p} + a_{12} \cdot b_{2p} + \cdots + a_{1n} \cdot b_{np} \\ a_{21} \cdot b_{11} + a_{22} \cdot b_{21} + \cdots + a_{2n} \cdot b_{n1} & a_{21} \cdot b_{12} + a_{22} \cdot b_{22} + \cdots + a_{2n} \cdot b_{n2} & \cdots & a_{21} \cdot b_{1p} + a_{22} \cdot b_{2p} + \cdots + a_{2n} \cdot b_{np} \\ \vdots & \vdots & \ddots & \vdots \\ a_{m1} \cdot b_{11} + a_{m2} \cdot b_{21} + \cdots + a_{mn} \cdot b_{n1} & a_{m1} \cdot b_{12} + a_{m2} \cdot b_{22} + \cdots + a_{mn} \cdot b_{n2} & \cdots & a_{m1} \cdot b_{1p} + a_{m2} \cdot b_{2p} + \cdots + a_{mn} \cdot b_{np} \end{pmatrix}$$

Gehen Sie dabei immer spaltenweise bei der Matrix B vor und tun so, als ob es sich jeweils nur um einzelne Vektoren handelte, die Sie einer Matrix-Vektor-Multiplikation unterziehen. Die einzelnen Ergebnisse tragen Sie in die jeweils nächste Spalte der Ergebnismatrix ein. Glauben Sie mir, dann machen Sie alles richtig und werden nicht von der Komplexität der Operation überwältigt.

Sobald Sie einige Aufgaben gerechnet haben, werden Sie das System schnell begreifen. Besonders gut funktioniert folgender Tipp, falls Sie die Ergebniskomponenten im Kopf berechnen:

Führen Sie bei der Matrixmultiplikation $A \cdot B$ den Zeigefinger der linken Hand über den jeweiligen Faktor der aktuellen Zeile von A. Nach jedem Teilsummanden schieben Sie diesen Finger um eine Stelle nach rechts. Ihre rechte Hand zeigt dagegen auf den Faktor in der aktuellen Spalte von B. Diesen Finger bewegen Sie nach jeder Teilsumme um eine Stelle nach unten.

Weitere Kniffe zeige ich Ihnen auch in Kapitel 7 des Buches »Lineare Algebra für Dummies«!

Beispiel

Berechnen Sie das Matrixprodukt $A \cdot B$!

$$A = \begin{pmatrix} 1 & -1 & 2 \\ 2 & 3 & 3 \end{pmatrix} \text{ und } B = \begin{pmatrix} 1 & 2 & 0 & 2 \\ 2 & 0 & 2 & 1 \\ 3 & 1 & -1 & -1 \end{pmatrix}$$

Lösung

Da es sich bei A um eine 2×3-Matrix und bei B um eine 3×4-Matrix handelt, ist die Voraussetzung für die Matrixmultiplikation jedenfalls erfüllt. Die Spaltenzahl von A stimmt mit der Zeilenzahl von B überein. Im Ergebnis erwarten Sie eine 2×4-Matrix.

Ich zeigen Ihnen hier sehr ausführlich alle Zwischenschritte, auch wenn Sie in der Praxis die Teilsummen im Kopf ausrechnen:

$$A \cdot B = \begin{pmatrix} 1 & -1 & 2 \\ 2 & 3 & 3 \end{pmatrix} \cdot \begin{pmatrix} 1 & 2 & 0 & 2 \\ 2 & 0 & 2 & 1 \\ 3 & 1 & -1 & -1 \end{pmatrix}$$

$$= \begin{pmatrix} 1\cdot1+(-1)\cdot2+2\cdot3 & 1\cdot2+(-1)\cdot0+2\cdot1 & 1\cdot0+(-1)\cdot2+2\cdot(-1) & 1\cdot2+(-1)\cdot1+2\cdot(-1) \\ 2\cdot1+3\cdot2+3\cdot3 & 2\cdot2+3\cdot0+3\cdot1 & 2\cdot0+3\cdot2+3\cdot(-1) & 2\cdot2+3\cdot1+3\cdot(-1) \end{pmatrix}$$

$$= \begin{pmatrix} 1-2+6 & 2+0+2 & 0-2-2 & 2-1-2 \\ 2+6+9 & 4+0+3 & 0+6-3 & 4+3-3 \end{pmatrix} = \begin{pmatrix} 5 & 4 & -4 & -1 \\ 17 & 7 & 3 & 4 \end{pmatrix}$$

Aufgabe 13

Berechnen Sie das Matrixprodukt $A \cdot B$!

$$A = \begin{pmatrix} 2 & 0 & 3 \\ 1 & -1 & 1 \end{pmatrix} \text{ und } B = \begin{pmatrix} 2 & -2 & 1 & -1 \\ 0 & 1 & 0 & 1 \\ -1 & 1 & 0 & 2 \end{pmatrix}$$

Aufgabe 14

Berechnen Sie das Matrixprodukt $A \cdot B$!

$$A = \begin{pmatrix} i & -i \\ 1+i & -1 \\ 0 & 2 \end{pmatrix} \text{ und } B = \begin{pmatrix} 2 & 0 & 1+i & 0 \\ i & -1 & -i & 1 \end{pmatrix}$$

Aufgabe 15

Berechnen Sie das Matrixprodukt $A \cdot B$!

$$A = \begin{pmatrix} 1 & 2 & 3 & -1 & 2 & 1 & 0 \end{pmatrix} \text{ und } B = \begin{pmatrix} 1 \\ 2 \\ -3 \\ 0 \\ 4 \\ 2 \\ 3 \end{pmatrix}$$

Aufgabe 16

Berechnen Sie das Matrixprodukt $A \cdot B$ sowie $B \cdot A$! Was fällt Ihnen auf?

$$A = \begin{pmatrix} 1 & 5 & 0 \\ 2 & 0 & 4 \\ 3 & 1 & 2 \end{pmatrix} \text{ und } B = \begin{pmatrix} -1 & 1 & 2 \\ -2 & 0 & 0 \\ 0 & -1 & 3 \end{pmatrix}$$

Transposition von Matrizen leicht gemacht

Nach der sehr aufwändigen Matrixmultiplikation möchte ich Ihnen jetzt einen Abschnitt zur Entspannung anbieten. Die *Transposition* von Matrizen ist nämlich sehr, sehr einfach!

Dazu vertauschen Sie lediglich die Spalten- mit den Zeileneinträgen:

$$A = \begin{pmatrix} a_{11} & \cdots & a_{1n} \\ a_{21} & \cdots & a_{2n} \\ \vdots & \ddots & \vdots \\ a_{m1} & \cdots & a_{mn} \end{pmatrix} \Rightarrow A^{\mathrm{T}} = \begin{pmatrix} a_{11} & \cdots & a_{m1} \\ a_{12} & \cdots & a_{m2} \\ \vdots & \ddots & \vdots \\ a_{1n} & \cdots & a_{mn} \end{pmatrix}$$

Wie Sie sehen, hat sich für die *Transponierte* einer Matrix A die Schreibweise A^{T} eingebürgert.

Auch wenn die Schreibweise zur Transposition dies vielleicht suggeriert: Die Transponierte einer Matrix hat nichts mit deren Potenzierung zu tun!

Im Ergebnis führt die Transposition einer $m \times n$-Matrix A zu einer $n \times m$-Matrix A^{T}.

Beispiel

Berechnen Sie die Transponierte A^{T}!

$$A = \begin{pmatrix} 2 & -1 & -1 \\ 4 & 0 & 3 \end{pmatrix}$$

Lösung

Aus der 2×3-Matrix A wird die 3×2-Matrix A^{T}:

$$\begin{pmatrix} 2 & -1 & -1 \\ 4 & 0 & 3 \end{pmatrix}^{\mathrm{T}} = \begin{pmatrix} 2 & 4 \\ -1 & 0 \\ -1 & 3 \end{pmatrix}$$

Der eigentliche Spaß der Transposition entsteht erst aus der Kombination mit anderen Operationen. Ein kleiner Vorgeschmack darauf erwartet Sie bereits bei einigen der nachfolgenden Übungsaufgaben!

Aufgabe 17

Berechnen Sie die Transponierte A^{T}!

$$A = \begin{pmatrix} 2 & 1 & 2 & -1 \\ 1 & 2 & -1 & 3 \\ -1 & 0 & 1 & 2 \end{pmatrix}$$

Aufgabe 18

Was ergibt $(A^{\mathrm{T}})^{\mathrm{T}}$?

$$A = \begin{pmatrix} 1 & 0 & i \\ 2 & 1 & 1-i \end{pmatrix}$$

Aufgabe 19

Berechnen Sie die nacheinander $2 \cdot (A^{\mathrm{T}})$ sowie $(2 \cdot A)^{\mathrm{T}}$

$$A = \begin{pmatrix} 3 & 0 & 1 & 1 \\ 2 & 2 & -1 & -1 \\ 1 & 0 & 1 & 0 \end{pmatrix}$$

Aufgabe 20

Berechnen Sie nacheinander $(A \cdot B)^{\mathrm{T}}$ sowie $B^{\mathrm{T}} \cdot A^{\mathrm{T}}$! Was fällt Ihnen auf?

$$A = \begin{pmatrix} 1 & 2 & 3 \\ 2 & 0 & -1 \end{pmatrix} \text{ und } B = \begin{pmatrix} 1 & 0 & 1 & 2 \\ 2 & 0 & 1 & -1 \\ 0 & -1 & 0 & 2 \end{pmatrix}$$

Adjungierte von Matrizen bestimmen

Die *Adjungierte* einer Matrix ist nicht viel komplizierter, als deren *Transponierte* zu berechnen.

Bei der Adjungierten A^* werden jedoch **zusätzlich** noch alle Werte komplex konjugiert. Im Falle von rein reellen Einträgen gibt es zwischen der Transponierten und der Adjungierten überhaupt keinen Unterschied. Ansonsten gilt jedoch:

$$A^* = \overline{A}^{\mathrm{T}} = \overline{A^{\mathrm{T}}}$$

Beispiel

Berechnen Sie die Adjungierte A^*!

$$A = \begin{pmatrix} 2+i & -i & -2i \\ 4 & 3 & 1+i \end{pmatrix}$$

Lösung

Sie müssen sowohl *transponieren* also auch *komplex konjugieren*. In welcher Reihenfolge Sie das tun, spielt aber keine Rolle:

$$A^* = \overline{A}^{\mathrm{T}} = \overline{\begin{pmatrix} 2+i & -i & -2i \\ 4 & 3 & 1+i \end{pmatrix}}^{\mathrm{T}} = \begin{pmatrix} 2-i & i & 2i \\ 4 & 3 & 1-i \end{pmatrix}^{\mathrm{T}} = \begin{pmatrix} 2-i & 4 \\ i & 3 \\ 2i & 1-i \end{pmatrix}$$

Mit ein wenig Übung schaffen Sie beide Operationen auch gleichzeitig!

Aufgabe 21

Berechnen Sie die Adjungierte A^*!

$$A = \begin{pmatrix} 2 & 2+i \\ 0 & 2-i \\ -i & 1 \end{pmatrix}$$

Aufgabe 22

Was ergibt $(A^*)^*$?

$$A = \begin{pmatrix} i & i \\ 2 & 3 \\ -i & 0 \end{pmatrix}$$

Aufgabe 23

Berechnen Sie die Adjungierte A^*! Was fällt Ihnen auf?

$$A = \begin{pmatrix} 2 & i & 3 \\ -i & 0 & 2+i \\ 3 & 2-i & 1 \end{pmatrix}$$

Aufgabe 24

Berechnen Sie nacheinander $(A \cdot B)^*$ sowie $B^* \cdot A^*$! Wie sieht das aus?

$$A = \begin{pmatrix} i & 2-i & 3i \\ 0 & 1 & -1 \end{pmatrix} \text{ und } B = \begin{pmatrix} 1+i & 0 & 0 & 2-i \\ 2 & i & 1 & i \\ 1 & -i & 2+2i & 2 \end{pmatrix}$$

Komplementäre Matrizen erzeugen

Die zu einer gegebenen Matrix A *komplementäre Matrix* $\tilde{A}$ wird an einigen sehr bedeutsamen Stellen innerhalb der linearen Algebra benötigt. Deswegen komme ich nicht umhin, Ihnen die Anwendung dieser Operation nahe zu legen, auch wenn sie, zugegebenermaßen recht schwer zu beherrschen ist. Ausgangspunkt ist eine *quadratische Matrix*, bei der die Zeilenzahl mit der Spaltenzahl übereinstimmt.

Als Alternative zur Bezeichnung *komplementäre Matrix* wird in der Literatur auch der Begriff *Adjunkte* verwendet, der jedoch nicht mit der *Adjungierten* aus dem letzten Abschnitt verwechselt werden darf!

Sie werden im Folgenden auch die *Determinante* einer Matrix benötigen. Sollten Sie mit diesem Konzept noch nicht vertraut sein, überspringen Sie diesen Abschnitt und holen ihn nach, sobald Sie die Übungen zum Kapitel 16 erfolgreich absolviert haben!

Um die komplementäre Matrix zu bestimmen, gehen Sie in drei Schritten vor:

1. Bestimmung der *Minoren*
2. Ermittlung der *Kofaktoren*
3. Darstellung der *Transponierten*

Sie dürfen keinen dieser drei Schritte auslassen! Es geht los mit den Minoren. Das sind, vereinfacht gesprochen *Unterdeterminanten* einer Matrix, bei der eine Zeile und eine Spalte weggelassen wird.

Es gibt pro Komponente einer $n \times n$-Matrix genau n^2 Minoren M_{ij}, nämlich zu jedem Zeilen- und Spalteneintrag genau die Unterdeterminante der Matrix, bei der gerade die Zeile i sowie die Spalte j fehlt!

Formal ergibt sich dieses Bild für den Minor M_{ij}:

$$M_{ij} = \det \begin{pmatrix} a_{11} & \cdots & a_{1(j-1)} & a_{1j} & a_{1(j+1)} & \cdots & a_{1n} \\ \vdots & \ddots & \vdots & & \vdots & \ddots & \vdots \\ a_{(i-1)1} & \cdots & a_{(i-1)j-1} & a_{(i-1)j} & a_{(i-1)j+1} & \cdots & a_{(i-1)n} \\ a_{i1} & & a_{i(j-1)} & a_{ij} & a_{i(j+1)} & & a_{in} \\ a_{(i+1)1} & \cdots & a_{(i+1)j-1} & a_{(i+1)j} & a_{(i+1)j+1} & \cdots & a_{(i+1)n} \\ \vdots & \ddots & \vdots & & \vdots & \ddots & \vdots \\ a_{n1} & \cdots & a_{n(j-1)} & a_{nj} & a_{n(j+1)} & \cdots & a_{nn} \end{pmatrix}$$

$$= \begin{vmatrix} a_{11} & \cdots & a_{1(j-1)} & a_{1(j+1)} & \cdots & a_{1n} \\ \vdots & \ddots & \vdots & \vdots & \ddots & \vdots \\ a_{(i-1)1} & \cdots & a_{(i-1)j-1} & a_{(i-1)j+1} & \cdots & a_{(i-1)n} \\ a_{(i+1)j+1} & \cdots & a_{(i+1)j-1} & a_{(i+1)j+1} & \cdots & a_{(i+1)n} \\ \vdots & \ddots & \vdots & \vdots & \ddots & \vdots \\ a_{n1} & \cdots & a_{n(j-1)} & a_{n(j+1)} & \cdots & a_{nn} \end{vmatrix}$$

Anschließend geht es zu den Kofaktoren. Dazu müssen Sie lediglich dem Minor ein anderes Vorzeichen verpassen, allerdings nur dann, wenn $i + j$ ungerade ist.

Beispielsweise negieren Sie die Minoren M_{14}, M_{38}, M_{56}, während M_{17}, M_{44}, M_{26} bereits ihre eigenen Kofaktoren darstellen und unverändert bleiben.

Mathematisch wird das so ausgedrückt:

$$\tilde{a}_{ij} = (-1)^{i+j} \cdot M_{ij}$$

Sie sehen, die Kofaktoren haben bereits eine kleine »Schlange auf dem Kopf«, die Ihnen signalisiert, dass Sie nicht mehr weit vom Ziel der komplementären Matrizen entfernt sind.

Zum Schluss packen Sie lediglich alle so erhaltenen Kofaktoren in eine Matrix und transponieren diese, um die Adjunkte zu erhalten:

$$\tilde{A} = \begin{pmatrix} \tilde{a}_{11} & \cdots & \tilde{a}_{1n} \\ \vdots & \ddots & \vdots \\ \tilde{a}_{n1} & \cdots & \tilde{a}_{nn} \end{pmatrix}^{\mathrm{T}} = \begin{pmatrix} \tilde{a}_{11} & \cdots & \tilde{a}_{n1} \\ \vdots & \ddots & \vdots \\ \tilde{a}_{1n} & \cdots & \tilde{a}_{nn} \end{pmatrix}$$

Am Ende des mühsamen Weges empfehle ich Ihnen eine einfache **Probe** um festzustellen, ob Sie die komplementäre Matrix korrekt berechnet haben. Sie setzen dazu folgendes Matrixprodukt an:

$$\tilde{A} \cdot A = \det(A) \cdot I$$

Die Schreibweise $\det(A) \cdot I$ besagt: Sie multiplizieren die Determinante von A mit der Einheitsmatrix I, die aus lauter Nullen besteht, mit Ausnahme der Hauptdiagonalen. Diese ist mit Einsen besetzt. Das Ergebnis ist also eine *Skalarmatrix*, deren Hauptdiagonalelemente gerade die Determinante von A ist!

Sie dürfen selbstverständlich auch die Adjunkte einer Matrix A dazu verwenden, um eine Darstellung der Inversen A^{-1} zu erhalten: davon ist die komplementäre Matrix nämlich nur um eine Division durch die Determinante entfernt!Umgekehrt wird ebenfalls ein Schuh daraus: wenn Ihnen die Berechnung der Adjunkten, wie ich Sie vorgestellt habe, zu aufwändig erscheint, gehen Sie über die Inverse und multiplizieren die Determinante skalar dazu. Aber auch das ist kein Spaziergang. Nach dem Durchrechnen der Übungen zu Kapitel 15 wird Ihnen das aber nicht mehr schwer fallen!

Beispiel

Berechnen Sie die komplementäre Matrix zu A mit

$$A = \begin{pmatrix} 1 & 2 & 0 \\ 2 & 1 & 1 \\ 3 & 0 & -1 \end{pmatrix}!$$

Lösung

Sie gehen Schritt für Schritt vor. Zuerst kommen die Minoren an die Reihe.

$$M_{11} = \begin{vmatrix} 1 & 1 \\ 0 & -1 \end{vmatrix} = -1,\ M_{12} = \begin{vmatrix} 2 & 1 \\ 3 & -1 \end{vmatrix} = -5,\ M_{13} = \begin{vmatrix} 2 & 1 \\ 3 & 0 \end{vmatrix} = -3$$

$$M_{21} = \begin{vmatrix} 2 & 0 \\ 0 & -1 \end{vmatrix} = -2,\ M_{22} = \begin{vmatrix} 1 & 0 \\ 3 & -1 \end{vmatrix} = -1,\ M_{23} = \begin{vmatrix} 1 & 2 \\ 3 & 0 \end{vmatrix} = -6$$

$$M_{31} = \begin{vmatrix} 2 & 0 \\ 1 & 1 \end{vmatrix} = 2,\quad M_{32} = \begin{vmatrix} 1 & 0 \\ 2 & 1 \end{vmatrix} = 1,\quad M_{33} = \begin{vmatrix} 1 & 2 \\ 2 & 1 \end{vmatrix} = -3$$

Diese mühsam ausgerechneten Minoren dürfen Sie in eine Minorenmatrix eintragen. Das sieht dann so aus:

$$M = \begin{pmatrix} -1 & -5 & -3 \\ -2 & -1 & -6 \\ 2 & 1 & -3 \end{pmatrix}$$

Die Kofaktoren erhalten Sie aus den Minoren, indem Sie die Werte nach einem schachbrettartigen Muster mit Vorzeichen versehen.

Beim Übergang von Minoren zu den Kofaktoren, wird das Vorzeichen eines jeden zweiten Eintrags nach folgendem prinzipiellen Muster umgekehrt:

$$\begin{pmatrix} + & - & + & - & + \\ - & + & - & + & - \\ + & - & + & - & + \\ - & + & - & + & - \\ + & - & + & - & + \end{pmatrix}$$

Für Matrizen anderer Dimension muss das Muster entsprechend angepasst werden!

Sie erhalten als *Kofaktorenmatrix* Cof aus M:

$$\text{Cof} = \begin{pmatrix} -1 & 5 & -3 \\ 2 & -1 & 6 \\ 2 & -1 & -3 \end{pmatrix}$$

Der letzte Schritt ist der einfachste. Die Transponierte von K ergibt die *komplementäre Matrix* von A, die gesuchte *Adjunkte*:

$$\tilde{A} = \begin{pmatrix} -1 & 5 & -3 \\ 2 & -1 & 6 \\ 2 & -1 & -3 \end{pmatrix}^{\mathrm{T}} = \begin{pmatrix} -1 & 2 & 2 \\ 5 & -1 & -1 \\ -3 & 6 & -3 \end{pmatrix}$$

Zur Probe wird $\tilde{A}$ mit A multipliziert:

$$\tilde{A} \cdot A = \begin{pmatrix} -1 & 2 & 2 \\ 5 & -1 & -1 \\ -3 & 6 & -3 \end{pmatrix} \begin{pmatrix} 1 & 2 & 0 \\ 2 & 1 & 1 \\ 3 & 0 & -1 \end{pmatrix} = \begin{pmatrix} 9 & 0 & 0 \\ 0 & 9 & 0 \\ 0 & 0 & 9 \end{pmatrix} = \det(A) \cdot I$$

Aufgabe 25

Berechnen Sie die komplementäre Matrix zu A mit

$$A = \begin{pmatrix} 1 & 3 \\ 2 & 4 \end{pmatrix}!$$

Aufgabe 26

Berechnen Sie die Adjunkte von A mit

$$A = \begin{pmatrix} -2 & 6 \\ 3 & -9 \end{pmatrix}!$$

Aufgabe 27

Berechnen Sie die komplementäre Matrix zu A mit

$$A = \begin{pmatrix} 1 & 1 & 2 \\ -1 & 0 & 3 \\ 3 & 2 & 4 \end{pmatrix}!$$

Lösungen der Aufgaben zum Rechnen mit Matrizen

Lösung zu Aufgabe 1

$$A + B = \begin{pmatrix} i & -1+i \\ i & -1 \\ 2+i & 1+i \end{pmatrix} + \begin{pmatrix} 1-i & 1-i \\ 1 & i \\ -2-i & 2+2i \end{pmatrix} = \begin{pmatrix} 1 & 0 \\ 1+i & -1+i \\ 0 & 3+3i \end{pmatrix}$$

Lösung zu Aufgabe 2

$$A + B = \begin{pmatrix} 2 & 4 & 0 \\ -3 & 2 & 1 \end{pmatrix} + \begin{pmatrix} -1 & 2 & 0 \\ 2 & 3 & -1 \end{pmatrix} = \begin{pmatrix} 1 & 6 & 0 \\ -1 & 5 & 0 \end{pmatrix}$$

Lösung zu Aufgabe 3

Bei dieser Aufgabe üben Sie ganz nebenbei die Addition von Brüchen. Vergessen Sie am Ende das Kürzen nicht! Das Ergebnis lautet:

$$A + B = \begin{pmatrix} \frac{2}{3} & \frac{1}{3} \\ -\frac{2}{3} & \frac{4}{3} \end{pmatrix} + \begin{pmatrix} \frac{1}{4} & \frac{1}{6} \\ \frac{2}{3} & -\frac{1}{3} \end{pmatrix} = \begin{pmatrix} \frac{11}{12} & \frac{1}{2} \\ 0 & 1 \end{pmatrix}$$

Lösung zu Aufgabe 4

A und B können Sie nicht addieren! Weder die Zeilen- noch die Spaltenanzahl stimmen überein.

Lösung zu Aufgabe 5

$$3A = \begin{pmatrix} 9 & -9 & 0 & 3 \\ -6 & 6 & 3 & 6 \end{pmatrix}$$

Lösung zu Aufgabe 6

Hier dürfen Sie die Multiplikation komplexer Zahlen, wie sie in Kapitel 2 vorgestellt wurde, durchführen:

$$i \cdot A = \begin{pmatrix} -1+2i & 1+i \\ 1 & 2i \end{pmatrix}$$

Lösung zu Aufgabe 7

$$\begin{aligned} 2A - 3B &= 2\begin{pmatrix} 2 & 2 & 1 \\ 1 & 0 & 2 \\ -2 & 1 & -1 \end{pmatrix} - 3\begin{pmatrix} -1 & -1 & 0 \\ 0 & 1 & -1 \\ 2 & 1 & 2 \end{pmatrix} \\ &= \begin{pmatrix} 4 & 4 & 2 \\ 2 & 0 & 4 \\ -4 & 2 & -2 \end{pmatrix} + \begin{pmatrix} 3 & 3 & 0 \\ 0 & -3 & 3 \\ -6 & -3 & -6 \end{pmatrix} = \begin{pmatrix} 7 & 7 & 2 \\ 2 & -3 & 7 \\ -10 & -1 & -8 \end{pmatrix} \end{aligned}$$

Lösung zu Aufgabe 8

Egal, wie die Matrix A aussieht, Sie erhalten stets:

$$\begin{pmatrix} a_{11} & \cdots & a_{1n} \\ \vdots & \ddots & \vdots \\ a_{m1} & \cdots & a_{mn} \end{pmatrix} - \begin{pmatrix} a_{11} & \cdots & a_{1n} \\ \vdots & \ddots & \vdots \\ a_{m1} & \cdots & a_{mn} \end{pmatrix} = \begin{pmatrix} a_{11}-a_{11} & \cdots & a_{1n}-a_{1n} \\ \vdots & \ddots & \vdots \\ a_{m1}-a_{m1} & \cdots & a_{mn}-a_{mn} \end{pmatrix} = \begin{pmatrix} 0 & \cdots & 0 \\ \vdots & \ddots & \vdots \\ 0 & \cdots & 0 \end{pmatrix}$$

Deswegen dürfen Sie auch A-A=0 schreiben. Sie sollten aber nicht vergessen, dass es sich bei dem Ergebnis nicht um eine Zahl, sondern um eine *Nullmatrix* handelt!

Lösung zu Aufgabe 9

$$A \cdot v = \begin{pmatrix} 1 & 2 \\ 2 & -3 \\ -1 & 2 \end{pmatrix} \cdot \begin{pmatrix} 2 \\ -1 \end{pmatrix} = \begin{pmatrix} 0 \\ 7 \\ -4 \end{pmatrix}$$

Lösung zu Aufgabe 10

$$A \cdot v = \begin{pmatrix} 2 & 2 & 1 \\ -1 & 0 & 2 \\ 3 & -1 & 3 \end{pmatrix} \cdot \begin{pmatrix} 1 \\ 2 \\ 3 \end{pmatrix} = \begin{pmatrix} 9 \\ 5 \\ 10 \end{pmatrix}$$

Lösung zu Aufgabe 11

$$A \cdot v = \begin{pmatrix} 1+i & i & 1 \\ 2-i & 0 & -i \end{pmatrix} \cdot \begin{pmatrix} i \\ 0 \\ 1 \end{pmatrix} = \begin{pmatrix} (i-1)+0+1 \\ (2i+1)+0-i \end{pmatrix} = \begin{pmatrix} i \\ 1+i \end{pmatrix}$$

Lösung zu Aufgabe 12

$$A \cdot v = \begin{pmatrix} 1 & -1 & 0 \\ 2 & 0 & 1 \\ 3 & 1 & -2 \\ 4 & 2 & 1 \end{pmatrix} \cdot \begin{pmatrix} 1 \\ -1 \\ 2 \end{pmatrix} = \begin{pmatrix} 2 \\ 4 \\ -2 \\ 4 \end{pmatrix}$$

Lösung zu Aufgabe 13

$$\begin{aligned} A \cdot B &= \begin{pmatrix} 2 & 0 & 3 \\ 1 & -1 & 1 \end{pmatrix} \cdot \begin{pmatrix} 2 & -2 & 1 & -1 \\ 0 & 1 & 0 & 1 \\ -1 & 1 & 0 & 2 \end{pmatrix} \\ &= \begin{pmatrix} 4+0-3 & -4+0+3 & 2+0+0 & -2+0+6 \\ 2+0-1 & -2-1+1 & 1+0+0 & -1-1+2 \end{pmatrix} \\ &= \begin{pmatrix} 1 & -1 & 2 & 4 \\ 1 & -2 & 1 & 0 \end{pmatrix} \end{aligned}$$

Lösung zu Aufgabe 14

$$\begin{aligned} A \cdot B &= \begin{pmatrix} i & -i \\ 1+i & -1 \\ 0 & 2 \end{pmatrix} \cdot \begin{pmatrix} 2 & 0 & 1+i & 0 \\ i & -1 & -i & 1 \end{pmatrix} \\ &= \begin{pmatrix} 2i+1 & 0+i & i-1-1 & 0-i \\ 2+2i-i & 0+1 & 1+2i-1+i & 0-1 \\ 0+2i & 0-2 & 0-2i & 0+2 \end{pmatrix} \\ &= \begin{pmatrix} 1+2i & i & -2+i & -i \\ 2+i & 1 & 3i & -1 \\ 2i & -2 & -2i & 2 \end{pmatrix} \end{aligned}$$

Lösung zu Aufgabe 15

Bei dieser Multiplikation erwartet Sie eine kleine Überraschung:

$$\begin{aligned} A \cdot B &= \begin{pmatrix} 1 & 2 & 3 & -1 & 2 & 1 & 0 \end{pmatrix} \cdot \begin{pmatrix} 1 \\ 2 \\ -3 \\ 0 \\ 4 \\ 2 \\ 3 \end{pmatrix} \\ &= (1+4-9+0+8+2+0) = (6) \end{aligned}$$

Das Ergebnis ist eine sehr, sehr kleine 1×1-Matrix, die Sie ebenso gut mit der einfachen Zahl 6 identifizieren dürfen.

Lösung zu Aufgabe 16

Sowohl A als auch B sind quadratische Matrizen, nur deswegen sind beide Varianten, $A \cdot B$ sowie $B \cdot A$, überhaupt darstellbar:

$$A \cdot B = \begin{pmatrix} 1 & 5 & 0 \\ 2 & 0 & 4 \\ 3 & 1 & 2 \end{pmatrix} \cdot \begin{pmatrix} -1 & 1 & 2 \\ -2 & 0 & 0 \\ 0 & -1 & 3 \end{pmatrix} = \begin{pmatrix} -11 & 1 & 2 \\ -2 & -2 & 16 \\ -5 & 1 & 12 \end{pmatrix}$$

$$B \cdot A = \begin{pmatrix} -1 & 1 & 2 \\ -2 & 0 & 0 \\ 0 & -1 & 3 \end{pmatrix} \cdot \begin{pmatrix} 1 & 5 & 0 \\ 2 & 0 & 4 \\ 3 & 1 & 2 \end{pmatrix} = \begin{pmatrix} 7 & -3 & 8 \\ -2 & -10 & 0 \\ 7 & 3 & 2 \end{pmatrix}$$

Wie Sie sehen, ist $A \cdot B \neq B \cdot A$. Die Matrixmultiplikation ist demnach nicht *kommutativ* und die Faktoren dürfen nicht, wie das bei gewöhnlichen Zahlen erlaubt ist, einfach vertauscht werden.

Lösung zu Aufgabe 17

$$A^{\mathrm{T}} = \begin{pmatrix} 2 & 1 & 2 & -1 \\ 1 & 2 & -1 & 3 \\ -1 & 0 & 1 & 2 \end{pmatrix}^{\mathrm{T}} = \begin{pmatrix} 2 & 1 & -1 \\ 1 & 2 & 0 \\ 2 & -1 & 1 \\ -1 & 3 & 2 \end{pmatrix}$$

Lösung zu Aufgabe 18

Nach dem doppelten Zeilen- und Spaltentausch erhalten Sie …

$$\begin{aligned} (A^{\mathrm{T}})^{\mathrm{T}} &= \left(\begin{pmatrix} 1 & 0 & i \\ 2 & 1 & 1-i \end{pmatrix}^{\mathrm{T}}\right)^{\mathrm{T}} \\ &= \begin{pmatrix} 1 & 2 \\ 0 & 1 \\ i & 1-i \end{pmatrix}^{\mathrm{T}} = \begin{pmatrix} 1 & 0 & i \\ 2 & 1 & 1-i \end{pmatrix} \end{aligned}$$

… natürlich wieder die Ausgangsmatrix A!

Lösung zu Aufgabe 19

Die Berechnung von $2 \cdot (A^{\mathrm{T}})$ führt zu:

$$\begin{aligned} 2 \cdot A^{\mathrm{T}} &= 2 \cdot \begin{pmatrix} 3 & 0 & 1 & 1 \\ 2 & 2 & -1 & -1 \\ 1 & 0 & 1 & 0 \end{pmatrix}^{\mathrm{T}} \\ &= 2 \cdot \begin{pmatrix} 3 & 2 & 1 \\ 0 & 2 & 0 \\ 1 & -1 & 1 \\ 1 & -1 & 0 \end{pmatrix} = \begin{pmatrix} 6 & 4 & 2 \\ 0 & 4 & 0 \\ 2 & -2 & 2 \\ 2 & -2 & 0 \end{pmatrix} \end{aligned}$$

Weiter ergibt $(2 \cdot A)^{\mathrm{T}}$:

$$(2A)^{\mathrm{T}} = \left(2 \cdot \begin{pmatrix} 3 & 0 & 1 & 1 \\ 2 & 2 & -1 & -1 \\ 1 & 0 & 1 & 0 \end{pmatrix}\right)^{\mathrm{T}}$$

$$= \begin{pmatrix} 6 & 0 & 2 & 2 \\ 4 & 4 & -2 & -2 \\ 2 & 0 & 2 & 0 \end{pmatrix}^{\mathrm{T}} = \begin{pmatrix} 6 & 4 & 2 \\ 0 & 4 & 0 \\ 2 & -2 & 2 \\ 2 & -2 & 0 \end{pmatrix}$$

Die Ergebnisse stimmen überein! Das ist immer so: $k \cdot (A^{\mathrm{T}}) = (k \cdot A)^{\mathrm{T}}$

Lösung zu Aufgabe 20

Sie starten mit $(A \cdot B)^{\mathrm{T}}$:

$$(A \cdot B)^{\mathrm{T}} = \left(\begin{pmatrix} 1 & 2 & 3 \\ 2 & 0 & -1 \end{pmatrix} \cdot \begin{pmatrix} 1 & 0 & 1 & 2 \\ 2 & 0 & 1 & -1 \\ 0 & -1 & 0 & 2 \end{pmatrix}\right)^{\mathrm{T}}$$

$$= \begin{pmatrix} 5 & -3 & 3 & 6 \\ 2 & 1 & 2 & 2 \end{pmatrix}^{\mathrm{T}} = \begin{pmatrix} 5 & 2 \\ -3 & 1 \\ 3 & 2 \\ 6 & 2 \end{pmatrix}$$

Weiter geht es mit $B^{\mathrm{T}} \cdot A^{\mathrm{T}}$:

$$B^{\mathrm{T}} \cdot A^{\mathrm{T}} = \begin{pmatrix} 1 & 0 & 1 & 2 \\ 2 & 0 & 1 & -1 \\ 0 & -1 & 0 & 2 \end{pmatrix}^{\mathrm{T}} \cdot \begin{pmatrix} 1 & 2 & 3 \\ 2 & 0 & -1 \end{pmatrix}^{\mathrm{T}}$$

$$= \begin{pmatrix} 1 & 2 & 0 \\ 0 & 0 & -1 \\ 1 & 1 & 0 \\ 2 & -1 & 2 \end{pmatrix} \cdot \begin{pmatrix} 1 & 2 \\ 2 & 0 \\ 3 & -1 \end{pmatrix} = \begin{pmatrix} 5 & 2 \\ -3 & 1 \\ 3 & 2 \\ 6 & 2 \end{pmatrix}$$

Die beiden Ergebnisse stimmen überein! Damit haben Sie das allgemeingültige Gesetz bestätigt: $(A \cdot B)^{\mathrm{T}} = B^{\mathrm{T}} \cdot A^{\mathrm{T}}$

Lösung zu Aufgabe 21

$$A^* = \begin{pmatrix} 2 & 2+i \\ 0 & 2-i \\ -i & 1 \end{pmatrix}^* = \begin{pmatrix} 2 & 0 & i \\ 2-i & 2+i & 1 \end{pmatrix}$$

Lösung zu Aufgabe 22

Das Ergebnis ist nicht sehr überraschend:

$$(A^*)^* = \left(\begin{pmatrix} i & i \\ 2 & 3 \\ -i & 0 \end{pmatrix}^*\right)^* = \begin{pmatrix} -i & 2 & i \\ -i & 3 & 0 \end{pmatrix}^* = \begin{pmatrix} i & i \\ 2 & 3 \\ -i & 0 \end{pmatrix} = A$$

Lösung zu Aufgabe 23

Die Adjungierte A^* stimmt mit A überein!

$$A^* = \begin{pmatrix} 2 & i & 3 \\ -i & 0 & 2+i \\ 3 & 2-i & 1 \end{pmatrix}^* = \begin{pmatrix} 2 & i & 3 \\ -i & 0 & 2+i \\ 3 & 2-i & 1 \end{pmatrix}$$

Matrizen mit dieser Eigenschaft heißen *selbstadjungiert*. Im Falle ausschließlich reeller Einträge sind das genau die *symmetrischen* Matrizen. Für komplexe Einträge wird eine selbstadjungierte Matrix auch *hermitesch* (siehe Abschnitt »Eigenschaften hermitescher und schiefhermitescher Matrizen« in Kapitel 17) genannt.

Lösung zu Aufgabe 24

$(A \cdot B)^*$ ergibt:

$$(A \cdot B)^* = \left(\begin{pmatrix} i & 2-i & 3i \\ 0 & 1 & -1 \end{pmatrix} \cdot \begin{pmatrix} 1+i & 0 & 0 & 2-i \\ 2 & i & 1 & i \\ 1 & -i & 2+2i & 2 \end{pmatrix}\right)^*$$

$$= \begin{pmatrix} i-1+4-2i+3i & 2i+1+3 & 2-i+6i-6 & 2i+1+2i+1+6i \\ 2-1 & i+i & 1-2-2i & i-2 \end{pmatrix}^*$$

$$= \begin{pmatrix} 3+2i & 4+2i & -4+5i & 2+10i \\ 1 & 2i & -1-2i & -2+i \end{pmatrix}^* = \begin{pmatrix} 3-2i & 1 \\ 4-2i & -2i \\ -4-5i & -1+2i \\ 2-10i & -2-i \end{pmatrix}$$

Für $B^* \cdot A^*$ finden Sie:

$$B^* \cdot A^* = \begin{pmatrix} 1+i & 0 & 0 & 2-i \\ 2 & i & 1 & i \\ 1 & -i & 2+2i & 2 \end{pmatrix}^* \cdot \begin{pmatrix} i & 2-i & 3i \\ 0 & 1 & -1 \end{pmatrix}^*$$

$$= \begin{pmatrix} 1-i & 2 & 1 \\ 0 & -i & i \\ 0 & 1 & 2-2i \\ 2+i & -i & 2 \end{pmatrix} \cdot \begin{pmatrix} -i & 0 \\ 2+i & 1 \\ -3i & -1 \end{pmatrix}$$

$$= \begin{pmatrix} -i-1+4+2i-3i & 2-1 \\ -2i+1+3 & -i-i \\ 2+i-6i-6 & 1-2+2i \\ -2i+1-2i+1-6i & -i-2 \end{pmatrix} = \begin{pmatrix} 3-2i & 1 \\ 4-2i & -2i \\ -4-5i & -1+2i \\ 2-10i & -2-i \end{pmatrix}$$

Die Ergebnismatrizen sind identisch! Das ist immer so: $(A \cdot B)^* = B^* \cdot A^*$.

Lösung zu Aufgabe 25

Die Minoren einer 2×2-Matrix berechnen sich aus 1×1 Determinanten, die Sie einfach aus der Matrix ablesen. Hier erhalten Sie:

$$M_{11} = 4, \ M_{12} = 2,$$
$$M_{21} = 3, \ M_{22} = 1$$

Die Minorenmatrix gleicht sehr dem Original A:

$$M = \begin{pmatrix} 4 & 2 \\ 3 & 1 \end{pmatrix}$$

Bei den Kofaktoren multiplizieren Sie folgende Vorzeichen:

$$\begin{pmatrix} + & - \\ - & + \end{pmatrix}$$

Sie erhalten somit als Kofaktorenmatrix Cof:

$$\text{Cof} = \begin{pmatrix} 4 & -2 \\ -3 & 1 \end{pmatrix}$$

Die komplementäre Matrix ist die Transponierte von Cof:

$$\tilde{A} = \begin{pmatrix} 4 & -2 \\ -3 & 1 \end{pmatrix}^{\mathrm{T}} = \begin{pmatrix} 4 & -3 \\ -2 & 1 \end{pmatrix}$$

Sie haben damit zugleich die *Regel zur Berechnung von* 2×2*-Adjunkten* bestätigt:

Die Adjunkte einer 2×2-Matrix A ergibt sich zu:

$$A = \begin{pmatrix} a & b \\ c & d \end{pmatrix} \Rightarrow \tilde{A} = \begin{pmatrix} d & -b \\ -c & a \end{pmatrix}$$

Dabei werden die *Hauptdiagonalenelemente* vertauscht, während die *Nebendiagonalelemente* zu negieren sind!

Die Probe bestätigt diesen Ansatz:

$$\tilde{A} \cdot A = \begin{pmatrix} 4 & -3 \\ -2 & 1 \end{pmatrix} \begin{pmatrix} 1 & 3 \\ 2 & 4 \end{pmatrix} = \begin{pmatrix} -2 & 0 \\ 0 & -2 \end{pmatrix} = \det(A) \cdot I$$

Lösung zu Aufgabe 26

Mit dem Trick aus Aufgabe 25 erhalten Sie sofort:

$$A = \begin{pmatrix} -2 & 6 \\ 3 & -9 \end{pmatrix} \Rightarrow \tilde{A} = \begin{pmatrix} -9 & -6 \\ -3 & -2 \end{pmatrix}$$

Obwohl die Aufgabe recht zügig zu bewältigen ist, empfehle ich Ihnen auch hier eine Probe:

$$\tilde{A} \cdot A = \begin{pmatrix} -9 & -6 \\ -3 & -2 \end{pmatrix} \begin{pmatrix} -2 & 6 \\ 3 & -9 \end{pmatrix} = \begin{pmatrix} 0 & 0 \\ 0 & 0 \end{pmatrix} = \det(A) \cdot I$$

Wie Sie sehen, funktioniert das Verfahren auch dann, wenn A nicht *regulär* ist, wenn also die Determinante von A verschwindet.

Lösung zu Aufgabe 27

Sie beginnen mit den Minoren:

$$M_{11} = \begin{vmatrix} 0 & 3 \\ 2 & 4 \end{vmatrix} = -6, \ M_{12} = \begin{vmatrix} -1 & 3 \\ 3 & 4 \end{vmatrix} = -13, \ M_{13} = \begin{vmatrix} -1 & 0 \\ 3 & 2 \end{vmatrix} = -2$$

$$M_{21} = \begin{vmatrix} 1 & 2 \\ 2 & 4 \end{vmatrix} = 0, \quad M_{22} = \begin{vmatrix} 1 & 2 \\ 3 & 4 \end{vmatrix} = -2, \quad M_{23} = \begin{vmatrix} 1 & 1 \\ 3 & 2 \end{vmatrix} = -1$$

$$M_{31} = \begin{vmatrix} 1 & 2 \\ 0 & 3 \end{vmatrix} = 3, \quad M_{32} = \begin{vmatrix} 1 & 2 \\ -1 & 3 \end{vmatrix} = 5, \quad M_{33} = \begin{vmatrix} 1 & 1 \\ -1 & 0 \end{vmatrix} = 1$$

Die Minorenmatrix besitzt somit folgende Gestalt:

$$M = \begin{pmatrix} -6 & -13 & -2 \\ 0 & -2 & -1 \\ 3 & 5 & 1 \end{pmatrix}$$

Die Berechnung der Kofaktorenmatrix Cof ergibt:

$$\text{Cof} = \begin{pmatrix} -6 & 13 & -2 \\ 0 & -2 & 1 \\ 3 & -5 & 1 \end{pmatrix}$$

Schließlich finden Sie als komplementäre Matrix von A:

$$\tilde{A} = \begin{pmatrix} -6 & 13 & -2 \\ 0 & -2 & 1 \\ 3 & -5 & 1 \end{pmatrix}^{\mathrm{T}} = \begin{pmatrix} -6 & 0 & 3 \\ 13 & -2 & -5 \\ -2 & 1 & 1 \end{pmatrix}$$

Eine Probe bestätigt das Ergebnis:

$$\tilde{A} \cdot A = \begin{pmatrix} -6 & 0 & 3 \\ 13 & -2 & -5 \\ -2 & 1 & 1 \end{pmatrix} \begin{pmatrix} 1 & 1 & 2 \\ -1 & 0 & 3 \\ 3 & 2 & 4 \end{pmatrix} = \begin{pmatrix} 3 & 0 & 0 \\ 0 & 3 & 0 \\ 0 & 0 & 3 \end{pmatrix} = \det(A) \cdot I$$ ✓

Matrizen invertieren

15

In diesem Kapitel ...

- Tricks und Kniffe zum Invertieren von 2×2-Matrizen erlernen
- 3×3-Matrizen mit unterschiedlichen Verfahren invertieren
- Matrizen beliebiger Dimension verarzten

Die Inverse einer Matrix zu berechnen, falls das überhaupt möglich ist, kann ganz schön anstrengend sein. In diesem Kapitel üben Sie die schnellsten und effektivsten Möglichkeiten dazu.

Anfangen wird das bei sehr kleinen 2×2-Matrizen und sich Abschnitt für Abschnitt immer weiter steigern. Am Ende werden Sie nicht nur Matrizen beliebiger Dimension invertieren, sondern darüber hinaus auch noch Spaß dabei haben, wenn alles gut läuft.

Natürlich fehlen die ausführlich durchgerechneten Lösungen am Ende des Kapitels auch nicht.

2×2 Matrizen schnell invertieren

Die *Inverse* einer quadratischen Matrix verstehen Sie am besten, wenn Sie sich den Kehrwert einer rationalen Zahl vorstellen. Beispielsweise ist $\frac{1}{2}$ das Inverse von 2, weil $2 \cdot \frac{1}{2}$ Eins ergibt.

Dabei kommt für die »Eins« bei Matrizen nur die *Einheitsmatrix* I in Frage. Die Inverse einer Matrix A ist somit die eindeutig bestimmte Matrix A^{-1}, die, mit A multipliziert, die Einheitsmatrix ergibt: $A \cdot A^{-1} = I$.

Aber so wie nicht jede rationale Zahl einen Kehrwert besitzt, hat auch nicht jede Matrix eine Inverse. Die Rolle der »Null« bei den gewöhnlichen Zahlen nehmen Matrizen mit verschwindender *Determinante* ein, diese sind auch nicht invertierbar. Man nennt sie *singulär*. Alle anderen heißen *regulär*.

Falls Sie den Begriff »*Determinante*« zum ersten Mal hören, empfehle ich Ihnen zumindest einige der Übungen aus Kapitel 16, bevor Sie weiterlesen.

Die wichtigsten Eigenschaften inverser Matrizen, die Sie sich merken sollten, sind die folgenden:

- ✔ Nur reguläre Matrizen sind invertierbar
- ✔ Die Inverse einer Inversen ergibt wieder die Originalmatrix: $(A^{-1})^{-1} = A$
- ✔ Die Transponierte der Inversen ist die Inverse der Transponierten: $(A^{-1})^{\mathrm{T}} = (A^{\mathrm{T}})^{-1}$

✔ Es gilt der wichtige *Produktsatz*: $(A \cdot B)^{-1} = B^{-1} \cdot A^{-1}$

Genug der Vorrede, jetzt geht es an das konkrete Bestimmen von inversen Matrizen. Im Falle von 2×2-Matrizen merken Sie sich am besten die Formel:

$$A = \begin{pmatrix} a & b \\ c & d \end{pmatrix} \Rightarrow A^{-1} = \frac{1}{\det(A)} \cdot \begin{pmatrix} d & -b \\ -c & a \end{pmatrix}$$

Diese Formel entsteht unmittelbar aus der Berechnung der komplementären Matrix von A, wie sie in Kapitel 14 behandelt wird!

Noch ein wichtiger Hinweis, dann kann es endlich losgehen:

Nach der Berechnung der Inversen zu einer Matrix A müssen Sie unbedingt die Probe durchführen, die recht schnell geht und Ihnen sofort Gewissheit darüber verschafft, ob Sie sich verrechnet haben. Es muss gelten: $A \cdot A^{-1} = I$

Beispiel

Berechnen Sie die Inverse der Matrix A!

$$A = \begin{pmatrix} 1 & 3 \\ 2 & -1 \end{pmatrix}$$

Lösung

Der erste Schritt ist die Berechnung der Determinante von A:

$$|A| = \begin{vmatrix} 1 & 3 \\ 2 & -1 \end{vmatrix} = -1 - 6 = -7 \neq 0$$

Somit ist A regulär und Sie setzen die Formel zur Berechnung von 2×2-Inversen an:

$$A^{-1} = -\frac{1}{7} \cdot \begin{pmatrix} -1 & -3 \\ -2 & 1 \end{pmatrix}$$

Die Probe macht keine Mühe und verschafft Ihnen das gute Gefühl, sich nicht verrechnet zu haben:

$$A^{-1} \cdot A = -\frac{1}{7}\begin{pmatrix} -1 & -3 \\ -2 & 1 \end{pmatrix}\begin{pmatrix} 1 & 3 \\ 2 & -1 \end{pmatrix} = -\frac{1}{7}\begin{pmatrix} -7 & 0 \\ 0 & -7 \end{pmatrix} = \begin{pmatrix} 1 & 0 \\ 0 & 1 \end{pmatrix} = I$$

Es spielt keine Rolle, ob Sie $A \cdot A^{-1} = I$ oder $A^{-1} \cdot A = I$ verifizieren. Beide Varianten müssen funktionieren, aber eine genügt!

Aufgabe 1

Berechnen Sie die Inverse der Matrix A!

$$A = \begin{pmatrix} -1 & 2 \\ 3 & 4 \end{pmatrix}$$

Aufgabe 2

Berechnen Sie die Inverse der Matrix A!

$$A = \begin{pmatrix} 3 & 2 \\ -1 & 0 \end{pmatrix}$$

Aufgabe 3

Ist A regulär oder singulär?

$$A = \begin{pmatrix} 1 & -3 \\ -2 & 6 \end{pmatrix}$$

Aufgabe 4

Bestätigen Sie $(A \cdot B)^{-1} = B^{-1} \cdot A^{-1}$!

$$A = \begin{pmatrix} 2 & 0 \\ 1 & -1 \end{pmatrix} \text{ und B} = \begin{pmatrix} -1 & 2 \\ 2 & 0 \end{pmatrix}$$

Die Inverse von 3×3-Matrizen bestimmen

Im Gegensatz zu 2×2-Matrizen bieten sich Ihnen zur Berechnung von 3×3-Matrizen bereits mehrere Optionen.

- Auswendiglernen der *Invertierungsformel*, die analog zu 2×2-Matrizen verläuft aber hier mindestens zwei Nummern aufwändiger ist
- Mittels *Adjunktenverfahren*, das die Grundlage für die Invertierungsformel darstellt
- Mit Hilfe des *Gauß-Jordan-Algorithmus*, der für noch größere Matrizen das Mittel der Wahl darstellt und den ich Ihnen im nächsten Abschnitt ausführlich erläutere

Die *Invertierungsformel* für eine reguläre 3×3-Matrix lautet wie folgt:

$$A = \begin{pmatrix} a & b & c \\ d & e & f \\ g & h & j \end{pmatrix} \Rightarrow \mathrm{A}^{-1} = \frac{1}{\det(A)} \begin{pmatrix} ej - hf & hc - bj & bf - ec \\ gf - dj & aj - gc & dc - af \\ dh - ge & gb - ah & ae - db \end{pmatrix}$$

Keine Panik! Kein Mensch lernt diese Formel auswendig. Vielmehr möchte ich Ihnen zeigen, dass die scheinbar wie aus Zauberhand entstandene Gleichung auf ganz solidem Fundament steht, nämlich auf dem Verfahren zur Bestimmung der *komplementären Matrix* von A, kurz dem *Adjunktenverfahren*.

Das Adjunktenverfahren, wie ich es Ihnen in Kapitel 14 vorgestellt habe, kann auch zur Invertierung von Matrizen herangezogen werden. Lediglich die Determinante der Ausgangsmatrix muss am Ende dividiert werden.

Dazu stelle ich Ihnen zunächst die *Minorenmatrix* M von A vor:

$$M = \begin{pmatrix} \begin{vmatrix} e & f \\ h & j \end{vmatrix} & \begin{vmatrix} d & f \\ g & j \end{vmatrix} & \begin{vmatrix} d & e \\ g & h \end{vmatrix} \\ \begin{vmatrix} b & c \\ h & j \end{vmatrix} & \begin{vmatrix} a & c \\ g & j \end{vmatrix} & \begin{vmatrix} a & b \\ g & h \end{vmatrix} \\ \begin{vmatrix} b & c \\ e & f \end{vmatrix} & \begin{vmatrix} a & c \\ d & f \end{vmatrix} & \begin{vmatrix} a & b \\ d & e \end{vmatrix} \end{pmatrix} = \begin{pmatrix} ej - hf & dj - gf & dh - ge \\ bj - hc & aj - gc & ah - gb \\ bf - ec & af - dc & ae - db \end{pmatrix}$$

Die *Kofaktorenmatrix* Cof kehrt das Vorzeichen eines jeden zweiten Eintrags um:

$$\mathrm{Cof} = \begin{pmatrix} ej - hf & gf - dj & dh - ge \\ hc - bj & aj - gc & gb - ah \\ bf - ec & dc - af & ae - db \end{pmatrix}$$

Schließlich erhalten Sie aus der Transponierten von Cof die Adjunkte $\tilde{A}$:

$$\tilde{A} = \begin{pmatrix} ej - hf & hc - bj & bf - ec \\ gf - dj & aj - gc & dc - af \\ dh - ge & gb - ah & ae - db \end{pmatrix}$$

Nach der Division der Determinante von A entsteht genau die Invertierungsformel für 3×3-Matrizen.

Beispiel

Berechnen Sie die Inverse von A!

$$A = \begin{pmatrix} 1 & 2 & 1 \\ 2 & 1 & 0 \\ 3 & 1 & -1 \end{pmatrix}$$

Lösung

Sie erhalten, entweder durch direkten Formeleinsatz oder mittels des Adjunktenverfahrens

$$A^{-1} = \frac{1}{-1+0+2-3-0+4} \begin{pmatrix} -1-0 & 1-(-2) & 0-1 \\ 0-(-2) & -1-3 & 2-0 \\ 2-3 & 6-1 & 1-4 \end{pmatrix} = \frac{1}{2} \begin{pmatrix} -1 & 3 & -1 \\ 2 & -4 & 2 \\ -1 & 5 & -3 \end{pmatrix}$$

Die Probe bestätigt die Berechnungen:

$$A^{-1}A = \frac{1}{2} \begin{pmatrix} -1 & 3 & -1 \\ 2 & -4 & 2 \\ -1 & 5 & -3 \end{pmatrix} \begin{pmatrix} 1 & 2 & 1 \\ 2 & 1 & 0 \\ 3 & 1 & -1 \end{pmatrix} = \frac{1}{2} \begin{pmatrix} 2 & 0 & 0 \\ 0 & 2 & 0 \\ 0 & 0 & 2 \end{pmatrix} = \begin{pmatrix} 1 & 0 & 0 \\ 0 & 1 & 0 \\ 0 & 0 & 1 \end{pmatrix} = I$$

Auch für 3×3-Matrizen gilt das Gebot, am Ende der Berechnungen zur inversen Matrix die Probe durchzuführen: $A \cdot A^{-1} = I$

Aufgabe 5

Berechnen Sie die Inverse von A!

$$A = \begin{pmatrix} -1 & 1 & -1 \\ 0 & 2 & 1 \\ 2 & 1 & 0 \end{pmatrix}$$

Aufgabe 6

Berechnen Sie die Inverse von A!

$$A = \begin{pmatrix} 1 & 1 & 1 \\ 0 & 1 & 1 \\ 0 & 0 & 1 \end{pmatrix}$$

Aufgabe 7

Ist A invertierbar?

$$A = \begin{pmatrix} 1 & 2 & 1 \\ 3 & 1 & -2 \\ -1 & 2 & 3 \end{pmatrix}$$

Aufgabe 8

Angenommen, Sie haben sich bei der Berechnung der Inversen an einer Stelle vertan. Wie können Sie den Fehler lokalisieren?

Inverse von höherdimensionalen Matrizen erzeugen

So irgendwo ab der vierten Dimension, spätestens jedoch bei noch größeren Matrizen nehmen die unterschiedlichen Optionen zur Berechnung von Inversen stark ab.

Das liegt zum einen am gestiegenen Aufwand zur Ermittlung der Adjunkten, die bekanntlich zahllose Unterdeterminanten verlangt. Es liegt aber auch daran, dass die Alternative, der *Gauß-Jordan-Algorithmus (GJA)*, sich so gut wie gar nicht an der Größe des Systems stört. Alles dauert ein wenig länger, wird aber nicht schwieriger.

Selbstverständlich dürfen Sie den Gauß-Jordan-Algorithmus ebenfalls zur Invertierung von 2×2- oder 3×3-Matrizen anwenden, auch wenn es dort schnellere Alternativen gibt.

Deswegen möchte ich Ihnen in diesem Abschnitt genau erklären, wie Sie den GJA zur Invertierung von Matrizen einsetzen.

Zur prinzipiellen Funktionsweise des GJA mit zahlreichen Übungsaufgaben darf ich Sie auf die Kapitel 8–10 verweisen!

Das geht am besten anhand eines Beispiels!

Beispiel

Invertieren Sie die Matrix A mittels GJA!

$$A = \begin{pmatrix} 1 & 0 & -1 & 2 \\ 2 & 1 & 1 & 0 \\ 3 & 0 & 1 & 1 \\ 0 & 1 & 0 & 0 \end{pmatrix}$$

Lösung

Sie starten mit der gewöhnlichen Gauß-Darstellung von A, gerade so, als ob A die Koeffizientenmatrix eines linearen Gleichungssystems wäre.

Anstatt der Konstantenspalte tragen Sie nun jedoch eine Einheitsmatrix, die genau so groß ist wie A, auf der rechten Seite ein:

$$\begin{array}{cccc|cccc} 1 & 0 & -1 & 2 & 1 & 0 & 0 & 0 \\ 2 & 1 & 1 & 0 & 0 & 1 & 0 & 0 \\ 3 & 0 & 1 & 1 & 0 & 0 & 1 & 0 \\ 0 & 1 & 0 & 0 & 0 & 0 & 0 & 1 \end{array}$$

Spaltenüberschriften dürfen Sie getrost ignorieren!

Wenn Sie den GJA zur Invertierung von Matrizen einsetzen, ist ein **Spaltentausch verboten**! Ein Zeilentausch und alle anderen GJA-Operationen bleiben jedoch erlaubt.

Sie wenden Schritt für Schritt den Gaußschen Eliminationsalgorithmus an, wobei alle mathematischen Operationen links und rechts des senkrechten Striches gleichermaßen durchzuführen sind.

Zuerst kommt die Spalte 1 an die Reihe. Dazu wird Zeile 1 nacheinander mit -2 und -3 multipliziert und auf die Zeilen 2 und 3 addiert. Zeile 4 müssen Sie dagegen nicht anpassen, dort befindet sich bereits eine Null an der richtigen Stelle:

$$\begin{array}{cccc|cccc} 1 & 0 & -1 & 2 & 1 & 0 & 0 & 0 \\ 0 & 1 & 3 & -4 & -2 & 1 & 0 & 0 \\ 0 & 0 & 4 & -5 & -3 & 0 & 1 & 0 \\ 0 & 1 & 0 & 0 & 0 & 0 & 0 & 1 \end{array}$$

Als nächstes ist die zweite Spalte an der Reihe. Hier ist nur Zeile 4 anzupassen:

$$\begin{array}{rrrr|rrrr} 1 & 0 & -1 & 2 & 1 & 0 & 0 & 0 \\ 0 & 1 & 3 & -4 & -2 & 1 & 0 & 0 \\ 0 & 0 & 4 & -5 & -3 & 0 & 1 & 0 \\ 0 & 0 & -3 & 4 & 2 & -1 & 0 & 1 \end{array}$$

Nun würden Sie vielleicht die dritte Zeile durch 4 dividieren. Das führt allerdings zu Brüchen. Wenn Sie jedoch die dritte Zeile durch die Summe der dritten und vierten ersetzen, sieht das Ergebnis freundlicher aus:

$$\begin{array}{rrrr|rrrr} 1 & 0 & -1 & 2 & 1 & 0 & 0 & 0 \\ 0 & 1 & 3 & -4 & -2 & 1 & 0 & 0 \\ 0 & 0 & 1 & -1 & -1 & -1 & 1 & 1 \\ 0 & 0 & -3 & 4 & 2 & -1 & 0 & 1 \end{array}$$

Das Dreifache von Zeile 3 »möchte« nun zu Zeile 4 addiert werden:

$$\begin{array}{rrrr|rrrr} 1 & 0 & -1 & 2 & 1 & 0 & 0 & 0 \\ 0 & 1 & 3 & -4 & -2 & 1 & 0 & 0 \\ 0 & 0 & 1 & -1 & -1 & -1 & 1 & 1 \\ 0 & 0 & 0 & 1 & -1 & -4 & 3 & 4 \end{array}$$

Die erste Hälfte ist geschafft, eine obere Dreiecksmatrix lacht Sie auf der linken Seite an. Jetzt geht es von unten der vierten Spalte »an den Kragen«:

$$\begin{array}{rrrr|rrrr} 1 & 0 & -1 & 0 & 3 & 8 & -6 & -8 \\ 0 & 1 & 3 & 0 & -6 & -15 & 12 & 16 \\ 0 & 0 & 1 & 0 & -2 & -5 & 4 & 5 \\ 0 & 0 & 0 & 1 & -1 & -4 & 3 & 4 \end{array}$$

In dem Maße, wie Sie auf der linken Seite »Recht und Ordnung« schaffen, entsteht auf der rechten Seite »Chaos und Anarchie«. Lassen Sie sich dadurch nicht irre machen, sondern fahren Sie gemäß GJA mit Spalte 3 fort:

$$\begin{array}{rrrr|rrrr} 1 & 0 & 0 & 0 & 1 & 3 & -2 & -3 \\ 0 & 1 & 0 & 0 & 0 & 0 & 0 & 1 \\ 0 & 0 & 1 & 0 & -2 & -5 & 4 & 5 \\ 0 & 0 & 0 & 1 & -1 & -4 & 3 & 4 \end{array}$$

Und der Algorithmus ist unverhofft vor der Zeit zu Ende, weil Spalte 2 bereits den Endzustand erreicht hatte.

Sie sehen, links steht erwartungsgemäß die Einheitsmatrix. Aber was ist auf der rechten Seite los? Dort lesen Sie die Inverse von A ab!

$$A^{-1} = \begin{pmatrix} 1 & 3 & -2 & -3 \\ 0 & 0 & 0 & 1 \\ -2 & -5 & 4 & 5 \\ -1 & -4 & 3 & 4 \end{pmatrix}$$

Wenn Sie mir nicht glauben – und auch sonst – machen Sie doch einfach die Probe:

$$A^{-1} \cdot A = \begin{pmatrix} 1 & 3 & -2 & -3 \\ 0 & 0 & 0 & 1 \\ -2 & -5 & 4 & 5 \\ -1 & -4 & 3 & 4 \end{pmatrix} \cdot \begin{pmatrix} 1 & 0 & -1 & 2 \\ 2 & 1 & 1 & 0 \\ 3 & 0 & 1 & 1 \\ 0 & 1 & 0 & 0 \end{pmatrix} = \begin{pmatrix} 1 & 0 & 0 & 0 \\ 0 & 1 & 0 & 0 \\ 0 & 0 & 1 & 0 \\ 0 & 0 & 0 & 1 \end{pmatrix} = I$$

Wenn Sie ganz genau wissen wollen, wieso dieses Verfahren funktionieren **muss**, kann ich Ihnen das rasch erläutern. Stellen Sie sich dazu einfach vor, die Anwendung des Gauß-Algorithmus wäre nichts anderes als die Multiplikation einer speziellen Matrix, nennen wir sie G, mit der Ausgangsmatrix A. Das ist tatsächlich möglich! Als Ergebnis entsteht logischerweise die Einheitsmatrix, mit der der GJA terminiert: $G \cdot A = I$. Was passiert, wenn Sie dieselbe Gauß-Matrix anstatt auf A von Anfang an auf die Einheitsmatrix I anwenden? Sie berechnen somit $G \cdot I$. Dazu multiplizieren Sie einfach die Gleichung $G \cdot A = I$ mit A^{-1} von rechts auf beiden Seiten: $G \cdot A \cdot A^{-1} = I \cdot A^{-1}$. Wegen $A \cdot A^{-1} = I$ und $I \cdot A^{-1} = A^{-1}$ erhalten Sie $G \cdot I = A^{-1}$, was zu zeigen war!

In den Übungsaufgaben dürfen Sie Ihre Technik zur Anwendung des Gauß-Jordan-Algorithmus trainieren und erfahren so ganz nebenbei auch Einiges über die Eigenschaften ganz spezieller Matrizen.

Aufgabe 9

Invertieren Sie die Matrix A mittels GJA!

$$A = \begin{pmatrix} 1 & 2 & -1 & 2 \\ 1 & 0 & -1 & 1 \\ 2 & 1 & 0 & -1 \\ 0 & 0 & 1 & -2 \end{pmatrix}$$

Aufgabe 10

Invertieren Sie die Matrix A mittels GJA!

$$A = \begin{pmatrix} 1 & 1 & 1 & 1 \\ 0 & 1 & 1 & 1 \\ 0 & 0 & 1 & 1 \\ 0 & 0 & 0 & 1 \end{pmatrix}$$

Aufgabe 11

Invertieren Sie die Matrix A mittels GJA!

$$A = \begin{pmatrix} 1 & 0 & 0 & 0 & 0 & 0 \\ 0 & 2 & 0 & 0 & 0 & 0 \\ 0 & 0 & 3 & 0 & 0 & 0 \\ 0 & 0 & 0 & 4 & 0 & 0 \\ 0 & 0 & 0 & 0 & 5 & 0 \\ 0 & 0 & 0 & 0 & 0 & 6 \end{pmatrix}$$

Aufgabe 12

Gegeben sei eine beliebige reguläre Matrix A und eine Zahl $r \neq 0$. Was ergibt dann $(r \cdot A)^{-1}$? Begründen Sie Ihre Antwort mit Hilfe des Gauß-Jordan-Algorithmus!

Lösungen der Aufgaben zum Invertieren von Matrizen

Lösung zu Aufgabe 1

Die Determinante von A ergibt:

$$\det(A) = \det\begin{pmatrix} -1 & 2 \\ 3 & 4 \end{pmatrix} = -4 - 6 = -10 \neq 0$$

Somit ist A regulär und die Inverse lautet gemäß Formel:

$$A^{-1} = -\frac{1}{10}\begin{pmatrix} 4 & -2 \\ -3 & -1 \end{pmatrix}$$

Die Probe bestätigt das Ergebnis:

$$A^{-1} \cdot A = -\frac{1}{10}\begin{pmatrix} 4 & -2 \\ -3 & -1 \end{pmatrix}\begin{pmatrix} -1 & 2 \\ 3 & 4 \end{pmatrix} = -\frac{1}{10}\begin{pmatrix} -10 & 0 \\ 0 & -10 \end{pmatrix} = \begin{pmatrix} 1 & 0 \\ 0 & 1 \end{pmatrix} = I$$

Lösung zu Aufgabe 2

Die Determinante von A lautet:

$$\det(A) = \det\begin{pmatrix} 3 & 2 \\ -1 & 0 \end{pmatrix} = 0 - (-2) = 2 \neq 0$$

A ist demnach regulär und besitzt als Inverse:

$$A^{-1} = \frac{1}{2}\begin{pmatrix} 0 & -2 \\ 1 & 3 \end{pmatrix}$$

Auch hier ist eine Probe angezeigt:

$$A^{-1} \cdot A = \frac{1}{2}\begin{pmatrix} 0 & -2 \\ 1 & 3 \end{pmatrix}\begin{pmatrix} 3 & 2 \\ -1 & 0 \end{pmatrix} = \frac{1}{2}\begin{pmatrix} 2 & 0 \\ 0 & 2 \end{pmatrix} = \begin{pmatrix} 1 & 0 \\ 0 & 1 \end{pmatrix} = I$$

Lösung zu Aufgabe 3

Wegen

$$\det(A) = \det\begin{pmatrix} 1 & -3 \\ -2 & 6 \end{pmatrix} = 6 - 6 = 0$$

ist A singulär und somit nicht invertierbar.

Lösung zu Aufgabe 4

Um die Aussage $(A \cdot B)^{-1} = B^{-1} \cdot A^{-1}$ zu bestätigen, beginnen Sie mit der linken Seite:

$$(A \cdot B)^{-1} = \left(\begin{pmatrix} 2 & 0 \\ 1 & -1 \end{pmatrix} \cdot \begin{pmatrix} -1 & 2 \\ 2 & 0 \end{pmatrix}\right)^{-1} = \begin{pmatrix} -2 & 4 \\ -3 & 2 \end{pmatrix}^{-1} = \frac{1}{8}\begin{pmatrix} 2 & -4 \\ 3 & -2 \end{pmatrix}$$

Die Probe für den letzten Schritt können Sie entweder im Kopf ausrechnen oder schriftlich exerzieren:

$$\frac{1}{8}\begin{pmatrix} 2 & -4 \\ 3 & -2 \end{pmatrix}\begin{pmatrix} -2 & 4 \\ -3 & 2 \end{pmatrix} = \frac{1}{8}\begin{pmatrix} 8 & 0 \\ 0 & 8 \end{pmatrix} = \begin{pmatrix} 1 & 0 \\ 0 & 1 \end{pmatrix} = I$$

Für die rechte Seiten werden die Inversen von A und B benötigt:

$$A^{-1} = -\frac{1}{2}\begin{pmatrix} -1 & 0 \\ -1 & 2 \end{pmatrix} \text{ und } \mathrm{B}^{-1} = -\frac{1}{4}\begin{pmatrix} 0 & -2 \\ -2 & -1 \end{pmatrix}$$

Die Proben sind die reinste »Fließbandarbeit«:

$$A^{-1}A = -\frac{1}{2}\begin{pmatrix} -1 & 0 \\ -1 & 2 \end{pmatrix}\begin{pmatrix} 2 & 0 \\ 1 & -1 \end{pmatrix} = -\frac{1}{2}\begin{pmatrix} -2 & 0 \\ 0 & -2 \end{pmatrix} = \begin{pmatrix} 1 & 0 \\ 0 & 1 \end{pmatrix} = I$$

$$\mathrm{B}^{-1}B = -\frac{1}{4}\begin{pmatrix} 0 & -2 \\ -2 & -1 \end{pmatrix}\begin{pmatrix} -1 & 2 \\ 2 & 0 \end{pmatrix} = -\frac{1}{4}\begin{pmatrix} -4 & 0 \\ 0 & -4 \end{pmatrix} = \begin{pmatrix} 1 & 0 \\ 0 & 1 \end{pmatrix} = I$$

Zum Schluss ermitteln Sie $B^{-1} \cdot A^{-1}$. Achten Sie dabei auf die Reihenfolge der Operanden!

$$\mathrm{B}^{-1}A^{-1} = -\frac{1}{4}\begin{pmatrix} 0 & -2 \\ -2 & -1 \end{pmatrix} \cdot \left(-\frac{1}{2}\begin{pmatrix} -1 & 0 \\ -1 & 2 \end{pmatrix}\right) = \frac{1}{8}\begin{pmatrix} 2 & -4 \\ 3 & -2 \end{pmatrix}$$

Dieses Ergebnis stimmt »auffallend« mit $(A \cdot B)^{-1}$ überein, was die Aussage bestätigt!

Lösung zu Aufgabe 5

Hier erhalten Sie folgende inverse Matrix:

$$A^{-1} = \frac{1}{0+2+0-(-4)-(-1)-0}\begin{pmatrix} 0-1 & -1-0 & 1-(-2) \\ 2-0 & 0-(-2) & 0-(-1) \\ 0-4 & 2-(-1) & -2-0 \end{pmatrix}$$

$$= \frac{1}{7}\begin{pmatrix} -1 & -1 & 3 \\ 2 & 2 & 1 \\ -4 & 3 & -2 \end{pmatrix}$$

Zum Glück geht die Probe auf:

$$A^{-1}A = \frac{1}{7}\begin{pmatrix} -1 & -1 & 3 \\ 2 & 2 & 1 \\ -4 & 3 & -2 \end{pmatrix}\begin{pmatrix} -1 & 1 & -1 \\ 0 & 2 & 1 \\ 2 & 1 & 0 \end{pmatrix} = \frac{1}{7}\begin{pmatrix} 7 & 0 & 0 \\ 0 & 7 & 0 \\ 0 & 0 & 7 \end{pmatrix} = \begin{pmatrix} 1 & 0 & 0 \\ 0 & 1 & 0 \\ 0 & 0 & 1 \end{pmatrix} = I$$

Lösung zu Aufgabe 6

Die sehr interessante obere *Dreiecksmatrix* A besitzt eine ebenso interessante Inverse:

$$A^{-1} = \frac{1}{1+0+0-0-0-0}\begin{pmatrix} 1-0 & 0-1 & 1-1 \\ 0-0 & 1-0 & 0-1 \\ 0-0 & 0-0 & 1-0 \end{pmatrix} = \begin{pmatrix} 1 & -1 & 0 \\ 0 & 1 & -1 \\ 0 & 0 & 1 \end{pmatrix}$$

Auch hier ist die Probe erfolgreich:

$$AA^{-1} = \begin{pmatrix} 1 & 1 & 1 \\ 0 & 1 & 1 \\ 0 & 0 & 1 \end{pmatrix}\begin{pmatrix} 1 & -1 & 0 \\ 0 & 1 & -1 \\ 0 & 0 & 1 \end{pmatrix} = \begin{pmatrix} 1 & 0 & 0 \\ 0 & 1 & 0 \\ 0 & 0 & 1 \end{pmatrix} = I$$

Lösung zu Aufgabe 7

Die Determinante von A ergibt:

$$|A| = \begin{vmatrix} 1 & 2 & 1 \\ 3 & 1 & -2 \\ -1 & 2 & 3 \end{vmatrix} = 3+4+6-(-1)-(-4)-18 = 0$$

Somit ist A singulär und **nicht invertierbar**!

Lösung zu Aufgabe 8

Gerade beim Adjunktenverfahren entstehen sehr oft Rechenfehler. Manchmal ist nur ein falsches Vorzeichen an der richtigen Stelle, oder die richtige Zahl an der falschen Stelle. Wie dem auch sei, durch die *doppelte Probe* kann es Ihnen gelingen, den Fehler exakt zu lokalisieren.

Zur Demonstration dieses Tricks möchte ich das Musterbeispiel zur Bestimmung von 3×3-Matrizen heranziehen.

Sie haben dort folgenden Zusammenhang berechnet:

$$A = \begin{pmatrix} 1 & 2 & 1 \\ 2 & 1 & 0 \\ 3 & 1 & -1 \end{pmatrix} \quad \Rightarrow \quad A^{-1} = \frac{1}{2}\begin{pmatrix} -1 & 3 & -1 \\ 2 & -4 & 2 \\ -1 & 5 & -3 \end{pmatrix}$$

Angenommen, Sie hätten versehentlich bei der Inversen in der dritten Zeile und zweiten Spalte anstatt der Zahl »5« den fehlerhaften Wert »4« berechnet.

Schauen Sie sich einmal an, was geschieht, wenn Sie die so erhaltene Matrix jeweils von links und von rechts als *doppelte Probe* multiplizieren.

$$\begin{pmatrix} 1 & 2 & 1 \\ 2 & 1 & 0 \\ 3 & 1 & -1 \end{pmatrix} \cdot \frac{1}{2}\begin{pmatrix} -1 & 3 & -1 \\ 2 & -4 & 2 \\ -1 & 4 & -3 \end{pmatrix} = \frac{1}{2}\begin{pmatrix} 2 & -1 & 0 \\ 0 & 2 & 0 \\ 0 & 1 & 2 \end{pmatrix} = \begin{pmatrix} 1 & -\frac{1}{2} & 0 \\ 0 & 1 & 0 \\ 0 & \frac{1}{2} & 1 \end{pmatrix}$$

$$\frac{1}{2}\begin{pmatrix} -1 & 3 & -1 \\ 2 & -4 & 2 \\ -1 & 4 & -3 \end{pmatrix} \cdot \begin{pmatrix} 1 & 2 & 1 \\ 2 & 1 & 0 \\ 3 & 1 & -1 \end{pmatrix} = \frac{1}{2}\begin{pmatrix} 2 & 0 & 0 \\ 0 & 2 & 0 \\ -2 & -1 & 2 \end{pmatrix} = \begin{pmatrix} 1 & 0 & 0 \\ 0 & 1 & 0 \\ -1 & -\frac{1}{2} & 1 \end{pmatrix}$$

Die erste Probe zeigt Ihnen, dass in der mittleren *Spalte* der angeblichen Inversen ein Fehler vorliegt. Sie können aber nicht sagen, in welcher *Zeile*, weil sich der Fehler potenziell auf alle drei Zeilen verteilt.

Dafür signalisiert Ihnen die zweite Probe, dass ein Fehler in der untersten *Zeile* vorliegen muss. Allerdings bleibt unklar, welche *Spalte* betroffen ist.

Beide Proben zusammen verweisen Sie jedoch eindeutig auf das mittlere Element der dritten Zeile, dort muss ein Fehler vorliegen! Das Schöne am Adjunktenverfahren, im Gegensatz zu Gauß-Jordan, besteht in der lokalen Begrenzung eines Fehlers.

Die doppelte Probe ist nur dann angebracht, wenn die erste Probe nicht in der Einheitsmatrix resultiert! Es sei denn, Sie führen für Ihr Leben gerne Matrixmultiplikationen durch. Dann dürfen Sie selbstredend immer die doppelte Probe anwenden.

Aufgabe 9

Sie starten mit dem Gauß-Ansatz und setzen auf der rechten Seite eine Einheitsmatrix an:

$$\begin{array}{rrrr|rrrr} 1 & 2 & -1 & 2 & 1 & 0 & 0 & 0 \\ 1 & 0 & -1 & 1 & 0 & 1 & 0 & 0 \\ 2 & 1 & 0 & -1 & 0 & 0 & 1 & 0 \\ 0 & 0 & 1 & -2 & 0 & 0 & 0 & 1 \end{array}$$

Nach dem ersten Schritt ist Spalte 1 »bereinigt«:

$$\begin{array}{rrrr|rrrr} 1 & 2 & -1 & 2 & 1 & 0 & 0 & 0 \\ 0 & -2 & 0 & -1 & -1 & 1 & 0 & 0 \\ 0 & -3 & 2 & -5 & -2 & 0 & 1 & 0 \\ 0 & 0 & 1 & -2 & 0 & 0 & 0 & 1 \end{array}$$

Bevor Sie Spalte 2 in Angriff nehmen, empfehle ich Ihnen, Zeile drei von Zeile 2 zu subtrahieren. Damit erhalten Sie:

$$\begin{array}{rrrr|rrrr} 1 & 2 & -1 & 2 & 1 & 0 & 0 & 0 \\ 0 & 1 & -2 & 4 & 1 & 1 & -1 & 0 \\ 0 & -3 & 2 & -5 & -2 & 0 & 1 & 0 \\ 0 & 0 & 1 & -2 & 0 & 0 & 0 & 1 \end{array}$$

Jetzt geht es weiter mit einer gewöhnlichen GJA-Operation, und Spalte zwei wird »gesäubert«.

$$\begin{array}{rrrr|rrrr} 1 & 2 & -1 & 2 & 1 & 0 & 0 & 0 \\ 0 & 1 & -2 & 4 & 1 & 1 & -1 & 0 \\ 0 & 0 & -4 & 7 & 1 & 3 & -2 & 0 \\ 0 & 0 & 1 & -2 & 0 & 0 & 0 & 1 \end{array}$$

Endlich hilft auch einmal ein Zeilentausch weiter, und zwar der Zeilen drei und vier:

$$\begin{array}{rrrr|rrrr} 1 & 2 & -1 & 2 & 1 & 0 & 0 & 0 \\ 0 & 1 & -2 & 4 & 1 & 1 & -1 & 0 \\ 0 & 0 & 1 & -2 & 0 & 0 & 0 & 1 \\ 0 & 0 & -4 & 7 & 1 & 3 & -2 & 0 \end{array}$$

Sie setzen die Arbeit mit Spalte 3 fort:

$$\begin{array}{rrrr|rrrr} 1 & 2 & -1 & 2 & 1 & 0 & 0 & 0 \\ 0 & 1 & -2 & 4 & 1 & 1 & -1 & 0 \\ 0 & 0 & 1 & -2 & 0 & 0 & 0 & 1 \\ 0 & 0 & 0 & -1 & 1 & 3 & -2 & 4 \end{array}$$

Früher oder später müssen Sie die vierte Zeile mit (-1) multiplizieren, also wieso nicht sofort?

$$\begin{array}{rrrr|rrrr} 1 & 2 & -1 & 2 & 1 & 0 & 0 & 0 \\ 0 & 1 & -2 & 4 & 1 & 1 & -1 & 0 \\ 0 & 0 & 1 & -2 & 0 & 0 & 0 & 1 \\ 0 & 0 & 0 & 1 & -1 & -3 & 2 & -4 \end{array}$$

Nun ist Spalte vier an der Reihe, und zwar von unten:

$$\begin{array}{rrrr|rrrr} 1 & 2 & -1 & 0 & 3 & 6 & -4 & 8 \\ 0 & 1 & -2 & 0 & 5 & 13 & -9 & 16 \\ 0 & 0 & 1 & 0 & -2 & -6 & 4 & -7 \\ 0 & 0 & 0 & 1 & -1 & -3 & 2 & -4 \end{array}$$

Sie haben es fast geschafft, durchhalten! Nach dem nächsten Schritt ist Spalte drei »rein«:

$$\begin{array}{rrrr|rrrr} 1 & 2 & 0 & 0 & 1 & 0 & 0 & 1 \\ 0 & 1 & 0 & 0 & 1 & 1 & -1 & 2 \\ 0 & 0 & 1 & 0 & -2 & -6 & 4 & -7 \\ 0 & 0 & 0 & 1 & -1 & -3 & 2 & -4 \end{array}$$

Zum Schluss subtrahieren Sie das Doppelte der Zeile 2 von Zeile 1:

$$\begin{array}{rrrr|rrrr} 1 & 0 & 0 & 0 & -1 & -2 & 2 & -3 \\ 0 & 1 & 0 & 0 & 1 & 1 & -1 & 2 \\ 0 & 0 & 1 & 0 & -2 & -6 & 4 & -7 \\ 0 & 0 & 0 & 1 & -1 & -3 & 2 & -4 \end{array}$$

Das Ergebnis ist die wunderschöne Inverse von A:

$$A^{-1} = \begin{pmatrix} -1 & -2 & 2 & -3 \\ 1 & 1 & -1 & 2 \\ -2 & -6 & 4 & -7 \\ -1 & -3 & 2 & -4 \end{pmatrix}$$

Wieder ist die Probe zur Überprüfung der Rechnung obligatorisch:

$$A \cdot A^{-1} = \begin{pmatrix} 1 & 2 & -1 & 2 \\ 1 & 0 & -1 & 1 \\ 2 & 1 & 0 & -1 \\ 0 & 0 & 1 & -2 \end{pmatrix} \cdot \begin{pmatrix} -1 & -2 & 2 & -3 \\ 1 & 1 & -1 & 2 \\ -2 & -6 & 4 & -7 \\ -1 & -3 & 2 & -4 \end{pmatrix} = \begin{pmatrix} 1 & 0 & 0 & 0 \\ 0 & 1 & 0 & 0 \\ 0 & 0 & 1 & 0 \\ 0 & 0 & 0 & 1 \end{pmatrix} = I$$

Lösung zu Aufgabe 10

Die Problemstellung ähnelt jener von Aufgabe 6, allerdings handelt es sich hier um eine 4×4-Matrix. Die halbe Arbeit ist hier aber bereits getan, wie Sie dem GJA-Ansatz ansehen:

$$\begin{array}{cccc|cccc} 1 & 1 & 1 & 1 & 1 & 0 & 0 & 0 \\ 0 & 1 & 1 & 1 & 0 & 1 & 0 & 0 \\ 0 & 0 & 1 & 1 & 0 & 0 & 1 & 0 \\ 0 & 0 & 0 & 1 & 0 & 0 & 0 & 1 \end{array}$$

Sie starten mit der »Reinigung« von Spalte vier:

$$\begin{array}{cccc|cccc} 1 & 1 & 1 & 0 & 1 & 0 & 0 & -1 \\ 0 & 1 & 1 & 0 & 0 & 1 & 0 & -1 \\ 0 & 0 & 1 & 0 & 0 & 0 & 1 & -1 \\ 0 & 0 & 0 & 1 & 0 & 0 & 0 & 1 \end{array}$$

Nun ist Spalte drei an der Reihe:

$$\begin{array}{cccc|cccc} 1 & 1 & 0 & 0 & 1 & 0 & -1 & 0 \\ 0 & 1 & 0 & 0 & 0 & 1 & -1 & 0 \\ 0 & 0 & 1 & 0 & 0 & 0 & 1 & -1 \\ 0 & 0 & 0 & 1 & 0 & 0 & 0 & 1 \end{array}$$

Der Algorithmus terminiert mit dem letzten Schritt in Spalte zwei:

$$\begin{array}{cccc|cccc} 1 & 0 & 0 & 0 & 1 & -1 & 0 & 0 \\ 0 & 1 & 0 & 0 & 0 & 1 & -1 & 0 \\ 0 & 0 & 1 & 0 & 0 & 0 & 1 & -1 \\ 0 & 0 & 0 & 1 & 0 & 0 & 0 & 1 \end{array}$$

Auch die Lösung kommt Ihnen vielleicht aus Aufgabe 6 bereits bekannt vor:

$$A^{-1} = \begin{pmatrix} 1 & -1 & 0 & 0 \\ 0 & 1 & -1 & 0 \\ 0 & 0 & 1 & -1 \\ 0 & 0 & 0 & 1 \end{pmatrix}$$

Neben der ästhetisch ansprechenden Ergebnismatrix wird Ihnen vielleicht auch klar, was passiert, wenn Sie noch größere Matrizen dieser Art heranziehen. Stets ergibt sich eine »Fast-Einheitsmatrix«, bei der alle Elemente unmittelbar rechts von der Hauptdiagonale den Wert -1 besitzen.

Dennoch ist die Probe eine gute Übung der Matrix-Multiplikation:

$$A \cdot A^{-1} = \begin{pmatrix} 1 & 1 & 1 & 1 \\ 0 & 1 & 1 & 1 \\ 0 & 0 & 1 & 1 \\ 0 & 0 & 0 & 1 \end{pmatrix} \cdot \begin{pmatrix} 1 & -1 & 0 & 0 \\ 0 & 1 & -1 & 0 \\ 0 & 0 & 1 & -1 \\ 0 & 0 & 0 & 1 \end{pmatrix} = \begin{pmatrix} 1 & 0 & 0 & 0 \\ 0 & 1 & 0 & 0 \\ 0 & 0 & 1 & 0 \\ 0 & 0 & 0 & 1 \end{pmatrix} = I$$

Lösung zu Aufgabe 11

Jetzt haben Sie es sogar mit einer 6×6-Matrix zu tun. Aber keine Sorge, der GJA ist ja schon fast am Ende, bevor es richtig losgeht:

$$\begin{array}{cccccc|cccccc} 1 & 0 & 0 & 0 & 0 & 0 & 1 & 0 & 0 & 0 & 0 & 0 \\ 0 & 2 & 0 & 0 & 0 & 0 & 0 & 1 & 0 & 0 & 0 & 0 \\ 0 & 0 & 3 & 0 & 0 & 0 & 0 & 0 & 1 & 0 & 0 & 0 \\ 0 & 0 & 0 & 4 & 0 & 0 & 0 & 0 & 0 & 1 & 0 & 0 \\ 0 & 0 & 0 & 0 & 5 & 0 & 0 & 0 & 0 & 0 & 1 & 0 \\ 0 & 0 & 0 & 0 & 0 & 6 & 0 & 0 & 0 & 0 & 0 & 1 \end{array}$$

Jede Zeile muss nur noch durch den jeweiligen Wert in der Hauptdiagonale dividiert werden, um das Endergebnis zu erhalten:

$$\begin{array}{cccccc|cccccc} 1 & 0 & 0 & 0 & 0 & 0 & 1 & 0 & 0 & 0 & 0 & 0 \\ 0 & 1 & 0 & 0 & 0 & 0 & 0 & \frac{1}{2} & 0 & 0 & 0 & 0 \\ 0 & 0 & 1 & 0 & 0 & 0 & 0 & 0 & \frac{1}{3} & 0 & 0 & 0 \\ 0 & 0 & 0 & 1 & 0 & 0 & 0 & 0 & 0 & \frac{1}{4} & 0 & 0 \\ 0 & 0 & 0 & 0 & 1 & 0 & 0 & 0 & 0 & 0 & \frac{1}{5} & 0 \\ 0 & 0 & 0 & 0 & 0 & 1 & 0 & 0 & 0 & 0 & 0 & \frac{1}{6} \end{array}$$

Die Inverse von A lautet demnach:

$$A^{-1} = \begin{pmatrix} 1 & 0 & 0 & 0 & 0 & 0 \\ 0 & \frac{1}{2} & 0 & 0 & 0 & 0 \\ 0 & 0 & \frac{1}{3} & 0 & 0 & 0 \\ 0 & 0 & 0 & \frac{1}{4} & 0 & 0 \\ 0 & 0 & 0 & 0 & \frac{1}{5} & 0 \\ 0 & 0 & 0 & 0 & 0 & \frac{1}{6} \end{pmatrix}$$

Die Probe muss funktionieren; aber ich möchte Sie keineswegs davon abhalten, dies auch explizit durchzuführen!

Lösung zu Aufgabe 12

Diese Aufgabenstellung ist interessant. Inwiefern könnte Ihnen der GJA bei einer allgemeinen Matrix helfen?

Stellen Sie sich dazu vor, Sie hätten mittels GJA für die Matrix A die Inverse A^{-1} ermittelt. Wenn Sie anschließend aber von $r \cdot A$ mit $r \neq 0$ anstatt von A ausgehen, müssen Sie lediglich jede Zeile von $r \cdot A$ im Algorithmus als erstes durch r dividieren. Dies würde selbstverständlich auch für die rechte Seite gelten. Diesen Faktor, nämlich $\frac{1}{r}$, dürfen Sie auch als skalare Multiplikation herausziehen.

Aber das ist bereits die Lösung! Es gilt somit allgemein:

$$(r \cdot A)^{-1} = \frac{1}{r} \cdot A^{-1}$$

Für $r^{-1} = \frac{1}{r}$ sieht das sogar noch einprägsamer aus:

$$(r \cdot A)^{-1} = r^{-1} \cdot A^{-1}$$

So unscheinbar die Formel ausschaut, Sie kann Ihnen bei einem wichtigen Problem helfen:

Aufgrund des Adjunktenverfahrens zur Invertierung einer Matrix A wissen Sie, dass abschließend durch die Determinante dividiert werden muss, um A^{-1} zu gewinnen. Diese Erkenntnis zusammen mit dem Ergebnis von Aufgabe 12 beschert Ihnen einen Trick zur Vermeidung von Brüchen in den Komponenten von A^{-1}, vorausgesetzt, auch A enthält nur ganze Zahlen. Anstatt A^{-1} berechnen Sie $\left(\frac{1}{\det(A)}A\right)^{-1}$. Im ersten Schritt multiplizieren Sie die möglicherweise entstandenen Brüche in den Zeilen einfach aus. Am Ende vermeiden Sie so elegant jedwede Brüche in der Ergebnismatrix, dürfen aber abschließend nicht vergessen, $\frac{1}{\det(A)}$ als skalaren Faktor zur resultieren Matrix zu multiplizieren!

Determinanten bestimmen

16

In diesem Kapitel ...

- Sinn der Determinanten von Matrizen erkennen
- Schnelle Berechnung von 2×2-Determinanten üben
- Die Regel von Sarrus einstudieren
- Rechenregeln für Determinanten anwenden
- Determinanten beliebig großer Matrizen entwickeln

Dieses Kapitel befasst sich ausschließlich mit Determinanten von Matrizen. »Wo sie herkommen, wo sie hingehen, und was sie zwischenzeitlich anstellen.«

Insbesondere werden Sie die Ermittlung von Determinanten mit den schnellsten und effektivsten Methoden trainieren. Die Anwendung der Rechenregeln für Determinanten wird Ihnen nach der Lektüre des Kapitels keine Sorgen mehr bereiten.

Berechnung von Determinanten

Jede Matrix, und sei sie noch so groß, besitzt eine *Determinante*, eine einfache Zahl. Diese Zahl sagt aber schon recht viel über die Matrix aus. Die Determinante macht allerdings nur bei quadratischen Zahlen Sinn, weil sie ansonsten als Null definiert ist.

Wenn die Determinante einer quadratischen Matrix Null ist, so signalisiert dies ein Problem mit der linearen Unabhängigkeit der Zeilen und Spalten. Genau genommen ist die Determinante genau dann Null, wenn lineare Abhängigkeit in den Zeilen und damit auch den Spalten der Matrix vorliegt.

Handelt es sich bei der Matrix um die Koeffizienten eines linearen Gleichungssystems, können Sie allein aus der Determinante bereits die Art der Lösungsmenge erkennen.

- ✔ Ist die Determinante ungleich Null, so verfügt das LGS über eine einelementige Lösung. Wenn es sich um ein homogenes LGS handelt, kommt dafür nur die triviale Lösung in Frage.
- ✔ Falls die Determinante verschwindet, sind die Zeilen linear abhängig und je nach Konstantenspalte ist die Lösungsmenge des zugehörigen LGS leer oder unendlich groß.

Das ist doch schon was! Als nächstes zeige ich Ihnen, wie sie die Determinanten von Matrizen ermitteln.

für 2×2-Matrizen

Die kleinste quadratische Matrix, die diesen Namen verdient, ist eine 2×2-Matrix. Ihre Determinante berechnet sich auf folgende Weise:

$$\det\begin{pmatrix} a & b \\ c & d \end{pmatrix} = \begin{vmatrix} a & b \\ c & d \end{vmatrix} = ad - cb$$

Beide Darstellungen der Determinante einer Matrix M, nämlich $\det(M)$ und $|M|$, sind geläufig.

Die »Betragstriche« um die Matrix als Zeichen für die Determinante darf sie keineswegs dazu verleiten, am Ende auch den Betrag der Determinante zu wählen. Es gibt auch negative Determinanten! Vielmehr wird für völlig unterschiedliche Dinge wie den *Betrag einer Zahl* und die *Determinante einer Matrix* das gleiche Symbol verwendet.

Tatsächlich ist die Berechnung überraschend einfach.

Beispiel

Berechnen Sie die Determinante der Matrix A!

$$A = \begin{pmatrix} 1 & 3 \\ 2 & 4 \end{pmatrix}$$

Lösung

Sie erhalten:

$$\det(A) = \det\begin{pmatrix} 1 & 3 \\ 2 & 4 \end{pmatrix} = 1 \cdot 4 - 2 \cdot 3 = -2$$

Nun sind Sie an der Reihe!

Aufgabe 1

Berechnen Sie die Determinante der Matrix A!

$$A = \begin{pmatrix} 1 & -1 \\ 3 & 2 \end{pmatrix}$$

Aufgabe 2

Berechnen Sie die Determinante der Matrix A!

$$A = \begin{pmatrix} 2 & -1 \\ -6 & 3 \end{pmatrix}$$

Aufgabe 3

Berechnen Sie die Determinante der Matrix A!

$$A = \begin{pmatrix} 4 & 2 \\ 3 & 1 \end{pmatrix}$$

Aufgabe 4

Berechnen Sie die Determinanten von A und B! Was fällt Ihnen auf?

$$A = \begin{pmatrix} 3 & 4 \\ 2 & 1 \end{pmatrix} \text{ und } \mathrm{B} = A^{\mathrm{T}} = \begin{pmatrix} 3 & 2 \\ 4 & 1 \end{pmatrix}$$

mit der Regel von Sarrus

Bei 3×3-Matrizen wird alles ein wenig komplizierter. Allgemein ergibt sich die folgende Formel:

$$\begin{vmatrix} a & b & c \\ d & e & f \\ g & h & k \end{vmatrix} = aek + bfg + cdh - gec - hfa - kdb$$

Das sieht schwieriger aus, als es ist. Die *Regel von Sarrus* hilft Ihnen, diese Formel dauerhaft zu beherrschen.

Dazu verdoppeln Sie zunächst die ersten beiden Spalten und fügen sie als Spalten 4 und 5 an Ihre Matrix:

$$\left|\begin{matrix} a & b & c \\ d & e & f \\ g & h & k \end{matrix}\right| \begin{matrix} a & d \\ d & e \\ g & f \end{matrix}$$

Als nächstes denken Sie sich oder zeichnen Sie schräge Pfeile von »oben links« nach »unten rechts«!

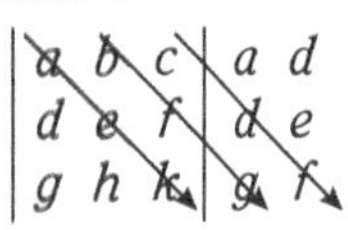

Damit »streifen« Sie genau diejenigen Buchstaben, die gemeinsam multipliziert werden und für die Determinante **addiert** werden müssen!

Jetzt nehmen Sie wiederum die Variante der Matrix mit den 5 Spalten, bringen die Pfeile aber von »unten links« nach »oben rechts« an!

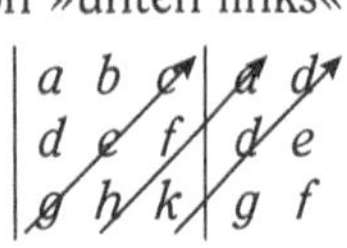

Das sind genau die Faktoren, die Sie für die Determinante **subtrahieren**. So einfach ist das! Fortan werden Ihnen 3×3-Determinaten keine Schwierigkeiten mehr bereiten.

Die Regel von Sarrus ist sehr gut und einprägsam, aber ich kann Ihnen versichern, dass sie bei intensivem Üben nur eine Übergangshilfe bleiben wird. Sobald Sie diese Regel oft genug angewendet haben, werden Sie die Stütze durch die beiden zusätzlichen Matrix-Spalten nicht mehr benötigen und die Determinante im Kopf ausrechnen, ehrlich!

Beispiel

Berechnen Sie die Determinante der Matrix A!

$$A = \begin{pmatrix} 1 & 4 & -1 \\ 2 & 5 & 2 \\ 3 & 6 & 0 \end{pmatrix}$$

Lösung

Zuerst verdoppeln Sie die Spalten 1 und 2:

$$\left|\begin{array}{ccc|cc} 1 & 4 & -1 & 1 & 4 \\ 2 & 5 & 2 & 2 & 5 \\ 3 & 6 & 0 & 3 & 6 \end{array}\right.$$

Die zu addierenden Terme werden durch Pfeile von »oben links« nach »unten rechts« ermittelt:

$$\left|\begin{array}{ccc|cc} 1 & 4 & -1 & 1 & 4 \\ 2 & 5 & 2 & 2 & 5 \\ 3 & 6 & 0 & 3 & 6 \end{array}\right. \Rightarrow 1 \cdot 5 \cdot 0 + 4 \cdot 2 \cdot 3 + (-1) \cdot 2 \cdot 6 = 12$$

Die zu subtrahierenden Terme kommen dagegen von »unten links« nach »oben rechts«:

$$\left|\begin{array}{ccc|cc} 1 & 4 & -1 & 1 & 4 \\ 2 & 5 & 2 & 2 & 5 \\ 3 & 6 & 0 & 3 & 6 \end{array}\right. \Rightarrow 3 \cdot 5 \cdot (-1) + 6 \cdot 2 \cdot 1 + 0 \cdot 2 \cdot 4 = -3$$

Insgesamt ergibt sich als Determinante von A:

$$\det(A) = \det \begin{pmatrix} 1 & 4 & -1 \\ 2 & 5 & 2 \\ 3 & 6 & 0 \end{pmatrix} = 12 - (-3) = 15$$

Aufgabe 5

Berechnen Sie die Determinante der Matrix A!

$$A = \begin{pmatrix} 2 & -1 & 3 \\ 3 & 2 & 1 \\ 1 & 0 & -1 \end{pmatrix}$$

Aufgabe 6

Berechnen Sie die Determinante der Matrix A!

$$A = \begin{pmatrix} 4 & 2 & 2 \\ -2 & 2 & -4 \\ 2 & -1 & 3 \end{pmatrix}$$

Aufgabe 7

Berechnen Sie die Determinante der Matrix A!

$$A = \begin{pmatrix} -1 & 4 & 1 \\ 4 & 3 & 2 \\ 1 & 2 & 2 \end{pmatrix}$$

Aufgabe 8

Berechnen Sie die Determinante der Matrix A!

$$A = \begin{pmatrix} 2 & 3 & 7 \\ 0 & 2 & 4 \\ 0 & 0 & -1 \end{pmatrix}$$

Allgemeine Determinanten entwickeln

Im Allgemeinen ist die Berechnung der Determinanten für größere Matrizen leider kein Zuckerschlecken. Der meist begangene Fehler ist dabei der folgende:

Die *Regel von Sarrus* gilt ausschließlich für 3×3-Determinaten und darf keineswegs für größere Matrizen auf analoge Weise eingesetzt werden!

Die Art und Weise, wie Determinanten für größere Matrizen berechnet werden, ist ein wenig beunruhigend. Sie führen nämlich die Berechnung von, sagen wir, 5×5-Determinanten auf die fünffache Ermittlung von 4×4-Determinanten zurück. Diese wiederum werden auf je vier 3×3-Determinanten herunter gebrochen und die können Sie zum Glück bereits lösen!

Kommt Ihnen das spanisch vor? Aber genau so hätte ich Ihnen auch die Berechnung von 3×3-Matrizen erklären können! Schauen Sie einmal genau hin:

$$\begin{vmatrix} a & b & c \\ d & e & f \\ g & h & k \end{vmatrix} = a \cdot \begin{vmatrix} e & f \\ h & k \end{vmatrix} + b \cdot (-1) \cdot \begin{vmatrix} d & f \\ g & k \end{vmatrix} + c \cdot \begin{vmatrix} d & e \\ g & h \end{vmatrix}$$

Das stimmt am Ende genau mit der *Regel von Sarrus* überein! Bei den kleineren Determinanten handelt es sich übrigens exakt um die Adjunkten zu den jeweils davor stehenden Faktoren (a, b und c).

Sie haben also eine beliebige Zeile herausgegriffen und jeden Wert dort mit der zugehörigen *Adjunkten* multipliziert.

Das Adjunktenverfahren wird ausführlich in Kapitel 14 erklärt und mit zahlreichen Übungsaufgaben trainiert!

Die Summe aller dieser Terme ergibt die Determinante der ursprünglichen Matrix. Das funktioniert mit jeder beliebigen Zeile, aber auch mit jeder beliebigen Spalte und, was das Beste ist, mit einer beliebig-dimensionalen Matrix. Man nennt das auch die »**Determinante der Matrix nach einer Zeile beziehungsweise Spalte entwickeln**«!

Diesen so genannten *Entwicklungssatz* schreibe ich Ihnen jetzt in seiner vollen Schönheit auf:

Sei A eine $n \times n$-Matrix. Dann berechnet sich die Determinante durch *Entwicklung nach der i-ten Zeile* zu

$$\det(A) = \det \begin{pmatrix} a_{11} & \cdots & a_{1n} \\ \vdots & \ddots & \vdots \\ a_{n1} & \cdots & a_{nn} \end{pmatrix} = a_{i1} \cdot \tilde{a}_{i1} + a_{i2} \cdot \tilde{a}_{i2} + \cdots + a_{in} \cdot \tilde{a}_{in}$$

Alternativ ist auch die *Entwicklung nach der j-ten Spalte* möglich:

$$\det(A) = \det \begin{pmatrix} a_{11} & \cdots & a_{1n} \\ \vdots & \ddots & \vdots \\ a_{n1} & \cdots & a_{nn} \end{pmatrix} = a_{1j} \cdot \tilde{A}_{1j} + a_{2j} \cdot \tilde{A}_{2j} + \cdots + a_{nj} \cdot \tilde{A}_{nj}$$

Bleibt die Frage offen, welche konkrete Zeile oder Spalte Sie denn am besten zur Entwicklung der Determinante heranziehen. Die Antwort ist ganz einfach, sobald Sie den Rechenaufwand minimieren wollen.

Zur Berechnung der Determinante einer $n \times n$-Matrix sollten Sie nach derjenigen Zeile oder Spalte entwickeln, die die meisten Nullen enthält!

Die Begründung leuchtet ein, wenn Sie sich den Entwicklungssatz etwas näher ansehen. Sobald einer der Vorfaktoren der Adjunkten Null ist, können Sie sich die Berechnung der Unterdeterminanten komplett schenken. Nett, nicht wahr?

Beispiel

Berechnen Sie die Determinante der Matrix A!

$$A = \begin{pmatrix} 1 & 4 & -2 & 1 \\ 2 & 0 & 3 & -2 \\ 3 & 0 & -2 & 3 \\ 4 & 1 & 0 & 1 \end{pmatrix}$$

Lösung

Der wichtigste Schritt bei der Berechnung der Determinante ist die Entscheidung, nach welcher Zeile oder Spalte Sie entwickeln werden. Dazu durchsuchen Sie die Matrix nach möglichst vielen Nullen pro Zeile oder Spalte. In diesem Fall ist das eindeutig: nur die Spalte 2 enthält 2 Nullen, alle anderen Zeilen oder Spalten würden mehr Aufwand produzieren.

Die Anwendung des Entwicklungssatzes selbst ist reine Fleißarbeit. Die Adjunkten mit Vorfaktor Null lassen Sie am besten gleich weg, um die Angelegenheit übersichtlich zu halten:

$$\begin{aligned}
\det(A) &= \det\begin{pmatrix} 1 & 4 & -2 & 1 \\ 2 & 0 & 3 & -2 \\ 3 & 0 & -2 & 3 \\ 4 & 1 & 0 & 1 \end{pmatrix} \\
&= 4 \cdot (-1) \cdot \begin{vmatrix} 2 & 3 & -2 \\ 3 & -2 & 3 \\ 4 & 0 & 1 \end{vmatrix} + 1 \cdot \begin{vmatrix} 1 & -2 & 1 \\ 2 & 3 & -2 \\ 3 & -2 & 3 \end{vmatrix} \\
&= -4 \cdot (-4 + 36 + 0 - 16 - 0 - 9) + 1 \cdot (9 + 12 - 4 - 9 - 4 - (-12)) \\
&= -4 \cdot 7 + 16 = -12
\end{aligned}$$

Vergessen Sie das Vorzeichen der Adjunkten nicht, denken Sie stets an das »Schachbrettmuster«: $\begin{pmatrix} + & - & + & - & + \\ - & + & - & + & - \\ + & - & + & - & + \\ - & + & - & + & - \\ + & - & + & - & + \end{pmatrix}$

Aufgabe 9

Berechnen Sie die Determinante der Matrix A!

$$A = \begin{pmatrix} -1 & 2 & -2 & 1 \\ 2 & -1 & 2 & 0 \\ 0 & 0 & -2 & 3 \\ 4 & 1 & 0 & 1 \end{pmatrix}$$

Aufgabe 10

Berechnen Sie die Determinante der Matrix A!

$$A = \begin{pmatrix} 0 & 1 & 0 & 2 \\ 4 & 2 & 2 & 0 \\ -1 & 0 & -2 & 3 \\ 3 & 1 & 0 & 1 \end{pmatrix}$$

Aufgabe 11

Berechnen Sie die Determinante der Matrix A!

$$A = \begin{pmatrix} 1 & 0 & -2 & 1 \\ 2 & -1 & 2 & 0 \\ 0 & 2 & 3 & 1 \\ 1 & 1 & 0 & 1 \end{pmatrix}$$

Aufgabe 12

Berechnen Sie die Determinante der Matrix A!

$$A = \begin{pmatrix} 1 & 5 & -1 & 0 & -1 & 0 \\ 7 & 2 & -1 & 2 & 3 & 1 \\ 6 & -1 & 9 & 0 & 4 & -1 \\ 2 & 3 & 0 & 0 & -1 & 0 \\ 0 & 2 & 0 & 0 & 0 & 0 \\ 3 & 8 & 2 & 0 & 1 & 0 \end{pmatrix}$$

Rechenregeln für Determinanten einsetzen

Determinanten sind schon eine seltsame Spezies. Egal wie groß die Matrix ist, die Determinante besteht immer nur aus einer einfachen Zahl, aber die hat es in sich.

Die wichtigste Erkenntnis lautet:

✔ Wenn die *Determinante Null* ist, sind die Zeilen der Matrix *linear abhängig*!

Die Determinante besitzt damit eine enorme Aussagekraft. Bereits zu Beginn des Kapitels haben Sie gesehen, dass die Determinante durch *Transposition* unverändert bleibt:

✔ $\det(A) = \det(A^T)$

Außerdem haben Sie in einer Übungsaufgabe nachgewiesen:

✔ Die Determinante einer oberen *Dreiecksmatrix* und insbesondere einer *Diagonalmatrix* ist das *Produkt ihrer Hauptdiagonalelemente*

Darüber hinaus gilt der erstaunliche *Produktsatz*:

✔ $\det(A \cdot B) = \det(A) \cdot \det(B)$.

Die Determinante verträgt sich auf außerordentliche Weise mit der Matrixmultiplikation!

Es kommt aber noch besser.

✔ Ersetzt man in einer Matrix eine Zeile durch die Summe dieser Zeile mit dem *beliebigen Vielfachen einer anderen Zeile*, so verändert sich die Determinante nicht!

Kommt Ihnen die Formulierung irgendwie bekannt vor? Ja? Sehr gut! Es handelt sich dabei nämlich um die Gauß-Standard-Operation, die somit den Wert der Determinante einer Matrix nicht verändert. Allerdings gilt das nicht mehr für das Vertauschen von Zeilen oder Spalten:

✔ Sobald zwei Zeilen oder Spalten einer Matrix *vertauscht* werden, kehrt sich das *Vorzeichen* der Determinante um!

Zwei Vertauschungen lassen ebenfalls die ursprüngliche Determinante »heil«. Das gilt aber nicht mehr für die Jordan-Erweiterungen:

- ✔ Wird lediglich eine *einzige Zeile* einer Matrix mit einer Zahl r multipliziert, so verändert sich die Determinante genau um diesen Faktor r!

Kurzum:

Der Gauß-Algorithmus ohne die Erweiterung von Jordan kann dazu eingesetzt werden, die Determinante einer Matrix zu berechnen. Nach Erreichen einer oberen Diagonalmatrix ist die Determinante das Produkt der Hauptdiagonalelemente. Jede Vertauschungsoperation von Zeilen oder Spalten kehrt jedoch das Vorzeichen der Determinante um.

Die folgenden Aufgaben sollen den Umgang mit Determinanten trainieren und Sie inspirieren, selbst weitere Zusammenhänge zu erforschen!

Aufgabe 13

Wenn d die Determinante einer regulären Matrix A ist. Wie lautet dann die Determinante von A^{-1}?

Aufgabe 14

Gegeben sei eine $n \times n$-Skalarmatrix $A = k \cdot I$. Wie lautet ihre Determinante?

Aufgabe 15

Gegeben sei eine beliebige $n \times n$-Matrix A mit Determinante $d = \det(A)$. Wie lautet die Determinante von $k \cdot A$?

Aufgabe 16

Berechnen Sie die Determinante von A mit Hilfe des Gauß-Algorithmus:

$$A = \begin{pmatrix} 1 & 0 & -2 & 1 \\ 2 & -1 & 2 & 0 \\ 0 & 2 & 3 & 1 \\ 1 & 1 & 0 & 1 \end{pmatrix}$$

Lösungen der Aufgaben zu Determinanten

Lösung zu Aufgabe 1

$$\det(A) = \det\begin{pmatrix} 1 & -1 \\ 3 & 2 \end{pmatrix} = 2 - (-3) = 5$$

Lösung zu Aufgabe 2

$$|A| = \begin{vmatrix} 2 & -1 \\ -6 & 3 \end{vmatrix} = 6 - 6 = 0$$

Die Zeilen von A sind linear abhängig, weil die Determinante Null ergibt. Die untere ist das Minus-Dreifache der oberen.

Lösung zu Aufgabe 3

$$\det(A) = \det\begin{pmatrix} 4 & 2 \\ 3 & 1 \end{pmatrix} = 4 - 6 = -2$$

Lösung zu Aufgabe 4

$$\det(A) = \det\begin{pmatrix} 3 & 4 \\ 2 & 1 \end{pmatrix} = 3 - 8 = -5$$

$$\det(\mathrm{B}) = \det\left(A^{\mathrm{T}}\right) = \det\begin{pmatrix} 3 & 2 \\ 4 & 1 \end{pmatrix} = 3 - 8 = -5$$

Die Determinante der Matrix (A) und ihre Transponierte, in diesem Fall $\det(B)$, ergeben den gleichen Wert.

Die Determinante einer Matrix und ihrer Transponierten sind stets gleich. Daher sind die Aussagen »die Zeilen sind linear abhängig« sowie »die Spalten sind linear abhängig« synonym!

Lösung zu Aufgabe 5

$$\begin{aligned}\det(A) &= \det\begin{pmatrix} 2 & -1 & 3 \\ 3 & 2 & 1 \\ 1 & 0 & -1 \end{pmatrix} \\ &= 2\cdot 2\cdot(-1)+(-1)\cdot 1\cdot 1+3\cdot 3\cdot 0-1\cdot 2\cdot 3-0\cdot 1\cdot 2-(-1)\cdot 3\cdot(-1) = -14\end{aligned}$$

Lösung zu Aufgabe 6

$$\begin{aligned}\det(A) &= \det\begin{pmatrix} 4 & 2 & 2 \\ -2 & 2 & -4 \\ 2 & -1 & 3 \end{pmatrix} \\ &= 4\cdot 2\cdot 3+2\cdot(-4)\cdot 2+2\cdot(-2)\cdot(-1)-2\cdot 2\cdot 2-(-1)\cdot(-4)\cdot 4-3\cdot(-2)\cdot 2 = 0\end{aligned}$$

Die Zeilen (und Spalten) von A sind linear abhängig!

Lösung zu Aufgabe 7

$$\begin{aligned}\det(A) &= \det\begin{pmatrix} -1 & 4 & 1 \\ 4 & 3 & 2 \\ 1 & 2 & 2 \end{pmatrix} \\ &= (-1)\cdot 3\cdot 2+4\cdot 2\cdot 1+1\cdot 4\cdot 2-1\cdot 3\cdot 1-2\cdot 2\cdot(-1)-2\cdot 4\cdot 4 = -21\end{aligned}$$

Lösung zu Aufgabe 8

$$\begin{aligned}\det(A) &= \det\begin{pmatrix} 2 & 3 & 7 \\ 0 & 2 & 4 \\ 0 & 0 & -1 \end{pmatrix} \\ &= 2\cdot 2\cdot(-1)+3\cdot 4\cdot 0+7\cdot 0\cdot 0-0\cdot 2\cdot 7-0\cdot 4\cdot 2-(-1)\cdot 0\cdot 3=-4\end{aligned}$$

Wie Sie sehen, besteht die Determinante dieser oberen Dreiecksmatrix ausschließlich aus dem Produkt der Hauptdiagonalelemente. Das gilt nicht nur für 3×3-Matrizen!

Die Determinante einer oberen oder unteren Dreiecksmatrix besteht nur aus dem Produkt der Hauptdiagonalelemente!

Deswegen dürfen Sie auch nach Beendigung des Gauß-Algorithmus, vorausgesetzt, Sie haben ausschließlich Gauß-Operationen und keine Jordan-Erweiterung angewendet, die Determinante durch eine einfache Multiplikation der Hauptdiagonalelemente berechnen!

Lösung zu Aufgabe 9

Bei dieser Matrix entwickeln Sie nach Zeile 3, weil sich nur so zwei Adjunkte einsparen lassen:

$$\begin{aligned}\det(A) &= \det\begin{pmatrix} -1 & 2 & -2 & 1 \\ 2 & -1 & 2 & 0 \\ 0 & 0 & -2 & 3 \\ 4 & 1 & 0 & 1 \end{pmatrix} \\ &= -2\cdot\begin{vmatrix} -1 & 2 & 1 \\ 2 & -1 & 0 \\ 4 & 1 & 1 \end{vmatrix} + 3\cdot(-1)\cdot\begin{vmatrix} -1 & 2 & -2 \\ 2 & -1 & 2 \\ 4 & 1 & 0 \end{vmatrix} \\ &= -2\cdot(1+0+2-(-4)-0-4)-3\cdot(0+16-4-8-(-2)-0) \\ &= -2\cdot 3-3\cdot 6=-24\end{aligned}$$

Lösung zu Aufgabe 10

Hier funktioniert die Berechnung der Determinante über die Entwicklung nach der ersten Zeile:

$$\begin{aligned}\det(A) &= \det\begin{pmatrix} 0 & 1 & 0 & 2 \\ 4 & 2 & 2 & 0 \\ -1 & 0 & -2 & 3 \\ 3 & 1 & 0 & 1 \end{pmatrix} \\ &= 1\cdot(-1)\cdot\begin{vmatrix} 4 & 2 & 0 \\ -1 & -2 & 3 \\ 3 & 0 & 1 \end{vmatrix} + 2\cdot(-1)\cdot\begin{vmatrix} 4 & 2 & 2 \\ -1 & 0 & -2 \\ 3 & 1 & 0 \end{vmatrix} \\ &= -1\cdot(-8+18+0-0-0-(-2))-2\cdot(0-12-2-0-(-8)-0) \\ &= -1\cdot 12-2\cdot(-6)=0\end{aligned}$$

Zeilen (und Spalten) von A sind somit linear abhängig!

Lösung zu Aufgabe 11

Diese Aufgabe ist ein Beispiel dafür, dass die Entscheidung, nach welcher Zeile oder Spalte Sie entwickeln, keineswegs eindeutig ist. Es spielt im Grunde keine Rolle, überall kommt das gleiche Ergebnis heraus.

Ich zeige Ihnen exemplarisch, wie Sie nach der ersten Spalte entwickeln:

$$\begin{aligned}\det(A) &= \det\begin{pmatrix}1 & 0 & -2 & 1\\ 2 & -1 & 2 & 0\\ 0 & 2 & 3 & 1\\ 1 & 1 & 0 & 1\end{pmatrix}\\ &= 1\cdot\begin{vmatrix}-1 & 2 & 0\\ 2 & 3 & 1\\ 1 & 0 & 1\end{vmatrix} + 2\cdot(-1)\cdot\begin{vmatrix}0 & -2 & 1\\ 2 & 3 & 1\\ 1 & 0 & 1\end{vmatrix} + 1\cdot(-1)\cdot\begin{vmatrix}0 & -2 & 1\\ -1 & 2 & 0\\ 2 & 3 & 1\end{vmatrix}\\ &= 1\cdot(-3+2+0-0-0-4) - 2\cdot(0-2+0-3-0+4)\\ &\quad -1\cdot(0+0-3-4-0-2)\\ &= 1\cdot(-5) - 2\cdot(-1) - 1\cdot(-9) = 6\end{aligned}$$

Lösung zu Aufgabe 12

Erschrecken Sie nicht! Die Berechnung dieser 6×6-Determinante ist weniger aufwändig als die vorangegangenen 4×4-Determinanten.

Entwickeln Sie beispielsweise nach Spalte 4, so entfallen alle Adjunkten, bis auf eine:

$$\det(A) = \det\begin{pmatrix}1 & 5 & -1 & 0 & -1 & 0\\ 7 & 2 & -1 & 2 & 3 & 1\\ 6 & -1 & 9 & 0 & 4 & -1\\ 2 & 3 & 0 & 0 & -1 & 0\\ 0 & 2 & 0 & 0 & 0 & 0\\ 3 & 8 & 2 & 0 & 1 & 0\end{pmatrix} = 2\cdot\det\begin{pmatrix}1 & 5 & -1 & -1 & 0\\ 6 & -1 & 9 & 4 & -1\\ 2 & 3 & 0 & -1 & 0\\ 0 & 2 & 0 & 0 & 0\\ 3 & 8 & 2 & 1 & 0\end{pmatrix}$$

Alternativ hätten Sie sich auch Zeile 5 aussuchen können.

Die neue Matrix entwickeln Sie nach der vierten Zeile, weil auch dort lediglich ein Term übrig bleibt:

$$\det(A) = 2\cdot\det\begin{pmatrix}1 & 5 & -1 & -1 & 0\\ 6 & -1 & 9 & 4 & -1\\ 2 & 3 & 0 & -1 & 0\\ 0 & 2 & 0 & 0 & 0\\ 3 & 8 & 2 & 1 & 0\end{pmatrix} = 2\cdot 2\cdot\det\begin{pmatrix}1 & -1 & -1 & 0\\ 6 & 9 & 4 & -1\\ 2 & 0 & -1 & 0\\ 3 & 2 & 1 & 0\end{pmatrix}$$

Auch diese 4×4-Determinante ist ungewöhnlich einfach, weil die Spalte 4 drei Nullen beinhaltet:

$$\begin{aligned}\det(A) &= 2\cdot 2\cdot\det\begin{pmatrix}1 & -1 & -1 & 0\\ 6 & 9 & 4 & -1\\ 2 & 0 & -1 & 0\\ 3 & 2 & 1 & 0\end{pmatrix} = 2\cdot 2\cdot(-1)\cdot\det\begin{pmatrix}1 & -1 & -1\\ 2 & 0 & -1\\ 3 & 2 & 1\end{pmatrix}\\ &= -4\cdot(0+3-4-0-(-2)-(-2)) = -4\cdot 3 = -12\end{aligned}$$

Lösung zu Aufgabe 13

Diese Aufgabe ist eine ideale Anwendung des Produktsatzes. Setzen Sie dazu $B = A^{-1}$ und genießen Sie das Ergebnis:

$$\det(A \cdot A^{-1}) = \det(A) \cdot \det(A^{-1}) = d \cdot \det(A^{-1})$$

Die linke Seite fragt wegen $A \cdot A^{-1} = I$ nach der Determinante der Einheitsmatrix, und diese ist als spezielle Diagonalmatrix natürlich das Produkt aus lauter Einsen, also selbst 1.

Damit erhalten Sie:

$$1 = d \cdot \det(A^{-1}) \quad \Rightarrow \quad \det(A^{-1}) = 1/d$$

Die Inverse einer Matrix A besitzt demnach als Determinante den Kehrwert von $\det(A)$.

Lösung zu Aufgabe 14

Die Determinante der Einheitsmatrix beträgt 1, das heißt $\det(I) = 1$. Würden Sie nun lediglich eine einzige Zeile von I mit dem Faktor k multiplizieren, ergäbe sich bereits k als neue Determinante. Dies müssen Sie aber nicht nur einmal, sondern n-mal durchführen. Deswegen erhalten Sie als Ergebnis:

$$\det(A) = \det(k \cdot I) = \underbrace{k \cdots k}_{n-mal} \cdot 1 = k^n$$

Lösung zu Aufgabe 15

Ganz analog zu Aufgabe 14 gilt für beliebige $n \times n$-Matrizen:

$$\det(k \cdot A) = k^n \cdot \det(A)$$

Lösung zu Aufgabe 16

Sie müssen bei der Anwendung des Gauß-Algorithmus sehr sorgsam vorgehen. Ausgangspunkt ist die Matrix:

$$\begin{matrix} 1 & 0 & -2 & 1 \\ 2 & -1 & 2 & 0 \\ 0 & 2 & 3 & 1 \\ 1 & 1 & 0 & 1 \end{matrix}$$

Nach Anwendung der Gauß-Operationen auf die erste Spalte erhalten Sie:

$$\begin{matrix} 1 & 0 & -2 & 1 \\ 0 & -1 & 6 & -2 \\ 0 & 2 & 3 & 1 \\ 0 & 1 & 2 & 0 \end{matrix}$$

Weiter geht es mit Spalte 2:

$$\begin{matrix} 1 & 0 & -2 & 1 \\ 0 & -1 & 6 & -2 \\ 0 & 0 & 15 & -3 \\ 0 & 0 & 8 & -2 \end{matrix}$$

Im letzten Schritt addieren Sie ein $-\frac{8}{15}$-tel von Zeile 3 zu Zeile 4, und zwar ohne Tricks und Kniffe, sonst »beschädigen« Sie die Determinante:

$$\begin{matrix} 1 & 0 & -2 & 1 \\ 0 & -1 & 6 & -2 \\ 0 & 0 & 15 & -3 \\ 0 & 0 & 0 & -\frac{2}{5} \end{matrix}$$

Nun ergibt das Produkt der Hauptdiagonalenelemente exakt die Determinante:

$$\det(A) = 1 \cdot (-1) \cdot 15 \cdot \left(-\frac{2}{5}\right) = 6$$

Wenn Sie mir nicht glauben, dass das wirklich stimmt, rechnen Sie doch die Determinante über den Entwicklungssatz nach – oder werfen einen Blick auf die Lösung zu Aufgabe 11.

Eigenschaften von Matrizen erforschen

17

In diesem Kapitel …

- Erkennen, ob eine Matrix regulär oder singulär ist
- Verstehen, was Idempotenz und Nilpotenz bedeuten
- Hermitesche und schiefhermitesche Matrizen bearbeiten
- Herausfinden, wann Matrizen ähnlich sind

Neben den grundlegenden Operationen mit Matrizen sowie den wichtigen Determinanten und Eigenwerten, denen allesamt eigenständige Kapitel in Ihrem Übungsbuch gewidmet sind, behandelt das vorliegende Kapitel alle anderen wichtigen Eigenschaften und Merkmale von Matrizen.

Insofern finden Sie hier einen bunten Mix aus allen möglichen Themen rund um Matrizen. Das beginnt bei den recht einfachen Fragestellungen wie der Invertierbarkeit, geht über merkwürdige Charakteristika wie der Idempotenz und endet mit besonderen komplexen Matrizen wie hermiteschen oder schiefhermiteschen, die aber nicht so kompliziert sind wie sie klingen.

Alle Beispielaufgaben werden sorgfältig erarbeitet und Sie dürfen Ihr Wissen unmittelbar in den darauf folgenden Übungsaufgaben umsetzen. Am Ende des Kapitels finden Sie ausführliche Lösungen zu allen Fragestellungen.

Sind diese Matrizen regulär?

Matrizen sind genau dann *regulär*, wenn sie *invertierbar* sind. Ansonsten heißen sie *singulär*. Wenn Sie einer Matrix nicht unmittelbar ansehen, dass sie singulär ist, zum Beispiel weil …

- ✔ eine Zeile oder Spalte aus lauter Nullen besteht
- ✔ zwei Zeilen oder zwei Spalten identisch sind
- ✔ die Matrix eine obere oder untere Dreiecksmatrix ist, bei der in der Hauptdiagonalen wenigstens eine Null auftaucht,

dann müssen Sie den etwas aufwändigeren Weg gehen und die Determinante berechnen. Falls das Ergebnis ungleich Null ist, ist die Matrix regulär, ansonsten singulär.

Beispiel

Ist die Matrix M regulär oder singulär?

$$M = \begin{pmatrix} 1 & 1 & 1 \\ 2 & 0 & 6 \\ 3 & 4 & 5 \end{pmatrix}$$

Lösung

Als Determinante von M finden Sie:

$$\det(M) = \det \begin{pmatrix} 1 & 1 & 1 \\ 2 & 0 & 6 \\ 3 & 4 & 5 \end{pmatrix} = 0 + 18 + 8 - 0 - 24 - 10 = -8 \neq 0$$

Somit ist M *regulär*.

Aufgabe 1

Ist die Matrix M regulär oder singulär?

$$M = \begin{pmatrix} 1 & 4 & 0 \\ 0 & 2 & 5 \\ 1 & 0 & 3 \end{pmatrix}$$

Aufgabe 2

Ist die Matrix M regulär oder singulär?

$$M = \begin{pmatrix} 1 & 8 & 9 & 0 \\ 2 & 7 & 10 & 0 \\ 3 & 6 & 11 & 0 \\ 4 & 5 & 12 & 0 \end{pmatrix}$$

Aufgabe 3

Ist die Matrix M regulär oder singulär?

$$M = \begin{pmatrix} 4 & 1 & 0 & 8 \\ 2 & 3 & -1 & 4 \\ -1 & 4 & 2 & 0 \\ 2 & 3 & -1 & 4 \end{pmatrix}$$

Aufgabe 4

Ist die Matrix M regulär oder singulär?

$$M = \begin{pmatrix} 1 & 2 & 0 & 3 & -1 \\ 0 & 3 & -1 & 2 & 2 \\ 0 & 0 & 2 & 1 & 3 \\ 0 & 0 & 0 & -4 & 4 \\ 0 & 0 & 0 & 0 & 1 \end{pmatrix}$$

Idempotente und nilpotente Matrizen erkennen

Manche quadratische Matrizen sind wirklich eigenartig. Sobald Sie diese mit sich selbst multiplizieren, kommt wieder die ursprüngliche Matrix heraus. Das dürfen Sie natürlich beliebig oft wiederholen. Solche Matrizen nennt man *idempotent*.

In mathematischer Schreibweise sieht das wie folgt aus:

M ist *idempotent*, falls für alle natürlichen Zahlen n größer als Null gilt:

$$\underbrace{M \cdots M}_{n-mal} = M^n = M$$

Das funktioniert allerdings nur mit quadratischen Matrizen, weil ansonsten die Matrixmultiplikation nicht durchführbar wäre. Außerdem multiplizieren sich aufgrund des Produktsatzes auch die Determinanten, deswegen kann eine idempotente Matrix nur über die Determinante 1 oder 0 verfügen. Das ist aber als Kriterium nicht hinreichend.

Beispiel

Ist die Matrix M idempotent?

$$M = \frac{1}{3}\begin{pmatrix} 1 & 1 & 0 & 1 \\ 1 & 2 & 1 & 0 \\ 0 & 1 & 1 & -1 \\ 1 & 0 & -1 & 2 \end{pmatrix}$$

Lösung

Sie multiplizieren M einfach mit sich selbst und erhalten:

$$\begin{aligned} M \cdot M &= \frac{1}{3}\begin{pmatrix} 1 & 1 & 0 & 1 \\ 1 & 2 & 1 & 0 \\ 0 & 1 & 1 & -1 \\ 1 & 0 & -1 & 2 \end{pmatrix} \cdot \frac{1}{3}\begin{pmatrix} 1 & 1 & 0 & 1 \\ 1 & 2 & 1 & 0 \\ 0 & 1 & 1 & -1 \\ 1 & 0 & -1 & 2 \end{pmatrix} \\ &= \frac{1}{9}\begin{pmatrix} 3 & 3 & 0 & 3 \\ 3 & 6 & 3 & 0 \\ 0 & 3 & 3 & -3 \\ 3 & 0 & -3 & 6 \end{pmatrix} = \frac{1}{3}\begin{pmatrix} 1 & 1 & 0 & 1 \\ 1 & 2 & 1 & 0 \\ 0 & 1 & 1 & -1 \\ 1 & 0 & -1 & 2 \end{pmatrix} = M \end{aligned}$$

Somit ist M idempotent. Die Determinante von M ist übrigens Null. Ein prominenter Vertreter einer idempotenten Matrix mit Determinante 1 ist die *Einheitsmatrix*.

Noch witziger sind *nilpotente* Matrizen. Denn bei diesen führt irgendeine Potenz – und damit auch alle noch höheren – zur Nullmatrix.

Eine Matrix M ist genau dann *nilpotent*, wenn irgendeine natürliche Zahl n existiert mit

$$\underbrace{M\cdots M}_{n-mal} = M^n = 0$$

Nilpotente Matrizen sind zwingend *singulär*.

Beispiel

Ist die Matrix M nilpotent?

$$M = \begin{pmatrix} 0 & 1 & 1 \\ 0 & 0 & 1 \\ 0 & 0 & 0 \end{pmatrix}$$

Lösung

M ist nilpotent wegen

$$\begin{aligned} M \cdot M \cdot M &= \begin{pmatrix} 0 & 1 & 1 \\ 0 & 0 & 1 \\ 0 & 0 & 0 \end{pmatrix} \cdot \begin{pmatrix} 0 & 1 & 1 \\ 0 & 0 & 1 \\ 0 & 0 & 0 \end{pmatrix} \cdot \begin{pmatrix} 0 & 1 & 1 \\ 0 & 0 & 1 \\ 0 & 0 & 0 \end{pmatrix} = \begin{pmatrix} 0 & 0 & 1 \\ 0 & 0 & 0 \\ 0 & 0 & 0 \end{pmatrix} \cdot \begin{pmatrix} 0 & 1 & 1 \\ 0 & 0 & 1 \\ 0 & 0 & 0 \end{pmatrix} \\ &= \begin{pmatrix} 0 & 0 & 0 \\ 0 & 0 & 0 \\ 0 & 0 & 0 \end{pmatrix} \end{aligned}$$

Aufgabe 5

Ist die Matrix M idempotent, nilpotent oder keines von beiden?

$$M = \begin{pmatrix} 0 & 0 & 0 \\ 1 & 0 & 0 \\ 1 & 1 & 0 \end{pmatrix}$$

Aufgabe 6

Ist die Matrix M idempotent, nilpotent oder keines von beiden?

$$M = \begin{pmatrix} 2 & 0 & 1 \\ 1 & 1 & 0 \\ -1 & 1 & 1 \end{pmatrix}$$

Aufgabe 7

Ist die Matrix M idempotent, nilpotent oder keines von beiden?

$$M = \begin{pmatrix} -1 & 2 & 1 \\ -1 & 1 & 1 \\ 0 & 1 & 0 \end{pmatrix}$$

Aufgabe 8

Ist die Matrix M idempotent, nilpotent oder keines von beiden?

$$M = \frac{1}{6}\begin{pmatrix} 2 & -2 & -2 \\ -2 & 5 & -1 \\ -2 & -1 & 5 \end{pmatrix}$$

Eigenschaften hermitescher und schiefhermitescher Matrizen

Eine Matrix heißt *hermitesch*, wenn sie gleich ihrer konjugierten Transponierten ist.

In algebraischer Schreibweise bedeutet das, M ist genau dann *hermitesch*, wenn gilt:

$$M = M^* = \overline{M}^{\mathrm{T}} = \overline{M^{\mathrm{T}}}$$

Auf der rechten Seite sehen Sie, dass es keine Rolle spielt, ob M zuerst transponiert und dann komplex konjugiert wird oder umgekehrt. In beiden Varianten erhalten Sie dasselbe Ergebnis.

Falls M nur aus reellen Einträgen besteht, sind die Eigenschaften »symmetrisch« und »hermitesch« identisch. Die Elemente auf der Hauptdiagonalen einer hermiteschen Matrix müssen zwingend rein reell sein, weil die Transposition diese nicht verändert.

Beispiel

Ist die Matrix M hermitesch?

$$M = \begin{pmatrix} 2 & 1-i & 1 \\ 1+i & 1 & i \\ 1 & -i & 0 \end{pmatrix}$$

Lösung

In der Tat ist M hermitesch, denn es gilt:

$$M^* = \overline{M}^{\mathrm{T}} = \overline{\begin{pmatrix} 2 & 1-i & 1 \\ 1+i & 1 & i \\ 1 & -i & 0 \end{pmatrix}}^{\mathrm{T}} = \begin{pmatrix} 2 & 1+i & 1 \\ 1-i & 1 & -i \\ 1 & i & 0 \end{pmatrix}^{\mathrm{T}} = \begin{pmatrix} 2 & 1-i & 1 \\ 1+i & 1 & i \\ 1 & -i & 0 \end{pmatrix} = M$$

Für den Fall, dass die Adjungierte einer Matrix genau ihrer Negation entspricht, hat sich der Ausdruck »*schiefhermitesch*« eingebürgert.

M ist genau dann *schiefhermitesch*, wenn gilt:

$$M = -M^* = -\overline{M}^{\mathrm{T}} = -\overline{M^{\mathrm{T}}}$$

Beispiel

Ist die Matrix M schiefhermitesch?

$$M = \begin{pmatrix} 2i & i & -2-3i \\ i & 0 & -1 \\ 2-3i & 1 & -i \end{pmatrix}$$

Lösung

In den imaginären Anteilen ist M symmetrisch, während die Symmetrie in den reellen Anteilen durch ein Vorzeichen gestört ist. Das entspricht exakt der schiefhermiteschen Eigenschaft:

$$M^* = \overline{M^{\mathrm{T}}} = \overline{\begin{pmatrix} 2i & i & -2-3i \\ i & 0 & -1 \\ 2-3i & 1 & -i \end{pmatrix}^{\mathrm{T}}} = \overline{\begin{pmatrix} 2i & i & 2-3i \\ i & 0 & 1 \\ -2-3i & -1 & -i \end{pmatrix}}$$

$$= -\begin{pmatrix} 2i & i & -2-3i \\ i & 0 & -1 \\ 2-3i & 1 & -i \end{pmatrix} = -M$$

Der Realteil der Elemente auf der Hauptdiagonalen einer schiefhermiteschen Matrix muss stets Null sein!

Aufgabe 9

Ist M hermitesch, schiefhermitesch oder keines von beiden?

$$M = \begin{pmatrix} 2 & i & 1-i \\ -i & 3 & -i \\ 1+i & i & 1 \end{pmatrix}$$

Aufgabe 10

Ist M hermitesch, schiefhermitesch oder keines von beiden?

$$M = \begin{pmatrix} 1 & 2 & i \\ 2 & i & 1 \\ i & 1 & 0 \end{pmatrix}$$

Aufgabe 11

Ist M hermitesch, schiefhermitesch oder keines von beiden?

$$M = \begin{pmatrix} i & -1 & -2-i \\ 1 & 2i & -2 \\ 2-i & 2 & 0 \end{pmatrix}$$

Aufgabe 12

Ist M hermitesch, schiefhermitesch oder keines von beiden?

$$M = \begin{pmatrix} 0 & 0 & 1 \\ 0 & 0 & -i \\ 1 & -i & 0 \end{pmatrix}$$

Die Spur einer Matrix

Sind Sie der Matrix bereits auf der Spur? Wenn nein, keine Sorge! Das ist schnell erklärt und recht einfach.

Die *Spur* einer quadratischen Matrix ist die Summe der Elemente auf der Hauptdiagonalen!

Beispiel

Wie lautet die Spur von M?

$$M = \begin{pmatrix} 1 & 7 & 1 \\ 0 & 2 & 3 \\ 1 & 1 & -4 \end{pmatrix}$$

Lösung

Die Spur ist die Summe der Hauptdiagonalelemente, also $\text{Spur}(M) = 1 + 2 + (-4) = -1$.

Aufgabe 13

Wie lautet die Spur von M?

$$M = \begin{pmatrix} 5 & 6 & 4 \\ 1 & -2 & 3 \\ 0 & 2 & 3 \end{pmatrix}$$

Aufgabe 14

Berechnen Sie die Spur von M!

$$M = \begin{pmatrix} 1 & 0 & i & 2 \\ 2 & 4 & 1 & 2-i \\ -3 & -2+i & 2-2i & 3 \\ 0 & 3-3i & 4 & i \end{pmatrix}$$

Matrizen auf Ähnlichkeit untersuchen

Das, was Sie sich vielleicht landläufig unter »ähnlichen« Matrizen vorstellen, hat leider nur sehr wenig mit dem mathematischen Begriff der *Ähnlichkeit* gemein.

Zwei Matrizen A und B heißen *ähnlich*, wenn eine invertierbare Matrix P existiert mit $A = P - 1 \cdot B \cdot P$

Beispiel

Die beiden Matrizen

$$A = \begin{pmatrix} 1 & 2 \\ 3 & 4 \end{pmatrix} \text{ und } B = \begin{pmatrix} -6 & -4 \\ 16 & 11 \end{pmatrix}$$

sind ähnlich, weil die Matrix

$$P = \begin{pmatrix} 1 & -1 \\ -1 & 2 \end{pmatrix} \text{ mit } P^{-1} = \begin{pmatrix} 2 & 1 \\ 1 & 1 \end{pmatrix}$$

folgende Eigenschaft besitzt:

$$\begin{aligned} P^{-1} \cdot B \cdot P &= \begin{pmatrix} 2 & 1 \\ 1 & 1 \end{pmatrix} \cdot \begin{pmatrix} -6 & -4 \\ 16 & 11 \end{pmatrix} \cdot \begin{pmatrix} 1 & -1 \\ -1 & 2 \end{pmatrix} \\ &= \begin{pmatrix} 4 & 3 \\ 10 & 7 \end{pmatrix} \cdot \begin{pmatrix} 1 & -1 \\ -1 & 2 \end{pmatrix} = \begin{pmatrix} 1 & 2 \\ 3 & 4 \end{pmatrix} = A \end{aligned}$$

Nun können Sie schlecht bei zwei gegebenen Matrizen A und B alle möglichen Ps ausprobieren um festzustellen, ob A und B wirklich ähnlich sind. Das Verfahren der Wahl ist hierzu der Vergleich der *charakteristischen Polynome* von A und B. in Kapitel 23 zeige ich Ihnen das ausführlich. In diesem Abschnitt möchte ich Sie dagegen auf einen **Schnelltest** hinweisen.

Zwei ähnliche Matrizen besitzen dieselbe *Spur* und dieselbe *Determinante*!

Dieser Schnelltest ist für 2×2-Matrizen sogar ausreichend, was bedeutet:

Zwei 2×2-Matrizen A und B sind genau dann ähnlich, wenn ihre Spuren und Determinanten übereinstimmen.

Handelt es sich bei A und B um größere Matrizen, hilft Ihnen der Schnelltest lediglich im negativen Sinne. Wenn die Spuren oder Determinanten unterschiedlich sind, können A und B nicht mehr ähnlich sein, anderenfalls gibt es aber leider auch Fälle, wo A und B nicht ähnlich sind, obwohl Spuren und Determinanten übereinstimmen.

Beispiel

Untersuchen Sie die Matrizen A und B aus dem letzten Beispiel auf Ähnlichkeit!

Lösung

Es gilt sowohl

$$\text{Spur}(A) = \text{Spur}\begin{pmatrix} 1 & 2 \\ 3 & 4 \end{pmatrix} = 1 + 4 = 5, \quad \det(A) = \begin{vmatrix} 1 & 2 \\ 3 & 4 \end{vmatrix} = 4 - 6 = -2$$

als auch

$$\text{Spur}(B) = \text{Spur}\begin{pmatrix} -6 & -4 \\ 16 & 11 \end{pmatrix} = -6 + 11 = 5, \quad \det(B) = \begin{vmatrix} -6 & -4 \\ 16 & 11 \end{vmatrix} = -66 - (-64) = -2$$

Somit sind A und B ähnlich!

Aufgabe 15

Untersuchen Sie die Matrizen A und B mit

$$A = \begin{pmatrix} 7 & -1 \\ 4 & -2 \end{pmatrix} \text{ und } B = \begin{pmatrix} 5 & 5 \\ 2 & 0 \end{pmatrix}$$

auf Ähnlichkeit!

Aufgabe 16

Untersuchen Sie die Matrizen A und B mit

$$A = \begin{pmatrix} 1 & 7 \\ 1 & 2 \end{pmatrix} \text{ und } B = \begin{pmatrix} 1 & 7 \\ -1 & 2 \end{pmatrix}$$

auf Ähnlichkeit!

Lösungen der Aufgaben zu den Eigenschaften von Matrizen

Lösung zu Aufgabe 1

Sie berechnen die Determinante von M und erhalten:

$$\begin{vmatrix} 1 & 4 & 0 \\ 0 & 2 & 5 \\ 1 & 0 & 3 \end{vmatrix} = 6 + 20 + 0 - 0 - 0 - 0 = 26 \neq 0$$

Demnach ist M *regulär*!

Lösung zu Aufgabe 2

Bei genauem Hinsehen stellen Sie fest, dass die letzte Spalte von M aus lauter Nullen besteht. Somit ist M *singulär*!

Lösung zu Aufgabe 3

Haben Sie bemerkt, dass die Zeilen 2 und 4 von M identisch sind? Damit können Sie sich die Berechnung der Determinante schenken, M ist *singulär*!

Lösung zu Aufgabe 4

M befindet sich bereits in der sehr übersichtlichen Dreiecksgestalt. Deswegen genügt ein Blick auf die Elemente der Hauptdiagonalen. Diese lauten 1, 3, 2, –4 und 1. Somit ist M *regulär*! Wäre auch nur ein einziger dieser Werte Null, so würde dies automatisch die Invertierbarkeit von M »zerstören«.

Sollten Sie am Wert der Determinante einer Dreiecksmatrix interessiert sein, multiplizieren Sie einfach alle Hauptdiagonalenelemente miteinander!

Lösung zu Aufgabe 5

Bereits die zweite Multiplikation von M mit sich selbst führt zum Resultat, dass M nilpotent ist:

$$\begin{aligned} M \cdot M \cdot M &= \begin{pmatrix} 0 & 0 & 0 \\ 1 & 0 & 0 \\ 1 & 1 & 0 \end{pmatrix} \cdot \begin{pmatrix} 0 & 0 & 0 \\ 1 & 0 & 0 \\ 1 & 1 & 0 \end{pmatrix} \cdot \begin{pmatrix} 0 & 0 & 0 \\ 1 & 0 & 0 \\ 1 & 1 & 0 \end{pmatrix} \\ &= \begin{pmatrix} 0 & 0 & 0 \\ 0 & 0 & 0 \\ 1 & 0 & 0 \end{pmatrix} \cdot \begin{pmatrix} 0 & 0 & 0 \\ 1 & 0 & 0 \\ 1 & 1 & 0 \end{pmatrix} = \begin{pmatrix} 0 & 0 & 0 \\ 0 & 0 & 0 \\ 0 & 0 & 0 \end{pmatrix} \end{aligned}$$

Lösung zu Aufgabe 6

Wegen $\det(M) = 4$ kann M weder idempotent noch nilpotent sein!

Lösung zu Aufgabe 7

Bei der Multiplikation dieser etwas spannenderen Matrix mit sich selbst erhalten Sie:

$$M \cdot M = \begin{pmatrix} -1 & 2 & 1 \\ -1 & 1 & 1 \\ 0 & 1 & 0 \end{pmatrix} \cdot \begin{pmatrix} -1 & 2 & 1 \\ -1 & 1 & 1 \\ 0 & 1 & 0 \end{pmatrix} = \begin{pmatrix} -1 & 1 & 1 \\ 0 & 0 & 0 \\ -1 & 1 & 1 \end{pmatrix}$$

Weil das Resultat nicht wieder M ergibt, kann M nicht idempotent sein. Allerdings zeigen sich gewisse Tendenzen zur Nilpotenz. Multiplizieren Sie M ein weiteres Mal, ergibt sich:

$$M^3 = \begin{pmatrix} -1 & 1 & 1 \\ 0 & 0 & 0 \\ -1 & 1 & 1 \end{pmatrix} \cdot \begin{pmatrix} -1 & 2 & 1 \\ -1 & 1 & 1 \\ 0 & 1 & 0 \end{pmatrix} = \begin{pmatrix} 0 & 0 & 0 \\ 0 & 0 & 0 \\ 0 & 0 & 0 \end{pmatrix}$$

Somit ist M nilpotent.

Im Allgemeinen können Sie über die Ermittelung der *charakteristischen Gleichung* herausfinden, ob M nilpotent ist. Dort darf sich nur die Null als *Eigenwert* zeigen. Mehr zu diesen Begriffen finden Sie in Kapitel 21 dieses Übungsbuches!

Lösung zu Aufgabe 8

Eine Multiplikation von M mit sich selbst ergibt:

$$\begin{aligned} M \cdot M &= \frac{1}{6}\begin{pmatrix} 2 & -2 & -2 \\ -2 & 5 & -1 \\ -2 & -1 & 5 \end{pmatrix} \cdot \frac{1}{6}\begin{pmatrix} 2 & -2 & -2 \\ -2 & 5 & -1 \\ -2 & -1 & 5 \end{pmatrix} \\ &= \frac{1}{36}\begin{pmatrix} 12 & -12 & -12 \\ -12 & 30 & -6 \\ -12 & -6 & 30 \end{pmatrix} = \frac{1}{6}\begin{pmatrix} 2 & -2 & -2 \\ -2 & 5 & -1 \\ -2 & -1 & 5 \end{pmatrix} = M \end{aligned}$$

M ist idempotent!

Wenn Sie wissen möchten, wie Sie selbst idempotente Matrizen konstruieren können, verrate ich Ihnen jetzt ein kleines Geheimnis. Gehen Sie von einer Matrix A aus, die noch nicht einmal quadratisch sein muss und berechnen Sie den Ausdruck $M = A \cdot (A^T A)^{-1} \cdot A^T$. Dies funktioniert stets, falls $A^T A$ invertierbar ist. Im Ergebnis erhalten Sie eine idempotente Matrix M. Eine nette Sache, nicht wahr?

Lösung zu Aufgabe 9

M ist hermitesch, denn es gilt:

$$M^* = \overline{M^\mathrm{T}} = \overline{\begin{pmatrix} 2 & i & 1-i \\ -i & 3 & -i \\ 1+i & i & 1 \end{pmatrix}^\mathrm{T}} = \overline{\begin{pmatrix} 2 & -i & 1+i \\ i & 3 & i \\ 1-i & -i & 1 \end{pmatrix}} = \begin{pmatrix} 2 & i & 1-i \\ -i & 3 & -i \\ 1+i & i & 1 \end{pmatrix} = M$$

Lösung zu Aufgabe 10

Da M auf der Hauptdiagonalen sowohl komplexe als auch reelle Anteile enthält, ist M weder hermitesch noch schiefhermitesch!

Lösung zu Aufgabe 11

M ist schiefhermitesch wegen

$$M^* = \overline{M^\mathrm{T}} = \overline{\begin{pmatrix} i & -1 & -2-i \\ 1 & 2i & -2 \\ 2-i & 2 & 0 \end{pmatrix}^\mathrm{T}} = \overline{\begin{pmatrix} i & 1 & 2-i \\ -1 & 2i & 2 \\ -2-i & -2 & 0 \end{pmatrix}}$$

$$= \begin{pmatrix} -i & 1 & 2+i \\ -1 & -2i & 2 \\ -2+i & -2 & 0 \end{pmatrix} = -\begin{pmatrix} i & -1 & -2-i \\ 1 & 2i & -2 \\ 2-i & 2 & 0 \end{pmatrix} = -M$$

Lösung zu Aufgabe 12

Auch wenn der erste Blick trügt, M ist weder hermitesch noch schiefhermitesch! Wegen $M^\mathrm{T} = M$ führt die komplexe Konjugation aus der hermiteschen Welt hinaus, weil nicht alle Werte rein reell sind.

Lösung zu Aufgabe 13

Die Spur von M lautet: $\mathrm{Spur}(M) = 5 + (-2) + 3 = 6$.

Lösung zu Aufgabe 14

Auch für komplexe Matrizen lässt sich die Spur einfach ermitteln: $\mathrm{Spur}(M) = 1 + 4 + (2 - 2i) + i = 7 - i$.

Lösung zu Aufgabe 15

Die Untersuchung von Spuren und Determinanten der Matrizen resultiert in:

$$\mathrm{Spur}(A) = \mathrm{Spur}\begin{pmatrix} 7 & -1 \\ 4 & -2 \end{pmatrix} = -2+7 = 5, \quad \det(A) = \begin{vmatrix} 7 & -1 \\ 4 & -2 \end{vmatrix} = -14 - (-4) = -10$$

$$\mathrm{Spur}(B) = \mathrm{Spur}\begin{pmatrix} 5 & 5 \\ 2 & 0 \end{pmatrix} = 5 + 0 = 5, \quad \det(B) = \begin{vmatrix} 5 & 5 \\ 2 & 0 \end{vmatrix} = 0 - 10 = -10$$

Demnach sind A und B *ähnlich*!

Lösung zu Aufgabe 16

Dass die mathematische Ähnlichkeit wenig gemein hat mit der Optik der Matrizen, zeigt diese Aufgabe. Obwohl sich A und B nur um ein einziges Vorzeichen unterscheiden, sind sie *nicht ähnlich*:

$$\text{Spur}(A) = \text{Spur}\begin{pmatrix} 1 & 7 \\ 1 & 2 \end{pmatrix} = 1 + 2 = 3, \quad \det(A) = \begin{vmatrix} 1 & 7 \\ 1 & 2 \end{vmatrix} = 2 - 7 = -5$$

$$\text{Spur}(B) = \text{Spur}\begin{pmatrix} 1 & 7 \\ -1 & 2 \end{pmatrix} = 1 + 2 = 3, \text{ aber } \det(B) = \begin{vmatrix} 1 & 7 \\ -1 & 2 \end{vmatrix} = 2 - (-7) = 9 \neq -5$$

Teil VI

Lineare Abbildungen und Basiswechsel

In diesem Teil ...

Verstehen Sie die grundlegenden Zusammenhänge zwischen Vektorräumen und die sie verbindenden Homomorphismen. Dabei spielt die jeweilige Basis eine besondere Rolle. Sie werden anhand zahlreicher Übungsaufgaben in diesem Teil trainieren, wie sich der Wechsel der Basis auf die Matrixdarstellung von linearen Abbildungen auswirkt. Dabei wenden Sie die wichtigen Eigenschaften von Matrizen aus Teil V optimal an. Sie starten zunächst bei grundlegenden linearen Abbildungen und steigern sich über die Koordinatendarstellung von Vektoren bis hin zu den fortgeschrittenen Mechanismen des Basiswechsels.

Umgang mit linearen Abbildungen pflegen

18

In diesem Kapitel ...

- Kern und Bild linearer Abbildungen erforschen
- Die Matrixdarstellung von Homomorphismen berechnen
- Lineare Operatoren affiner Transformationen einüben
- Konkrete Bilder und Urbilder von Vektoren ermitteln

Vektorräume allein sind auf Dauer doch recht ermüdend. Viel mehr »Action« kommt ins Spiel, wenn Sie Vektoren von einem Vektorraum in einen anderen transformieren. Dazu werden Sie in diesem Kapitel reichlich Gelegenheit erhalten. Es geht los mit der Frage, wie genau ein Vektor in einen andern abgebildet wird. Die Menge all dieser Operationen führt Sie geradewegs zu den Eigenschaften von Kern und Bild eines Homomorphismus. Damit sind Sie in der Lage, Matrizen als Repräsentanten linearer Abbildungen zu verstehen und konkret zu berechnen. Handelt es sich um Endomorphismen von Vektorräumen in sich selbst, so spricht man auch von linearen Operatoren. Auch dazu warten einige ausgewählte Übungsaufgaben auf Sie, bevor der letzte Abschnitt des Kapitels, wie immer, die ausführlichen Lösungen zum Vergleichen bereithält.

Homomorphismen und Artverwandte

Der erste Abschnitt beginnt mit einem Crash-Kurs in Sachen *Vektorraumhomomorphismen*. Dabei ist das Wort viel komplizierter als der dahinter verborgene Sachverhalt.

Das Wort »Homomorphismus« ist in diesem Fall ein Synonym für »lineare Abbildung«. Diese wiederum ist nichts anderes als eine Funktion f zwischen zwei Vektorräumen U und V über demselben Körper K mit folgenden Eigenschaften:

1. $\forall x, y \in U\colon f(x+y) = f(x) + f(y)$
2. $\forall k \in K \wedge \forall x \in U\colon f(k \cdot x) = k \cdot f(x)$

Die erste Eigenschaft besagt, dass das Bild der Summe zweier Vektoren gleich der Summe der Bilder der Einzelvektoren ist. Das ist keineswegs selbstverständlich. Denn auf der linken Seite ist die Vektoraddition in U gemeint, während die rechte Seite von der Vektoraddition in V spricht. Beide Operationen müssen also **harmonieren**.

Die zweite Forderung zielt ebenfalls auf **Harmonie** ab. Hierbei soll die skalare Multiplikation in U auch für V transparent sein. Damit ist beispielsweise zwingend, dass der Nullvektor von

U in den Nullvektor von V abgebildet wird, also $f(0) = 0$. Setzen Sie einfach $k = 0$ an, um das zu verstehen!

Wenn f *surjektiv* ist, also alle Elemente im Bildraum auch wenigstens ein Element im Urbildraum besitzen, wird f auch *Epimorphismus* genannt. *Injektive* lineare Abbildungen, bei denen jedes Bildelement über höchstens ein Urbildelement verfügt, heißen *Monomorphismen*. Gilt beides zugleich, ist f also *bijektiv*, handelt es sich um einen *Isomorphismus*. Leider ist es unumgänglich, sich mit diesem Begriffen vertraut zu machen. Das ist so ähnlich wie Vokabeln lernen für eine Fremdsprache. Die beste Grammatik nützt nichts, wenn Ihnen der Wortschatz fehlt.

Halten Sie durch! Es kommen jetzt nur noch zwei weitere Homomorphismen. Ist $U = V$, ist also f eine Abbildung von einem Vektorraum *in sich selbst*, so heißt f auch *Endomorphismus*. Und wenn ein Endomorphismus sogar bijektiv ist, also einen *Isomorphismus* darstellt, wird er auch *Automorphismus* genannt.

Sie haben es geschafft, wir sind mit den vielen lustigen Homomorphismen am Ende.

Bilder und Urbilder von Vektoren berechnen

Aber wie sieht das genau aus? Wie finden Sie zu einem gegebenen Vektor aus U dessen *Abbild* in V, und umgekehrt? Dazu dient die Definition von f, die auch als *Abbildungsvorschrift* bezeichnet wird.

Im Beispiel zeige ich Ihnen dieses Verfahren anhand klassischer n-Tupel-Vektorräume U und V. In den folgenden Übungsaufgaben dürfen Sie dieses Verfahren darüber hinaus mit anderen Typen von Vektorräumen trainieren.

Die Bezeichnung »*Vektor*« im Zusammenhang von Elementen eines Vektorraums ist mathematisch absolut korrekt und angemessen, auch wenn es sich bei diesen Elementen um Polynome, Matrizen oder selbst lineare Abbildungen handelt. Behalten Sie das im Hinterkopf!

Beispiel

Gegeben sei zum einen der Vektorraum U der reellen 3-Tupel und zum anderen der Vektorraum V der reellen 4-Tupel, beide definiert über demselben Körper $\mathbb{R}$. Die lineare Abbildung f von U nach V sei folgendermaßen festgelegt:

$$f\begin{pmatrix} a \\ b \\ c \end{pmatrix} = \begin{pmatrix} 2a - b \\ a + b \\ 0 \\ c \end{pmatrix} \quad \text{mit } a, b, c \in \mathbb{R}$$

Wie lautet das Bild von $\begin{pmatrix} 2 \\ 1 \\ 3 \end{pmatrix}$? Finden Sie ein Urbild von $\begin{pmatrix} 3 \\ 0 \\ 0 \\ 3 \end{pmatrix}$?

Lösung

Der erste Teil ist recht schnell erledigt. Sie müssen dazu die freien Parameter a, b und c der Abbildungsvorschrift f mit den konkreten Zahlenwerten des gegebenen Vektors identifizieren. Und das geht so:

$$f\begin{pmatrix}2\\1\\3\end{pmatrix} = \begin{pmatrix}2\cdot 2-1\\2+1\\0\\3\end{pmatrix} = \begin{pmatrix}3\\3\\0\\3\end{pmatrix}$$

Das Bild von $\begin{pmatrix}2\\1\\3\end{pmatrix}$ lautet demnach $\begin{pmatrix}3\\3\\0\\3\end{pmatrix}$. Etwas problematischer erweist sich die Suche nach einem Urbild. Dabei verfügt noch nicht einmal jeder Vektor aus V über ein Urbild in U. Zum Beispiel muss zumindest die dritte Komponente Null sein. Andererseits kann ein und derselbe Vektor aus V durchaus mehrere Urbilder in U besitzen, aber darüber müssen Sie sich zum Glück keine Sorgen machen, denn es war lediglich nach **einem** Urbildvektor gefragt.

Der Ansatz ist dabei so, dass Sie die Abbildungsvorschrift und den Zielvektor **gleichsetzen** und so stets ein *lineares Gleichungssystem* erhalten:

$$f\begin{pmatrix}a\\b\\c\end{pmatrix} = \begin{pmatrix}2a-b\\a+b\\0\\c\end{pmatrix} = \begin{pmatrix}3\\0\\0\\3\end{pmatrix} \Rightarrow \begin{aligned}2a-b&=3\\a+b&=0\\0&=0\\c&=3\end{aligned}$$

Die letzte Zeile zeigt Ihnen, dass $c = 3$ gelten muss. Die Summe der beiden oberen Zeilen führt zu $3a = 3$ und somit $a = 1$. Ergo muss $b = -1$ sein. Damit ist das (übrigens in diesem Fall eindeutige) Urbild von $\begin{pmatrix}3\\0\\0\\3\end{pmatrix}$ der Vektor $\begin{pmatrix}1\\-1\\3\end{pmatrix}$!

Aufgabe 1

Gegeben sei U als Vektorraum der reellen 4-Tupel und V als Vektorraum der reellen 3-Tupel über $\mathbb{R}$. Weiter gelte für $f\colon U \to V$

$$f\begin{pmatrix}a\\b\\c\\d\end{pmatrix} = \begin{pmatrix}a+c\\2c\\c-b+3d\end{pmatrix} \quad \text{mit } a,b,c,d \in \mathbb{R}$$

Wie lautet das Bild von $\begin{pmatrix}1\\2\\3\\4\end{pmatrix}$? Geben Sie ein Urbild von $\begin{pmatrix}2\\2\\3\end{pmatrix}$ an!

Aufgabe 2

Gegeben sei U als Vektorraum der symmetrischen 3×3-Matrizen und V als Vektorraum der reellen 3-Tupel über $\mathbb{R}$. Weiter sei $g\colon U \to V$ gegeben als

$$g\begin{pmatrix} a & b & c \\ b & d & e \\ c & e & f \end{pmatrix} = \begin{pmatrix} a+d+f \\ e \\ 2c-b \end{pmatrix} \quad \text{mit } a,b,c,d,e,f \in \mathbb{R}$$

Wie lautet das Bild von $\begin{pmatrix} 1 & 2 & 0 \\ 2 & 3 & -1 \\ 0 & -1 & 2 \end{pmatrix}$? Geben Sie ein Urbild von $\begin{pmatrix} 0 \\ -1 \\ 1 \end{pmatrix}$ an!

Aufgabe 3

Gegeben sei U als Vektorraum der reellen 4-Tupel und V als Vektorraum der Polynome höchstens zweiten Grades über $\mathbb{R}$. Die Definition von $f\colon U \to V$ laute

$$f\begin{pmatrix} a \\ b \\ c \\ d \end{pmatrix} = (a-b)x^2 - 2dx + c \quad \text{mit } a,b,c,d \in \mathbb{R}$$

Wie sieht das Bild von $\begin{pmatrix} 2 \\ -1 \\ 0 \\ -3 \end{pmatrix}$ aus? Geben Sie ein Urbild von $2x^2 - 6x + 2$ an!

Aufgabe 4

Gegeben sei der Endomorphismus f des Vektorraums der reellen 2×2-Matrizen über $\mathbb{R}$. $f\colon V \to V$ sei wie folgt definiert

$$f\begin{pmatrix} a & b \\ c & d \end{pmatrix} = \begin{pmatrix} -b & a+c \\ 0 & 2c \end{pmatrix} \quad \text{mit } a,b,c,d \in \mathbb{R}$$

Wie lautet das Bild von $\begin{pmatrix} 1 & -1 \\ 0 & 2 \end{pmatrix}$? Geben Sie ein Urbild von $\begin{pmatrix} -2 & 6 \\ 0 & 8 \end{pmatrix}$ an!

Matrixdarstellungen linearer Abbildungen finden

Die gute Nachricht lautet: Sie können jede, ja wirklich **jede** lineare Abbildung als Matrix darstellen!

Wenn der Urbildvektorraum U n-dimensional ist und der Bildvektorraum m-dimensional, so kann jede lineare Abbildung $f\colon U \to V$ als $m \times n$-Matrix A dargestellt werden. Man sagt dann auch, A ist die *Matrixdarstellung* von f.

Dabei kann A natürlich nur n-Tupel in m-Tupel transformieren. Deswegen muss auch jeder Vektor in U und V als ein entsprechendes Tupel repräsentiert werden. Diese Darstellung heißt *Koordinatenvektor*, weil sie lediglich die *Koordinaten* des jeweiligen Vektors enthält.

Eigentlich ist sowohl für den Koordinatenvektor als auch für die Matrixdarstellung notwenig, eine konkrete Basis in Urbild- und Bildvektorraum anzugeben. Dabei verändert sich das Aussehen der Matrix bei anderen Basen. In diesem Abschnitt gehe ich aber stets von der *kanonischen Basis* aus, das ist die jeweils Nächstliegende. Doch keine Sorge! Ich werde Ihnen alles Wissenswerte zum allgemeinen Fall in den nächsten Kapiteln ausführlich vorlegen.

Beispiel

Gegeben sei der Urbildvektorraum U der reellen 4-Tupel und der Bildvektorraum V der reellen 3-Tupel über $\mathbb{R}$. Die lineare Abbildung $f\colon U \to V$ habe folgende Gestalt:

$$f\begin{pmatrix} a \\ b \\ c \\ d \end{pmatrix} = \begin{pmatrix} 3a - 4c + d \\ -a + 2b \\ 2a - c - b + 5d \end{pmatrix} \quad \text{mit } a, b, c, d \in \mathbb{R}$$

Wie lautet die Matrixdarstellung A von f?

Lösung

Die Matrixdarstellung A von f besitzt folgende Gestalt:

$$A = \begin{pmatrix} 3 & 0 & -4 & 1 \\ -1 & 2 & 0 & 0 \\ 2 & -1 & -1 & 5 \end{pmatrix}$$

Sie enthält genau die Koeffizienten von a, b, c und d aus der Abbildungsvorschrift. Dabei werden diese Zahlen fein säuberlich in die richtige Spalte eingetragen und für fehlende Elemente erscheint eine Null!

Aufgabe 5

Gegeben sei der Urbildvektorraum U der reellen 3-Tupel und der Bildvektorraum V der reellen 3-Tupel jeweils über $\mathbb{R}$. Die lineare Abbildung $f\colon U \to V$ habe folgende Gestalt:

$$f\begin{pmatrix} a \\ b \\ c \end{pmatrix} = \begin{pmatrix} a + b - c \\ 3a - 2c \\ b + c \\ a - c \end{pmatrix} \quad \text{mit } a, b, c \in \mathbb{R}$$

Wie lautet die Matrixdarstellung A von f?

Aufgabe 6

Gegeben sei U als Vektorraum der reellen 4-Tupel und V als Vektorraum der Polynome höchstens zweiten Grades über $\mathbb{R}$. $f\colon U \to V$ sei gegeben durch

$$f\begin{pmatrix} a \\ b \\ c \\ d \end{pmatrix} = (3b - 2c)x^2 + (a + b - 2d)x + 2b - c + d \quad \text{mit } a, b, c, d \in \mathbb{R}$$

Wie lautet die Matrixdarstellung A von f?

Aufgabe 7

Der Urbildvektorraum U beinhalte die symmetrischen 3×3-Matrizen und der Bildvektorraum V sei jener der reellen 4-Tupel über $\mathbb{R}$. Wenn $g\colon U \to V$ gegeben ist durch

$$g\begin{pmatrix} a & b & c \\ b & d & e \\ c & e & f \end{pmatrix} = \begin{pmatrix} a+b-f \\ 2d-e-2f \\ d \\ c+e+f \end{pmatrix} \quad \text{mit } a,b,c,d,e,f \in \mathbb{R}$$

Wie lautet dann die Matrixdarstellung A von g?

Aufgabe 8

Gegeben sei der Endomorphismus f des Vektorraums der reellen 2×2-Matrizen über $\mathbb{R}$. $f\colon V \to V$ sei wie folgt definiert

$$f\begin{pmatrix} a & b \\ c & d \end{pmatrix} = \begin{pmatrix} a+d & 3a+2b+c-d \\ c+d & -a-b \end{pmatrix} \quad \text{mit } a,b,c,d \in \mathbb{R}$$

Wie lautet die Matrixdarstellung A von f?

Angabe von linearen Abbildungsvorschriften anhand der Matrixdarstellung

Im letzten Abschnitt haben Sie die wichtige Aufgabe trainiert, Abbildungsvorschriften in Matrizen zu überführen.

Aber auch umgekehrt wird ein Schuh daraus: jede beliebige Matrix entspricht einer linearen Abbildung, genau genommen sogar unendlichen vielen davon.

Im folgenden Beispiel zeige ich Ihnen, wie Sie die Matrix als Abbildungsvorschrift interpretieren. Danach sind Sie wieder an der Reihe!

Auch in diesem Abschnitt wird stets die *kanonische Basis* für Urbild- und Bildvektorraum vorausgesetzt!

Beispiel

Gegeben sei U als Vektorraum der reellen 3-Tupel und V als Vektorraum der komplexen 5-Tupel. Weiter sei A gegeben durch

$$A = \begin{pmatrix} i & 0 & 2i \\ 1 & 0 & 1 \\ 0 & -2-2i & 0 \\ 1+i & 1 & 3 \\ 2 & 0 & i \end{pmatrix}$$

Wie lautet die lineare Abbildung $f\colon U \to V$, deren Matrixdarstellung A ist?

Lösung

Jede Spalte von A entspricht einer Komponente von U. Als Variablen bieten sich wieder die Buchstaben a, b und c an. Als Resultat ergeben sich 5-Tupel. Dabei korrespondiert jede Zeile von A mit einer Komponente in V. Insgesamt erhalten Sie somit als Abbildungsvorschrift f:

$$f\begin{pmatrix} a \\ b \\ c \end{pmatrix} = \begin{pmatrix} ia + 2ic \\ a + c \\ (-2 - 2i)b \\ (1 + i)a + b + 3c \\ 2a + ic \end{pmatrix} \quad \text{mit } a, b, c \in \mathbb{R}$$

Aufgabe 9

Gegeben sei U als Vektorraum der reellen 4-Tupel und V als Vektorraum der reellen 2-Tupel. Weiter sei A gegeben durch

$$A = \begin{pmatrix} 1 & 4 & 5 & 1 \\ 2 & 3 & 0 & -1 \end{pmatrix}$$

Wie lautet die lineare Abbildung $f\colon U \to V$, deren Matrixdarstellung A ist?

Aufgabe 10

Wenn U der Vektorraum der Polynome höchstens zweiten Grades und V der Vektorraum der symmetrischen 2×2-Matrizen über $\mathbb{R}$ ist, wie lautet dann die lineare Abbildung $f\colon U \to V$, deren Matrixdarstellung A ist:

$$A = \begin{pmatrix} 1 & 1 & 0 \\ 0 & -1 & 2 \\ -1 & 0 & 1 \end{pmatrix}$$

Aufgabe 11

U sei der Vektorraum der reellen 4-Tupel und V bestehe aus den reellen Polynomen höchstens zweiten Grades. Weiter sei A gegeben durch

$$A = \begin{pmatrix} 1 & 1 & 0 & 2 \\ -1 & 0 & 0 & 1 \\ 0 & 0 & -1 & 3 \end{pmatrix}$$

Wie lautet die lineare Abbildung $f\colon U \to V$, deren Matrixdarstellung A ist?

Aufgabe 12

Gegeben sei U als Vektorraum der reellen, oberen 3×3-Dreiecksmatrizen sowie die Matrix A

$$A = \begin{pmatrix} 1 & 0 & 1 & 0 & 1 & 1 \\ 2 & 2 & 0 & 0 & 0 & -1 \\ 0 & 1 & 0 & 0 & 0 & 0 \\ 0 & 0 & 0 & 1 & 0 & 0 \\ 1 & 1 & 0 & 3 & 1 & 1 \\ -1 & 0 & 0 & 1 & 2 & 1 \end{pmatrix}$$

Wie lautet dann der Endomorphismus $g\colon U \to U$, dessen Matrixdarstellung A ist?

Kern und Bild von Vektorraumhomomorphismen ermitteln

In diesem Abschnitt wartet bereits die nächste Herausforderung auf Sie. Unabhängig davon, welcher genaue Typ einer linearen Abbildung $f\colon U \to V$ vorliegt, sollten Sie sowohl den *Kern* als auch das *Bild* von f bestimmen können.

Dabei ist der *Kern* die Menge aller Vektoren in U, die in den Nullvektor von V abgebildet werden, während das *Bild* diejenige Teilmenge von Vektoren aus V ist, die überhaupt ein Urbild in U besitzen. Klingt kompliziert, ist aber nicht so schwer, wie ich Ihnen anhand eines Beispiels demonstrieren möchte.

Beispiel

Gegeben sei zum einen der Vektorraum U der Polynome höchstens zweiten Grades über $\mathbb{R}$ und zum anderen der Vektorraum V der symmetrischen reellen 2×2-Matrizen.

Die lineare Abbildung f von U nach V sei folgendermaßen definiert:

$$f(ax^2 + bx + c) = \begin{pmatrix} a & a+b \\ a+b & -3c \end{pmatrix} \quad \text{mit } a, b, c \in \mathbb{R}$$

Bestimmen Sie Kern und Bild von f!

Lösung

In den beiden letzten Abschnitten haben Sie gelernt, lineare Abbildungen mit Matrizen zu identifizieren. Den Kern und das Bild einer linearen Abbildung extrahieren Sie am einfachsten aus den korrespondierenden Matrixdarstellungen. Im Beispiel erhalten Sie als Matrixdarstellung A von f:

$$A = \begin{pmatrix} 1 & 0 & 0 \\ 1 & 1 & 0 \\ 0 & 0 & -3 \end{pmatrix}$$

Dann korrespondiert der Kern von f exakt der Lösungsmenge für das folgende Gleichungssystem:

$$\begin{pmatrix} 1 & 0 & 0 \\ 1 & 1 & 0 \\ 0 & 0 & -3 \end{pmatrix} \cdot \begin{pmatrix} x \\ y \\ z \end{pmatrix} = \begin{pmatrix} 0 \\ 0 \\ 0 \end{pmatrix} \quad \Rightarrow \quad \begin{aligned} x &= 0 \\ x + y &= 0 \\ -3z &= 0 \end{aligned}$$

Die erste und letzte Zeile verraten Ihnen, dass $x = z = 0$. Also bleibt wegen Zeile 2 ebenfalls nur $y = 0$ übrig. Somit verfügt das homogene System nur über die ohnehin immer vorhandene triviale Lösung. Es gilt somit $\text{Kern}(f) = \{0\}$, also befindet sich im Kern von f lediglich der *Nullvektor*.

Für das Bild von f suchen Sie die Menge aller Bildvektoren v, für die ein Urbild u existiert: $A \cdot u = v$. Da die Matrix A jedoch regulär ist – ansonsten wären neben der trivialen Lösung auch andere im Kern aufgetaucht – erhalten Sie durch Multiplikation mit der Inversen A^{-1} von links auf beiden Seiten: $u = A^{-1}v$. Diese Vorschrift beschreibt, wie Sie für jeden beliebigen Vektor v ein Urbildelement u finden. Somit gilt $\text{Bild}(f) = V$.

Generell gilt für jede lineare Abbildung $f\colon U \to V$, deren Matrixdarstellung A regulär ist: *Der Kern von f besteht nur aus dem Nullvektor von V* und weiter gilt $\text{Bild}(f) = V$.

Aufgabe 13

Gegeben sei U als Vektorraum der reellen 3-Tupel und V als Vektorraum der Polynome höchstens zweiten Grades über $\mathbb{R}$.

Die lineare Abbildung f von U nach V sei wie folgt definiert:

$$f\begin{pmatrix} a \\ b \\ c \end{pmatrix} = (a+b+c)x^2 + (b+c)x + c \quad \text{mit } a,b,c \in \mathbb{R}$$

Bestimmen Sie Kern und Bild von f!

Aufgabe 14

Gegeben sei U als Vektorraum der reellen 2×2-Matrizen und V als Vektorraum der reellen 3-Tupel über $\mathbb{R}$ mit $f\colon U \to V$

$$f\begin{pmatrix} a & b \\ c & d \end{pmatrix} = \begin{pmatrix} a \\ b-2c \\ 0 \end{pmatrix} \quad \text{mit } a,b,c,d \in \mathbb{R}$$

Bestimmen Sie Kern und Bild von f!

Aufgabe 15

Gegeben sei der Endomorphismus f über dem Vektorraum der symmetrischen 2×2-Matrizen mit

$$f\begin{pmatrix} a & b \\ b & c \end{pmatrix} = \begin{pmatrix} 3a-2b & c-a \\ c-a & c \end{pmatrix} \quad \text{mit } a,b,c \in \mathbb{R}$$

Bestimmen Sie Kern und Bild von f!

Lösungen der Aufgaben zum Umgang mit linearen Abbildungen

Lösung zu Aufgabe 1

Zum Ermitteln des Bildes setzen Sie einfach den gegebenen Vektor ein:

$$f\begin{pmatrix} 1 \\ 2 \\ 3 \\ 4 \end{pmatrix} = \begin{pmatrix} 1+3 \\ 2 \cdot 3 \\ 3-2+3 \cdot 4 \end{pmatrix} = \begin{pmatrix} 4 \\ 6 \\ 13 \end{pmatrix}$$

Umgekehrt finden Sie das Urbild wie im Beispiel demonstriert:

$$f\begin{pmatrix} a \\ b \\ c \\ d \end{pmatrix} = \begin{pmatrix} a+c \\ 2c \\ c-b+3d \end{pmatrix} = \begin{pmatrix} 2 \\ 2 \\ 3 \end{pmatrix} \quad \Rightarrow \quad \begin{aligned} a+c &= 2 \\ 2c &= 2 \\ c-b+3d &= 3 \end{aligned}$$

Wegen Zeile 2 ist $c = 1$. Deswegen muss, gemäß Zeile 1, ebenfalls $a = 1$ gelten. Die dritte Zeile erfüllt die Bedingung $1 - b + 3d = 3$, was zum Beispiel für $b = 1$ und $d = 1$ gilt. Somit wäre ein Urbild von $\begin{pmatrix} 2 \\ 2 \\ 3 \end{pmatrix}$ der Vektor $\begin{pmatrix} 1 \\ 1 \\ 1 \\ 1 \end{pmatrix}$. Es gibt jedoch unendlich viele alternative Möglichkeiten, etwa $a = 1$, $c = 1$, $b = -5$ und $d = -1$.

Lösung zu Aufgabe 2

Sie starten mit dem Einsetzen des gegebenen Vektors in die Abbildungsvorschrift:

$$f\begin{pmatrix} 1 & 2 & 0 \\ 2 & 3 & -1 \\ 0 & -1 & 2 \end{pmatrix} = \begin{pmatrix} 1+3+2 \\ -1 \\ 2\cdot 0-2 \end{pmatrix} = \begin{pmatrix} 6 \\ -1 \\ -2 \end{pmatrix}$$

Umgekehrt ergibt sich bei der Suche nach einem Urbild wiederum ein LGS:

$$f\begin{pmatrix} a & b & c \\ b & d & e \\ c & e & f \end{pmatrix} = \begin{pmatrix} a+d+f \\ e \\ 2c-b \end{pmatrix} = \begin{pmatrix} 0 \\ -1 \\ 1 \end{pmatrix} \quad \Rightarrow \quad \begin{aligned} a+d+f &= 0 \\ e &= -1 \\ 2c-b &= 1 \end{aligned}$$

Wegen Zeile 2 gilt $e = -1$. Bei Zeile 1 wäre eine Möglichkeit (von unendlich vielen) $a = 1$, $d = -1$, $f = 0$. Schließlich ist mit $c = 1$ und $b = 1$ auch die dritte Gleichung erfüllt. Damit ergibt sich als ein denkbares Urbild von $\begin{pmatrix} 0 \\ -1 \\ 1 \end{pmatrix}$ die Matrix $\begin{pmatrix} 1 & 1 & 1 \\ 1 & -1 & -1 \\ 1 & -1 & 0 \end{pmatrix}$.

Lösung zu Aufgabe 3

Einsetzen des gegebenen Vektors führt Sie bei dieser Aufgabe zu

$$f\begin{pmatrix} 2 \\ -1 \\ 0 \\ -3 \end{pmatrix} = (2-(-1))x^2 - 2(-3)x + 0 = 3x^2 + 6x$$

Zum Auffinden des Urbildes setzen Sie wiederum die Abbildungsvorschrift an. Das LGS entsteht dabei aus dem *Koeffizientenvergleich* des gegebenen Polynoms mit jenem von f:

$$f\begin{pmatrix} a \\ b \\ c \\ d \end{pmatrix} = (a-b)x^2 - 2dx + c = 2x^2 - 6x + 2 \quad \Rightarrow \quad \begin{aligned} a-b &= 2 \\ -2d &= -6 \\ c &= 2 \end{aligned}$$

Ergo ist $d = 3$ und $c = 2$ wegen der beiden unteren Zeilen, während die obere keine eindeutige Aussage für a und b zulässt. Beispielsweise erfüllt $a = 5$ und $b = 3$ bereits die Anforderung.

Somit ist ein mögliches Urbild von $2x^2 - 6x + 2$ der Vektor $\begin{pmatrix} 5 \\ 3 \\ 2 \\ 3 \end{pmatrix}$.

Lösung zu Aufgabe 4

Ein Endomorphismus ist eine lineare Abbildung, bei der Urbild- und Bildvektorraum identisch sind. Im vorliegenden Fall handelt es sich dabei um den Vektorraum der reellen 2×2-Matrizen über $\mathbb{R}$.

Als Bild finden Sie

$$f\begin{pmatrix} 1 & -1 \\ 0 & 2 \end{pmatrix} = \begin{pmatrix} -(-1) & 1+0 \\ 0 & 2 \cdot 0 \end{pmatrix} = \begin{pmatrix} 1 & 1 \\ 0 & 0 \end{pmatrix}$$

Umgekehrt erhalten Sie wiederum ein LGS durch den Vergleich einer jeder einzelnen der vier Komponenten der Matrix:

$$f\begin{pmatrix} a & b \\ c & d \end{pmatrix} = \begin{pmatrix} -b & a+c \\ 0 & 2c \end{pmatrix} = \begin{pmatrix} -2 & 6 \\ 0 & 8 \end{pmatrix} \Rightarrow \begin{array}{rcr} -b & = & -2 \\ a+c & = & 6 \\ 0 & = & 0 \\ 2c & = & 8 \end{array}$$

Wegen Zeile 1 gilt $b = 2$, während Sie anhand von Zeile 4 den Zusammenhang $c = 4$ erkennen. Die zweite Zeile führt zu der Belegung $a = 2$ erfüllt. Als ein mögliches Urbild von $\begin{pmatrix} -2 & 6 \\ 0 & 8 \end{pmatrix}$ haben Sie damit den Vektor $\begin{pmatrix} 2 & 2 \\ 4 & 2 \end{pmatrix}$ gefunden!

Lösung zu Aufgabe 5

Wenn Sie einen scharfen Blick auf f werfen, werden Sie folgende Matrixdarstellung A von f identifizieren:

$$A = \begin{pmatrix} 1 & 1 & -1 \\ 3 & 0 & -2 \\ 0 & 1 & 1 \\ 1 & 0 & -1 \end{pmatrix}$$

Lösung zu Aufgabe 6

Beachten Sie bei dieser Aufgabe, dass für die Koeffizienten zu jeder Potenz eine Zeile von A spendiert wird. Der höchsten Potenz entspricht, wie sich das gehört, auch die oberste Zeile:

$$A = \begin{pmatrix} 0 & 3 & -2 & 0 \\ 1 & 1 & 0 & -2 \\ 0 & 2 & -1 & 1 \end{pmatrix}$$

Lösung zu Aufgabe 7

Die symmetrischen 3×3-Matrizen verfügen über 6 Freiheitsgrade, also enthält A sechs Spalten. Diese entsprechen exakt den Buchstaben a bis f. Der Bildvektorraum ist 4-dimensional. Somit muss A 4 Zeilen besitzen. Sie erhalten insgesamt

$$A = \begin{pmatrix} 1 & 1 & 0 & 0 & 0 & -1 \\ 0 & 0 & 0 & 2 & -1 & -2 \\ 0 & 0 & 0 & 1 & 0 & 0 \\ 0 & 0 & 1 & 0 & 1 & 1 \end{pmatrix}$$

Lösung zu Aufgabe 8

Ein Endomorphismus liegt genau dann vor, wenn Urbild- und Bildvektorraum identisch sind. Daraus folgt, dass A eine quadratische Matrix ist mit derselben Anzahl an Zeilen und Spalten. Allerdings handelt es sich bei A nicht etwa um eine 2×2-Matrix, sondern um eine 4×4-Matrix. Jede Spalte entspricht der Reihe nach einer der Variablen a bis d und jede Zeile entspricht einem Element der Zielmatrix. Angefangen von oben links bis unten rechts. Als Ergebnis erhalten Sie

$$A = \begin{pmatrix} 1 & 0 & 0 & 1 \\ 3 & 2 & 1 & -1 \\ 0 & 0 & 1 & 1 \\ -1 & -1 & 0 & 0 \end{pmatrix}$$

Lösung zu Aufgabe 9

Sie ordnen lediglich den Spalten von A die Variablen a bis d zu. Als Ergebnis erhalten Sie:

$$f\begin{pmatrix} a \\ b \\ c \\ d \end{pmatrix} = \begin{pmatrix} a + 4b + 5c + d \\ 2a + 3b - d \end{pmatrix} \text{ mit } a, b, c, d \in \mathbb{R}$$

Lösung zu Aufgabe 10

Die lineare Abbildung f überführt Polynome in Matrizen. Den Spalten von A entsprechen die zugehörigen Koeffizienten von x^2, x und 1. Die Zeilen von A wiederum korrespondieren mit den Zielkomponenten. Da es sich um symmetrische Matrizen handelt, steht die obere Zeile für das Element »oben links«, die mittlere für die Elemente auf der Nebendiagonalen und die untere schließlich für das Element »unten rechts«:

$$f(ax^2 + bx + c) = \begin{pmatrix} a + b & -b + 2c \\ -b + 2c & -a + c \end{pmatrix} \text{ mit } a, b, c \in \mathbb{R}$$

Lösung zu Aufgabe 11

Diesmal stehen die Polynome im Bildraum, während das Urbild aus gewöhnlichen 4-Tupeln besteht. Das dürfte Ihnen inzwischen bereits etwas vertrauter sein. Sie erhalten folgendes Resultat:

$$f\begin{pmatrix} a \\ b \\ c \\ d \end{pmatrix} = (a+b+2d)x^2 + (d-a)x + 3d - c \quad \text{mit } a,b,c,d \in \mathbb{R}$$

Lösung zu Aufgabe 12

Lassen Sie sich von den vielen Einträgen nicht verwirren! Eine obere 3×3-Dreiecksmatrix besitzt genau 6 Freiheitsgrade, die Sie den Buchstaben a bis f zuordnen. Anschließend müssen Sie lediglich aufpassen, dass Sie die Zuordnung exakt beibehalten. Die kanonische Nummerierung erfolgt von »links nach rechts« und »oben nach unten«, was auch der Lesereihenfolge in Büchern entspricht. Sie erhalten damit den Endomorphismus g mit

$$g\begin{pmatrix} a & b & c \\ 0 & d & e \\ 0 & 0 & f \end{pmatrix} = \begin{pmatrix} a+c+e+f & 2a+2b-f & b \\ 0 & d & a+b+3d+e+f \\ 0 & 0 & -a+d+2e+f \end{pmatrix} \text{ mit } a,b,c,d,e,f \in \mathbb{R}$$

Lösung zu Aufgabe 13

Die Matrixdarstellung A von f lautet:

$$A = \begin{pmatrix} 1 & 1 & 1 \\ 0 & 1 & 1 \\ 0 & 0 & 1 \end{pmatrix}$$

Wegen $\det(A) = 1 \neq 0$ ist A regulär, damit ist $Kern(f) = \left\{\begin{pmatrix} 0 \\ 0 \\ 0 \end{pmatrix}\right\}$ und $\text{Bild}(f) = V$.

Lösung zu Aufgabe 14

Sie beginnen am besten mit dem Kern. Die Matrixdarstellung A von f lautet:

$$A = \begin{pmatrix} 1 & 0 & 0 & 0 \\ 0 & 1 & -2 & 0 \\ 0 & 0 & 0 & 0 \end{pmatrix} \quad \Rightarrow \quad \begin{aligned} a &= 0 \\ b - 2c &= 0 \\ 0 &= 0 \end{aligned}$$

Der Trick hilft hier nicht weiter, weil A nicht einmal quadratisch, geschweige denn regulär ist. Wegen Zeile 1 gilt $a = 0$. Zeile 2 zeigt: $b = 2c$, d ist beliebig. Somit gilt:

$$\text{Kern}(f) = \left\{\lambda\begin{pmatrix} 0 & 2 \\ 1 & 0 \end{pmatrix} + \mu\begin{pmatrix} 0 & 0 \\ 0 & 1 \end{pmatrix} \,\middle|\, \lambda,\mu \in \mathbb{R}\right\}$$

Zur Bestimmung des Bildes setzen Sie an:

$$\begin{pmatrix} 1 & 0 & 0 & 0 \\ 0 & 1 & -2 & 0 \\ 0 & 0 & 0 & 0 \end{pmatrix}\begin{pmatrix} x_1 \\ x_2 \\ x_3 \\ x_4 \end{pmatrix} = \begin{pmatrix} y_1 \\ y_2 \\ y_3 \end{pmatrix} \quad \Rightarrow \quad \begin{aligned} x_1 &= y_1 \\ x_2 - 2x_3 &= y_2 \\ 0 &= y_3 \end{aligned}$$

Gesucht sind diejenigen y-Vektoren, für die ein x-Vektor als Urbild existiert. Die untere Zeile zeigt Ihnen, dass $y_3 = 0$ erfüllt sein muss. y_1 ist dagegen beliebig, weil die erste Zeile keine Einschränkung ergibt. Wenn Sie weiter in Zeile $2x_3 = 0$ setzen, erhalten Sie mit $y_2 = x_2$ ebenfalls eine einfache Vorschrift, die Sie leicht erfüllen können. Insgesamt ergibt sich als Bild von f:

$$\text{Bild}(f) = \left\{ \lambda \begin{pmatrix} 1 \\ 0 \\ 0 \end{pmatrix} + \mu \begin{pmatrix} 0 \\ 1 \\ 0 \end{pmatrix} \middle| \lambda, \mu \in \mathbb{R} \right\}$$

Lösung zu Aufgabe 15

Die Matrixdarstellung A von f lautet:

$$A = \begin{pmatrix} 3 & -2 & 0 \\ -1 & 0 & 1 \\ 0 & 0 & 1 \end{pmatrix}$$

Wegen $\det(A) = -2 \neq 0$ ist A regulär, damit ist $\text{Kern}(f) = \left\{ \begin{pmatrix} 0 & 0 \\ 0 & 0 \end{pmatrix} \right\}$ und $\text{Bild}(f) = V$.

Mit Linearkombinationen und Koordinaten rechnen

19

In diesem Kapitel ...

- Vektoren linear kombinieren
- Koordinaten von Vektoren bestimmen
- Koordinatentransformation einsetzen

Eine der wichtigen Grundideen der linearen Algebra ist die Transformation aller möglichen Arten von Vektoren in eine einfache, leicht zu handhabende Gestalt, nämliche jene von n-Tupeln.

Dazu verleiht Ihnen das vorliegende Kapitel das nötige Rüstzeug. Es startet mit der Rekapitulation von Linearkombinationen aus Basisvektoren. Daraus werden nämlich die wichtigen Koordinatenvektoren wie frischer Saft aus einer reifen Orange gepresst. Schließlich werden Sie auch fortgeschrittenere Problemstellungen mit Koordinatenvektoren lösen dürfen.

Alle Themen werden mit zahlreichen Übungsaufgaben unterfüttert und am Ende des Kapitels finden Sie dazu, wie gewohnt, ausführliche Lösungsdarstellungen.

Koeffizienten von Linearkombinationen ermitteln

Das Nächstliegendste, was Sie mit Vektoren eines Vektorraums über einem Zahlkörper K anstellen können, ist diese *linear zu kombinieren*.

Dazu addieren Sie einfach die Ausgangsvektoren, nachdem Sie zuvor jeden mit einem Skalar aus K multipliziert haben.

Das Endergebnis ist eine *Linearkombination*; die einzelnen skalaren Faktoren heißen *Koeffizienten* (siehe Abschnitt »Linearkombinationen finden« in Kapitel 8).

Das dürfen Sie für alle möglichen Vektoren tun, seien es n-Tupel, Matrizen, Polynome oder sogar lineare Abbildungen selbst!

Beispiel

Gegeben seien die Vektoren $\begin{pmatrix} 1 \\ 2 \\ 3 \end{pmatrix}$, $\begin{pmatrix} 2 \\ 0 \\ -1 \end{pmatrix}$, $\begin{pmatrix} 1 \\ 1 \\ 0 \end{pmatrix}$ sowie die zugehörigen Skalare 1, 2 und -1. Wie lautet deren Linearkombination?

Lösung

Das Ergebnis ist die Summe aus den drei jeweils skalar multiplizierten Vektoren:

$$1\cdot\begin{pmatrix}1\\2\\3\end{pmatrix}+2\cdot\begin{pmatrix}2\\0\\-1\end{pmatrix}+(-1)\cdot\begin{pmatrix}1\\1\\0\end{pmatrix}=\begin{pmatrix}1+4-1\\2+0-1\\3-2+0\end{pmatrix}=\begin{pmatrix}4\\1\\1\end{pmatrix}$$

Der Vektor $\begin{pmatrix}4\\1\\1\end{pmatrix}$ stellt demnach eine Linearkombination der ursprünglichen Vektoren dar!

Aufgabe 1

Gegeben seien die Vektoren $\begin{pmatrix}2\\-1\\1\end{pmatrix}, \begin{pmatrix}0\\0\\5\end{pmatrix}, \begin{pmatrix}-1\\0\\2\end{pmatrix}$ zusammen mit den Skalaren -2, 1 und 0. Wie lautet die zugehörige Linearkombination?

Aufgabe 2

Gegeben seien die Vektoren x^2-1, $2x^2+x+1$, $3x^2+2x$ aus dem Vektorraum der Polynome höchstens zweiten Grades zusammen mit den Skalaren -1, 1 und 2. Wie lautet die zugehörige Linearkombination?

Aufgabe 3

Gegeben seien die Vektoren $\begin{pmatrix}1&1\\1&1\end{pmatrix}, \begin{pmatrix}-3&-1\\-1&0\end{pmatrix}, \begin{pmatrix}2&0\\0&-1\end{pmatrix}$ aus dem Vektorraum der symmetrischen 2×2-Matrizen zusammen mit den Skalaren 1, 1 und 1. Wie lautet die zugehörige Linearkombination?

Aufgabe 4

Gegeben seien die Vektoren $f\begin{pmatrix}x\\y\\z\end{pmatrix}=\begin{pmatrix}x\\y\\z\end{pmatrix}, g\begin{pmatrix}x\\y\\z\end{pmatrix}=\begin{pmatrix}x+y\\-z\\0\end{pmatrix}, h\begin{pmatrix}x\\y\\z\end{pmatrix}=\begin{pmatrix}2z\\-x+2y\\3x\end{pmatrix}$ aus dem Vektorraum der Endomorphismen des $\mathbb{R}^3$ in sich selbst, zusammen mit den Skalaren 3, 2 und 1. Wie lautet die zugehörige Linearkombination?

Koordinaten in Abhängigkeit der jeweiligen Basen betrachten

Schwieriger, aber auch spannender als Vektoren linear zu kombinieren, ist die umgekehrte Operation. Aus einem gegebenen Vektor herauszufinden, wie die Koeffizienten der zugehörigen Linearkombination lauten. Dazu werden natürlich Vektoren benötigt, die Sie linear kombinieren können. Das geht im Prinzip mit allen Vektoren; **eindeutig** ist eine Linearkombination allerdings nur dann, wenn die Ausgangsvektoren *linear unabhängig* sind. Dies ist immer der

Fall, wenn Sie von einer *Basis* eines Vektorraumes ausgehen. Die Koeffizienten der Linearkombinationen tragen dann auch einen besonders hübschen Namen und werden *Koordinaten* genannt. Diese Koordinaten dürfen Sie wiederum übereinander schreiben und erhalten ein n-Tupel, wenn die Basis b aus n Vektoren besteht. Das Ergebnis wird als *Koordinatenvektor* bezeichnet und in eckige Klammern gesetzt, etwa so: $[v]_b$.

Wie das Beispiel zeigt, reduziert sich diese scheinbar schwierige Aufgabe auf die Lösung eines lineares Gleichungssystems.

Teil III dieses Übungsbuches befasst sich exklusiv mit linearen Gleichungssystemen!

Beispiel

Wie lautet der Koordinatenvektor von $\begin{pmatrix} 1 \\ -1 \\ 2 \end{pmatrix}$, bezogen auf die Basis $b = \left(\begin{pmatrix} 1 \\ 1 \\ 1 \end{pmatrix}, \begin{pmatrix} 1 \\ 1 \\ 0 \end{pmatrix}, \begin{pmatrix} 1 \\ 0 \\ 0 \end{pmatrix}\right)$ über $\mathbb{R}$?

Lösung

Der Ansatz resultiert in einem LGS, und zwar mit 3 Zeilen und dem 3 Unbekannten x, y und z:

$$x\begin{pmatrix} 1 \\ 1 \\ 1 \end{pmatrix} + y\begin{pmatrix} 1 \\ 1 \\ 0 \end{pmatrix} + z\begin{pmatrix} 1 \\ 0 \\ 0 \end{pmatrix} = \begin{pmatrix} 1 \\ -1 \\ 2 \end{pmatrix} \Rightarrow \begin{array}{rcl} x + y + z &=& 1 \\ x + y &=& -1 \\ x &=& 2 \end{array}$$

Die unterste Zeile verrät Ihnen, dass $x = 2$ gilt. Dies in die mittlere Zeile eingesetzt führt Sie zu $y = -3$. Damit finden Sie anhand von Zeile 1 $z = 2$. Insgesamt ergibt sich somit der Koordinatenvektor: $\left[\begin{pmatrix} 1 \\ -1 \\ 2 \end{pmatrix}\right]_b = \begin{pmatrix} 2 \\ -3 \\ 2 \end{pmatrix}$

Aufgabe 5

Wie lautet der Koordinatenvektor von $\begin{pmatrix} 3 \\ 3 \\ 1 \end{pmatrix}$, bezogen auf die Basis $b = \left(\begin{pmatrix} 0 \\ 3 \\ -4 \end{pmatrix}, \begin{pmatrix} -3 \\ 0 \\ 3 \end{pmatrix}, \begin{pmatrix} 3 \\ 0 \\ -1 \end{pmatrix}\right)$ über $\mathbb{R}$?

Aufgabe 6

Wie lautet der Koordinatenvektor von $\begin{pmatrix} 7 \\ 4 \\ 1 \\ 1 \end{pmatrix}$, bezogen auf die kanonische Basis $e = \left(\begin{pmatrix} 1 \\ 0 \\ 0 \\ 0 \end{pmatrix}, \begin{pmatrix} 0 \\ 1 \\ 0 \\ 0 \end{pmatrix}, \begin{pmatrix} 0 \\ 0 \\ 1 \\ 0 \end{pmatrix}, \begin{pmatrix} 0 \\ 0 \\ 0 \\ 1 \end{pmatrix} \right)$ des $\mathbb{R}^4$ über $\mathbb{R}$?

Aufgabe 7

Wie lautet der Koordinatenvektor des Vektors $7x^2 + 5x + 2$ bezogen auf die Basis $b = (x^2 - 1,\ 2x^2 + x + 1,\ 3x^2 + 2x)$ über $\mathbb{R}$?

Aufgabe 8

Wie lautet der Koordinatenvektor des Vektors $\begin{pmatrix} 1 & 2 \\ 2 & 3 \end{pmatrix}$ bezogen auf die Basis $b = \left(\begin{pmatrix} 1 & 0 \\ 0 & -1 \end{pmatrix}, \begin{pmatrix} 0 & 0 \\ 0 & 1 \end{pmatrix}, \begin{pmatrix} 1 & 1 \\ 1 & 1 \end{pmatrix} \right)$ über $\mathbb{R}$?

Konkrete Probleme mittels Koordinatenvektoren spielend lösen

Es bleibt die Frage offen, was konkret mit den Linearkombinationen und den Koordinatenvektoren anzufangen ist.

Eine Menge, wie ich Ihnen in diesem Abschnitt belegen möchte. Haben Sie heute schon Mineralwasser zu sich genommen? Soll ja gesund sein! Und im Allgemeinen trinken wir zu wenig. Die empfohlenen Tagesdosen liegen für Kalium im Bereich von 2000 mg, für Magnesium bei zirka 350 mg und für Calcium bei etwa 1000 mg. Aber legen Sie mich nicht darauf fest. Ich bin nicht Ihr Hausarzt. Das erste Beispiel wird sich also mit Wasser befassen. Auch bei den anderen Themen sollte kein Auge trocken bleiben …

Beispiel

Ein Student mit Lieblingsfach »Lineare Algebra« möchte sich an einem bestimmten Tag ausschließlich von unterschiedlichen Mineralwässern ernähren. Dazu stehen ihm drei üppig bestückte Sorten zur Verfügung. Natürlich nenne ich die Marken hier nicht, ich will ja keine Schleichwerbung betreiben.

Sorte 1 enthalte 800 mg/l Kalium, 200 mg/l Magnesium und ebenfalls 200 mg/l Calcium. Sorte 2 enthalte 800 mg/l Kalium, 50 mg/l Magnesium und 500 mg/l Calcium. Sorte 3 schließlich enthalte 800 mg/l Kalium, 200 mg/l Magnesium und 400 mg/l an Calcium.

Welche Mengen muss der Student von den jeweiligen Sorten trinken, um insgesamt genau auf die empfohlenen Tagesdosen zu kommen?

Lösung

Es geht darum, eine Linearkombination aus den drei Mineralwässern zu finden, die genau den empfohlenen Werten entspricht.

Das ergibt, wieder einmal, eine Vektorgleichung:

$$\begin{pmatrix} 2000 \\ 350 \\ 1000 \end{pmatrix} = x \begin{pmatrix} 800 \\ 200 \\ 200 \end{pmatrix} + y \begin{pmatrix} 800 \\ 50 \\ 500 \end{pmatrix} + z \begin{pmatrix} 800 \\ 200 \\ 400 \end{pmatrix}$$

Nach Division durch die größten gemeinsamen Teiler in jeder Zeile entsteht das folgende LGS:

$$\begin{aligned} 2x + 2y + 2z &= 5 \\ 4x + y + 4z &= 7 \\ 2x + 5y + 4z &= 10 \end{aligned}$$

Das sieht nicht mehr ganz so Furcht einflößend aus. Nach einer Lösungsmethode Ihrer Wahl erhalten Sie: $x = \frac{1}{2}, y = 1$ und $z = 1$. Somit muss unser Student einen halben Liter der Sorte 1 und je einen Liter der beiden anderen Sorten verköstigen. Macht insgesamt 2,5 Liter, was bereits klar über der Mindestmenge von 1,5 bis 2 Litern liegt.

Aufgabe 9

Ein anderer Student wählt drei andere Sorten von Mineralwässern. Sorte 4 enthalte 100 mg/l Kalium, 100 mg/l Magnesium und ebenfalls 100 mg/l Calcium. Sorte 5 enthalte 5 0mg/l Kalium, 150 mg/l Magnesium und 200 mg/l Calcium. Sorte 6 schließlich enthalte zwar kein Kalium, dafür jedoch 100 mg/l Magnesium und 500 mg/l an Calcium. Woran scheitert hier die Linearkombination der Sorten 4–6, um die empfohlenen Tagesmengen zu erreichen?

Aufgabe 10

Ein Arbeiter besitze die Möglichkeit, seinen 35 km langen Weg zur Arbeit beliebig aus drei unterschiedlichen Fahrzeugen zu kombinieren. Am schnellsten sei die Benutzung des KFZ, damit bewerkstelligt der Mann den Weg in 30 Minuten. Andererseits seien die Kosten mit 1 € pro Kilometer ebenfalls am größten. Mit öffentlichen Verkehrsmitteln werden 60 Minuten benötigt, bei 50 ct Kosten pro Kilometer. Schließlich stehe auch ein Fahrrad zur Verfügung. Damit dauert die Strecke zwar zwei Stunden, dafür fallen jedoch keine nennenswerten Kosten an.

Welche Linearkombination aus den drei Fahrzeugen ergibt eine Dauer von 69 Minuten für die gesamte Strecke bei 45 ct Gesamtkosten?

Aufgabe 11

Linearkombinationen können Ihnen auch in der Küche begegnen. Angenommen, Sie möchten Muffins backen. Sie betrachten sich einige Rezepte und stellen fest, dass bei Rezept A 50 g Mehl, 10 g Zucker und 5 g Butter pro Portion anfallen. Bei Rezept B werden 30 g Mehl, 20 g Zucker und 3 g Butter pro Portion benötigt. Schließlich finden Sie noch Rezept C, das mit 20 g Mehl und 20 g Zucker auskommt, dafür aber 10 g Butter verwendet. Welche Linearkombination der Rezepte ist möglich, wenn Sie gerade noch 370 g Mehl, 210 g Zucker sowie 77 g Butter im Hause haben?

Aufgabe 12

Wann können Sie das Konzept von Koordinatenvektoren verwenden, um Kräftediagramme leichter auszurechnen?

Lösungen der Aufgaben zu Linearkombinationen und Koordinaten

Lösung zu Aufgabe 1

Sie erhalten analog zur Beispielaufgabe als Linearkombination

$$-2 \cdot \begin{pmatrix} 2 \\ -1 \\ 1 \end{pmatrix} + 1 \cdot \begin{pmatrix} 0 \\ 0 \\ 5 \end{pmatrix} + 0 \cdot \begin{pmatrix} -1 \\ 0 \\ 2 \end{pmatrix} = \begin{pmatrix} -4+0+0 \\ 2+0+0 \\ -2+5+0 \end{pmatrix} = \begin{pmatrix} -4 \\ 2 \\ 3 \end{pmatrix}$$

Lösung zu Aufgabe 2

Hier ergibt sich als Linearkombination

$$\begin{aligned} &(-1) \cdot (x^2 - 1) + 1 \cdot (2x^2 + x + 1) + 2 \cdot (3x^2 + 2x) \\ &\quad = -x^2 + 1 + 2x^2 + x + 1 + 6x^2 + 4x = 7x^2 + 5x + 2 \end{aligned}$$

Lösung zu Aufgabe 3

Die Linearkombination aus den Matrizen lautet

$$1 \cdot \begin{pmatrix} 1 & 1 \\ 1 & 1 \end{pmatrix} + 1 \cdot \begin{pmatrix} -3 & -1 \\ -1 & 0 \end{pmatrix} + 1 \cdot \begin{pmatrix} 2 & 0 \\ 0 & -1 \end{pmatrix} = \begin{pmatrix} 1-3+2 & 1-1+0 \\ 1-1+0 & 1+0-1 \end{pmatrix} = \begin{pmatrix} 0 & 0 \\ 0 & 0 \end{pmatrix}$$

Lösung zu Aufgabe 4

Sie können auch lineare Abbildungen selbst wiederum linear kombinieren. Das geschieht ganz analog zu den vorherigen Übungsaufgaben:

$$\begin{aligned} 3f + 2g + h &= 3 \cdot \begin{pmatrix} x \\ y \\ z \end{pmatrix} + 2 \cdot \begin{pmatrix} x+y \\ -z \\ 0 \end{pmatrix} + 1 \cdot \begin{pmatrix} 2z \\ -x+2y \\ 3x \end{pmatrix} = \begin{pmatrix} 3x+2x+2y+2z \\ 3y-2z-x+2y \\ 3z+0+3x \end{pmatrix} \\ &= \begin{pmatrix} 5x+2y+2z \\ -x+5y-2z \\ 3x+3z \end{pmatrix} \end{aligned}$$

Das Ergebnis dieser Linearkombination ist wiederum ein Endomorphismus des $\mathbb{R}^3$ in sich selbst!

Lösung zu Aufgabe 5

Wie im Beispiel ergibt sich auch hier ein LGS:

$$x\begin{pmatrix}0\\3\\-4\end{pmatrix}+y\begin{pmatrix}-3\\0\\3\end{pmatrix}+z\begin{pmatrix}3\\0\\-1\end{pmatrix}=\begin{pmatrix}3\\3\\1\end{pmatrix} \quad\Rightarrow\quad \begin{array}{rcrcrcr} & & -3y & + & 3z & = & 3\\ 3x & & & & & = & 3\\ -4x & + & 3y & - & z & = & 1\end{array}$$

Sie starten mit Zeile 2 und finden $x = 1$. Wenn Sie dieses Ergebnis in die Summe der ersten und letzten Zeile einsetzen, also in $-4x + 2z = 4$, so erhalten Sie $z = 4$. Zeile 1 führt Sie schließlich zu $y = 3$. Insgesamt haben Sie somit folgenden Koordinatenvektor ermittelt:

$$\left[\begin{pmatrix}3\\3\\1\end{pmatrix}\right]_b=\begin{pmatrix}1\\3\\4\end{pmatrix}$$

Lösung zu Aufgabe 6

Diese Aufgabe zeigt Ihnen, dass jedes n-Tupel identisch ist mit dem Koordinatenvektor bezogen auf die kanonische Basis, also $\left[\begin{pmatrix}7\\4\\1\\1\end{pmatrix}\right]_e=\begin{pmatrix}7\\4\\1\\1\end{pmatrix}$. Folgende Rechnung macht das einleuchtend:

$$7\cdot\begin{pmatrix}1\\0\\0\\0\end{pmatrix}+4\cdot\begin{pmatrix}0\\1\\0\\0\end{pmatrix}+1\cdot\begin{pmatrix}0\\0\\1\\0\end{pmatrix}+1\cdot\begin{pmatrix}0\\0\\0\\1\end{pmatrix}=\begin{pmatrix}7\\4\\1\\1\end{pmatrix}$$

Lösung zu Aufgabe 7

Es gilt $\left[7x^2+5x+2\right]_b=\begin{pmatrix}-1\\1\\2\end{pmatrix}$. Woher ist das so schnell weiß? Werfen Sie doch einmal einen Blick in die Lösung von Aufgabe 2 …

Lösung zu Aufgabe 8

Auch für Matrizen ergibt sich ein LGS als Ansatz:

$$x\begin{pmatrix}1&0\\0&-1\end{pmatrix}+y\begin{pmatrix}0&0\\0&1\end{pmatrix}+z\begin{pmatrix}1&1\\1&1\end{pmatrix}=\begin{pmatrix}1&2\\2&3\end{pmatrix}$$

$$\Rightarrow\quad \begin{array}{rcrcrcr} x & & & + & z & = & 1\\ & & & & z & = & 2\\ & & & & z & = & 2\\ -x & + & y & + & z & = & 3\end{array}$$

Die beiden mittleren Zeilen sind identisch, was für symmetrische Matrizen nicht überraschend ist. Jedenfalls gilt $z = 2$. Mit Zeile 1 finden Sie $x = -1$. Schließlich erhalten Sie durch Zeile 3 die Gleichung $y = 0$. Als Koordinatenvektor haben Sie somit $\left[\begin{pmatrix}1&2\\2&3\end{pmatrix}\right]_b=\begin{pmatrix}-1\\0\\2\end{pmatrix}$ gefunden.

Beachten Sie dabei, dass der Koordinatenvektor nur aus 3 Komponenten besteht, obwohl die Matrizen selbst über deren 4 verfügen. Dies liegt an der Symmetrie: es genügen auch 3 Basisvektoren, um den kompletten Vektorraum aufzuspannen!

Lösung zu Aufgabe 9

Die empfohlene Tagesmenge an Kalium ist doppelt so groß wie jene an Calcium. Allerdings enthält keine der Sorten 4-6 eine größere Menge an Kalium gegenüber Calcium. Deswegen kann es keine Linearkombination geben, die die Anforderungen erfüllt, zumindest keine, mit der unser Student etwas anfangen kann. Denn eine Lösung mit negativen Koeffizienten hilft ihm nicht weiter.

Lösung zu Aufgabe 10

Die obere Komponente der Vektoren stehe für den Zeitbedarf, die untere für die Kosten. Damit erhalten Sie als Linearkombination aus KFZ, öffentlichen Verkehrsmitteln und Fahrrad folgende Gleichungen:

$$x\begin{pmatrix}30\\100\end{pmatrix}+y\begin{pmatrix}60\\50\end{pmatrix}+z\begin{pmatrix}120\\0\end{pmatrix}=\begin{pmatrix}69\\45\end{pmatrix}\quad\text{mit } x+y+z=1$$

Hieraus resultiert folgendes LGS:

$$\begin{array}{rcrcrcr} 30x & + & 60y & + & 120z & = & 69\\ 100x & + & 50y & & & = & 45\\ x & + & y & + & z & = & 1 \end{array}$$

Sie dürfen die obere Gleichung durch 3 und die mittlere durch 5 dividieren, um etwas kleinere Zahlen zu erhalten:

$$\begin{array}{rcrcrcr} 10x & + & 20y & + & 40z & = & 23\\ 20x & + & 10y & & & = & 9\\ x & + & y & + & z & = & 1 \end{array}$$

Das 40-fache der unteren Gleichung minus der oberen ergibt $30x + 20y = 17$. Wenn Sie diese Gleichung vom Doppelten der mittleren subtrahieren, erhalten Sie $10x = 1$, also $x = 1/10$. Demnach muss $y = 7/10$ sein. Die untere Gleichung führt Sie schließlich zu $z = 2/10$. Somit muss der Weg mit den drei Fahrzeugtypen im Verhältnis 1 : 7 : 2 aufgeteilt werden.

Wie der arme Mann das logistisch bewerkstelligen soll, ist eine ganz andere Frage …

Lösung zu Aufgabe 11

Auch bei dieser Aufgabe können Sie eine Vektorgleichung als Linearkombination ansetzen:

$$x\begin{pmatrix}50\\10\\5\end{pmatrix}+y\begin{pmatrix}30\\20\\3\end{pmatrix}+z\begin{pmatrix}20\\20\\10\end{pmatrix}=\begin{pmatrix}370\\210\\77\end{pmatrix}$$

Daraus extrahieren Sie in gewohnter Manier ein LGS:

$$\begin{aligned} 50x + 30y + 20z &= 370 \\ 10x + 20y + 20z &= 210 \\ 5x + 3y + 10z &= 77 \end{aligned}$$

Dieses lösen Sie mit einer Methode Ihrer Wahl. Wie wäre es mit dem Gauß-Jordan-Verfahren? Es bietet sich an, die Zeilen 1 und 3 gleich zu vertauschen:

x	y	z	
5	3	10	77
10	20	20	210
50	30	20	370

Und los geht's mit Spalte 1!

x	y	z	
5	3	10	77
0	14	0	56
0	0	−80	−400

Nach Division der mittleren und unteren Zeile durch 14 beziehungsweise -80 erhalten Sie:

x	y	z	
5	3	10	77
0	1	0	4
0	0	1	5

Sie können gerne den Algorithmus zu Ende führen, allerdings ist wegen $y = 4$ und $z = 5$ anhand von Zeile 1 ohnehin $x = 3$ klar. Somit dürfen Sie mit den vorhandenen Utensilien 3 Küchlein vom Typ A, 4 vom Typ B und 5 vom Typ C backen.

Lösung zu Aufgabe 12

Den Übergang zu Koordinatenvektoren verwenden Sie sehr gewinnbringend im Zusammenhang mit dem *Basiswechsel*.

Alles Wissenswerte zum Thema *Basiswechsel* erfahren Sie in Kapitel 20!

Ein Kräftediagramm lässt sich oft einfacher berechnen, wenn die Basisvektoren nicht orthogonal sind. Stellen Sie sich nur den Hebearm eines Schaufelbaggers vor. Sobald Sie die Basisvektoren in die Richtung der tragenden Säulen ausrichten, gelingen Ihnen Operationen auf dem Kräftediagramm spielend. Dazu müssen Sie jedoch mit Koordinatenvektoren arbeiten!

Basiswechsel von Homomorphismen

20

In diesem Kapitel ...

- Übergangsmatrizen berechnen
- Einen Wechsel der Basis für Vektoren durchführen
- Basiswechsel für lineare Operatoren behandeln
- Ohne Schnörkel einen allgemeinen Basiswechsel ermitteln

In diesem Teil Ihres Übungsbuches haben Sie in den letzten beiden Kapiteln wichtige Vorarbeiten kennen gelernt, um einen richtigen Basiswechsel zu berechnen.

Sie benötigen dazu die Kenntnis von Linearkombinationen und Koordinatenvektoren aus dem vorangegangenen Kapitel sowie von Homomorphismen aus Kapitel 18.

Jeder der Abschnitte in diesem Kapitel führt eine Steigerung herbei. Sie beginnen mit der Berechnung der Übergangsmatrizen, ohne die kein Basiswechsel möglich ist.

Anschließend wenden Sie diese Übergangsmatrizen zunächst auf Vektoren an. Danach sind Sie in der Lage, *Endomorphismen*, die auch *lineare Operatoren* genannt werden, zu transformieren.

Diesem und andern merkwürdigen »Morphismen« habe ich übrigens ein ganzes Kapitel 13 in »Lineare Algebra für Dummies« gewidmet!

Schließlich sind Sie fit und dürfen sich an den allgemeinen Basiswechsel für Homomorphismen heranwagen. Am Ende werden Sie anhand der vielen Übungsaufgaben feststellen, dass sich auch diese hohe Kunst der linearen Algebra auf einfache Vektor- und Matrixoperationen reduzieren lässt. Aber das müssen Sie ihren Freunden und Bekannten ja nicht gleich verraten. Dieses große und mysteriöse Geheimnis der linearen Algebra bleibt den Eingeweihten vorbehalten.

Die Übergangsmatrix angeben

Sie können jeden beliebigen Vektor innerhalb eines Vektorraumes durch seinen *Koordinatenvektor* identifizieren. Voraussetzung dafür ist, dass Sie zuvor eine *Basis* festgelegt haben.

So dürfen Sie auch beispielsweise den Vektor $\begin{pmatrix} 3 \\ 2 \\ -1 \end{pmatrix}$ als den Koordinatenvektor zur *kanonischen Basis* e verstehen, die aus den Klassikern $e = \left(\begin{pmatrix} 1 \\ 0 \\ 0 \end{pmatrix}, \begin{pmatrix} 0 \\ 1 \\ 0 \end{pmatrix}, \begin{pmatrix} 0 \\ 0 \\ 1 \end{pmatrix}\right)$ zusammengesetzt ist. Also gilt $\begin{pmatrix} 3 \\ 2 \\ -1 \end{pmatrix} = \left[\begin{pmatrix} 3 \\ 2 \\ -1 \end{pmatrix}\right]_e$. Sollten Sie an einer anderen Basis interessiert sein, benötigen Sie eine *Übergangsmatrix U*. Mit der »Übergangsmatrix« können Sie von den alten Basisvektoren, nennen wir sie die Basis g, zu den neuen Basisvektoren, der Basis b, »hinübergehen«.

Wie Sie die Übergangsmatrix U nutzen, um einen konkreten Koordinatenvektor bezüglich der Basis g in einen solchen der Basis b zu überführen, erkläre ich Ihnen im nächsten Abschnitt ausführlich!

Dabei gewinnen Sie die Übergangsmatrix durch die *Linearkombination* der neuen Basisvektoren aus den alten.

Ausgangspunkt sind zwei Basen, die ganz allgemein die folgende Gestalt besitzen:

$$g = (g_1, g_2, \cdots, g_n) \text{ sowie } b = (b_1, b_2, \cdots, b_n).$$

Die Vektoren aus b sind stets als Linearkombinationen der Elemente von g zu betrachten:

$$\begin{array}{lclclcl} b_1 & = & a_{11} \cdot g_1 & + & \cdots & + & a_{1n} \cdot g_n \\ b_2 & = & a_{21} \cdot g_1 & + & \cdots & + & a_{2n} \cdot g_n \\ \vdots & \vdots & \vdots & \vdots & \ddots & & \vdots \\ b_n & = & a_{n1} \cdot g_1 & + & \cdots & + & a_{nn} \cdot g_n \end{array}$$

Die resultierende Übergangsmatrix U ergibt sich aus genau den verwendeten Koeffizienten:

$$U = \begin{pmatrix} a_{11} & \cdots & a_{n1} \\ \vdots & \ddots & \vdots \\ a_{1n} & \cdots & a_{nn} \end{pmatrix}$$

Die Koeffizienten der Linearkombination müssen zur Bildung der Übergangsmatrix transponiert werden!

Das sieht alles recht kompliziert aus, in Wahrheit ist es gar nicht so schlimm, wie das Beispiel beweist.

Beispiel

Bestimmen Sie die Übergangsmatrix U von der Basis $g = \left(\begin{pmatrix} 1 \\ 2 \end{pmatrix}, \begin{pmatrix} -1 \\ 0 \end{pmatrix}\right)$ in die Basis $b = \left(\begin{pmatrix} 1 \\ 1 \end{pmatrix}, \begin{pmatrix} 0 \\ 2 \end{pmatrix}\right)$ des $\mathbb{R}^2$!

Lösung

Sie beginnen mit den Linearkombinationen der Basisvektoren von b aus den Vektoren von g. Der Ansatz lautet

$$\begin{pmatrix} 1 \\ 1 \end{pmatrix} = a_{11}\begin{pmatrix} 1 \\ 2 \end{pmatrix} + a_{12}\begin{pmatrix} -1 \\ 0 \end{pmatrix}$$
$$\begin{pmatrix} 0 \\ 2 \end{pmatrix} = a_{21}\begin{pmatrix} 1 \\ 2 \end{pmatrix} + a_{22}\begin{pmatrix} -1 \\ 0 \end{pmatrix}$$

Jede dieser Zeilen resultiert in einem eigenen LGS. Für die obere Zeile erhalten Sie:

$$\begin{aligned} 1 &= a_{11} - a_{12} \\ 1 &= 2a_{11} \end{aligned}$$

Somit ist $a_{11} = \frac{1}{2}$ und $a_{12} = -\frac{1}{2}$. Für die untere Zeile ergibt sich

$$\begin{aligned} 0 &= a_{21} - a_{22} \\ 2 &= 2a_{21} \end{aligned}$$

Demnach ist $a_{21} = 1$ und ebenfalls $a_{22} = 1$.

Zum Schluss bleibt die Aufgabe, aus den Koeffizienten die Übergangsmatrix U zu formen. Vergessen Sie nicht, die Werte zu transponieren!

$$U = \begin{pmatrix} \frac{1}{2} & 1 \\ -\frac{1}{2} & 1 \end{pmatrix}$$

Jetzt sind Sie an der Reihe!

Aufgabe 1

Bestimmen Sie die Übergangsmatrix U von der Basis $g = \left(\begin{pmatrix} 0 \\ -1 \end{pmatrix}, \begin{pmatrix} 1 \\ 1 \end{pmatrix}\right)$ in die Basis $b = \left(\begin{pmatrix} 2 \\ 1 \end{pmatrix}, \begin{pmatrix} -1 \\ 2 \end{pmatrix}\right)$ des $\mathbb{R}^2$!

Aufgabe 2

Bestimmen Sie die Übergangsmatrix U von der kanonischen Basis $e = \left(\begin{pmatrix} 1 \\ 0 \\ 0 \end{pmatrix}, \begin{pmatrix} 0 \\ 1 \\ 0 \end{pmatrix}, \begin{pmatrix} 0 \\ 0 \\ 1 \end{pmatrix}\right)$ in die Basis $b = \left(\begin{pmatrix} 3 \\ 1 \\ -1 \end{pmatrix}, \begin{pmatrix} 2 \\ 1 \\ 3 \end{pmatrix}, \begin{pmatrix} 5 \\ 2 \\ 1 \end{pmatrix}\right)$ des $\mathbb{R}^3$!

Aufgabe 3

Bestimmen Sie die Übergangsmatrix U von der Basis $g = (x^2 + x + 1,\ x + 1, 1)$ in die Basis $b = (x^2, 1, -x)$ des Vektorraums der Polynome höchstens zweiten Grades!

Basiswechsel für Vektoren durchführen

Im vorangegangenen Abschnitt habe ich Ihnen gezeigt, wie Sie Übergangsmatrizen **erzeugen**. Jetzt geht es darum, diese auch korrekt **anzuwenden**.

Eine Übergangsmatrix U von einer alten Basis g in eine neue Basis b, betrachtet als die *Matrixdarstellung* derjenigen linearen Abbildung, die einen *Basiswechsel* an Koordinatenvektoren vornimmt, transformiert tatsächlich Koordinatenvektoren von b nach g.

Das klingt paradox, ist aber leider so. Es gilt somit für alle Vektoren v eines Vektorraums V:

$$[v]_g = U \cdot [v]_b$$

Genau andersherum würde es gebraucht, nämlich Koordinatenvektoren der Basis g in solche der Basis b zu überführen. Das ist aber kein großes Problem. Jede Übergangsmatrix ist regulär, das bedeutet, invertierbar. Wenn Sie U^{-1} von links auf beiden Seiten der Gleichung multiplizieren, erhalten Sie:

$$U^{-1} \cdot [v]_g = U^{-1} \cdot U \cdot [v]_b \quad \Rightarrow \quad U^{-1} \cdot [v]_g = [v]_b$$

Somit leistet die Inverse von U genau das, was Sie wollen!

Beispiel

Für die Vektoren v und w des $\mathbb{R}^2$ seien die Koordinatenvektoren bezüglich der Basis $g = \left(\begin{pmatrix}1\\2\end{pmatrix}, \begin{pmatrix}-1\\0\end{pmatrix}\right)$ bekannt: $[v]_g = \begin{pmatrix}3\\-1\end{pmatrix}$ und $[w]_g = \begin{pmatrix}0\\1\end{pmatrix}$. Führen Sie einen Basiswechsel in die Basis $b = \left(\begin{pmatrix}1\\1\end{pmatrix}, \begin{pmatrix}0\\2\end{pmatrix}\right)$ durch! Verifizieren Sie Ihre Berechnungen durch eine Probe!

Lösung

Die Übergangsmatrix U von g nach b wurde im letzten Beispiel bereits ermittelt: $U = \begin{pmatrix}\frac{1}{2} & 1\\ -\frac{1}{2} & 1\end{pmatrix}$. Ihre Inverse lautet $U^{-1} = \begin{pmatrix}1 & -1\\ \frac{1}{2} & \frac{1}{2}\end{pmatrix}$

Damit geht Ihnen der Basiswechsel schnell von der Hand:

$$[v]_b = U^{-1} \cdot [v]_g = \begin{pmatrix}1 & -1\\ \dfrac{1}{2} & \dfrac{1}{2}\end{pmatrix}\begin{pmatrix}3\\-1\end{pmatrix} = \begin{pmatrix}4\\1\end{pmatrix}$$

$$[w]_b = U^{-1} \cdot [w]_g = \begin{pmatrix}1 & -1\\ \dfrac{1}{2} & \dfrac{1}{2}\end{pmatrix}\begin{pmatrix}0\\1\end{pmatrix} = \begin{pmatrix}-1\\ \dfrac{1}{2}\end{pmatrix}$$

Die Probe, dass dies auch stimmt, können Sie dadurch erreichen, dass Sie die Bedeutung der jeweiligen Koordinatenvektoren heranziehen.

Im Falle der Koordinatenvektoren bezüglich g gilt nämlich für v und w:

$$[v]_g = \begin{pmatrix} 3 \\ -1 \end{pmatrix} \Rightarrow v = 3 \cdot \begin{pmatrix} 1 \\ 2 \end{pmatrix} - 1 \cdot \begin{pmatrix} -1 \\ 0 \end{pmatrix} = \begin{pmatrix} 4 \\ 6 \end{pmatrix}$$

$$[w]_g = \begin{pmatrix} 0 \\ 1 \end{pmatrix} \Rightarrow w = 0 \cdot \begin{pmatrix} 1 \\ 2 \end{pmatrix} + 1 \cdot \begin{pmatrix} -1 \\ 0 \end{pmatrix} = \begin{pmatrix} -1 \\ 0 \end{pmatrix}$$

Dasselbe Ergebnis muss sich ebenfalls für die neuen Koordinatenvektoren einstellen:

$$[v]_b = \begin{pmatrix} 4 \\ 1 \end{pmatrix} \Rightarrow v = 4 \cdot \begin{pmatrix} 1 \\ 1 \end{pmatrix} + 1 \cdot \begin{pmatrix} 0 \\ 2 \end{pmatrix} = \begin{pmatrix} 4 \\ 6 \end{pmatrix}$$

$$[w]_b = \begin{pmatrix} -1 \\ \frac{1}{2} \end{pmatrix} \Rightarrow w = -1 \cdot \begin{pmatrix} 1 \\ 1 \end{pmatrix} + \frac{1}{2} \cdot \begin{pmatrix} 0 \\ 2 \end{pmatrix} = \begin{pmatrix} -1 \\ 0 \end{pmatrix}$$

Zum Glück stimmen die Resultate überein, alle Rechnungen sind korrekt. Bei den folgenden Übungsaufgaben dürfen Sie von den Lösungen aus dem vorangegangenen Abschnitt profitieren.

Aufgabe 4

Für die Vektoren v und w des $\mathbb{R}^2$ seien die Koordinatenvektoren bezüglich der Basis $g = \left(\begin{pmatrix} 0 \\ -1 \end{pmatrix}, \begin{pmatrix} 1 \\ 1 \end{pmatrix}\right)$ bekannt: $[v]_g = \begin{pmatrix} 1 \\ 1 \end{pmatrix}$ und $[w]_g = \begin{pmatrix} 3 \\ 2 \end{pmatrix}$. Führen Sie einen Basiswechsel in die Basis $b = \left(\begin{pmatrix} 2 \\ 1 \end{pmatrix}, \begin{pmatrix} -1 \\ 2 \end{pmatrix}\right)$ durch! Verifizieren Sie Ihre Berechnungen durch eine Probe!

Aufgabe 5

Für die Vektoren v und w des $\mathbb{R}^3$ seien die Koordinatenvektoren bezüglich der kanonischen Basis $e = \left(\begin{pmatrix} 1 \\ 0 \\ 0 \end{pmatrix}, \begin{pmatrix} 0 \\ 1 \\ 0 \end{pmatrix}, \begin{pmatrix} 0 \\ 0 \\ 1 \end{pmatrix}\right)$ bekannt: $[v]_g = \begin{pmatrix} 1 \\ 2 \\ 3 \end{pmatrix}$ und $[w]_g = \begin{pmatrix} 1 \\ 1 \\ 1 \end{pmatrix}$. Führen Sie einen Basiswechsel in die Basis $b = \left(\begin{pmatrix} 3 \\ 1 \\ -1 \end{pmatrix}, \begin{pmatrix} 2 \\ 1 \\ 3 \end{pmatrix}, \begin{pmatrix} 5 \\ 2 \\ 1 \end{pmatrix}\right)$ durch! Verifizieren Sie Ihre Berechnungen durch eine Probe!

Aufgabe 6

Für die Vektoren v und w des Vektorraums der Polynome höchstens zweiten Grades seien die Koordinatenvektoren bezüglich der Basis $g = (x^2 + x + 1, x + 1, 1)$ bekannt: $[v]_g = \begin{pmatrix} 1 \\ 0 \\ -1 \end{pmatrix}$

und $[w]_g = \begin{pmatrix} 0 \\ 1 \\ 1 \end{pmatrix}$. Führen Sie einen Basiswechsel in die Basis $b = (x^2, 1, -x)$ durch! Verifizieren Sie Ihre Berechnungen durch eine Probe!

Die Basis linearer Operatoren wechseln

Der nächste Schritt, nachdem Sie erfolgreich einzelne Vektoren einem Basiswechsel unterzogen haben, besteht darin, für komplette lineare Abbildungen dasselbe zu tun.

In diesem Abschnitt konzentrieren Sie sich zunächst auf Endomorphismen, die auch lineare Operatoren genannt werden und Abbildungen eines Vektorraums in sich selbst darstellen.

Dort wird auch nur ein Basiswechsel benötigt. Im Anschluss werden Sie dann gewappnet sein, allgemeine Homomorphismen zu transformieren, bei denen jedoch sowohl im Urbild- als auch im Bildvektorraum ein Basiswechsel fällig sind.

Für lineare Abbildungen ist die *Matrixdarstellung* das Analogon zu den Koordinatenvektoren. Wenn beispielsweise f eine lineare Abbildung darstellt, so bildet $A' = [f]_b$ die Matrixdarstellung von f bezüglich der Basis b. Bisher haben Sie stets bei der Matrixdarstellung die kanonische Basis vorausgesetzt, das wird sich jetzt ändern.

Ausgehend von der Frage, wie die Matrixdarstellung eines Endomorphismus f bezüglich einer Basis b lautet, gehen Sie am besten in drei Schritten vor:

1. ***Ermitteln Sie die Matrixdarstellung A von f bezüglich der kanonischen Basis!*** Das geht in der Regel recht einfach und lässt sich anhand der Abbildungsvorschrift von f ablesen.
2. ***Berechnen Sie die Übergangsmatrix U von der kanonischen Basis in die neue Basis b!*** Auch dieses Verfahren wird Ihnen keine besondere Mühe machen, weil der Übergang von der kanonischen Basis zu einer Matrix U führt, die die Koeffizienten der neuen Basisvektoren in den Spalten aufführt.
3. ***Lösen Sie die Matrix-Matrix-Gleichung $A' = U^{-1} \cdot A \cdot U$!*** Damit haben Sie die gesuchte Matrixdarstellung von f bezüglich b gefunden.

Prägen Sie sich dazu das Diagramm aus Abbildung 20.1 ein, dann wird Ihnen die merkwürdige Gleichung $A' = U^{-1} \cdot A \cdot U$ klar werden.

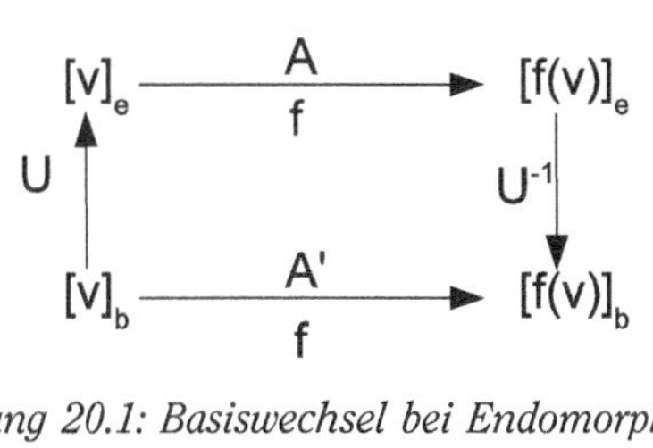

Abbildung 20.1: Basiswechsel bei Endomorphismen

Gehen Sie von Koordinatenvektoren bezüglich der neuen Basis aus, wie sie links unten im Diagramm zu finden sind. Dann haben Sie zwei Möglichkeiten, nach »rechts unten« zu gelangen:

- ✔ Entweder Sie wählen den direkten Weg und wenden A' an!
- ✔ Oder Sie gehen den Umweg, wenden zunächst U, anschließend A und schließlich U^{-1} an. Diese Matrixmultiplikationen werden stets auf das Ergebnis der vorhergehenden Operation angewendet, also muss die folgende Matrix von links auf die vorherige multipliziert werden: $U^{-1} \cdot A \cdot U$

Insgesamt ist damit $A' = U^{-1} \cdot A \cdot U$ gezeigt!

Sollte Ihnen die Beziehung $A' = U^{-1} \cdot A \cdot U$ bekannt vorkommen, gebührt Ihnen Lob! Gemäß der Diskussion von Matrizen in Kapitel 17 heißen A und A' nunmehr *»ähnlich«*!

Beispiel

Geben Sie die Matrixdarstellung der linearen Abbildung $f\begin{pmatrix} x \\ y \end{pmatrix} = \begin{pmatrix} -x \\ x+y \end{pmatrix}$ des $\mathbb{R}^2$ über $\mathbb{R}$ in sich bezüglich der Basis $b = \left(\begin{pmatrix} -1 \\ 1 \end{pmatrix}, \begin{pmatrix} 2 \\ 0 \end{pmatrix} \right)$ an!

Lösung

Gemäß obiger Liste fangen Sie mit der Matrixdarstellung A von f bezüglich der kanonischen Basis an. Diese können Sie aus der Abbildungsvorschrift von f ablesen. Sie lautet:

$$A = \begin{pmatrix} -1 & 0 \\ 1 & 1 \end{pmatrix}$$

Als nächstes benötigen Sie die Übergangsmatrix U von der kanonischen Basis nach b. Auch hier entnehmen Sie das Resultat b, ohne eine Rechnung anzustellen:

$$U = \begin{pmatrix} -1 & 2 \\ 1 & 0 \end{pmatrix} \Rightarrow U^{-1} = -\frac{1}{2} \begin{pmatrix} 0 & -2 \\ -1 & -1 \end{pmatrix}$$

Schließlich erhalten Sie die gesuchte Matrixdarstellung A' von f bezüglich b durch eine Matrix-Matrix-Multiplikation:

$$\begin{aligned} [f]_b &= A' = U^{-1} \cdot A \cdot U \\ &= -\frac{1}{2} \begin{pmatrix} 0 & -2 \\ -1 & -1 \end{pmatrix} \cdot \begin{pmatrix} -1 & 0 \\ 1 & 1 \end{pmatrix} \cdot \begin{pmatrix} -1 & 2 \\ 1 & 0 \end{pmatrix} = \begin{pmatrix} 1 & 1 \\ 0 & \frac{1}{2} \end{pmatrix} \cdot \begin{pmatrix} -1 & 2 \\ 1 & 0 \end{pmatrix} = \begin{pmatrix} 0 & 2 \\ \frac{1}{2} & 0 \end{pmatrix} \end{aligned}$$

Aufgabe 7

Geben Sie die Matrixdarstellung des Endomorphismus $f\begin{pmatrix} x \\ y \end{pmatrix} = \begin{pmatrix} 2x - y \\ x \end{pmatrix}$ des $\mathbb{R}^2$ über $\mathbb{R}$ bezüglich der Basis $b = \left(\begin{pmatrix} 0 \\ -1 \end{pmatrix}, \begin{pmatrix} 1 \\ 2 \end{pmatrix}\right)$ an!

Aufgabe 8

Geben Sie die Matrixdarstellung des Endomorphismus $f\begin{pmatrix} x \\ y \\ z \end{pmatrix} = \begin{pmatrix} -z \\ x - y \\ 2z - x \end{pmatrix}$ des $\mathbb{R}^3$ über $\mathbb{R}$ bezüglich der Basis $b = \left(\begin{pmatrix} 3 \\ 1 \\ -1 \end{pmatrix}, \begin{pmatrix} 2 \\ 1 \\ 3 \end{pmatrix}, \begin{pmatrix} 5 \\ 2 \\ 1 \end{pmatrix}\right)$ an!

Aufgabe 9

Geben Sie die Matrixdarstellung des Endomorphismus $f(ax^2 + bx + c) = cx^2 + (b - a)x + 2a$ des Vektorraums der Polynome höchstens zweiten Grades bezüglich der Basis $b = (x^2,\ -x^2 + x + 1,\ 1)$ an!

Aufgabe 10

Geben Sie die Matrixdarstellung des Endomorphismus $f\begin{pmatrix} a & b \\ b & c \end{pmatrix} = \begin{pmatrix} a + b & -c \\ -c & 0 \end{pmatrix}$ der symmetrischen 2×2-Matrizen bezüglich der Basis $b = \left(\begin{pmatrix} 1 & 2 \\ 2 & 0 \end{pmatrix}, \begin{pmatrix} 1 & 0 \\ 0 & 0 \end{pmatrix}, \begin{pmatrix} -1 & 1 \\ 1 & -1 \end{pmatrix}\right)$ an!

Tipps und Tricks zum Basiswechsel bei allgemeinen Homomorphismen

Sie haben es bis hierher geschafft, das ist sehr gut! Damit sind Sie in der Lage, Übergangsmatrizen für einen Basiswechsel zu berechnen und diesen sowohl auf Vektoren als auch auf lineare Operatoren anzuwenden. Die letzte Hürde liegt jetzt vor Ihnen: einen Basiswechsel für allgemeine Homomorphismen durchzuführen.

Dabei gehen Sie von einer linearen Abbildung $f\colon U \to V$ aus, deren Matrixdarstellung A bezüglich der Basen b_u von U und b_v von V bekannt sei. Gesucht ist nun eine Matrixdarstellung von A' von f bezüglich neuer Basen b'_u und b'_v. Das klingt kompliziert und verwirrend, wird aber hoffentlich ein wenig klarer, wenn Sie sich das Diagramm aus Abbildung 20.2 anschauen.

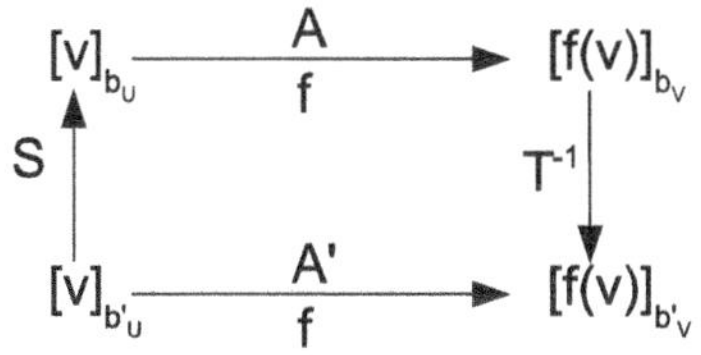

Abbildung 20.2: Basiswechsel allgemeiner Homomorphismen

Diesmal gibt es zwei Übergangsmatrizen. S steht für den Basiswechsel innerhalb von U, T dagegen für den Basiswechsel im Bildvektorraum V.

Wie im Falle der Endomorphismen gibt es zwei Möglichkeiten, um von »links unten« nach »rechts unten« zu gelangen:

- Entweder Sie wählen den direkten Weg und wenden A' an.
- Oder Sie gehen den Umweg, wenden zunächst S, anschließend A und schließlich T^{-1} an. Dabei ergibt sich als kombinierte Abbildung $T^{-1} \cdot A \cdot S$.

Somit haben Sie die wichtige Beziehung $A' = T^{-1} \cdot A \cdot S$ ermittelt!

Beispiel

Geben Sie die Matrixdarstellung der linearen Abbildung $f\begin{pmatrix} x \\ y \\ z \end{pmatrix} = \begin{pmatrix} -z \\ x+y \end{pmatrix}$ des $\mathbb{R}^3$ in den $\mathbb{R}^2$ über $\mathbb{R}$ an. Als Basis des Urbildvektorraums sollen Sie hierfür die Basis $b'_u = \left(\begin{pmatrix} 1 \\ 1 \\ 1 \end{pmatrix}, \begin{pmatrix} 1 \\ 1 \\ 0 \end{pmatrix}, \begin{pmatrix} 1 \\ 0 \\ 0 \end{pmatrix}\right)$ verwenden, während als Basis im Bildvektorraum $b'_v = \left(\begin{pmatrix} 1 \\ 1 \end{pmatrix}, \begin{pmatrix} 1 \\ 0 \end{pmatrix}\right)$ anzusetzen ist!

Lösung

Dies ist eine typische Aufgabenstellung für unsere Überlegungen, obwohl scheinbar überhaupt kein Basiswechsel gesucht ist. Dennoch hilft Ihnen hier das Konzept des allgemeinen Basiswechsels, wobei die Ausgangsbasen b_u und b_v jeweils die kanonischen Basen von U und V darstellen.

Als Matrixdarstellung A von f bezüglich b_u und b_v entnehmen Sie der Abbildungsvorschrift:

$$A = \begin{pmatrix} 0 & 0 & -1 \\ 1 & 1 & 0 \end{pmatrix}$$

Im zweiten Schritt werden 2 Übergangsmatrizen benötigt, nämlich S und T. Beide gehen von den jeweiligen kanonischen Basen aus und sind deswegen aus b'_u und b'_v abzulesen:

$$S = \begin{pmatrix} 1 & 1 & 1 \\ 1 & 1 & 0 \\ 1 & 0 & 0 \end{pmatrix} \Rightarrow S^{-1} = \begin{pmatrix} 0 & 0 & 1 \\ 0 & 1 & -1 \\ 1 & -1 & 0 \end{pmatrix}$$

$$T = \begin{pmatrix} 1 & 1 \\ 1 & 0 \end{pmatrix} \Rightarrow T^{-1} = \begin{pmatrix} 0 & -1 \\ -1 & 1 \end{pmatrix}$$

Auch wenn Sie S^{-1} zunächst gar nicht benötigen, schadet es nie, die Invertierung von Matrizen zu üben. Außerdem ist S^{-1} für eine interessante Probe nützlich. Die gesuchte Matrixdarstellung A' von f bezüglich b'_u und b'_v lautet:

$$A' = T^{-1} \cdot A \cdot S = \begin{pmatrix} 0 & -1 \\ -1 & 1 \end{pmatrix} \cdot \begin{pmatrix} 0 & 0 & -1 \\ 1 & 1 & 0 \end{pmatrix} \cdot \begin{pmatrix} 0 & 0 & 1 \\ 0 & 1 & -1 \\ 1 & -1 & 0 \end{pmatrix}$$

$$= \begin{pmatrix} -1 & -1 & 0 \\ 1 & 1 & 1 \end{pmatrix} \cdot \begin{pmatrix} 0 & 0 & 1 \\ 0 & 1 & -1 \\ 1 & -1 & 0 \end{pmatrix} = \begin{pmatrix} 0 & -1 & 0 \\ 1 & 0 & 0 \end{pmatrix}$$

Beachten Sie, dass die Matrixmultiplikationen stets funktionieren. Sollten Sie einmal in die Verlegenheit kommen, eine 3×2-Matrix von links mit einer 3×3-Matrix multiplizieren zu müssen, haben Sie sich bereits im Ansatz vertan. Ein häufiger Fehler besteht in der Verwechselung von T und S. In diesem Fall sollten Sie sich an die Formel $A' = T^{-1}AS$ erinnern, oder diese zur Not anhand des Diagramms selbst herleiten.

Für die Matrix A' gibt es eine interessante Probe. Schnappen Sie sich dazu einen beliebigen Vektor u aus U, der möglichst keine Nullen enthält. Nehmen Sie diesen als Koordinatenvektor aus b_u an, im Diagramm also »links oben«. Anschließend gehen Sie den Weg nach »rechts unten«. Dafür gibt es zwei Möglichkeiten. Entweder Sie wenden zunächst A an und erhalten $x = T^{-1} \cdot A \cdot u$. Oder Sie wechseln bereits innerhalb von U die Basis, dann ergibt sich: $y = A' \cdot S^{-1} \cdot u$. In beiden Fällen landen Sie im Diagramm »rechts unten«, also muss $x = y$ sein. Probieren Sie es aus! Wenn es funktioniert, haben Sie sich bei A' bestimmt nicht verrechnet.

Kleiner Tipp am Rande: bei den folgenden Aufgabenstellungen dürfen Sie einige der Übergangsmatrizen aus früheren Übungen nutzen, aber natürlich nur, wenn Sie gerade im Stress sind und wenig Zeit haben.

Aufgabe 11

Geben Sie die Matrixdarstellung der linearen Abbildung $f\begin{pmatrix} a \\ b \end{pmatrix} = (a+b)x^2 - bx + a$ des $\mathbb{R}^2$ über $\mathbb{R}$ in den Vektorraum V der Polynome höchstens zweiten Grades an. Als Basis im Urbildvektorraum sei $b'_u = \left(\begin{pmatrix} -1 \\ 1 \end{pmatrix}, \begin{pmatrix} 0 \\ -1 \end{pmatrix} \right)$ vorgegeben. Als Basis im Bildraum sei $b'_v = (x^2, -x^2 + x + 1, 1)$ zu wählen.

Aufgabe 12

Geben Sie die Matrixdarstellung der linearen Abbildung $f\begin{pmatrix} a & b \\ b & c \end{pmatrix} = \begin{pmatrix} 0 \\ b+c \\ -a \end{pmatrix}$ des Vektorraums U der symmetrischen 2×2-Matrizen in den $\mathbb{R}^3$ über $\mathbb{R}$. Als Basis für U sei $b'_u = \left(\begin{pmatrix} 1 & 2 \\ 2 & 0 \end{pmatrix}, \begin{pmatrix} 1 & 0 \\ 0 & 0 \end{pmatrix}, \begin{pmatrix} -1 & 1 \\ 1 & -1 \end{pmatrix} \right)$ zu wählen. Im Bildraum verwenden Sie als Basis $b'_v = \left(\begin{pmatrix} 3 \\ 1 \\ -1 \end{pmatrix}, \begin{pmatrix} 2 \\ 1 \\ 3 \end{pmatrix}, \begin{pmatrix} 5 \\ 2 \\ 1 \end{pmatrix} \right)$.

Lösungen der Aufgaben zum Basiswechsel

Lösung zu Aufgabe 1

Der Ansatz für die Linearkombination der Vektoren aus b lautet

$$\begin{pmatrix} 2 \\ 1 \end{pmatrix} = a_{11}\begin{pmatrix} 0 \\ -1 \end{pmatrix} + a_{12}\begin{pmatrix} 1 \\ 1 \end{pmatrix}$$

$$\begin{pmatrix} -1 \\ 2 \end{pmatrix} = a_{21}\begin{pmatrix} 0 \\ -1 \end{pmatrix} + a_{22}\begin{pmatrix} 1 \\ 1 \end{pmatrix}$$

Die Auflösung der Vektorgleichungen resultiert in jeweils einem LGS. Die obere Zeile ergibt:

$$\begin{aligned} 2 &= \phantom{-a_{11} +{}} a_{12} \\ 1 &= -a_{11} + a_{12} \end{aligned}$$

Somit gilt $a_{12} = 2$ und $a_{11} = 1$. Die untere Zeile zerlegen Sie in

$$\begin{aligned} -1 &= \phantom{-a_{21} +{}} a_{22} \\ 2 &= -a_{21} + a_{22} \end{aligned}$$

Hier ergibt sich $a_{22} = -1$ und $a_{21} = -3$. Damit erhalten Sie als Übergangsmatrix U:

$$U = \begin{pmatrix} 1 & -3 \\ 2 & -1 \end{pmatrix}$$

Lösung zu Aufgabe 2

Witzigerweise ist diese Aufgabe besonders einfach. Wenn die kanonische Basis die Ausgangsbasis ist, resultiert die Übergangsmatrix just in den neuen Basisvektoren. Sie dürfen das aber auch gerne anhand des Schemas nachrechnen:

$$U = \begin{pmatrix} 3 & 2 & 5 \\ 1 & 1 & 2 \\ -1 & 3 & 1 \end{pmatrix}$$

Die Übergangsmatrix U beim Basiswechsel von der kanonischen Basis e in eine neue Basis b enthält in den Spalten genau die Koeffizienten von b!

Lösung zu Aufgabe 3

Natürlich dürfen Sie eine Übergangsmatrix für jeden beliebigen Vektorraum ansetzen, zum Beispiel auch, wie hier, aus dem Vektorraum der Polynome höchstens zweiten Grades.

Der Ansatz ist nicht schwerer als üblich. Allerdings werden hier drei Gleichungen mit je drei Unbekannten benötigt:

$$\begin{aligned} x^2 &= a_{11}\left(x^2 + x + 1\right) + a_{12}\,(x + 1) + a_{13} \\ 1 &= a_{21}\left(x^2 + x + 1\right) + a_{22}\,(x + 1) + a_{23} \\ -x &= a_{31}\left(x^2 + x + 1\right) + a_{32}\,(x + 1) + a_{33} \end{aligned}$$

Aus dem *Koeffizientenvergleich* entsteht aus jeder der drei Zeilen ein LGS. Für die obere Zeile erhalten Sie:

$$\begin{aligned} 1 &= a_{11} \\ 0 &= a_{11} + a_{12} \\ 0 &= a_{11} + a_{12} + a_{13} \end{aligned}$$

Somit ist $a_{11} = 1$, $a_{12} = -1$ und $a_{13} = 0$.

Für die mittlere Zeile ergibt sich:

$$\begin{aligned} 0 &= a_{21} \\ 0 &= a_{21} + a_{22} \\ 1 &= a_{21} + a_{22} + a_{23} \end{aligned}$$

Auch diese Lösung kann aus dem System rasch abgelesen werden: $a_{21} = 0$, $a_{22} = 0$ und $a_{23} = 1$.

Die untere Zeile schließlich führt Sie nach Koeffizientenvergleich zu folgendem LGS:

$$\begin{aligned} 0 &= a_{31} \\ -1 &= a_{31} + a_{32} \\ 0 &= a_{31} + a_{32} + a_{33} \end{aligned}$$

Daraus ergibt sich $a_{31} = 0$, $a_{32} = -1$ und $a_{33} = 1$.

Insgesamt lautet die Übergangsmatrix U von g nach b:

$$U = \begin{pmatrix} 1 & 0 & 0 \\ -1 & 0 & -1 \\ 0 & 1 & 1 \end{pmatrix}$$

Lösung zu Aufgabe 4

Gemäß der Lösung von Aufgabe 1 lautet $U = \begin{pmatrix} 1 & -3 \\ 2 & -1 \end{pmatrix}$. Die Inverse von U ermitteln Sie zu $U^{-1} = \frac{1}{5}\begin{pmatrix} -1 & 3 \\ -2 & 1 \end{pmatrix}$.

Der Basiswechsel ergibt:

$$[v]_b = U^{-1} \cdot [v]_g = \frac{1}{5}\begin{pmatrix} -1 & 3 \\ -2 & 1 \end{pmatrix}\begin{pmatrix} 1 \\ 1 \end{pmatrix} = \begin{pmatrix} \frac{2}{5} \\ -\frac{1}{5} \end{pmatrix}$$

$$[w]_b = U^{-1} \cdot [w]_g = \frac{1}{5}\begin{pmatrix} -1 & 3 \\ -2 & 1 \end{pmatrix}\begin{pmatrix} 3 \\ 2 \end{pmatrix} = \begin{pmatrix} \frac{3}{5} \\ -\frac{4}{5} \end{pmatrix}$$

Die Probe ist aufwändiger als der gesamte Basiswechsel, aber sehr wichtig! Für Koordinatenvektoren bezüglich g gilt:

$$[v]_g = \begin{pmatrix} 1 \\ 1 \end{pmatrix} \Rightarrow \mathrm{v} = 1 \cdot \begin{pmatrix} 0 \\ -1 \end{pmatrix} + 1 \cdot \begin{pmatrix} 1 \\ 1 \end{pmatrix} = \begin{pmatrix} 1 \\ 0 \end{pmatrix}$$

$$[w]_g = \begin{pmatrix} 3 \\ 2 \end{pmatrix} \Rightarrow \mathrm{w} = 3 \cdot \begin{pmatrix} 0 \\ -1 \end{pmatrix} + 2 \cdot \begin{pmatrix} 1 \\ 1 \end{pmatrix} = \begin{pmatrix} 2 \\ -1 \end{pmatrix}$$

Das gleiche Ergebnis erhalten Sie für die Koordinatenvektoren bezüglich b:

$$[v]_b = \begin{pmatrix} \frac{2}{5} \\ -\frac{1}{5} \end{pmatrix} \Rightarrow \mathrm{v} = \frac{2}{5} \cdot \begin{pmatrix} 2 \\ 1 \end{pmatrix} - \frac{1}{5} \cdot \begin{pmatrix} -1 \\ 2 \end{pmatrix} = \begin{pmatrix} 1 \\ 0 \end{pmatrix}$$

$$[w]_b = \begin{pmatrix} \frac{3}{5} \\ -\frac{4}{5} \end{pmatrix} \Rightarrow \mathrm{w} = \frac{3}{5} \cdot \begin{pmatrix} 2 \\ 1 \end{pmatrix} - \frac{4}{5} \cdot \begin{pmatrix} -1 \\ 2 \end{pmatrix} = \begin{pmatrix} 2 \\ -1 \end{pmatrix}$$

Lösung zu Aufgabe 5

Aufgrund der Lösung von Aufgabe 2 gilt $U = \begin{pmatrix} 3 & 2 & 5 \\ 1 & 1 & 2 \\ -1 & 3 & 1 \end{pmatrix}$. Mit einem Verfahren Ihrer Wahl finden Sie $U^{-1} = \begin{pmatrix} 5 & -13 & 1 \\ 3 & -8 & 1 \\ -4 & 11 & -1 \end{pmatrix}$.

Kapitel 15 befasst sich exklusiv mit Verfahren zur Invertierung von Matrizen!

Der Basiswechsel reduziert sich damit auf eine Matrix-Vektor-Multiplikation:

$$[v]_b = U^{-1} \cdot [v]_e = \begin{pmatrix} 5 & -13 & 1 \\ 3 & -8 & 1 \\ -4 & 11 & -1 \end{pmatrix} \begin{pmatrix} 1 \\ 2 \\ 3 \end{pmatrix} = \begin{pmatrix} -18 \\ -10 \\ 15 \end{pmatrix}$$

$$[w]_b = U^{-1} \cdot [w]_e = \begin{pmatrix} 5 & -13 & 1 \\ 3 & -8 & 1 \\ -4 & 11 & -1 \end{pmatrix} \begin{pmatrix} 1 \\ 1 \\ 1 \end{pmatrix} = \begin{pmatrix} -7 \\ -4 \\ 6 \end{pmatrix}$$

Für die Probe genügt es, die Koordinatenvektoren bezüglich b zu kontrollieren, denn bezüglich der kanonischen Basis gibt es in diesem Fall keinen Unterschied zwischen dem Vektor und seinem Koordinatenvektor.

$$[v]_b = \begin{pmatrix} -18 \\ -10 \\ 15 \end{pmatrix} \Rightarrow \mathrm{v} = -18 \cdot \begin{pmatrix} 3 \\ 1 \\ -1 \end{pmatrix} - 10 \cdot \begin{pmatrix} 2 \\ 1 \\ 3 \end{pmatrix} + 15 \cdot \begin{pmatrix} 5 \\ 2 \\ 1 \end{pmatrix} = \begin{pmatrix} 1 \\ 2 \\ 3 \end{pmatrix}$$

$$[w]_b = \begin{pmatrix} -7 \\ -4 \\ 6 \end{pmatrix} \Rightarrow \mathrm{w} = -7 \cdot \begin{pmatrix} 3 \\ 1 \\ -1 \end{pmatrix} - 4 \cdot \begin{pmatrix} 2 \\ 1 \\ 3 \end{pmatrix} + 6 \cdot \begin{pmatrix} 5 \\ 2 \\ 1 \end{pmatrix} = \begin{pmatrix} 1 \\ 1 \\ 1 \end{pmatrix}$$

Lösung zu Aufgabe 6

Anhand der Lösung von Aufgabe 3 finden Sie $U = \begin{pmatrix} 1 & 0 & 0 \\ -1 & 0 & -1 \\ 0 & 1 & 1 \end{pmatrix}$. Weiter ergibt sich $U^{-1} = \begin{pmatrix} 1 & 0 & 0 \\ 1 & 1 & 1 \\ -1 & -1 & 0 \end{pmatrix}$.

Der Basiswechsel lautet entsprechend:

$$[v]_b = U^{-1} \cdot [v]_g = \begin{pmatrix} 1 & 0 & 0 \\ 1 & 1 & 1 \\ -1 & -1 & 0 \end{pmatrix} \begin{pmatrix} 1 \\ 0 \\ -1 \end{pmatrix} = \begin{pmatrix} 1 \\ 0 \\ -1 \end{pmatrix}$$

$$[w]_b = U^{-1} \cdot [w]_g = \begin{pmatrix} 1 & 0 & 0 \\ 1 & 1 & 1 \\ -1 & -1 & 0 \end{pmatrix} \begin{pmatrix} 0 \\ 1 \\ 1 \end{pmatrix} = \begin{pmatrix} 0 \\ 2 \\ -1 \end{pmatrix}$$

Erst bei der Probe taucht die eigentliche Struktur des Vektorraums erneut auf. Das ist gerade die Stärke der Koordinatenvektoren: sie verwischen das Aussehen des Vektorraums und ermöglichen Berechnungen mit n-Tupeln.

$$[v]_g = \begin{pmatrix} 1 \\ 0 \\ -1 \end{pmatrix} \Rightarrow \mathrm{v} = 1 \cdot (x^2 + x + 1) + 0 \cdot (x + 1) + (-1) \cdot 1 = x^2 + x$$

$$[w]_g = \begin{pmatrix} 0 \\ 1 \\ 1 \end{pmatrix} \Rightarrow \mathrm{w} = 0 \cdot (x^2 + x + 1) + 1 \cdot (x + 1) + 1 \cdot 1 = x + 2$$

$$[v]_b = \begin{pmatrix} 1 \\ 0 \\ -1 \end{pmatrix} \Rightarrow v = 1 \cdot x^2 + 0 \cdot 1 + (-1) \cdot (-x) = x^2 + x$$

$$[w]_b = \begin{pmatrix} 0 \\ 2 \\ -1 \end{pmatrix} \Rightarrow w = 0 \cdot x^2 + 2 \cdot 1 + (-1) \cdot (-x) = x + 2$$

Lösung zu Aufgabe 7

Wie im Beispiel beginnen Sie mit der Matrixdarstellung A von f bezüglich der kanonischen Basis.

$$A = \begin{pmatrix} 2 & -1 \\ 1 & 0 \end{pmatrix}$$

Die Übergangsmatrix U von der kanonischen Basis nach b stellt für Sie kein Hindernis dar:

$$U = \begin{pmatrix} 0 & 1 \\ -1 & 2 \end{pmatrix} \Rightarrow U^{-1} = \begin{pmatrix} 2 & -1 \\ 1 & 0 \end{pmatrix}$$

Zum Schluss ermitteln Sie aus diesem Ergebnis die gesuchte Matrixdarstellung A' von f bezüglich b:

$$\begin{aligned}[f]_b &= A' = U^{-1} \cdot A \cdot U \\ &= \begin{pmatrix} 2 & -1 \\ 1 & 0 \end{pmatrix} \cdot \begin{pmatrix} 2 & -1 \\ 1 & 0 \end{pmatrix} \cdot \begin{pmatrix} 0 & 1 \\ -1 & 2 \end{pmatrix} = \begin{pmatrix} 3 & -2 \\ 2 & -1 \end{pmatrix} \cdot \begin{pmatrix} 0 & 1 \\ -1 & 2 \end{pmatrix} = \begin{pmatrix} 2 & -1 \\ 1 & 0 \end{pmatrix}\end{aligned}$$

Lösung zu Aufgabe 8

Es geht los mit der Matrixdarstellung A von f bezüglich der kanonischen Basis:

$$A = \begin{pmatrix} 0 & 0 & -1 \\ 1 & -1 & 0 \\ -1 & 0 & 2 \end{pmatrix}$$

Die Übergangsmatrix U von der kanonischen Basis nach b inklusive ihrer Inversen dürfte Ihnen aus Aufgabe 5 bekannt vorkommen:

$$U = \begin{pmatrix} 3 & 2 & 5 \\ 1 & 1 & 2 \\ -1 & 3 & 1 \end{pmatrix} \Rightarrow U^{-1} = \begin{pmatrix} 5 & -13 & 1 \\ 3 & -8 & 1 \\ -4 & 11 & -1 \end{pmatrix}$$

Somit lautet die gesuchte Matrixdarstellung A' von f bezüglich b:

$$\begin{aligned}[f]_b = A' = U^{-1} \cdot A \cdot U &= \begin{pmatrix} 5 & -13 & 1 \\ 3 & -8 & 1 \\ -4 & 11 & -1 \end{pmatrix} \cdot \begin{pmatrix} 0 & 0 & -1 \\ 1 & -1 & 0 \\ -1 & 0 & 2 \end{pmatrix} \cdot \begin{pmatrix} 3 & 2 & 5 \\ 1 & 1 & 2 \\ -1 & 3 & 1 \end{pmatrix} \\ &= \begin{pmatrix} -14 & 13 & -3 \\ -9 & 8 & -1 \\ 12 & -11 & 2 \end{pmatrix} \cdot \begin{pmatrix} 3 & 2 & 5 \\ 1 & 1 & 2 \\ -1 & 3 & 1 \end{pmatrix} = \begin{pmatrix} -26 & -24 & -47 \\ -18 & -13 & -30 \\ 23 & 19 & 40 \end{pmatrix}\end{aligned}$$

Lösung zu Aufgabe 9

Die kanonische Basis des Vektorraums der Polynome höchstens zweiten Grades setzen Sie an mit $e = (x^2,\ x,\ 1)$. Dann lautet die Matrixdarstellung A von f bezüglich e:

$$A = \begin{pmatrix} 0 & 0 & 1 \\ -1 & 1 & 0 \\ 2 & 0 & 0 \end{pmatrix}$$

Die Übergangsmatrix U von der kanonischen Basis nach b lässt sich – mit ein wenig Konzentration – aus der Basis b ablesen:

$$U = \begin{pmatrix} 1 & -1 & 0 \\ 0 & 1 & 0 \\ 0 & 1 & 1 \end{pmatrix} \Rightarrow U^{-1} = \begin{pmatrix} 1 & 1 & 0 \\ 0 & 1 & 0 \\ 0 & -1 & 1 \end{pmatrix}$$

Schließlich ermitteln Sie die Matrixdarstellung A' von f bezüglich b:

$$[f]_b = A' = U^{-1} \cdot A \cdot U = \begin{pmatrix} 1 & 1 & 0 \\ 0 & 1 & 0 \\ 0 & -1 & 1 \end{pmatrix} \cdot \begin{pmatrix} 0 & 0 & 1 \\ -1 & 1 & 0 \\ 2 & 0 & 0 \end{pmatrix} \cdot \begin{pmatrix} 1 & -1 & 0 \\ 0 & 1 & 0 \\ 0 & 1 & 1 \end{pmatrix}$$

$$= \begin{pmatrix} -1 & 1 & 1 \\ -1 & 1 & 0 \\ 3 & -1 & 0 \end{pmatrix} \cdot \begin{pmatrix} 1 & -1 & 0 \\ 0 & 1 & 0 \\ 0 & 1 & 1 \end{pmatrix} = \begin{pmatrix} -1 & 3 & 1 \\ -1 & 2 & 0 \\ 3 & -4 & 0 \end{pmatrix}$$

Lösung zu Aufgabe 10

Die Matrixdarstellung A von f bezüglich der kanonischen Basis

$e = \left(\begin{pmatrix} 1 & 0 \\ 0 & 0 \end{pmatrix}, \begin{pmatrix} 0 & 1 \\ 1 & 0 \end{pmatrix}, \begin{pmatrix} 0 & 0 \\ 0 & 1 \end{pmatrix} \right)$ lautet:

$$A = \begin{pmatrix} 1 & 1 & 0 \\ 0 & 0 & -1 \\ 0 & 0 & 0 \end{pmatrix}$$

Die Übergangsmatrix U von der kanonischen Basis nach b sowie ihre Inverse berechnen Sie zu:

$$U = \begin{pmatrix} 1 & 1 & -1 \\ 2 & 0 & 1 \\ 0 & 0 & -1 \end{pmatrix} \Rightarrow U^{-1} = \frac{1}{2} \begin{pmatrix} 0 & 1 & 1 \\ 2 & -1 & -3 \\ 0 & 0 & -2 \end{pmatrix}$$

Damit erhalten Sie die Matrixdarstellung A' von f bezüglich b:

$$[f]_b = A' = U^{-1} \cdot A \cdot U = \frac{1}{2} \begin{pmatrix} 0 & 1 & 1 \\ 2 & -1 & -3 \\ 0 & 0 & -2 \end{pmatrix} \cdot \begin{pmatrix} 1 & 1 & 0 \\ 0 & 0 & -1 \\ 0 & 0 & 0 \end{pmatrix} \cdot \begin{pmatrix} 1 & 1 & -1 \\ 2 & 0 & 1 \\ 0 & 0 & -1 \end{pmatrix}$$

$$= \begin{pmatrix} 0 & 0 & -\frac{1}{2} \\ 1 & 1 & \frac{1}{2} \\ 0 & 0 & 0 \end{pmatrix} \cdot \begin{pmatrix} 1 & 1 & -1 \\ 2 & 0 & 1 \\ 0 & 0 & -1 \end{pmatrix} = \begin{pmatrix} 0 & 0 & \frac{1}{2} \\ 3 & 1 & -\frac{1}{2} \\ 0 & 0 & 0 \end{pmatrix}$$

Lösung zu Aufgabe 11

Ausgangspunkt ist wie üblich die Matrixdarstellung A von f bezüglich der jeweiligen kanonischen Basen:

$$A = \begin{pmatrix} 1 & 1 \\ 0 & -1 \\ 1 & 0 \end{pmatrix}$$

Im nächsten Schritt werden die Übergangsmatrizen S und T benötigt:

$$S = \begin{pmatrix} -1 & 0 \\ 1 & -1 \end{pmatrix} \Rightarrow S^{-1} = \begin{pmatrix} -1 & 0 \\ -1 & -1 \end{pmatrix}$$

$$T = \begin{pmatrix} 1 & -1 & 0 \\ 0 & 1 & 0 \\ 0 & 1 & 1 \end{pmatrix} \Rightarrow T^{-1} = \begin{pmatrix} 1 & 1 & 0 \\ 0 & 1 & 0 \\ 0 & -1 & 1 \end{pmatrix}$$

Schließlich lautet die gesuchte Matrixdarstellung A' von f bezüglich b'_u und b'_v:

$$A' = T^{-1} \cdot A \cdot S = \begin{pmatrix} 1 & 1 & 0 \\ 0 & 1 & 0 \\ 0 & -1 & 1 \end{pmatrix} \cdot \begin{pmatrix} 1 & 1 \\ 0 & -1 \\ 1 & 0 \end{pmatrix} \cdot \begin{pmatrix} -1 & 0 \\ 1 & -1 \end{pmatrix}$$

$$= \begin{pmatrix} 1 & 0 \\ 0 & -1 \\ 1 & 1 \end{pmatrix} \cdot \begin{pmatrix} -1 & 0 \\ 1 & -1 \end{pmatrix} = \begin{pmatrix} -1 & 0 \\ -1 & 1 \\ 0 & -1 \end{pmatrix}$$

Lösung zu Aufgabe 12

Los geht's mit der Matrixdarstellung A von f bezüglich der kanonischen Basen:

$$A = \begin{pmatrix} 0 & 0 & 0 \\ 0 & 1 & 1 \\ -1 & 0 & 0 \end{pmatrix}$$

Als Übergangsmatrizen S und T erhalten Sie:

$$S = \begin{pmatrix} 1 & 1 & -1 \\ 2 & 0 & 1 \\ 0 & 0 & -1 \end{pmatrix} \Rightarrow S^{-1} = \frac{1}{2}\begin{pmatrix} 0 & 1 & 1 \\ 2 & -1 & -3 \\ 0 & 0 & -2 \end{pmatrix}$$

$$T = \begin{pmatrix} 3 & 2 & 5 \\ 1 & 1 & 2 \\ -1 & 3 & 1 \end{pmatrix} \Rightarrow T^{-1} = \begin{pmatrix} 5 & -13 & 1 \\ 3 & -8 & 1 \\ -4 & 11 & -1 \end{pmatrix}$$

Sie berechnen die gesuchte Matrixdarstellung A' von f bezüglich b'_u und b'_v zu:

$$A' = T^{-1} \cdot A \cdot S = \begin{pmatrix} 5 & -13 & 1 \\ 3 & -8 & 1 \\ -4 & 11 & -1 \end{pmatrix} \cdot \begin{pmatrix} 0 & 0 & 0 \\ 0 & 1 & 1 \\ -1 & 0 & 0 \end{pmatrix} \cdot \begin{pmatrix} 1 & 1 & -1 \\ 2 & 0 & 1 \\ 0 & 0 & -1 \end{pmatrix}$$

$$= \begin{pmatrix} 5 & -13 & 1 \\ 3 & -8 & 1 \\ -4 & 11 & -1 \end{pmatrix} \cdot \begin{pmatrix} 0 & 0 & 0 \\ 2 & 0 & 0 \\ -1 & -1 & 1 \end{pmatrix} = \begin{pmatrix} -27 & -1 & 1 \\ -17 & -1 & 1 \\ 23 & 1 & -1 \end{pmatrix}$$

Teil VII

Eigenwerte bestimmen und Diagonalisieren

»OK, wir machen einen Test. Als erstes gehen Sie in einer geraden Linie. Anschließend halbieren Sie diese Linie mit einer Senkrechten, deren Steigung sich aus der Gleichung $y = 3x + 5$ ergibt.«

In diesem Teil ...

Diagonalisieren ist eine schräge Angelegenheit. Deswegen tragen ihre wichtigsten Zahlen auch merkwürdige Bezeichnungen wie »Eigenwerte«. Dieser Teil befasst sich mit dem ganzen Drum und Dran der Diagonalisierung, angefangen bei der charakteristischen Gleichung einer Matrix, über das Bestimmen von Eigenvektoren bis hin zur Angabe von Orthonormalbasen.

Außerdem möchte ich Ihnen zeigen, wofür der ganze Aufwand, den Sie möglicherweise in den anderen Teilen bereits betrieben haben, eigentlich gut ist: die Spektralzerlegung oder der Satz von Cayley-Hamilton warten mit spannenden Aufgaben auf ihre Lösung!

Eigenwerte berechnen

21

In diesem Kapitel ...

- Die charakteristische Gleichung einer Matrix aufstellen
- Eigenwerte durch die charakteristische Gleichung ermitteln
- Eigenvektoren und Eigenräume zu gefundenen Eigenwerten angeben
- Spezielle Tricks und Kniffe für Dreiecksmatrizen kennen lernen

Dieses Kapitel ist eigenartig, denn es befasst sich exklusiv mit Eigenwerten. Das sind besondere Zahlen, die sehr viel über eine Matrix aussagen. So besitzen ähnliche Matrizen stets dieselben Eigenwerte. Außerdem repräsentieren alle Matrizen mit demselben charakteristischen Polynom auch dieselbe lineare Abbildung, freilich bezogen auf verschiedene Basen. Erst in den nächsten Kapiteln werde ich Ihnen die volle Tragweite der Bedeutung von Eigenwerten vor Augen führen.

Wie immer warten viele Übungsaufgaben darauf, von Ihnen gelöst zu werden; gerade so wie die reifen Äpfel im Märchen von »Frau Holle« vom Baum gepflückt werden wollen.

Untersuchung auf Eigenwerte ...

Ein *Eigenwert* λ ist im Grunde etwas höchst Banales. Es handelt sich nämlich ungeachtet seiner weiteren Bedeutung um einen **Vorfaktor**. Und zwar um genau denjenigen Vorfaktor, den das Bild eines Vektors schmückt, bezogen auf die Matrixrepräsentation einer linearen Abbildung.

Sie verstehen nur Bahnhof? Keine Sorge! Nochmals alles schön langsam und der Reihe nach.

Sie gehen zuerst von einer Matrix A aus. So weit, so gut. Vielleicht wissen Sie noch aus vorherigen Kapiteln, dass jede Matrix mit einer linearen Abbildung identifiziert werden kann. Das ist ein »schwarzer Kasten«, in den man einen Vektor v hineinstopft und das Bild von v bezogen auf A herausbekommt, zum Beispiel v'. Oder, um es in algebraischer Notation aufzuschreiben: $A \cdot v = v'$. Das ist aber noch nichts Besonderes. Manchmal, aber nicht immer, kann es vorkommen, dass v' ein Vielfaches von v ist, dass also v und v' kollinear sind. Sie unterscheiden sich dann nur um einen ominösen Vorfaktor λ. Es gilt somit $v' = \lambda \cdot v$. Oder, um es in der ursprünglichen Darstellung anzugeben: $A \cdot v = \lambda \cdot v$. Und ja, es ist genau dieses λ, um das sich alles dreht und der *Eigenwert* von A genannt wird.

Bleibt nur noch das kleine Problem zu lösen, wie Sie λ bestimmen, wenn Ihnen jemand eine Matrix A präsentiert.

In der Vektorgleichung $A \cdot v = \lambda \cdot v$ befindet sich links vom Gleichheitszeichen eine *Matrix-Vektor-Multiplikation*, während rechts eine *skalare Multiplikation* auftaucht. Das sind vollkommen verschiedene Dinge und daraus zu schließen, dass A und λ dasselbe wären, ist nicht nur falsch, sondern unsinnig, denn A ist eine Matrix und λ eine Zahl!

Um das »v« irgendwie auf beiden Seiten zu eliminieren, müssen Sie auch rechts ein Matrix-Vektor-Produkt erzeugen. Das geht am Einfachsten, indem Sie λ mit der Einheitsmatrix I multiplizieren; die macht zumindest nichts »kaputt«: $A \cdot v = \lambda \cdot I \cdot v$. Links und rechts des Gleichheitszeichens befindet sich immer noch ein Vektor, deswegen darf v nicht gekürzt werden!

Aber niemand hindert Sie daran, die ganze »Chose« auf eine Seite zu bringen: $A \cdot v - \lambda \cdot I \cdot v = 0$. Jetzt ist zumindest das Distributivgesetz erlaubt, um v auszuklammern: $(A - \lambda \cdot I) \cdot v = 0$, oder $(\lambda \cdot I - A) \cdot v = 0$, was genauso gut ist.

Wenn v nicht der Nullvektor ist, und den lassen Sie natürlich nicht mitspielen, dann muss $\det(\lambda \cdot I - A) = 0$ gelten. Und das genügt auch schon! Jedes λ, das diese *charakteristische Gleichung* löst, ist ein *Eigenwert* von A.

von 2×2 Matrizen

Bei einer 2×2-Matrix, zum Beispiel $A = \begin{pmatrix} a & b \\ c & d \end{pmatrix}$, ist die Welt noch in Ordnung. Ihre charakteristische Gleichung lautet:

$$\det(\lambda \cdot I - A) = \det\left(\lambda\begin{pmatrix} 1 & 0 \\ 0 & 1 \end{pmatrix} - \begin{pmatrix} a & b \\ c & d \end{pmatrix}\right) = \det\begin{pmatrix} \lambda - a & -b \\ -c & \lambda - d \end{pmatrix} \stackrel{!}{=} 0$$
$$\Rightarrow \quad (\lambda - a)(\lambda - d) - c \cdot b = 0 \quad \Rightarrow \quad \lambda^2 - (a + d)\lambda + (a \cdot d - c \cdot b) = 0$$

Möglicherweise erinnern Sie sich noch, dass $a + d$ die *Spur* von A genannt wird, also $a + d = \mathrm{Spur}(A)$. Weiter ist $ad - cb$ die *Determinante* von A. Somit erhalten Sie insgesamt als charakteristische Gleichung einer 2×2-Matrix A:

$$\lambda^2 - \mathrm{Spur}(A)\lambda + \det(A) = 0$$

Die charakteristische Gleichung einer 2×2-Matrix A ist quadratisch, daher kann A höchstens zwei unterschiedliche Eigenwerte besitzen!

Beispiel

Bestimmen Sie die Eigenwerte von $A = \begin{pmatrix} 2 & 1 \\ 1 & 2 \end{pmatrix}$!

Lösung

Die charakteristische Gleichung von A lautet wegen $\text{Spur}(A) = 4$ und $\det(A) = 3$:

$$\lambda^2 - 4\lambda + 3 = 0 \;\Rightarrow\; (\lambda - 3)(\lambda - 1) = 0$$

Die Eigenwerte von A sind somit $\lambda_1 = 3$ und $\lambda_2 = 1$.

Für jede Matrix A gilt: die *Summe* der Eigenwerte ist gleich der *Spur* von A, das *Produkt* der Eigenwerte ist gleich der *Determinante* von A!

Aufgabe 1

Bestimmen Sie die Eigenwerte von $A = \begin{pmatrix} 1 & 2 \\ 3 & 0 \end{pmatrix}$!

Aufgabe 2

Bestimmen Sie die Eigenwerte von $A = \begin{pmatrix} 5 & 3 \\ -3 & -1 \end{pmatrix}$!

Aufgabe 3

Bestimmen Sie die Eigenwerte von $A = \begin{pmatrix} 1 & -1 \\ 1 & 1 \end{pmatrix}$!

Aufgabe 4

Bestimmen Sie die Eigenwerte von $A = \begin{pmatrix} 2 & 3 \\ 3 & 2 \end{pmatrix}$!

von 3×3 Matrizen

Die charakteristische Gleichung einer 3×3-Matrix besitzt den Grad drei, wie diese allgemeine Herleitung zeigt:

$$\det(\lambda \cdot I - A) = \det\left(\lambda \begin{pmatrix} 1 & 0 & 0 \\ 0 & 1 & 0 \\ 0 & 0 & 1 \end{pmatrix} - \begin{pmatrix} a & b & c \\ d & e & f \\ g & h & j \end{pmatrix}\right) = \det\begin{pmatrix} \lambda - a & -b & -c \\ -d & \lambda - e & -f \\ -g & -h & \lambda - j \end{pmatrix} \overset{!}{=} 0$$

$$\Rightarrow\; (\lambda - a)(\lambda - e)(\lambda - j) - bfg - cdh - gc(\lambda - e) - hf(\lambda - a) - db(\lambda - j) = 0$$

$$\Rightarrow\; \lambda^3 - (\text{Spur}(A))\lambda^2 + (Adj(a) + Adj(e) + Adj(j))\lambda - \det(A) = 0$$

Die Adjunkte eines Elementes a von A ist die vorzeichenbehaftete Determinante derjenigen Matrix, die entsteht, wenn man die Zeile und Spalte von A streicht, in der sich a befindet! Weitere Details dazu finden Sie in Kapitel 14.

Beispiel

Bestimmen Sie die Eigenwerte von $A = \begin{pmatrix} -57 & 158 & -16 \\ -25 & 69 & -7 \\ -35 & 94 & -10 \end{pmatrix}$!

Lösung

Die charakteristische Gleichung von A lautet:

$$\lambda^3 - 2\lambda^2 + (-32 + 10 + 17)\lambda + 6 = 0 \quad \Rightarrow \quad \lambda^3 - 2\lambda^2 - 5\lambda + 6 = 0$$
$$\Rightarrow \quad (\lambda - 3)(\lambda + 2)(\lambda - 1) = 0$$

Die Eigenwerte von A lauten somit $\lambda_1 = 3$, $\lambda_2 = -2$ und $\lambda_3 = 1$.

Aufgabe 5

Bestimmen Sie die Eigenwerte von $A = \begin{pmatrix} -11 & -16 & -27 \\ -7 & -10 & -17 \\ 10 & 14 & 24 \end{pmatrix}$!

Aufgabe 6

Bestimmen Sie die Eigenwerte von $A = \begin{pmatrix} 3 & -8 & 4 \\ 1 & -3 & 1 \\ 0 & 0 & -1 \end{pmatrix}$!

von allgemeinen Matrizen

Abgesehen von sehr kleinen Matrizen der Größe 2 und 3 bleibt Ihnen für eine allgemeine $n \times n$-Matrix A nur übrig, die Eigenwerte anhand der Definition zu ermitteln. Dabei gehen Sie wie folgt vor:

1. Aufstellen der charakteristischen Grundgleichung $\det(\lambda \cdot I - A) = 0$
2. Ausrechnen der Gleichung; dabei entsteht eine nicht-lineare Gleichung in λ vom Grad n.
3. Alle Lösungen von λ sind Eigenwerte von A.

Der Punkt zwei ist dabei der kritischste. Sie können zwar mit einigen Tricks und Kniffen aus der Zauberkiste aufwarten, aber wenn es sich beispielsweise um eine fiese Gleichung der Ordnung 8 handelt, werden Sie möglicherweise die korrekten Lösungen mit normalen »Bordmitteln« nicht finden können. Natürlich erlauben Ihnen Computeralgebraprogramme eine Näherung anzugeben, aber auch das bleibt vom mathematischen Standpunkt aus betrachtet unbefriedigend.

Doch keine Sorge! Weder unter den Übungsaufgaben noch unter den typischen Problemstellungen in einer Klausur zur Linearen Algebra werden Sie auf derartig unangenehme Aufgaben stoßen.

Beispiel

Bestimmen Sie die Eigenwerte von $A = \begin{pmatrix} 7 & 0 & -7 & -4 \\ -4 & 2 & 7 & 5 \\ 6 & 0 & -8 & -6 \\ -6 & 0 & 11 & 9 \end{pmatrix}$!

Lösung

Die charakteristische Gleichung sieht bei der Matrix A wie folgt aus:

$$\det\begin{pmatrix} \lambda-7 & 0 & 7 & 4 \\ 4 & \lambda-2 & -7 & -5 \\ -6 & 0 & \lambda+8 & 6 \\ 6 & 0 & -11 & \lambda-9 \end{pmatrix} = 0$$

Die Determinante berechnen Sie am besten mittels Entwicklungssatz nach der zweiten Spalte:

$$\begin{aligned}
&\det\begin{pmatrix} \lambda-7 & 0 & 7 & 4 \\ 4 & \lambda-2 & -7 & -5 \\ -6 & 0 & \lambda+8 & 6 \\ 6 & 0 & -11 & \lambda-9 \end{pmatrix} \\
&= (\lambda-2)\cdot\det\begin{pmatrix} \lambda-7 & 7 & 4 \\ -6 & \lambda+8 & 6 \\ 6 & -11 & \lambda-9 \end{pmatrix} \\
&= (\lambda-2)\left(\lambda^3 - 8\lambda^2 + (-14+39-6)\lambda - 12\right) \\
&= (\lambda-2)\left(\lambda^3 - 8\lambda^2 + 19\lambda - 12\right) \\
&= (\lambda-2)(\lambda-4)(\lambda-1)(\lambda-3) = 0
\end{aligned}$$

Somit haben Sie folgende Eigenwerte identifiziert: $\lambda_1 = 2$, $\lambda_2 = 4$, $\lambda_3 = 1$ und $\lambda_4 = 3$.

Aufgabe 7

Bestimmen Sie die Eigenwerte von $A = \begin{pmatrix} 0 & 0 & 3 & 3 \\ 2 & 1 & -5 & -3 \\ 0 & 0 & 0 & 0 \\ 0 & 0 & 1 & 1 \end{pmatrix}$!

Aufgabe 8

Bestimmen Sie die Eigenwerte von $A = \begin{pmatrix} 3 & 0 & -1 & 1 \\ 2 & 0 & 0 & 1 \\ -6 & 2 & 4 & -4 \\ -4 & 0 & 2 & -1 \end{pmatrix}$!

Eigenvektoren allgemein bestimmen

Das Bestimmen von *Eigenvektoren* können Sie sich bestimmt gut merken, wenn Sie daran denken, was Eigenvektoren sind!

Ein *Eigenvektor* v einer Matrix A besitzt die Eigenschaft, dass er kollinear zu seinem eigenen Bild ist: $A \cdot v = \lambda \cdot v$.

Da λ in dieser Gleichung bereits einen bekannten *Eigenwert* darstellt, dürfen Sie sicher davon ausgehen, dass Sie das resultierende, stets unterbestimmte LGS zu lösen in der Lage sind.

Sie glauben mir nicht? Dann mache ich Ihnen ein Beispiel. Übrigens entstammen alle Matrizen dieses Abschnitts früheren Übungsaufgaben, damit Sie nicht erst lang und breit die Eigenwerte ausrechnen müssen, das wäre wirklich zu viel verlangt.

Beispiel

Bestimmen Sie die Eigenvektoren zu den Eigenwerten $\lambda_1 = 3$ und $\lambda_2 = -2$ der Matrix $A = \begin{pmatrix} 1 & 2 \\ 3 & 0 \end{pmatrix}$! (vergleichen Sie hierzu Aufgabe 1)

Lösung

Sie setzen »ganz genau« an der Definition der Eigenvektoren an. $v = \begin{pmatrix} v_1 \\ v_2 \end{pmatrix}$ ist von jetzt an eine Variable, die die Eigenvektoren repräsentiert. Der jeweilige Wert von λ wird einfach als skalares Vielfaches von v eingesetzt.

Es geht los mit $\lambda_1 = 3$:

$$\begin{pmatrix} 1 & 2 \\ 3 & 0 \end{pmatrix} \cdot \begin{pmatrix} v_1 \\ v_2 \end{pmatrix} = 3 \cdot \begin{pmatrix} v_1 \\ v_2 \end{pmatrix} \quad \Rightarrow \quad \begin{array}{rcrcl} v_1 & + & 2v_2 & = & 3v_1 \\ 3v_1 & & & = & 3v_2 \end{array}$$

$$\Rightarrow \quad \left.\begin{array}{rcrcl} -2v_1 & + & 2v_2 & = & 0 \\ 3v_1 & - & 3v_2 & = & 0 \end{array}\right\rangle \; v_1 = v_2$$

Die lineare Abhängigkeit der Zeilen sollte Sie nicht beunruhigen, im Gegenteil:

Jedes Vielfache eines Eigenvektors v zu einem Eigenwert λ ist selbst wiederum ein Eigenvektor zu λ. Die Menge aller Eigenvektoren zu ein und demselben Eigenwert bildet einen Unterraum, der als *Eigenraum* bezeichnet wird.

Demnach müssen die Zeilen linear abhängig sein. Im obigen Fall erhalten Sie als Eigenraum E_3 zu $\lambda_1 = 3$:

$$E_3 = \left\{ \mu \begin{pmatrix} 1 \\ 1 \end{pmatrix} \middle| \text{ mit } \mu \in \mathbb{R} \right\}$$

Mit diesem Wissen ausgestattet, dürfen Sie auch gleich den Eigenraum E_{-2} zum Eigenwert $\lambda_2 = -2$ nachrechnen:

$$\begin{pmatrix} 1 & 2 \\ 3 & 0 \end{pmatrix} \cdot \begin{pmatrix} v_1 \\ v_2 \end{pmatrix} = -2 \cdot \begin{pmatrix} v_1 \\ v_2 \end{pmatrix} \Rightarrow \begin{array}{rcrcl} v_1 & + & 2v_2 & = & -2v_1 \\ 3v_1 & & & = & -2v_2 \end{array}$$

$$\Rightarrow \left. \begin{array}{rcrcl} 3v_1 & + & 2v_2 & = & 0 \\ 3v_1 & + & 2v_2 & = & 0 \end{array} \right\rangle 3v_1 = -2v_2$$

Um Brüche zu vermeiden, setzen Sie als einfache Lösungsmöglichkeit dieser Gleichung $v_1 = -2$ und $v_2 = 3$ an. Somit erhalten Sie als Eigenraum E_{-2} zu $\lambda_2 = -2$:

$$E_{-2} = \left\{ \mu \begin{pmatrix} -2 \\ 3 \end{pmatrix} \middle| \text{ mit } \mu \in \mathbb{R} \right\}$$

Aufgabe 9

Bestimmen Sie die Eigenvektoren zu den Eigenwerten $\lambda_1 = 5$ und $\lambda_2 = -1$ der Matrix $A = \begin{pmatrix} 2 & 3 \\ 3 & 2 \end{pmatrix}$! (vergleichen Sie hierzu Aufgabe 4)

Aufgabe 10

Bestimmen Sie die Eigenvektoren zu den Eigenwerten $\lambda_1 = 0$, $\lambda_2 = 2$ und $\lambda_3 = 1$ der Matrix $A = \begin{pmatrix} -11 & -16 & -27 \\ -7 & -10 & -17 \\ 10 & 14 & 24 \end{pmatrix}$! (vergleichen Sie hierzu Aufgabe 5)

Aufgabe 11

Bestimmen Sie die Eigenvektoren zu den Eigenwerten $\lambda_1 = 1$ und $\lambda_2 = -1$ der Matrix $A = \begin{pmatrix} 3 & -8 & 4 \\ 1 & -3 & 1 \\ 0 & 0 & -1 \end{pmatrix}$! (vergleichen Sie hierzu Aufgabe 6)

Aufgabe 12

Bestimmen Sie die Eigenvektoren zu den Eigenwerten $\lambda_1 = 0$ und $\lambda_2 = 1$ der Matrix $A = \begin{pmatrix} 0 & 0 & 3 & 3 \\ 2 & 1 & -5 & -3 \\ 0 & 0 & 0 & 0 \\ 0 & 0 & 1 & 1 \end{pmatrix}$! (vergleichen Sie hierzu Aufgabe 7)

Bestimmung von Eigenwerten bei Dreiecksmatrizen

Wie Sie gesehen haben, ist die Bestimmung der Eigenräume einer Matrix eine ganz schön aufwändige Angelegenheit. Insbesondere größere Matrizen verursachen einigen Stress.

Dieser Abschnitt verschafft Ihnen dagegen ein wenig Ruhe und Entspannung. Denn *Dreiecksmatrizen*, egal ob obere oder untere, sind geradezu prädestiniert, ihre Eigenräume preiszugeben.

Warum das so ist, zeige ich Ihnen am besten anhand eines kleinen Beispiels.

Beispiel

Bestimmen Sie die Eigenräume der Matrix $A = \begin{pmatrix} 1 & 1 & 0 \\ 0 & 2 & -1 \\ 0 & 0 & 3 \end{pmatrix}$!

Lösung

Zunächst sind natürlich die Eigenwerte zu bestimmen, aber was soll ich Ihnen sagen? Das ist einfacher als befürchtet:

Die Eigenwerte einer Dreiecksmatrix entsprechen exakt den Hauptdiagonalelementen!

Für das Beispiel rechne ich Ihnen das noch einmal explizit vor:

$$\det(\lambda \cdot I - A) = \det \begin{pmatrix} \lambda - 1 & -1 & 0 \\ 0 & \lambda - 2 & 1 \\ 0 & 0 & \lambda - 3 \end{pmatrix} = 0$$

$$\Rightarrow \quad (\lambda - 1)(\lambda - 2)(\lambda - 3) = 0$$

Von jetzt an dürfte Ihnen die Suche nach Eigenwerten einer Dreiecksmatrix keine Kopfschmerzen mehr bereiten.

Weiter geht es, wie immer, mit den Eigenvektoren. Hier gilt zunächst für $\lambda_1 = 1$:

$$\begin{pmatrix} 1 & 1 & 0 \\ 0 & 2 & -1 \\ 0 & 0 & 3 \end{pmatrix} \cdot \begin{pmatrix} v_1 \\ v_2 \\ v_3 \end{pmatrix} = 1 \cdot \begin{pmatrix} v_1 \\ v_2 \\ v_3 \end{pmatrix} \quad \Rightarrow \quad \begin{array}{rcrcrcl} v_1 & + & v_2 & & & = & v_1 \\ & & 2v_2 & - & v_3 & = & v_2 \\ & & & & 3v_3 & = & v_3 \end{array}$$

$$\Rightarrow \quad \left.\begin{array}{rcrcl} v_2 & & & = & 0 \\ v_2 & - & v_3 & = & 0 \\ & & 2v_3 & = & 0 \end{array}\right\rangle v_2 = v_3 = 0$$

Die Werte von v_2 und v_3 müssen zwar Null sein, dafür ist v_1 beliebig:

$$E_1 = \left\{ \mu \begin{pmatrix} 1 \\ 0 \\ 0 \end{pmatrix} \middle| \text{ mit } \mu \in \mathbb{R} \right\}$$

Für $\lambda_2 = 2$ ist die Angelegenheit nicht viel komplizierter:

$$\begin{pmatrix} 1 & 1 & 0 \\ 0 & 2 & -1 \\ 0 & 0 & 3 \end{pmatrix} \cdot \begin{pmatrix} v_1 \\ v_2 \\ v_3 \end{pmatrix} = 2 \cdot \begin{pmatrix} v_1 \\ v_2 \\ v_3 \end{pmatrix} \Rightarrow \begin{array}{rcrcrcl} v_1 & + & v_2 & & & = & 2v_1 \\ & & 2v_2 & - & v_3 & = & 2v_2 \\ & & & & 3v_3 & = & 2v_3 \end{array}$$

$$\Rightarrow \left.\begin{array}{rcrcrcl} -v_1 & + & v_2 & & & = & 0 \\ & & & - & v_3 & = & 0 \\ & & & & v_3 & = & 0 \end{array}\right\rangle v_1 = v_2 \wedge v_3 = 0$$

Somit erhalten Sie Eigenraum:

$$E_2 = \left\{ \mu \begin{pmatrix} 1 \\ 1 \\ 0 \end{pmatrix} \middle| \text{ mit } \mu \in \mathbb{R} \right\}$$

Schließlich berechnen Sie den Eigenraum zu $\lambda_3 = 3$:

$$\begin{pmatrix} 1 & 1 & 0 \\ 0 & 2 & -1 \\ 0 & 0 & 3 \end{pmatrix} \cdot \begin{pmatrix} v_1 \\ v_2 \\ v_3 \end{pmatrix} = 3 \cdot \begin{pmatrix} v_1 \\ v_2 \\ v_3 \end{pmatrix} \Rightarrow \begin{array}{rcrcrcl} v_1 & + & v_2 & & & = & 3v_1 \\ & & 2v_2 & - & v_3 & = & 3v_2 \\ & & & & 3v_3 & = & 3v_3 \end{array}$$

$$\Rightarrow \left.\begin{array}{rcrcrcl} -2v_1 & + & v_2 & & & = & 0 \\ & & -v_2 & - & v_3 & = & 0 \\ & & & & 0 & = & 0 \end{array}\right\rangle v_2 = 2v_1 \wedge v_3 = -v_2$$

Indem Sie eine spezielle Lösung vorgeben, beispielsweise $v_1 = 1, v_2 = 2$ und $v_3 = -2$, können Sie den Eigenraum zum Eigenwert 3 unmittelbar angeben:

$$E_3 = \left\{ \mu \begin{pmatrix} 1 \\ 2 \\ -2 \end{pmatrix} \middle| \text{ mit } \mu \in \mathbb{R} \right\}$$

Aufgabe 13

Bestimmen Sie die Eigenräume der Matrix $A = \begin{pmatrix} 1 & 1 \\ 0 & 1 \end{pmatrix}$!

Aufgabe 14

Bestimmen Sie die Eigenräume der Matrix $A = \begin{pmatrix} 1 & 1 & 1 \\ 0 & 1 & 2 \\ 0 & 0 & -1 \end{pmatrix}$!

Aufgabe 15

Bestimmen Sie die Eigenräume der Matrix $A = \begin{pmatrix} 1 & 0 & 0 & 0 \\ 2 & 1 & 0 & 0 \\ -1 & 0 & -1 & 0 \\ 0 & 1 & 1 & 1 \end{pmatrix}$!

Lösungen der Aufgaben zum Berechnen von Eigenwerten

Lösung zu Aufgabe 1

Die charakteristische Gleichung von A lautet wegen $\text{Spur}(A) = 1$ und $\det(A) = -6$:

$$\lambda^2 - \lambda - 6 = 0 \;\Rightarrow\; (\lambda - 3)(\lambda + 2) = 0$$

Die Eigenwerte von A sind demnach $\lambda_1 = 3$ und $\lambda_2 = -2$.

Lösung zu Aufgabe 2

Wegen $\text{Spur}(A) = 4$ und $\det(A) = 4$ gilt:

$$\lambda^2 - 4\lambda + 4 = 0 \;\Rightarrow\; (\lambda - 2)^2 = 0$$

Demnach verfügt A lediglich über den Eigenwert $\lambda = 2$.

Lösung zu Aufgabe 3

Hier gilt $\text{Spur}(A) = 2$ und ebenfalls $\det(A) = 2$. Deshalb lautet die charakteristische Gleichung von A:

$$\lambda^2 - 2\lambda + 2 = 0 \;\Rightarrow\; (\lambda - 1)^2 + 1 = 0 \;\Rightarrow\; (\lambda - 1 + i)(\lambda - 1 - i) = 0$$

Somit verfügt A über keine reellen Eigenwerte. Die zueinander konjugiert komplexen Eigenwerte sind $\lambda_1 = 1 + i$ und $\lambda_2 = 1 - i$.

Lösung zu Aufgabe 4

Bei dieser interessanten Matrix ist die charakteristische Gleichung:

$$\lambda^2 - 4\lambda - 5 = 0 \;\Rightarrow\; (\lambda - 5)(\lambda + 1) = 0$$

Daher besitzt A die Eigenwerte $\lambda_1 = 5$ und $\lambda_2 = -1$.

Lösung zu Aufgabe 5

Gemäß der angegebenen Formel lautet die charakteristische Gleichung von A:

$$\lambda^3 - 3\lambda^2 + (-2 + 6 - 2)\lambda + 0 = 0 \;\Rightarrow\; \lambda^3 - 3\lambda^2 + 2\lambda = 0$$
$$\Rightarrow\; \lambda(\lambda - 2)(\lambda - 1) = 0$$

Die Eigenwerte von A sind somit $\lambda_1 = 0$, $\lambda_2 = 2$ und $\lambda_3 = 1$.

Lösung zu Aufgabe 6

Hier ergibt sich als charakteristische Gleichung

$$\lambda^3 + \lambda^2 + (3-3-1)\lambda - 1 = 0 \;\Rightarrow\; \lambda^3 + \lambda^2 - \lambda - 1 = 0$$
$$\Rightarrow\; (\lambda+1)^2(\lambda-1) = 0$$

Demnach gibt es nur zwei verschiedene Eigenwerte, nämlich $\lambda_1 = 1$ sowie $\lambda_2 = -1$.

Lösung zu Aufgabe 7

Als charakteristische Gleichung erhalten Sie bei dieser Matrix:

$$\det\begin{pmatrix} \lambda-0 & 0 & -3 & -3 \\ -2 & \lambda-1 & 5 & 3 \\ 0 & 0 & \lambda-0 & 0 \\ 0 & 0 & -1 & \lambda-1 \end{pmatrix} = 0$$

Wenn Sie diese Determinante nach der dritten Zeile entwickeln, ergibt sich:

$$\det\begin{pmatrix} \lambda-0 & 0 & -3 & -3 \\ -2 & \lambda-1 & 5 & 3 \\ 0 & 0 & \lambda-0 & 0 \\ 0 & 0 & -1 & \lambda-1 \end{pmatrix}$$
$$= (\lambda-0)\cdot\det\begin{pmatrix} \lambda & 0 & -3 \\ -2 & \lambda-1 & 3 \\ 0 & 0 & \lambda-1 \end{pmatrix}$$
$$= \lambda\left(\lambda^3 - 2\lambda^2 + (1+0+0)\lambda - 0\right)$$
$$= \lambda^2\left(\lambda^2 - 2\lambda + 1\right)$$
$$= \lambda^2(\lambda-1)^2 = 0$$

Somit verfügt die Matrix über lediglich zwei verschiedene Eigenwerte: $\lambda_1 = 0$ und $\lambda_2 = 1$.

Lösung zu Aufgabe 8

Der Ansatz zur charakteristischen Gleichung lautet:

$$\det\begin{pmatrix} \lambda-3 & 0 & 1 & -1 \\ -2 & \lambda-0 & 0 & -1 \\ 6 & -2 & \lambda-4 & 4 \\ 4 & 0 & -2 & \lambda+1 \end{pmatrix} = 0$$

Die Berechnung der Determinante erfordert hier etwas mehr Mühe. Die Entwicklung nach der zweiten Spalte resultiert in zwei 3×3-Determinanten:

$$
\begin{aligned}
&\det\begin{pmatrix} \lambda-3 & 0 & 1 & -1 \\ -2 & \lambda-0 & 0 & -1 \\ 6 & -2 & \lambda-4 & 4 \\ 4 & 0 & -2 & \lambda+1 \end{pmatrix} \\
&= (\lambda-0)\cdot\det\begin{pmatrix} \lambda-3 & 1 & -1 \\ 6 & \lambda-4 & 4 \\ 4 & -2 & \lambda+1 \end{pmatrix} + (-1)(-2)\cdot\det\begin{pmatrix} \lambda-3 & 1 & -1 \\ -2 & 0 & -1 \\ 4 & -2 & \lambda+1 \end{pmatrix} \\
&= \lambda\left(\lambda^3-6\lambda^2+(6+1+4)\lambda-6\right)+2(0-4-4-0-2(\lambda-3)+2(\lambda+1)) \\
&= \lambda\left(\lambda^3-6\lambda^2+11\lambda-6\right)+2(-8+8) \\
&= \lambda\left(\lambda^3-6\lambda^2+11\lambda-6\right) \\
&= \lambda(\lambda-3)(\lambda-2)(\lambda-1)=0
\end{aligned}
$$

Daraus ergeben sich vier verschiedene Eigenwerte: $\lambda_1 = 0$, $\lambda_2 = 3$, $\lambda_3 = 2$ und $\lambda_4 = 1$.

Lösung zu Aufgabe 9

Für den Eigenwert $\lambda_1 = 5$ ermitteln Sie:

$$
\begin{pmatrix} 2 & 3 \\ 3 & 2 \end{pmatrix}\cdot\begin{pmatrix} v_1 \\ v_2 \end{pmatrix} = 5\cdot\begin{pmatrix} v_1 \\ v_2 \end{pmatrix} \quad\Rightarrow\quad \begin{array}{rcrcl} 2v_1 & + & 3v_2 & = & 5v_1 \\ 3v_1 & + & 2v_2 & = & 5v_2 \end{array}
$$

$$
\Rightarrow \quad \left.\begin{array}{rcrcl} -3v_1 & + & 3v_2 & = & 0 \\ 3v_1 & - & 3v_2 & = & 0 \end{array}\right\rangle \; v_1 = v_2
$$

Damit erhalten Sie als Eigenraum E_5 zu $\lambda_1 = 5$:

$$
E_5 = \left\{\mu\begin{pmatrix} 1 \\ 1 \end{pmatrix}\middle|\ \text{mit } \mu\in\mathbb{R}\right\}
$$

Weiter geht es mit dem Eigenwert $\lambda_2 = -1$:

$$
\begin{pmatrix} 2 & 3 \\ 3 & 2 \end{pmatrix}\cdot\begin{pmatrix} v_1 \\ v_2 \end{pmatrix} = (-1)\cdot\begin{pmatrix} v_1 \\ v_2 \end{pmatrix} \quad\Rightarrow\quad \begin{array}{rcrcl} 2v_1 & + & 3v_2 & = & -v_1 \\ 3v_1 & + & 2v_2 & = & -v_2 \end{array}
$$

$$
\Rightarrow \quad \left.\begin{array}{rcrcl} 3v_1 & + & 3v_2 & = & 0 \\ 3v_1 & + & 3v_2 & = & 0 \end{array}\right\rangle \; v_1 = -v_2
$$

Daraus ergibt sich der Eigenraum E_{-1}:

$$
E_{-1} = \left\{\mu\begin{pmatrix} 1 \\ -1 \end{pmatrix}\middle|\ \text{mit } \mu\in\mathbb{R}\right\}
$$

Lösung zu Aufgabe 10

Auch bei größeren Matrizen ändert sich im Prinzip nicht viel. Es sind mehr LGS zu lösen und diese haben jeweils eine höhere Dimension. Aber Ansatz und Durchführung der Lösung sind genau gleich.

Um Ihnen die Arbeit bei vielen Variablen zu erleichtern, gebe ich Ihnen noch ein paar Tricks mit auf den Weg:

Wenn die Anzahl unterschiedlicher Eigenwerte gleich der Größe der Ausgangsmatrix ist, besitzt jeder Eigenraum die Dimension 1!

Gut. Diese wichtige Aussage wird im Rahmen der Lösung zu Aufgabe 11 sogar noch verfeinert werden. Fragt sich nur, was Sie mit diesem Wissen anstellen können. Dazu der nächste Tipp:

Wenn für ein LGS mit 3 Unbekannten und 3 Gleichungen von vornherein klar ist, dass die Lösung die Dimension 1 besitzt, können Sie auf eine der Gleichungen verzichten, solange die beiden übrigen linear unabhängig sind!

Das hilft Ihnen schon einmal, wie ich Ihnen weiter unten zeigen werde. Aber noch ein letzter Trick, und Sie werden die Aufgaben spielend meistern:

Falls die Dimension der Lösung eines LGS 1 beträgt, genügt es, eine beliebige nicht-triviale Lösung anzugeben. Alle Vielfachen dieses Lösungsvektors, seine *lineare Hülle*, stellt dann automatisch den Lösungsraum dar!

So erhalten Sie für den Eigenwert $\lambda_1 = 0$:

$$\begin{pmatrix} -11 & -16 & -27 \\ -7 & -10 & -17 \\ 10 & 14 & 24 \end{pmatrix} \cdot \begin{pmatrix} v_1 \\ v_2 \\ v_3 \end{pmatrix} = 0 \cdot \begin{pmatrix} v_1 \\ v_2 \\ v_3 \end{pmatrix}$$

$$\left.\begin{array}{rcrcrcl} -11v_1 & - & 16v_2 & - & 27v_3 & = & 0 \\ -7v_1 & - & 10v_2 & - & 17v_3 & = & 0 \\ 10v_1 & + & 14v_2 & + & 24v_3 & = & 0 \end{array}\right\rangle \quad \begin{array}{rcrcrcl} -v_1 & - & 2v_2 & - & 3v_3 & = & 0 \\ 3v_1 & + & 4v_2 & + & 7v_3 & = & 0 \end{array}$$

$$\Rightarrow \quad \left.\begin{array}{rcrcrcl} -3v_1 & - & 6v_2 & - & 9v_3 & = & 0 \\ 3v_1 & + & 4v_2 & + & 7v_3 & = & 0 \end{array}\right\rangle \quad -2v_2 - 2v_3 = 0$$

Beim Übergang von 3 auf 2 Gleichungen wurden die beiden ersten Tricks bereits ausgenutzt. Außerdem habe ich die Differenzen der Zeilen gewählt, um die Zahlen etwas kleiner zu halten.

Jetzt sehen Sie, dass beispielsweise $v_2 = 1$ und $v_3 = -1$ die letzte Zeile erfüllen. Wegen $-v_1 - 2 - (-3) = 0$ gilt $v_1 = 1$. Somit haben Sie eine spezielle Lösung gefunden. Mit dem dritten Tipp gilt für den Eigenraum E_0 zu $\lambda_1 = 0$:

$$E_0 = \left\{ \mu \begin{pmatrix} 1 \\ 1 \\ -1 \end{pmatrix} \middle| \text{ mit } \mu \in \mathbb{R} \right\}$$

Entsprechend finden Sie für den Eigenwert $\lambda_2 = 2$:

$$\begin{pmatrix} -11 & -16 & -27 \\ -7 & -10 & -17 \\ 10 & 14 & 24 \end{pmatrix} \cdot \begin{pmatrix} v_1 \\ v_2 \\ v_3 \end{pmatrix} = 2 \cdot \begin{pmatrix} v_1 \\ v_2 \\ v_3 \end{pmatrix} \Rightarrow \begin{array}{rcrcrcl} -11v_1 & - & 16v_2 & - & 27v_3 & = & 2v_1 \\ -7v_1 & - & 10v_2 & - & 17v_3 & = & 2v_2 \\ 10v_1 & + & 14v_2 & + & 24v_3 & = & 2v_3 \end{array}$$

$$\Rightarrow \left.\begin{array}{rcrcrcl} -13v_1 & - & 16v_2 & - & 27v_3 & = & 0 \\ -7v_1 & - & 12v_2 & - & 17v_3 & = & 0 \\ 10v_1 & + & 14v_2 & + & 22v_3 & = & 0 \end{array}\right\rangle \begin{array}{rcrcrcl} -3v_1 & - & 2v_2 & - & 5v_3 & = & 0 \\ 5v_1 & + & 7v_2 & + & 11v_3 & = & 0 \end{array}$$

$$\Rightarrow \left.\begin{array}{rcrcrcl} -15v_1 & - & 10v_2 & - & 25v_3 & = & 0 \\ 15v_1 & + & 21v_2 & + & 33v_3 & = & 0 \end{array}\right\rangle 11v_2 + 8v_3 = 0$$

Setzen Sie $v_3 = -11$, so gilt weiter $v_2 = 8$. Damit erhalten Sie $-3v_1 - 16 + 55 = 0$ und ergo $v_1 = 13$. So ergibt sich der Eigenraum E_2 zu:

$$E_2 = \left\{ \mu \begin{pmatrix} 13 \\ 8 \\ -11 \end{pmatrix} \middle| \text{ mit } \mu \in \mathbb{R} \right\}$$

Schließlich knöpfen Sie sich den dritten Eigenwert $\lambda_3 = 1$ vor:

$$\begin{pmatrix} -11 & -16 & -27 \\ -7 & -10 & -17 \\ 10 & 14 & 24 \end{pmatrix} \cdot \begin{pmatrix} v_1 \\ v_2 \\ v_3 \end{pmatrix} = 1 \cdot \begin{pmatrix} v_1 \\ v_2 \\ v_3 \end{pmatrix} \Rightarrow \begin{array}{rcrcrcl} -11v_1 & - & 16v_2 & - & 27v_3 & = & v_1 \\ -7v_1 & - & 10v_2 & - & 17v_3 & = & v_2 \\ 10v_1 & + & 14v_2 & + & 24v_3 & = & v_3 \end{array}$$

$$\Rightarrow \left.\begin{array}{rcrcrcl} -12v_1 & - & 16v_2 & - & 27v_3 & = & 0 \\ -7v_1 & - & 11v_2 & - & 17v_3 & = & 0 \\ 10v_1 & + & 14v_2 & + & 23v_3 & = & 0 \end{array}\right\rangle \begin{array}{rcrcrcl} -2v_1 & - & 2v_2 & - & 4v_3 & = & 0 \\ 7v_1 & + & 11v_2 & + & 17v_3 & = & 0 \end{array}$$

$$\Rightarrow \left.\begin{array}{rcrcrcl} -14v_1 & - & 14v_2 & - & 28v_3 & = & 0 \\ 14v_1 & + & 22v_2 & + & 34v_3 & = & 0 \end{array}\right\rangle 8v_2 = -6v_3 \ \Rightarrow 4v_2 = -3v_3$$

Für $v_3 = 4$ muss $v_2 = -3$ gelten. Alsdann müssen Sie $v_1 = -5$ wählen. Sie erhalten schließlich als Eigenraum E_1:

$$E_1 = \left\{ \mu \begin{pmatrix} -5 \\ -3 \\ 4 \end{pmatrix} \middle| \text{ mit } \mu \in \mathbb{R} \right\}$$

Lösung zu Aufgabe 11

Bei der 3×3-Matrix zu dieser Aufgabe finden sich nur 2 verschiedene Eigenwerte. Das könnte prinzipiell daran liegen, dass der dritte Eigenwert komplex ist oder aber, wie Sie der Lösung zu Aufgabe 6 entnehmen, einer der beiden Eigenwerte als doppelte Nullstelle der charakteristischen Gleichung erscheint.

Dies gestattet einen weiteren Erkenntnisgewinn:

Die Dimension des Eigenraumes entspricht höchstens der Vielfachheit des zugehörigen Eigenwertes in der charakteristischen Gleichung. Man sagt auch, »die *geometrische Vielfachheit* ist kleiner oder gleich der *algebraischen Vielfachheit*«.

Auf diese Weise wissen Sie bereits vor der Rechnung, dass der Eigenraum zu $\lambda_2 = -1$ höchstens zweidimensional ist. Aber sehen Sie selbst:

$$\begin{pmatrix} 3 & -8 & 4 \\ 1 & -3 & 1 \\ 0 & 0 & -1 \end{pmatrix} \cdot \begin{pmatrix} v_1 \\ v_2 \\ v_3 \end{pmatrix} = -1 \cdot \begin{pmatrix} v_1 \\ v_2 \\ v_3 \end{pmatrix} \quad \Rightarrow \quad \begin{array}{rcrcrcl} 3v_1 & - & 8v_2 & + & 4v_3 & = & -v_1 \\ v_1 & - & 3v_2 & + & v_3 & = & -v_2 \\ & & & & -v_3 & = & -v_3 \end{array}$$

$$\Rightarrow \left. \begin{array}{rcrcrcl} 4v_1 & - & 8v_2 & + & 4v_3 & = & 0 \\ v_1 & - & 2v_2 & + & v_3 & = & 0 \\ & & & & 0 & = & 0 \end{array} \right\rangle v_1 - 2v_2 + v_3 = 0$$

Nun geben Sie zwei Parameter vor, etwa $v_1 = \mu$ und $v_2 = \xi$, so gilt $v_3 = -\mu + 2\xi$.

Vielleicht fragen Sie sich, was die kunstvolle Schlange hinter dem Gleichheitszeichen von v_2 bedeuten soll. Es handelt sich um den griechischen Buchstaben ξ, ausgesprochen »xi«, der hier ersatzweise die Vertretung für λ übernimmt. Ich möchte Sie nämlich nicht dadurch irritieren, dass der Platzhalter für Eigenwerte an unerwarteter Stelle auftritt.

Sie erhalten insgesamt als Eigenraum E_{-1}:

$$E_{-1} = \left\{ \mu \begin{pmatrix} 1 \\ 0 \\ -1 \end{pmatrix} + \xi \begin{pmatrix} 0 \\ 1 \\ 2 \end{pmatrix} \middle| \text{ mit } \mu, \xi \in \mathbb{R} \right\}$$

Natürlich dürfen Sie bei all der Aufregung den Eigenwert $\lambda_1 = 1$ nicht vergessen:

$$\begin{pmatrix} 3 & -8 & 4 \\ 1 & -3 & 1 \\ 0 & 0 & -1 \end{pmatrix} \cdot \begin{pmatrix} v_1 \\ v_2 \\ v_3 \end{pmatrix} = 1 \cdot \begin{pmatrix} v_1 \\ v_2 \\ v_3 \end{pmatrix} \quad \Rightarrow \quad \begin{array}{rcrcrcl} 3v_1 & - & 8v_2 & + & 4v_3 & = & v_1 \\ v_1 & - & 3v_2 & + & v_3 & = & v_2 \\ & & & & -v_3 & = & v_3 \end{array}$$

$$\Rightarrow \left. \begin{array}{rcrcrcl} 2v_1 & - & 8v_2 & + & 4v_3 & = & 0 \\ v_1 & - & 4v_2 & + & v_3 & = & 0 \\ & & & & -2v_3 & = & 0 \end{array} \right\rangle \begin{array}{rcrcrcl} v_1 & - & 4v_2 & - & 4v_3 & = & 0 \\ & & & & v_3 & = & 0 \end{array}$$

$$\Rightarrow v_1 = 4v_2$$

Für $v_3 = 0$, $v_2 = 1$ und $v_1 = 4$ haben Sie eine spezielle Lösung gefunden, die Sie zur Darstellung des Eigenraums E_1 verwenden:

$$E_1 = \left\{ \mu \begin{pmatrix} 4 \\ 1 \\ 0 \end{pmatrix} \middle| \text{ mit } \mu \in \mathbb{R} \right\}$$

Lösung zu Aufgabe 12

Da beide Eigenwerte von A, namentlich $\lambda_1 = 0$ und $\lambda_2 = 1$, doppelte Nullstellen der charakteristischen Gleichung sind, gehört zu beiden je auch ein höchstens zweidimensionaler Eigenraum. Zuerst ist $\lambda_1 = 0$ an der Reihe:

$$\begin{pmatrix} 0 & 0 & 3 & 3 \\ 2 & 1 & -5 & -3 \\ 0 & 0 & 0 & 0 \\ 0 & 0 & 1 & 1 \end{pmatrix} \cdot \begin{pmatrix} v_1 \\ v_2 \\ v_3 \\ v_4 \end{pmatrix} = 0 \cdot \begin{pmatrix} v_1 \\ v_2 \\ v_3 \\ v_4 \end{pmatrix} \Rightarrow \begin{array}{rcrcrcrcl} & & & & 3v_3 & + & 3v_4 & = & 0 \\ 2v_1 & + & v_2 & - & 5v_3 & - & 3v_4 & = & 0 \\ & & & & & & 0 & = & 0 \\ & & & & v_3 & + & v_4 & = & 0 \end{array}$$

$$\Rightarrow \left.\begin{array}{rcrcrcrcl} & & & & 3v_3 & + & 3v_4 & = & 0 \\ 2v_1 & + & v_2 & - & 5v_3 & - & 3v_4 & = & 0 \\ & & & & v_3 & + & v_4 & = & 0 \end{array}\right\rangle v_4 = -v_3 \wedge 2v_1 + v_2 - 2v_3 = 0$$

Für $v_1 = \mu$ und $v_3 = \xi$ erhalten Sie $v_4 = -\xi$ sowie $v_2 = -2\mu + 2\xi$. Das ergibt den Eigenraum E_0:

$$E_0 = \left\{ \mu \begin{pmatrix} 1 \\ -2 \\ 0 \\ 0 \end{pmatrix} + \xi \begin{pmatrix} 0 \\ 2 \\ 1 \\ -1 \end{pmatrix} \middle| \text{ mit } \mu, \xi \in \mathbb{R} \right\}$$

Ganz ähnlich verläuft die Identifikation des Eigenraumes zum Eigenwert $\lambda_2 = 1$:

$$\begin{pmatrix} 0 & 0 & 3 & 3 \\ 2 & 1 & -5 & -3 \\ 0 & 0 & 0 & 0 \\ 0 & 0 & 1 & 1 \end{pmatrix} \cdot \begin{pmatrix} v_1 \\ v_2 \\ v_3 \\ v_4 \end{pmatrix} = 1 \cdot \begin{pmatrix} v_1 \\ v_2 \\ v_3 \\ v_4 \end{pmatrix} \Rightarrow \begin{array}{rcrcrcrcl} & & & & 3v_3 & + & 3v_4 & = & v_1 \\ 2v_1 & + & v_2 & - & 5v_3 & - & 3v_4 & = & v_2 \\ & & & & & & 0 & = & v_3 \\ & & & & v_3 & + & v_4 & = & v_4 \end{array}$$

$$\Rightarrow \left.\begin{array}{rcrcrcl} -v_1 & + & 3v_3 & + & 3v_4 & = & 0 \\ 2v_1 & - & 5v_3 & - & 3v_4 & = & 0 \\ & & v_3 & & & = & 0 \end{array}\right\rangle v_3 = 0 \wedge v_1 = 0 \wedge v_4 = 0$$

Nur v_1 ist beliebig, der Rest Null. So erhalten Sie den eindimensionalen Eigenraum E_1:

$$E_1 = \left\{ \mu \begin{pmatrix} 0 \\ 1 \\ 0 \\ 0 \end{pmatrix} \middle| \text{ mit } \mu, \xi \in \mathbb{R} \right\}$$

Lösung zu Aufgabe 13

Zur Auflockerung dient dieses Beispiel einer 2×2-Dreiecksmatrix. Der einzige Eigenwert $\lambda = 1$ taucht in doppelter algebraischer Vielfachheit auf.

Als Eigenvektor finden Sie:

$$\begin{pmatrix} 1 & 1 \\ 0 & 1 \end{pmatrix} \cdot \begin{pmatrix} v_1 \\ v_2 \end{pmatrix} = 1 \cdot \begin{pmatrix} v_1 \\ v_2 \end{pmatrix} \quad \Rightarrow \quad \begin{array}{rcl} v_1 + v_2 & = & v_1 \\ v_2 & = & v_2 \end{array}$$

$$\Rightarrow \quad v_2 = 0$$

Der zugehörige Eigenraum lautet:

$$E_1 = \left\{ \mu \begin{pmatrix} 1 \\ 0 \end{pmatrix} \middle| \text{ mit } \mu \in \mathbb{R} \right\}$$

Lösung zu Aufgabe 14

Die Eigenwerte entnehmen Sie der Hauptdiagonale: $\lambda_1 = 1$ sowie $\lambda_2 = -1$. Für den ersten Eigenwert finden Sie:

$$\begin{pmatrix} 1 & 1 & 1 \\ 0 & 1 & 2 \\ 0 & 0 & -1 \end{pmatrix} \cdot \begin{pmatrix} v_1 \\ v_2 \\ v_3 \end{pmatrix} = 1 \cdot \begin{pmatrix} v_1 \\ v_2 \\ v_3 \end{pmatrix} \quad \Rightarrow \quad \begin{array}{rcl} v_1 + v_2 + v_3 & = & v_1 \\ v_2 + 2v_3 & = & v_2 \\ -v_3 & = & v_3 \end{array}$$

$$\Rightarrow \quad \left. \begin{array}{rcl} v_2 + v_3 & = & 0 \\ 2v_3 & = & 0 \\ -2v_3 & = & 0 \end{array} \right\rangle v_2 = v_3 = 0$$

Da v_2 und v_3 zwingend Null sein müssen, ist v_1 beliebig:

$$E_1 = \left\{ \mu \begin{pmatrix} 1 \\ 0 \\ 0 \end{pmatrix} \middle| \text{ mit } \mu \in \mathbb{R} \right\}$$

Sie erhalten für $\lambda_2 = -1$ folgendes Ergebnis:

$$\begin{pmatrix} 1 & 1 & 1 \\ 0 & 1 & 2 \\ 0 & 0 & -1 \end{pmatrix} \cdot \begin{pmatrix} v_1 \\ v_2 \\ v_3 \end{pmatrix} = (-1) \cdot \begin{pmatrix} v_1 \\ v_2 \\ v_3 \end{pmatrix} \quad \Rightarrow \quad \begin{array}{rcl} v_1 + v_2 + v_3 & = & -v_1 \\ v_2 + 2v_3 & = & -v_2 \\ -v_3 & = & -v_3 \end{array}$$

$$\Rightarrow \quad \left. \begin{array}{rcl} 2v_1 + v_2 + v_3 & = & 0 \\ 2v_2 + 2v_3 & = & 0 \\ 0 & = & 0 \end{array} \right\rangle v_2 = -v_3 \wedge v_1 = 0$$

Der Eigenraum sieht so aus:

$$E_{-1} = \left\{ \mu \begin{pmatrix} 0 \\ -1 \\ 1 \end{pmatrix} \middle| \text{ mit } \mu \in \mathbb{R} \right\}$$

Lösung zu Aufgabe 15

Obwohl es sich hier um eine untere Dreieckmatrix handelt, können Sie dennoch alle Eigenwerte der Hauptdiagonale von A entnehmen: $\lambda_1 = 1$ sowie $\lambda_2 = -1$.

Die Eigenvektoren zum ersten Eigenwert $\lambda_1 = 1$ finden Sie wie gewohnt:

$$\begin{pmatrix} 1 & 0 & 0 & 0 \\ 2 & 1 & 0 & 0 \\ -1 & 0 & -1 & 0 \\ 0 & 1 & 1 & 1 \end{pmatrix} \cdot \begin{pmatrix} v_1 \\ v_2 \\ v_3 \\ v_4 \end{pmatrix} = 1 \cdot \begin{pmatrix} v_1 \\ v_2 \\ v_3 \\ v_4 \end{pmatrix} \Rightarrow \begin{array}{rcrcrcrcl} v_1 & & & & & & & = & v_1 \\ 2v_1 & + & v_2 & & & & & = & v_2 \\ -v_1 & & & - & v_3 & & & = & v_3 \\ & & v_2 & + & v_3 & + & v_4 & = & v_4 \end{array}$$

$$\Rightarrow \left.\begin{array}{rcrcl} v_1 & & & = & 0 \\ -v_1 & - & 2v_3 & = & 0 \\ v_2 & + & v_3 & = & 0 \end{array}\right\rangle \; v_1 = v_3 = v_2 = 0$$

Somit erhalten Sie als Eigenraum E_1:

$$E_1 = \left\{ \mu \begin{pmatrix} 0 \\ 0 \\ 0 \\ 1 \end{pmatrix} \middle| \text{ mit } \mu \in \mathbb{R} \right\}$$

Ebenso verfahren Sie mit $\lambda_2 = -1$:

$$\begin{pmatrix} 1 & 0 & 0 & 0 \\ 2 & 1 & 0 & 0 \\ -1 & 0 & -1 & 0 \\ 0 & 1 & 1 & 1 \end{pmatrix} \cdot \begin{pmatrix} v_1 \\ v_2 \\ v_3 \\ v_4 \end{pmatrix} = (-1) \cdot \begin{pmatrix} v_1 \\ v_2 \\ v_3 \\ v_4 \end{pmatrix} \Rightarrow \begin{array}{rcrcrcrcl} v_1 & & & & & & & = & -v_1 \\ 2v_1 & + & v_2 & & & & & = & -v_2 \\ -v_1 & & & - & v_3 & & & = & -v_3 \\ & & v_2 & + & v_3 & + & v_4 & = & -v_4 \end{array}$$

$$\Rightarrow \left.\begin{array}{rcrcrcrcl} v_1 & & & & & & & = & 0 \\ 2v_1 & + & 2v_2 & & & & & = & 0 \\ & & v_2 & + & v_3 & + & 2v_4 & = & 0 \end{array}\right\rangle \; v_1 = v_2 = 0 \wedge v_3 = -2v_4$$

Als zugehörigen Eigenraum erhalten Sie entsprechend:

$$E_{-1} = \left\{ \mu \begin{pmatrix} 0 \\ 0 \\ -2 \\ 1 \end{pmatrix} \middle| \text{ mit } \mu \in \mathbb{R} \right\}$$

Anwendungen von Eigenwerten

22

In diesem Kapitel …

- Eigenwerte aus der Anwendungssicht behandeln
- Matrizen systematisch potenzieren
- Diverse technische Fragestellungen lösen
- Eigenwerte in Differenzialgleichungen aufspüren

Endlich sind die Anwendungen an der Reihe. Im vorangegangenen Kapiteln wurde die Grundlagen zur Berechnung von Eigenwerten und Eigenvektoren gelegt. In diesem Kapitel möchte ich Ihnen einige Bereiche zeigen, in denen das Konzept der Eigenwerte nicht mehr nur schön und ästhetisch, sondern überaus nützlich ist.

Das beginnt beim Potenzieren von Matrizen und reicht über technische Problemstellungen bis hin zur Lösung von Differenzialgleichungen.

Dazu erwarten Sie, wie immer, zahlreiche Übungsaufgaben mit detailliert beschriebenen Lösungen.

Potenzieren von Matrizen

Zuerst die schlechte Nachricht: im Allgemeinen ist das Potenzieren einer quadratischen Matrix A, bei allen anderen geht das ohnehin nicht, die reinste Knochenarbeit.

Wollen Sie beispielsweise A^7 berechnen, müssen Sie mühsam insgesamt 6 Matrixmultiplikationen ausführen:

$$A^7 = A \cdot A \cdot A \cdot A \cdot A \cdot A \cdot A$$

Jede einzelne Matrixmultiplikation erfordert dabei jede Menge Additionen und Multiplikationen.

Doch das muss nicht sein! Es gibt auch eine gute Nachricht: wenn A eine $n \times n$-Matrix ist und die Dimensionen aller Eigenräume zusammen ebenfalls n ergibt, so ist A *diagonalisierbar*.

Das wiederum bedeutet, es gibt eine Matrix U mit $A' = U^{-1} \cdot A \cdot U$, so dass A' Diagonalgestalt besitzt. Übrigens setzt sich U gerade aus den Eigenvektoren von A zusammen.

Vielleicht ist Ihre Freude noch gedämpft, weil Sie sich fragen, was Sie mit dieser »guten Nachricht« anfangen können. Die Antwort lautet: *ultraschnelles Potenzieren*!

Und das geht so. Angenommen, Sie wollen A^m berechnen, dann müssen Sie nicht mehr $m-1$-Matrixmultiplikationen ausrechnen, sondern beginnen mit der Diagonalisierung von

A zu A'. Anschließend wird einfach A' potenziert, was bei einer Diagonalmatrix erstaunlich einfach zu bewerkstelligen ist:

$$A'^m = \begin{pmatrix} a_1 & 0 & \cdots & 0 & 0 \\ 0 & a_2 & \ddots & \vdots & 0 \\ \vdots & \ddots & \ddots & 0 & \vdots \\ 0 & \cdots & 0 & a_{n-1} & 0 \\ 0 & 0 & \cdots & 0 & a_n \end{pmatrix}^m = \begin{pmatrix} a_1^m & 0 & \cdots & 0 & 0 \\ 0 & a_2^m & \ddots & \vdots & 0 \\ \vdots & \ddots & \ddots & 0 & \vdots \\ 0 & \cdots & 0 & a_{n-1}^m & 0 \\ 0 & 0 & \cdots & 0 & a_n^m \end{pmatrix}$$

Insgesamt ergibt sich folgender Trick bei der Potenzierung von Matrizen.

Ist A eine quadratische Matrix und besitzt A' mit $A' = U^{-1} \cdot A \cdot U$ Diagonalgestalt, so gilt für alle Potenzen von A:

$$A^m = (U \cdot A' \cdot U^{-1})^m = U \cdot A'^m \cdot U^{-1}$$

Beispiel

Berechnen Sie A^5 mit $A = \begin{pmatrix} 0 & 1 \\ 3 & 2 \end{pmatrix}$!

Lösung

Zuerst werden Eigenwerte und Eigenvektoren von A berechnet. Das geht mit den Tricks aus dem vorangegangenen Kapitel recht schnell. Die charakteristische Gleichung von A lautet wegen $\text{Spur}(A) = 2$ und $\det(A) = 3$:

$$\lambda^2 - 2\lambda - 3 = 0 \;\Rightarrow\; (\lambda - 3)(\lambda + 1) = 0$$

Somit lauten die Eigenwerte 3 und -1. Die zugehörigen Eigenvektoren berechnen Sie wie folgt:

$$\begin{pmatrix} 0 & 1 \\ 3 & 2 \end{pmatrix} \cdot \begin{pmatrix} v_1 \\ v_2 \end{pmatrix} = 3 \cdot \begin{pmatrix} v_1 \\ v_2 \end{pmatrix} \;\Rightarrow\; \begin{aligned} v_2 &= 3v_1 \\ 3v_1 + 2v_2 &= 3v_2 \end{aligned}$$

$$\Rightarrow \left.\begin{aligned} -3v_1 + v_2 &= 0 \\ 3v_1 - v_2 &= 0 \end{aligned}\right\rangle \; 3v_1 = v_2$$

Daraus ergibt sich der erste Eigenraum zu:

$$E_3 = \left\{ \mu \begin{pmatrix} 1 \\ 3 \end{pmatrix} \middle| \text{ mit } \mu \in \mathbb{R} \right\}$$

Analog verfahren Sie mit dem Eigenwert -1:

$$\begin{pmatrix} 0 & 1 \\ 3 & 2 \end{pmatrix} \cdot \begin{pmatrix} v_1 \\ v_2 \end{pmatrix} = -1 \cdot \begin{pmatrix} v_1 \\ v_2 \end{pmatrix} \;\Rightarrow\; \begin{aligned} v_2 &= -v_1 \\ 3v_1 + 2v_2 &= -v_2 \end{aligned}$$

$$\Rightarrow \left.\begin{aligned} v_1 + v_2 &= 0 \\ 3v_1 + 3v_2 &= 0 \end{aligned}\right\rangle \; v_1 = -v_2$$

So erhalten Sie den zweiten Eigenraum:

$$E_{-1} = \left\{ \mu \begin{pmatrix} 1 \\ -1 \end{pmatrix} \middle| \text{ mit } \mu \in \mathbb{R} \right\}$$

Aus den beiden Eigenräumen setzen Sie U zusammen:

$$U = \begin{pmatrix} 1 & 1 \\ 3 & -1 \end{pmatrix} \Rightarrow U^{-1} = \frac{1}{4} \begin{pmatrix} 1 & 1 \\ 3 & -1 \end{pmatrix}$$

Puh, das war anstrengend! Ein kleiner Test, der beweist, dass U tatsächlich A diagonalisiert, mithin $A' = U^{-1} \cdot A \cdot U$ gilt:

$$\begin{pmatrix} 3 & 0 \\ 0 & -1 \end{pmatrix} = \frac{1}{4} \begin{pmatrix} 1 & 1 \\ 3 & -1 \end{pmatrix} \cdot \begin{pmatrix} 0 & 1 \\ 3 & 2 \end{pmatrix} \cdot \begin{pmatrix} 1 & 1 \\ 3 & -1 \end{pmatrix}$$

Nun ist es an der Zeit, die Ernte einzufahren:

$$\begin{aligned} A^5 &= U \cdot A'^5 \cdot U^{-1} \\ &= \begin{pmatrix} 1 & 1 \\ 3 & -1 \end{pmatrix} \cdot \begin{pmatrix} 3^5 & 0 \\ 0 & (-1)^5 \end{pmatrix} \cdot \frac{1}{4} \begin{pmatrix} 1 & 1 \\ 3 & -1 \end{pmatrix} \\ &= \frac{1}{4} \begin{pmatrix} 1 & 1 \\ 3 & -1 \end{pmatrix} \cdot \begin{pmatrix} 243 & 0 \\ 0 & -1 \end{pmatrix} \cdot \begin{pmatrix} 1 & 1 \\ 3 & -1 \end{pmatrix} \\ &= \frac{1}{4} \begin{pmatrix} 243 & -1 \\ 729 & 1 \end{pmatrix} \cdot \begin{pmatrix} 1 & 1 \\ 3 & -1 \end{pmatrix} \\ &= \frac{1}{4} \begin{pmatrix} 240 & 244 \\ 732 & 728 \end{pmatrix} = \begin{pmatrix} 60 & 61 \\ 183 & 182 \end{pmatrix} \end{aligned}$$

Dass am Ende ganze Zahlen herauskommen ist kein Zufall. Wenn eine Matrix nur aus ganzen Zahlen besteht, muss auch jede höhere Potenz aus lauter ganzen Zahlen bestehen!

Sollten Sie denken, in der Zeit hätten Sie ja schneller die vier Matrixmultiplikationen ausgeführt, stimme ich Ihnen gerne zu. Das war ja auch nur ein Beispiel. Der Aufwand zur Berechnung von A^{124} würde den Vorteil der Diagonalisierung stärker zum Ausdruck bringen, aber ich wollte Sie nicht mit den sehr großen Zahlen schockieren!

Aufgabe 1

Berechnen Sie A^5 mit $A = \begin{pmatrix} 1 & 2 \\ 3 & 0 \end{pmatrix}$!

Aufgabe 2

Berechnen Sie A^5 mit $A = \begin{pmatrix} 2 & 3 \\ 3 & 2 \end{pmatrix}$!

Aufgabe 3

Berechnen Sie A^6 mit $A = \begin{pmatrix} -11 & -16 & -27 \\ -7 & -10 & -17 \\ 10 & 14 & 24 \end{pmatrix}$!

Aufgabe 4

Berechnen Sie A^{55} mit $A = \begin{pmatrix} 3 & -8 & 4 \\ 1 & -3 & 1 \\ 0 & 0 & -1 \end{pmatrix}$!

Technische Fragestellungen lösen

Vielleicht haben Sie schon einmal von *Resonanzfrequenzen* oder *Eigenschwingungen* gehört? Die Anwendungen sind nahezu unerschöpflich. Überall, wo etwas zu schwingen beginnen kann, sei es bei einem Musikinstrument, einer hängenden Brücke oder in einem elektrischen Schwingkreis, spielt die *Resonanz* eine wichtige Rolle.

Am besten stellen Sie sich dazu eine Schaukel auf dem Spielplatz vor, mitsamt Kind, das von Ihnen angeschubst werden möchte.

Wichtig ist, dass die Frequenz, mit der Sie die Schaukel mit mechanischer Energie versorgen, genau in demselben Rhythmus erfolgt, mit der das Kind hin und her pendelt. Das ist eine Binsenweisheit.

Genau die gleiche Idee gilt aber auch für alle anderen musischen oder technischen Konstrukte. Wichtig ist stets, dass die Eigenschwingung »herausgearbeitet« wird.

Natürlich lassen sich derartige Systeme mit Matrizen modellieren und ja, die gesuchte Resonanz steckt in den Eigenwerten und Eigenvektoren dieser Matrizen.

ÜBUNG

Beispiel

Ausgangspunkt sei ein so genanntes gekoppeltes System aus zwei Gewichten, die mit Federn verbunden seien, wie in Abbildung 22.1 dargestellt.

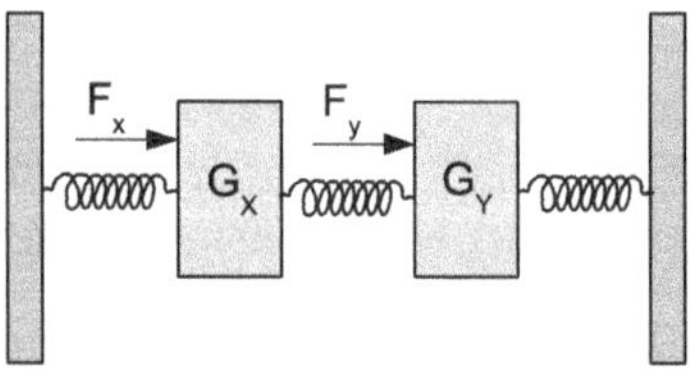

Abbildung 22.1: Mechanischer Schwingkreis

Wenn F_x und F_y die jeweiligen **Rückstellkräfte** sind, die auf die Gewichte G_X und G_Y wirken, so sei der Schwingkreis folgendermaßen modellierbar:

$$\begin{aligned} F_x &= 2y - x \\ F_y &= x - 2y \end{aligned}$$

Für welche Werte von x und y schwingt das System?

Lösung

Es handelt sich um ein *Eigenwertproblem*. Dazu müssen die Gleichungen der Rückstellkräfte mittels einer Matrix dargestellt werden. Das geht so:

$$\begin{pmatrix} F_x \\ F_y \end{pmatrix} = \begin{pmatrix} -2 & 1 \\ 1 & -2 \end{pmatrix} \cdot \begin{pmatrix} x \\ y \end{pmatrix} \Rightarrow A = \begin{pmatrix} -2 & 1 \\ 1 & -2 \end{pmatrix}$$

Die charakteristische Gleichung von A lautet wegen $\mathrm{Spur}(A) = -4$ und $\det(A) = 3$:

$$\lambda^2 + 4\lambda + 3 = 0 \Rightarrow (\lambda + 3)(\lambda + 1) = 0$$

Damit sind die Eigenwerte -3 und -1 schon einmal identifiziert. Die Eigenvektoren zu -3 erhalten Sie auf folgende Weise:

$$\begin{pmatrix} -2 & 1 \\ 1 & -2 \end{pmatrix} \cdot \begin{pmatrix} x \\ y \end{pmatrix} = -3 \cdot \begin{pmatrix} x \\ y \end{pmatrix} \Rightarrow \begin{array}{rcrcl} -2x & + & y & = & -3x \\ x & - & 2y & = & -3y \end{array}$$

$$\Rightarrow \left.\begin{array}{rcrcl} x & + & y & = & 0 \\ x & + & y & = & 0 \end{array}\right\rangle x = -y$$

Somit müssen die Gewichte genau entgegengesetzt ausgelenkt werden, und das System beginnt (im Prinzip dauerhaft) zu schwingen!

Die zweite Lösung ergibt sich für den Eigenwert -1:

$$\begin{pmatrix} -2 & 1 \\ 1 & -2 \end{pmatrix} \cdot \begin{pmatrix} x \\ y \end{pmatrix} = -1 \cdot \begin{pmatrix} x \\ y \end{pmatrix} \Rightarrow \begin{array}{rcrcl} -2x & + & y & = & -x \\ x & - & 2y & = & -y \end{array}$$

$$\Rightarrow \left.\begin{array}{rcrcl} -x & + & y & = & 0 \\ x & - & y & = & 0 \end{array}\right\rangle x = y$$

Das System schwingt ebenso auch für den Fall, dass die Auslenkung beider Gewichte genau gleich groß ist!

Aufgabe 5

Die Rückstellkräfte eines gekoppelten Systems seien gegeben durch

$$\begin{array}{rcl} F_x & = & 3x + 2y \\ F_y & = & -x \end{array}$$

Unter welchen Bedingungen schwingt das System?

Aufgabe 6

Die Rückstellkräfte eines gekoppelten Systems seien gegeben durch

$$\begin{array}{rcl} F_x & = & y - 2x \\ F_y & = & 3y - 6x \end{array}$$

Unter welchen Bedingungen schwingt das System?

Aufgabe 7

Die Rückstellkräfte eines gekoppelten Systems seien gegeben durch

$$\begin{aligned} F_x &= x + y \\ F_y &= y - x \end{aligned}$$

Unter welchen Bedingungen schwingt das System?

Aufgabe 8

Die Rückstellkräfte eines gekoppelten Systems seien gegeben durch

$$\begin{aligned} F_x &= 3x + y \\ F_y &= y - x \end{aligned}$$

Unter welchen Bedingungen schwingt das System?

Eigenwerte in Differenzialgleichungen

Sie haben das bestimmt schon oft und von den unterschiedlichsten Leuten gehört. Dies und jenes sei das Allerwichtigste.

Musik, die man unbedingt hören müsse, Filme, die Sie zwingend anschauen sollten. Ich gebe zu, dass ich auch im Bereich der linearen Algebra nicht zimperlich mit Superlativen umgehe.

Aber dass *Differenzialgleichungen* das mit Abstand wichtigste Konzept darstellen, um naturwissenschaftliche Vorgänge zu beschreiben, ist Fakt.

Allerdings ist das kein Buch über Analysis oder Differenzialgleichungen im Besonderen, sondern ein Übungsbuch zur linearen Algebra. Und, was soll ich sagen, ich kann es ja schlecht verschweigen: mit Hilfe der linearen Algebra sind Sie überhaupt erst in der Lage, Systeme von Differenzialrechnungen zu lösen.

Wieder geht es um Eigenwerte und wieder sind die vielfach erwähnten Methoden sinnvoll anzuwenden. Die Anwendungen sind nicht mehr zählbar. Das geht los bei den **Newtonschen Gravitationsgesetzen**, beschreibt den **radioaktiven Zerfall**, die **elektromagnetischen Felder** und natürlich darf auch die **Relativitätstheorie** nicht fehlen.

Geschmack an noch mehr Differenzialgleichungen? Werfen Sie doch einfach einmal einen Blick in das Buch »Differentialgleichungen für Dummies«. Bin gespannt, ob Sie das so schnell wieder zuschlagen können …

Aber ich möchte Sie nicht verwirren. In diesem Buch starten Sie bei den Differenzialgleichungen selbst und werden nicht davon abgelenkt, wie diese zustande kommen.

Beispiel

Lösen Sie das folgende System von Differenzialgleichungen:

$$\begin{aligned} y_1' &= y_1 + y_2 \\ y_2' &= 3y_1 - y_2 \end{aligned}$$

Lösung

Zuerst sind die beiden Gleichungen in eine Matrixgestalt zu bringen. Das geht so:

$$\begin{pmatrix} y_1' \\ y_2' \end{pmatrix} = \begin{pmatrix} 1 & 1 \\ 3 & -1 \end{pmatrix} \cdot \begin{pmatrix} y_1 \\ y_2 \end{pmatrix}$$

Aus den Eigenwerten und zugehörigen Eigenvektoren dieser Matrix ermitteln Sie die Lösung. Die charakteristische Gleichung ergibt:

$$\lambda^2 - 4 = 0 \;\Rightarrow\; (\lambda + 2)(\lambda - 2) = 0$$

Somit sind 2 und -2 die Eigenwerte. Als Eigenvektoren für den Eigenwert 2 erhalten Sie:

$$\begin{pmatrix} 1 & 1 \\ 3 & -1 \end{pmatrix} \cdot \begin{pmatrix} y_1 \\ y_2 \end{pmatrix} = 2 \cdot \begin{pmatrix} y_1 \\ y_2 \end{pmatrix} \;\Rightarrow\; \begin{aligned} y_1 + y_2 &= 2y_1 \\ 3y_1 - y_2 &= 2y_2 \end{aligned}$$

$$\Rightarrow \left.\begin{aligned} -y_1 + y_2 &= 0 \\ y_1 - y_2 &= 0 \end{aligned}\right\rangle y_1 = y_2$$

Demnach ist $\begin{pmatrix} 1 \\ 1 \end{pmatrix}$ ein einfacher Repräsentant der Eigenvektoren. Der erste Teil der Lösung lautet also $\begin{pmatrix} y_1 \\ y_2 \end{pmatrix} = c_1 \begin{pmatrix} 1 \\ 1 \end{pmatrix} e^{2x}$ mit $c_1 \in \mathbb{R}$.

Lassen Sie sich nicht von der Exponentialfunktion oder der Konstante verwirren! Für Sie ist im Moment nur wichtig, dass vor dem x im Exponenten der e-Funktion der Eigenwert, und in vektorieller Form ein zugehöriger Eigenvektor in der Lösung erscheint.

Genau dasselbe tun Sie jetzt für den Eigenwert -2:

$$\begin{pmatrix} 1 & 1 \\ 3 & -1 \end{pmatrix} \cdot \begin{pmatrix} y_1 \\ y_2 \end{pmatrix} = -2 \cdot \begin{pmatrix} y_1 \\ y_2 \end{pmatrix} \;\Rightarrow\; \begin{aligned} y_1 + y_2 &= -2y_1 \\ 3y_1 - y_2 &= -2y_2 \end{aligned}$$

$$\Rightarrow \left.\begin{aligned} 3y_1 + y_2 &= 0 \\ 3y_1 + y_2 &= 0 \end{aligned}\right\rangle 3y_1 = -y_2$$

Hier wäre zum Beispiel $\begin{pmatrix} 1 \\ -3 \end{pmatrix}$ ein zugehöriger Eigenvektor. Somit lautet der zweite Teil der Lösung: $\begin{pmatrix} y_1 \\ y_2 \end{pmatrix} = c_2 \begin{pmatrix} 1 \\ -3 \end{pmatrix} e^{-2x}$ mit $c_2 \in \mathbb{R}$.

Damit haben Sie bereits die Gesamtlösung gefunden:

$$\begin{pmatrix} y_1 \\ y_2 \end{pmatrix} = c_1 \begin{pmatrix} 1 \\ 1 \end{pmatrix} e^{2x} + c_2 \begin{pmatrix} 1 \\ -3 \end{pmatrix} e^{-2x} \quad \text{mit } c_1, c_2 \in \mathbb{R}$$

Aufgabe 9

Lösen Sie das folgende System von Differenzialgleichungen:

$$\begin{aligned} y_1' &= 2y_1 + 5y_2 \\ y_2' &= 2y_1 - y_2 \end{aligned}$$

Aufgabe 10

Lösen Sie das folgende System von Differenzialgleichungen:

$$\begin{aligned} y_1' &= 3y_1 + y_2 \\ y_2' &= -2y_1 \end{aligned}$$

Aufgabe 11

Lösen Sie das folgende System von Differenzialgleichungen:

$$\begin{aligned} y_1' &= 4y_1 + 2y_2 \\ y_2' &= -6y_1 - 3y_2 \end{aligned}$$

Lösungen der Aufgaben zu den Anwendungen von Eigenwerten

Lösung zu Aufgabe 1

Es geht los mit einer Warnung:

Matrizen, deren Komponenten aus denselben Zahlen zusammengesetzt sind, die sich aber an unterschiedlichen Stellen befinden, besitzen im Allgemeinen völlig unterschiedliche Potenzen!

Das wird auch diese Aufgabe beweisen. Zum Glück ist eine Menge Arbeit bereits erledigt. Wie Sie dem Beispiel im Abschnitt »Eigenvektoren allgemein bestimmen« aus Kapitel 22 entnehmen, lauten die Eigenwerte von A 3 und -2. Aus den zugehörigen Eigenvektoren berechnen Sie U:

$$U = \begin{pmatrix} 1 & -2 \\ 1 & 3 \end{pmatrix} \Rightarrow U^{-1} = \frac{1}{5}\begin{pmatrix} 3 & 2 \\ -1 & 1 \end{pmatrix}$$

Schließlich erhalten Sie die gesuchte Potenz aus der Diagonalmatrix, die sich aus den Eigenwerten zusammensetzt:

$$\begin{aligned}
A^5 &= U \cdot A'^5 \cdot U^{-1} \\
&= \begin{pmatrix} 1 & -2 \\ 1 & 3 \end{pmatrix} \cdot \begin{pmatrix} 3^5 & 0 \\ 0 & (-2)^5 \end{pmatrix} \cdot \frac{1}{5}\begin{pmatrix} 3 & 2 \\ -1 & 1 \end{pmatrix} \\
&= \frac{1}{5}\begin{pmatrix} 1 & -2 \\ 1 & 3 \end{pmatrix} \cdot \begin{pmatrix} 243 & 0 \\ 0 & -32 \end{pmatrix} \cdot \begin{pmatrix} 3 & 2 \\ -1 & 1 \end{pmatrix} \\
&= \frac{1}{5}\begin{pmatrix} 243 & 64 \\ 243 & -96 \end{pmatrix} \cdot \begin{pmatrix} 3 & 2 \\ -1 & 1 \end{pmatrix} \\
&= \frac{1}{5}\begin{pmatrix} 665 & 550 \\ 825 & 390 \end{pmatrix} = \begin{pmatrix} 133 & 110 \\ 165 & 78 \end{pmatrix}
\end{aligned}$$

Lösung zu Aufgabe 2

Hier hilft Aufgabe 9 aus Kapitel 21. Die beiden Eigenwerte sind 5 und -1; aus den zugehörigen Eigenvektoren ergibt sich die Übergangsmatrix U:

$$U = \begin{pmatrix} 1 & 1 \\ 1 & -1 \end{pmatrix} \Rightarrow U^{-1} = \frac{1}{2}\begin{pmatrix} 1 & 1 \\ 1 & -1 \end{pmatrix}$$

Schließlich geht es an die fünfte Potenz von A:

$$\begin{aligned}
A^5 &= U \cdot A'^5 \cdot U^{-1} \\
&= \begin{pmatrix} 1 & 1 \\ 1 & -1 \end{pmatrix} \cdot \begin{pmatrix} 5^5 & 0 \\ 0 & (-1)^5 \end{pmatrix} \cdot \frac{1}{2}\begin{pmatrix} 1 & 1 \\ 1 & -1 \end{pmatrix} \\
&= \frac{1}{2}\begin{pmatrix} 1 & 1 \\ 1 & -1 \end{pmatrix} \cdot \begin{pmatrix} 3125 & 0 \\ 0 & -1 \end{pmatrix} \cdot \begin{pmatrix} 1 & 1 \\ 1 & -1 \end{pmatrix} \\
&= \frac{1}{2}\begin{pmatrix} 3125 & -1 \\ 3125 & 1 \end{pmatrix} \cdot \begin{pmatrix} 1 & 1 \\ 1 & -1 \end{pmatrix} \\
&= \frac{1}{2}\begin{pmatrix} 3124 & 3126 \\ 3126 & 3124 \end{pmatrix} = \begin{pmatrix} 1562 & 1563 \\ 1563 & 1562 \end{pmatrix}
\end{aligned}$$

Lösung zu Aufgabe 3

Gemäß Aufgabe 10 aus Kapitel 21 lauten die Eigenwerte 0, 2 und 1. Aus den Eigenvektoren ergibt sich die Übergangsmatrix U zu:

$$U = \begin{pmatrix} 1 & 13 & -5 \\ 1 & 8 & -3 \\ -1 & -11 & 4 \end{pmatrix} \Rightarrow U^{-1} = \begin{pmatrix} -1 & 3 & 1 \\ -1 & -1 & -2 \\ -3 & -2 & -5 \end{pmatrix}$$

Und schon geht es los mit der sechsten Potenz:

$$\begin{aligned}
A^6 &= U \cdot A'^6 \cdot U^{-1} \\
&= \begin{pmatrix} 1 & 13 & -5 \\ 1 & 8 & -3 \\ -1 & -11 & 4 \end{pmatrix} \cdot \begin{pmatrix} 0^6 & 0 & 0 \\ 0 & 2^6 & 0 \\ 0 & 0 & 1^6 \end{pmatrix} \cdot \begin{pmatrix} -1 & 3 & 1 \\ -1 & -1 & -2 \\ -3 & -2 & -5 \end{pmatrix} \\
&= \begin{pmatrix} 1 & 13 & -5 \\ 1 & 8 & -3 \\ -1 & -11 & 4 \end{pmatrix} \cdot \begin{pmatrix} 0 & 0 & 0 \\ 0 & 64 & 0 \\ 0 & 0 & 1 \end{pmatrix} \cdot \begin{pmatrix} -1 & 3 & 1 \\ -1 & -1 & -2 \\ -3 & -2 & -5 \end{pmatrix} \\
&= \begin{pmatrix} 0 & 832 & -5 \\ 0 & 512 & -3 \\ 0 & -704 & 4 \end{pmatrix} \cdot \begin{pmatrix} -1 & 3 & 1 \\ -1 & -1 & -2 \\ -3 & -2 & -5 \end{pmatrix} \\
&= \begin{pmatrix} -817 & -822 & -1639 \\ -503 & -506 & -1009 \\ 692 & 696 & 1388 \end{pmatrix}
\end{aligned}$$

Sie können an dieser Aufgabe sehr schön sehen, wie bedeutsam die Größe der Eigenwerte für die Steigerung der Zahlen bei höheren Potenzen ist. In diesem Fall läuft das sehr beschaulich, weil es sich bei 0, 1 und 2 um betragsmäßig kleine Zahlen handelt.

Lösung zu Aufgabe 4

Die Aufgabe sieht recht schwierig aus, wird sich aber als relativ einfach herausstellten.

Aufgabe 11 aus Kapitel 21 entnehmen Sie die Eigenwerte -1 und 1. Dort finden sich ebenfalls die Eigenvektoren, aus denen Sie U zusammensetzen:

$$U = \begin{pmatrix} 1 & 0 & 4 \\ 0 & 1 & 1 \\ -1 & 2 & 0 \end{pmatrix} \Rightarrow U^{-1} = \frac{1}{2}\begin{pmatrix} -2 & 8 & -4 \\ -1 & 4 & -1 \\ 1 & -2 & 1 \end{pmatrix}$$

Damit ergibt sich die fünfundfünfzigste Potenz von A zu:

$$\begin{aligned}
A^{55} &= U \cdot A'^{55} \cdot U^{-1} \\
&= \begin{pmatrix} 1 & 0 & 4 \\ 0 & 1 & 1 \\ -1 & 2 & 0 \end{pmatrix} \cdot \begin{pmatrix} (-1)^{55} & 0 & 0 \\ 0 & (-1)^{55} & 0 \\ 0 & 0 & 1^{55} \end{pmatrix} \cdot \frac{1}{2}\begin{pmatrix} -2 & 8 & -4 \\ -1 & 4 & -1 \\ 1 & -2 & 1 \end{pmatrix} \\
&= \frac{1}{2}\begin{pmatrix} 1 & 0 & 4 \\ 0 & 1 & 1 \\ -1 & 2 & 0 \end{pmatrix} \cdot \begin{pmatrix} -1 & 0 & 0 \\ 0 & -1 & 0 \\ 0 & 0 & 1 \end{pmatrix} \cdot \begin{pmatrix} -2 & 8 & -4 \\ -1 & 4 & -1 \\ 1 & -2 & 1 \end{pmatrix} \\
&= \frac{1}{2}\begin{pmatrix} -1 & 0 & 4 \\ 0 & -1 & 1 \\ 1 & -2 & 0 \end{pmatrix} \cdot \begin{pmatrix} -2 & 8 & -4 \\ -1 & 4 & -1 \\ 1 & -2 & 1 \end{pmatrix} \\
&= \frac{1}{2}\begin{pmatrix} 6 & -16 & 8 \\ 2 & -6 & 2 \\ 0 & 0 & -2 \end{pmatrix} = \begin{pmatrix} 3 & -8 & 4 \\ 1 & -3 & 1 \\ 0 & 0 & -1 \end{pmatrix} = A
\end{aligned}$$

Lösung zu Aufgabe 5

Den gegebenen Gleichungen entnehmen Sie folgende Matrix:

$$A = \begin{pmatrix} 3 & 2 \\ -1 & 0 \end{pmatrix}$$

Wegen Spur$(A) = 3$ und $\det(A) = 2$ gilt weiter:

$$\lambda^2 - 3\lambda + 2 = 0 \quad \Rightarrow \quad (\lambda - 2)(\lambda - 1) = 0$$

Somit lauten die Eigenwerte 1 und 2. Die zu 1 gehörigen Eigenvektoren erhalten Sie wie folgt:

$$\begin{pmatrix} 3 & 2 \\ -1 & 0 \end{pmatrix} \cdot \begin{pmatrix} x \\ y \end{pmatrix} = 1 \cdot \begin{pmatrix} x \\ y \end{pmatrix} \quad \Rightarrow \quad \begin{array}{rcrcl} 3x & + & 2y & = & x \\ -x & & & = & y \end{array}$$

$$\Rightarrow \quad \left. \begin{array}{rcrcl} 2x & + & 2y & = & 0 \\ -x & - & y & = & 0 \end{array} \right\rangle \; x = -y$$

Auch hier müssen die Gewichte genau entgegengesetzt ausgelenkt werden, um das System zum Schwingen zu bringen.

Für den Eigenwert 2 ergibt sich

$$\begin{pmatrix} 3 & 2 \\ -1 & 0 \end{pmatrix} \cdot \begin{pmatrix} x \\ y \end{pmatrix} = 2 \cdot \begin{pmatrix} x \\ y \end{pmatrix} \quad \Rightarrow \quad \begin{array}{rcrcl} 3x & + & 2y & = & 2x \\ -x & & & = & 2y \end{array}$$

$$\Rightarrow \quad \left. \begin{array}{rcrcl} x & + & 2y & = & 0 \\ -x & - & 2y & = & 0 \end{array} \right\rangle \; x = -2y$$

Auch hier führt eine Auslenkung der Gewichte, bei der Gewicht X um den doppelten Wert im Vergleich zu Y ausgelenkt wird, wiederum in entgegengesetzter Richtung, zu einer Resonanz.

Lösung zu Aufgabe 6

Diesmal lautet die Matrix aus den Rückstellkräften:

$$A = \begin{pmatrix} -2 & 1 \\ -6 & 3 \end{pmatrix}$$

Wegen Spur$(A) = 1$ und $\det(A) = 0$ erhalten Sie als charakteristische Gleichung:

$$\lambda^2 - \lambda = 0 \quad \Rightarrow \quad \lambda(\lambda - 1) = 0$$

Ergo lauten die Eigenwerte 0 und 1. Für den Eigenwert 0 ergibt sich:

$$\begin{pmatrix} -2 & 1 \\ -6 & 3 \end{pmatrix} \cdot \begin{pmatrix} x \\ y \end{pmatrix} = 0 \cdot \begin{pmatrix} x \\ y \end{pmatrix} \quad \Rightarrow \quad \begin{array}{rcrcl} -2x & + & y & = & 0 \cdot x \\ -6x & + & 3y & = & 0 \cdot y \end{array}$$

$$\Rightarrow \quad \left. \begin{array}{rcrcl} -2x & + & y & = & 0 \\ -6x & + & 3y & = & 0 \end{array} \right\rangle \; 2x = y$$

Somit sind die Gewichte in derselben Richtung auszulenken, das Y-Gewicht jedoch doppelt so weit wie das X-Gewicht.

Für den Eigenwert 1 ergibt sich:

$$\begin{pmatrix} -2 & 1 \\ -6 & 3 \end{pmatrix} \cdot \begin{pmatrix} x \\ y \end{pmatrix} = 1 \cdot \begin{pmatrix} x \\ y \end{pmatrix} \Rightarrow \begin{matrix} -2x + y = 1 \cdot x \\ -6x + 3y = 1 \cdot y \end{matrix}$$

$$\Rightarrow \left. \begin{matrix} -3x + y = 0 \\ -6x + 2y = 0 \end{matrix} \right\rangle 3x = y$$

Alternativ kann das Y-Gewicht auch um den dreifachen Wert des X-Gewichtes ausgelenkt werden, um eine Resonanz zu erzielen.

Lösung zu Aufgabe 7

Als Matrix aus den Rückstellkräften erhalten Sie:

$$A = \begin{pmatrix} 1 & 1 \\ -1 & 1 \end{pmatrix}$$

Wegen Spur$(A) = 2$ und det$(A) = 2$ sieht die charakteristische Gleichung so aus:

$$\lambda^2 - 2\lambda + 2 = 0 \Rightarrow (\lambda - 1)^2 + 1 = 0$$

Es gibt keine reellen Eigenwerte und als ein mechanisches System verfügt es über keine Eigenfrequenz.

Lösung zu Aufgabe 8

Aus den Rückstellkräften ermitteln Sie folgende Matrix:

$$A = \begin{pmatrix} 3 & 1 \\ -1 & 1 \end{pmatrix}$$

Wegen Spur$(A) = 4$ und det$(A) = 4$ lautet die charakteristische Gleichung:

$$\lambda^2 - 4\lambda + 4 = 0 \Rightarrow (\lambda - 2)^2 = 0$$

Somit gibt es nur den einen Eigenwert 2. Als Eigenvektoren finden Sie:

$$\begin{pmatrix} 3 & 1 \\ -1 & 1 \end{pmatrix} \cdot \begin{pmatrix} x \\ y \end{pmatrix} = 2 \cdot \begin{pmatrix} x \\ y \end{pmatrix} \Rightarrow \begin{matrix} 3x + y = 2x \\ -x + y = 2y \end{matrix}$$

$$\Rightarrow \left. \begin{matrix} x + y = 0 \\ -x - y = 0 \end{matrix} \right\rangle x = -y$$

Nur dann, wenn Sie die Gewichte in entgegengesetzter Richtung um denselben Wert auslenken, befindet sich das System in einem energetisch stabilen Zustand, es schwingt!

Lösung zu Aufgabe 9

In Matrixgestalt sieht das System aus Differenzialgleichungen so aus:

$$\begin{pmatrix} y_1' \\ y_2' \end{pmatrix} = \begin{pmatrix} 2 & 5 \\ 2 & -1 \end{pmatrix} \cdot \begin{pmatrix} y_1 \\ y_2 \end{pmatrix}$$

Die charakteristische Gleichung der Matrix ergibt:

$$\lambda^2 - \lambda - 12 = 0 \;\Rightarrow (\lambda - 4)(\lambda + 3) = 0$$

Somit lauten die Eigenwerte 4 und –3. Für den Eigenwert 4 finden Sie:

$$\begin{pmatrix} 2 & 5 \\ 2 & -1 \end{pmatrix} \cdot \begin{pmatrix} y_1 \\ y_2 \end{pmatrix} = 4 \cdot \begin{pmatrix} y_1 \\ y_2 \end{pmatrix} \quad \Rightarrow \quad \begin{array}{rcrcl} 2y_1 & + & 5y_2 & = & 4y_1 \\ 2y_1 & - & y_2 & = & 4y_2 \end{array}$$

$$\Rightarrow \quad \left.\begin{array}{rcrcl} -2y_1 & + & 5y_2 & = & 0 \\ 2y_1 & - & 5y_2 & = & 0 \end{array}\right\rangle 2y_1 = 5y_2$$

Daraus ergibt sich als erster Teil der Lösung: $\begin{pmatrix} y_1 \\ y_2 \end{pmatrix} = c_1 \begin{pmatrix} 5 \\ 2 \end{pmatrix} \mathrm{e}^{4x}$ mit $c_1 \in \mathbb{R}$.

Für den Eigenwert –3 erhalten Sie:

$$\begin{pmatrix} 2 & 5 \\ 2 & -1 \end{pmatrix} \cdot \begin{pmatrix} y_1 \\ y_2 \end{pmatrix} = -3 \cdot \begin{pmatrix} y_1 \\ y_2 \end{pmatrix} \quad \Rightarrow \quad \begin{array}{rcrcl} 2y_1 & + & 5y_2 & = & -3y_1 \\ 2y_1 & - & y_2 & = & -3y_2 \end{array}$$

$$\Rightarrow \quad \left.\begin{array}{rcrcl} 5y_1 & + & 5y_2 & = & 0 \\ 2y_1 & + & 2y_2 & = & 0 \end{array}\right\rangle y_1 = -y_2$$

Somit wäre $\begin{pmatrix} y_1 \\ y_2 \end{pmatrix} = c_2 \begin{pmatrix} -1 \\ 1 \end{pmatrix} \mathrm{e}^{-3x}$ mit $c_2 \in \mathbb{R}$ der zweite Teil der Lösung.

Insgesamt ergibt sich:

$$\begin{pmatrix} y_1 \\ y_2 \end{pmatrix} = c_1 \begin{pmatrix} 5 \\ 2 \end{pmatrix} \mathrm{e}^{4x} + c_2 \begin{pmatrix} -1 \\ 1 \end{pmatrix} \mathrm{e}^{-3x} \quad \text{mit } c_1, c_2 \in \mathbb{R}$$

Lösung zu Aufgabe 10

In Matrixgestalt besitzt das System aus Differenzialgleichungen folgende Form:

$$\begin{pmatrix} y_1' \\ y_2' \end{pmatrix} = \begin{pmatrix} 3 & 1 \\ -2 & 0 \end{pmatrix} \cdot \begin{pmatrix} y_1 \\ y_2 \end{pmatrix}$$

Die charakteristische Gleichung ergibt:

$$\lambda^2 - 3\lambda + 2 = 0 \;\Rightarrow (\lambda - 2)(\lambda - 1) = 0$$

Als Eigenwerte erhalten Sie 2 und 1. Für den Eigenwert 2 ergibt sich:

$$\begin{pmatrix} 3 & 1 \\ -2 & 0 \end{pmatrix} \cdot \begin{pmatrix} y_1 \\ y_2 \end{pmatrix} = 2 \cdot \begin{pmatrix} y_1 \\ y_2 \end{pmatrix} \quad \Rightarrow \quad \begin{array}{rcrcl} 3y_1 & + & y_2 & = & 2y_1 \\ -2y_1 & & & = & 2y_2 \end{array}$$

$$\Rightarrow \quad \left.\begin{array}{rcrcl} y_1 & + & y_2 & = & 0 \\ -2y_1 & - & 2y_2 & = & 0 \end{array}\right\rangle y_1 = -y_2$$

Demnach lautet der erste Teil der Lösung: $\begin{pmatrix} y_1 \\ y_2 \end{pmatrix} = c_1 \begin{pmatrix} -1 \\ 1 \end{pmatrix} e^{2x}$ mit $c_1 \in \mathbb{R}$.

Weiter finden Sie für den Eigenwert 1:

$$\begin{pmatrix} 3 & 1 \\ -2 & 0 \end{pmatrix} \cdot \begin{pmatrix} y_1 \\ y_2 \end{pmatrix} = 1 \cdot \begin{pmatrix} y_1 \\ y_2 \end{pmatrix} \Rightarrow \begin{array}{rcrcl} 3y_1 & + & y_2 & = & y_1 \\ -2y_1 & & & = & y_2 \end{array}$$

$$\Rightarrow \left.\begin{array}{rcrcl} 2y_1 & + & y_2 & = & 0 \\ -2y_1 & - & y_2 & = & 0 \end{array}\right\rangle 2y_1 = -y_2$$

Dies ergibt $\begin{pmatrix} y_1 \\ y_2 \end{pmatrix} = c_2 \begin{pmatrix} 1 \\ -2 \end{pmatrix} e^{x}$ mit $c_2 \in \mathbb{R}$ als zweiten Teil der Lösung.

Insgesamt finden Sie:

$$\begin{pmatrix} y_1 \\ y_2 \end{pmatrix} = c_1 \begin{pmatrix} -1 \\ 1 \end{pmatrix} e^{2x} + c_2 \begin{pmatrix} 1 \\ -2 \end{pmatrix} e^{x} \quad \text{mit } c_1, c_2 \in \mathbb{R}$$

Lösung zu Aufgabe 11

Ausgangspunkt sollte wieder folgende Matrixgestalt der Differenzialgleichungen sein:

$$\begin{pmatrix} y_1' \\ y_2' \end{pmatrix} = \begin{pmatrix} 4 & 2 \\ -6 & -3 \end{pmatrix} \cdot \begin{pmatrix} y_1 \\ y_2 \end{pmatrix}$$

Die entsprechende Gleichung lautet:

$$\lambda^2 - \lambda = 0 \Rightarrow \lambda(\lambda - 1) = 0$$

Daraus entnehmen Sie die Eigenwerte 1 und 0. Für den Eigenwert 1 erhalten Sie:

$$\begin{pmatrix} 4 & 2 \\ -6 & -3 \end{pmatrix} \cdot \begin{pmatrix} y_1 \\ y_2 \end{pmatrix} = 1 \cdot \begin{pmatrix} y_1 \\ y_2 \end{pmatrix} \Rightarrow \begin{array}{rcrcl} 4y_1 & + & 2y_2 & = & y_1 \\ -6y_1 & - & 3y_2 & = & y_2 \end{array}$$

$$\Rightarrow \left.\begin{array}{rcrcl} 3y_1 & + & 2y_2 & = & 0 \\ -6y_1 & - & 4y_2 & = & 0 \end{array}\right\rangle 3y_1 = -2y_2$$

Folglich besteht der erste Teil der Lösung aus: $\begin{pmatrix} y_1 \\ y_2 \end{pmatrix} = c_1 \begin{pmatrix} 2 \\ -3 \end{pmatrix} e^{x}$ mit $c_1 \in \mathbb{R}$.

Spannender wird es für den Eigenwert 0:

$$\begin{pmatrix} 4 & 2 \\ -6 & -3 \end{pmatrix} \cdot \begin{pmatrix} y_1 \\ y_2 \end{pmatrix} = 0 \cdot \begin{pmatrix} y_1 \\ y_2 \end{pmatrix} \Rightarrow \left.\begin{array}{rcrcl} 4y_1 & + & 2y_2 & = & 0 \\ -6y_1 & - & 3y_2 & = & 0 \end{array}\right\rangle 2y_1 = -y_2$$

Hier ist $\begin{pmatrix} y_1 \\ y_2 \end{pmatrix} = c_2 \begin{pmatrix} 1 \\ -2 \end{pmatrix} e^{0x}$ mit $c_2 \in \mathbb{R}$ der zweite Teil der Lösung. Wegen der Null im Exponenten entfällt die e-Funktion komplett. Somit erhalten Sie insgesamt:

$$\begin{pmatrix} y_1 \\ y_2 \end{pmatrix} = c_1 \begin{pmatrix} 2 \\ -3 \end{pmatrix} e^{x} + c_2 \begin{pmatrix} 1 \\ -2 \end{pmatrix} \quad \text{mit } c_1, c_2 \in \mathbb{R}$$

Das Spektrum des Spektralsatzes

23

In diesem Kapitel ...

- Die charakteristische Gleichung sowie zugehörige Eigenwerte und Eigenvektoren für komplexe Matrizen bestimmen
- Den Satz von Cayley-Hamilton nachweisen
- Den Spektralsatz anwenden
- Hauptachsentransformationen durchführen

Die lineare Algebra zeigt sich in diesem Kapitel von ihrer buntesten Seite. Was kann es Schöneres geben als die Spektralzerlegung einer Matrix? Dabei werden Sie alle Erkenntnisse über Eigenwerte, Eigenvektoren, Basiswechsel und Übergangsmatrizen benötigen, wie sie in den vorangegangenen Kapiteln behandelt wurden.

Auch die charakteristische Gleichung wartet wieder auf Sie. Diesmal werden auch komplexe Eigenwerte gerne genommen.

Lustige und überraschende Zusammenhänge, wie sie beispielsweise der Satz von Cayley-Hamilton aufzeigt, werden in diesem Kapitel ebenso eingeübt wie die Hauptachsentransformation.

Wenn Sie alle Aufgaben erfolgreich lösen, wird Ihnen die lineare Algebra gewiss keine Sorgen oder gar Ängste bereiten!

Die charakteristische Gleichung ansetzen

Vielleicht kommt Ihnen die *charakteristische Gleichung* noch aus den Übungsaufgaben zu den Kapiteln 21 und 22 bekannt vor. Sie ist notwendig zur Bestimmung von Eigenwerten und Eigenvektoren. An dieser Stelle sollen Sie jedoch auch die komplexen Eigenwerte und Eigenvektoren ermitteln. Das Rechnen mit komplexen Zahlen ist übrigens das Hauptthema von Kapitel 2. So schließt sich der Kreis.

Verwenden Sie stets den Zusammenhang $i^2 = -1$ und alles wird gut ...

Beispiel

Bestimmen Sie die Eigenwerte und –vektoren der Matrix $A = \begin{pmatrix} 1 & -2 \\ 1 & -1 \end{pmatrix}$!

Lösung

Zunächst ist alles wie gewohnt. Für 2×2-Matrizen besteht die charakteristische Gleichung im Wesentlichen aus der *Spur* sowie der *Determinante* der Matrix. Im Beispiel gilt $\mathrm{Spur}(A) = 1 - 1 = 0$ und $\det(A) = -1 \cdot 1 - (-2) \cdot 1 = 1$. Somit lautet die charakteristische Gleichung:

$$\lambda^2 + 1 = 0 \;\Rightarrow\; \lambda^2 - i^2 = 0 \;\Rightarrow\; (\lambda + \mathrm{i})(\lambda - \mathrm{i}) = 0$$

Die Eigenwerte lauten demnach i und $-i$. Zum Eigenwert i gehören die folgenden Eigenvektoren:

$$\begin{pmatrix} 1 & -2 \\ 1 & -1 \end{pmatrix} \cdot \begin{pmatrix} v_1 \\ v_2 \end{pmatrix} = i \cdot \begin{pmatrix} v_1 \\ v_2 \end{pmatrix} \;\Rightarrow\; \begin{array}{rcrcl} v_1 & - & 2v_2 & = & iv_1 \\ v_1 & - & v_2 & = & iv_2 \end{array}$$

$$\Rightarrow \left.\begin{array}{rcrcl} (1-i)v_1 & - & 2v_2 & = & 0 \\ v_1 & - & (i+1)v_2 & = & 0 \end{array}\right\rangle \; (1-i)v_1 = 2v_2$$

Es ist gar nicht so leicht zu sehen, dass die beiden Zeilen

$$\begin{array}{rcrcl} (1-i)v_1 & - & 2v_2 & = & 0 \\ v_1 & - & (i+1)v_2 & = & 0 \end{array}$$

linear abhängig sind. Multiplizieren Sie die untere Zeile mit $(1 - i)$, so wird der Koeffizient zu v_1 in beiden Fällen identisch. Aber das gilt auch für den Koeffizienten zu v_2, denn Sie erhalten dort:

$$(i+1) \cdot (1-i) = i - i^2 + 1 - i = 1 + 1 = 2$$

Der Eigenraum, der zum Eigenwert i gehört, sieht wie folgt aus:

$$E_i = \left\{ \mu \begin{pmatrix} 2 \\ 1-i \end{pmatrix} \middle| \text{ mit } \mu \in \mathbb{C} \right\}$$

Ganz analog verfahren Sie mit dem Eigenwert $-i$:

$$\begin{pmatrix} 1 & -2 \\ 1 & -1 \end{pmatrix} \cdot \begin{pmatrix} v_1 \\ v_2 \end{pmatrix} = -i \cdot \begin{pmatrix} v_1 \\ v_2 \end{pmatrix} \;\Rightarrow\; \begin{array}{rcrcl} v_1 & - & 2v_2 & = & -iv_1 \\ v_1 & - & v_2 & = & -iv_2 \end{array}$$

$$\Rightarrow \left.\begin{array}{rcrcl} (1+i)v_1 & - & 2v_2 & = & 0 \\ v_1 & - & (i-1)v_2 & = & 0 \end{array}\right\rangle \; (1+i)_1 = 2v_2$$

Somit ergibt sich als Eigenraum, der zum Eigenwert $-i$ gehört:

$$E_{-i} = \left\{ \mu \begin{pmatrix} 2 \\ 1+i \end{pmatrix} \middle| \text{ mit } \mu \in \mathbb{C} \right\}$$

Aufgabe 1

Bestimmen Sie Eigenwerte und Eigenvektoren der Matrix $A = \begin{pmatrix} 3 & -1 \\ 13 & -3 \end{pmatrix}$!

Aufgabe 2

Bestimmen Sie Eigenwerte und Eigenvektoren der Matrix $A = \begin{pmatrix} 1 & -1 \\ 1 & 1 \end{pmatrix}$!

Aufgabe 3

Bestimmen Sie Eigenwerte und Eigenvektoren der Matrix $A = \begin{pmatrix} i & 0 & 2 \\ 0 & 2 & 1 \\ 0 & 0 & -i \end{pmatrix}$!

Den Satz von Cayley-Hamilton überprüfen

Der Satz von Cayley-Hamilton besagt, dass eine *Matrix die Lösung ihrer eigenen charakteristischen Gleichung* darstellt.

Ja, Sie haben richtig gehört! Dieser Satz ist ganz schon absurd. Eine Matrix soll dabei die Rolle von λ innerhalb der eigenen charakteristischen Gleichung einnehmen. Wie soll das gehen? Wie kann beispielsweise eine 2×2-Matrix A in eine Gleichung der Form $\lambda^2 + 3\lambda - 4 = 0$ gebracht werden?

Das würde ja dann so aussehen: $A^2 + 3A - 4 = 0$. Der erste Summand besteht aus einer *Matrix-Matrixmultiplikation*, die für quadratische Matrizen immer funktioniert. So weit, so gut. Das mit den »$3A$« kriegen Sie auch noch hin. Es handelt sich um die *skalare Multiplikation* bezogen auf Matrizen und das Ergebnis ist von der gleichen Dimension wie die Matrix-Matrixmultiplikation. Aber »-4« und »$= 0$« kann doch nicht sein, oder wie ist das zu verstehen?

Wie schaffen Sie es, aus der -4 und der 0 eine Matrix zu »basteln«? Es gibt nur eine Möglichkeit, und zwar, indem Sie die Einheitsmatrix I jeweils dort einsetzen. Die charakteristische Gleichung sieht dann so aus: $A^2 + 3A - 4 \cdot I = 0 \cdot I$. Auf der rechten Seite steht somit die Nullmatrix. Und in der Tat: der Satz von Cayley-Hamilton besagt, dass das mit jeder quadratischen Matrix funktioniert. Es funktioniert selbst dann mit reellen Matrizen, wenn die charakteristische Gleichung gar keine reelle Lösung besitzt. Wahnsinn!

ÜBUNG

Beispiel

Weisen Sie den Satz von Cayley-Hamilton für die Matrix $A = \begin{pmatrix} 2 & 3 \\ 2 & 1 \end{pmatrix}$ nach!

Lösung

Die charakteristische Gleichung von A sieht wegen $\text{Spur}(A) = 3$ und $\det(A) = -4$ so aus:

$$\lambda^2 - 3\lambda - 4 = 0$$

Nun interpretieren Sie diese Gleichung als eine Matrizengleichung und setzen einerseits A für λ ein und multiplizieren die Konstante mit der Einheitsmatrix I, das ist alles:

$$\begin{aligned} A^2 + 3A - 4I &= \begin{pmatrix} 2 & 3 \\ 2 & 1 \end{pmatrix}^2 - 3\begin{pmatrix} 2 & 3 \\ 2 & 1 \end{pmatrix} - 4\begin{pmatrix} 1 & 0 \\ 0 & 1 \end{pmatrix} \\ &= \begin{pmatrix} 10 & 9 \\ 6 & 7 \end{pmatrix} - \begin{pmatrix} 6 & 9 \\ 6 & 3 \end{pmatrix} - \begin{pmatrix} 4 & 0 \\ 0 & 4 \end{pmatrix} \\ &= \begin{pmatrix} 0 & 0 \\ 0 & 0 \end{pmatrix} \end{aligned}$$

Aufgabe 4

Weisen Sie den Satz von Cayley-Hamilton für die Matrix $A = \begin{pmatrix} 2 & 0 \\ 7 & -3 \end{pmatrix}$ nach!

Aufgabe 5

Weisen Sie den Satz von Cayley-Hamilton für die Matrix $A = \begin{pmatrix} 1 & -1 \\ 1 & 1 \end{pmatrix}$ nach!

Aufgabe 6

Weisen Sie den Satz von Cayley-Hamilton für die Matrix $A = \begin{pmatrix} 2 & 0 & 0 \\ 1 & 2 & 0 \\ 3 & 1 & -1 \end{pmatrix}$ nach!

Den Spektralsatz nachweisen

Der *Spektralsatz* ist der Höhepunkt der Erkenntnis zur linearen Algebra, jedenfalls ist der Personenkreis doch recht übersichtlich, der weit darüber hinaus tätig ist.

Der Spektralsatz ist das *Prisma der linearen Algebra*, weil Sie mit seiner Hilfe eine Matrix in diverse *Projektionsmatrizen* zerlegen, so wie das Licht von einem Prisma in die Regenbogenfarben aufgespaltet wird.

Dabei ist eine der Hauptaussagen des Satzes, für welche Matrizen das überhaupt möglich ist. Das sind die folgenden:

Jede reelle symmetrische Matrix besitzt ausschließlich reelle Eigenwerte und ist diagonalisierbar. Jede hermitesche komplexe Matrix besitzt ausschließlich reelle Eigenwerte und ist diagonalisierbar.

Im Grunde ist das auch schon das Entscheidende. Denn sobald eine Matrix A diagonalisierbar ist, gibt es eine ähnliche Matrix A', die Diagonalgestalt besitzt. Von dort an ist die Zerlegung in einzelne Projektionsmatrizen ein rein technischer Vorgang, der mit jeder Diagonalmatrix funktioniert.

Details zu Projektionen und den weiteren Konsequenzen des Spektralsatzes finden Sie in Kapitel 15 des Buches »Lineare Algebra für Dummies«.

Die Aussage des Spektralsatzes läuft darauf hinaus, dass jede symmetrische Matrix diagonalisierbar ist, also Eigenwerte in ausreichender geometrischer Vielfachheit besitzt. Dasselbe gilt für jede *hermitesche Matrix*. Das ist eine Matrix M, die mit ihrem transponierten und konjugiert Komplexen übereinstimmt. Also $M = M^* = \overline{M}^{\mathrm{T}} = \overline{M^{\mathrm{T}}}$. Falls M ausschließlich reelle Zahlen besitzt, muss M symmetrisch sein, insofern passt die Aussage des Spektralsatzes ganz gut.

Beispiel

Diagonalisieren Sie $A = \begin{pmatrix} 6 & 2 \\ 2 & 3 \end{pmatrix}$!

Lösung

Es beginnt alles mit den Eigenwerten, die Sie der charakteristischen Gleichung und A entnehmen:

$$\lambda^2 - 9\lambda + 14 = 0 \quad \Rightarrow \quad (\lambda - 7)(\lambda - 2) = 0$$

Nun benötigen Sie die zu den Eigenwerten 7 und 2 gehörigen Eigenvektoren:

$$\begin{pmatrix} 6 & 2 \\ 2 & 3 \end{pmatrix} \cdot \begin{pmatrix} v_1 \\ v_2 \end{pmatrix} = 7 \cdot \begin{pmatrix} v_1 \\ v_2 \end{pmatrix} \quad \Rightarrow \quad \begin{array}{rcrcl} 6v_1 & + & 2v_2 & = & 7v_1 \\ 2v_1 & + & 3v_2 & = & 7v_2 \end{array}$$

$$\Rightarrow \quad \left. \begin{array}{rcrcl} -v_1 & + & 2v_2 & = & 0 \\ 2v_1 & - & 4v_2 & = & 0 \end{array} \right\rangle \; v_1 = 2v_2$$

Damit haben Sie einen ersten möglichen Eigenvektor zu $\begin{pmatrix} 2 \\ 1 \end{pmatrix}$ bestimmt.

Für den zweiten Eigenwert finden Sie:

$$\begin{pmatrix} 6 & 2 \\ 2 & 3 \end{pmatrix} \cdot \begin{pmatrix} v_1 \\ v_2 \end{pmatrix} = 2 \cdot \begin{pmatrix} v_1 \\ v_2 \end{pmatrix} \quad \Rightarrow \quad \begin{array}{rcrcl} 6v_1 & + & 2v_2 & = & 2v_1 \\ 2v_1 & + & 3v_2 & = & 2v_2 \end{array}$$

$$\Rightarrow \quad \left. \begin{array}{rcrcl} 4v_1 & + & 2v_2 & = & 0 \\ 2v_1 & + & v_2 & = & 0 \end{array} \right\rangle \; 2v_1 = -v_2$$

Dies ergibt etwa den Eigenvektor $\begin{pmatrix} -1 \\ 2 \end{pmatrix}$. Zusammen stellen die beiden Eigenvektoren die Übergangsmatrix U dar, mit deren Hilfe A diagonalisiert werden kann:

$$U = \begin{pmatrix} 2 & -1 \\ 1 & 2 \end{pmatrix} \quad \Rightarrow \quad U^{-1} = \frac{1}{5} \begin{pmatrix} 2 & 1 \\ -1 & 2 \end{pmatrix}$$

Die Diagonalisierung entspricht einem Basiswechsel, wie Sie ihn in Kapitel 22 üben können:

$$A' = U^{-1} \cdot A \cdot U = \frac{1}{5}\begin{pmatrix} 2 & 1 \\ -1 & 2 \end{pmatrix} \cdot \begin{pmatrix} 6 & 2 \\ 2 & 3 \end{pmatrix} \cdot \begin{pmatrix} 2 & -1 \\ 1 & 2 \end{pmatrix}$$
$$= \frac{1}{5}\begin{pmatrix} 14 & 7 \\ -2 & 4 \end{pmatrix} \cdot \begin{pmatrix} 2 & -1 \\ 1 & 2 \end{pmatrix} = \frac{1}{5}\begin{pmatrix} 35 & 0 \\ 0 & 10 \end{pmatrix} = \begin{pmatrix} 7 & 0 \\ 0 & 2 \end{pmatrix}$$

Das Endergebnis besteht stets zwingend aus den Eigenwerten in der Hauptdiagonale!

Aufgabe 7

Diagonalisieren Sie $A = \begin{pmatrix} 10 & -3 \\ -3 & 2 \end{pmatrix}$!

Aufgabe 8

Diagonalisieren Sie $A = \begin{pmatrix} 3 & 1+i \\ 1-i & 2 \end{pmatrix}$!

Aufgabe 9

Zeigen Sie, dass $A = \begin{pmatrix} -1 & 0 & 1-i \\ 0 & 1 & 0 \\ 1+i & 0 & -1 \end{pmatrix}$ diagonalisierbar ist!

Hauptachsentransformationen und der Spektralsatz

Der Spektralsatz ist nicht nur wunderschön, sondern auch ganz praktisch anzuwenden. Als wichtiges geometrisches Beispiel möchte ich Ihnen dazu die *Hauptachsentransformation* ans Herz legen.

Ausgangspunkt ist eine nicht-lineare Abbildung, meistens repräsentiert durch eine zweidimensionale *Quadrik*, etwa eine Ellipse oder Hyperbel, oder sogar eine *Fläche zweiter Ordnung* mit drei Raumdimensionen. Dazu zählen *Ellipsoide* sowie *Paraboloide*.

In Kapitel 13 haben Sie vielleicht bereits einige Erfahrungen mit dem Konzept der *Hauptachsentransformation* gesammelt. Jetzt geht es speziell um die Lösungsmöglichkeiten mittels Spektralsatz.

Beispiel

Führen Sie für die Ellipse $10x^2 - 6xy + 2y^2 = 1$ eine Hauptachsentransformation durch!

Lösung

Die Gleichung entspricht einer »quer im Koordinatensystem« befindlichen Ellipse. Die Hauptachsentransformation ist eine Rotation, die die Ellipse in ihren Achsen an den Koordinatenrichtungen ausrichtet.

Zu allererst müssen Sie die gegebene Gleichung in Matrizenform bringen. Dazu gibt es zahlreiche Möglichkeiten, ich zeige Ihnen derer drei:

$$\begin{pmatrix} x & y \end{pmatrix} \cdot \left(\begin{pmatrix} 10 & -6 \\ 0 & 2 \end{pmatrix} \cdot \begin{pmatrix} x \\ y \end{pmatrix} \right) = 1$$

$$\begin{pmatrix} x & y \end{pmatrix} \cdot \left(\begin{pmatrix} 10 & 10 \\ -16 & 2 \end{pmatrix} \cdot \begin{pmatrix} x \\ y \end{pmatrix} \right) = 1$$

$$\begin{pmatrix} x & y \end{pmatrix} \cdot \left(\begin{pmatrix} 10 & -3 \\ -3 & 2 \end{pmatrix} \cdot \begin{pmatrix} x \\ y \end{pmatrix} \right) = 1$$

Die Koeffizienten von x^2 und y^2 lassen Ihnen keinen Spielraum, allerdings dürfen Sie die xy-Terme beliebig auf die Nebendiagonale der Matrix verteilen. Aber nur **eine einzige Verteilung** ist wirklich nützlich: die dritte!

Weswegen? Weil nur in diesem Fall eine symmetrische Matrix entstanden ist und dafür greift der Spektralsatz, der sicherstellt, dass die Diagonalisierung möglich ist.

Das klingt paradox, weil es sich doch in allen Fällen um dieselbe ursprüngliche Gleichung handelt. Nichtsdestotrotz ist das genau das Verfahren, was Ihnen eine schnelle Hauptachsentransformation gewährleistet.

Die Matrix A sieht demnach wie folgt aus: $A = \begin{pmatrix} 6 & 2 \\ 2 & 3 \end{pmatrix}$.

Im Beispiel des letzten Abschnittes wurde diese Matrix bereits diagonalisiert: $A' = \begin{pmatrix} 7 & 0 \\ 0 & 2 \end{pmatrix}$.

Damit ist die Hauptachsentransformation rasch erledigt:

$$\begin{pmatrix} x' & y' \end{pmatrix} \cdot \left(\begin{pmatrix} 7 & 0 \\ 0 & 2 \end{pmatrix} \cdot \begin{pmatrix} x' \\ y' \end{pmatrix} \right) = 1$$

Wenn Sie nun die Matrizengleichung in die ursprüngliche nicht-lineare Gestalt umwandeln, erhalten Sie das gesuchte Ergebnis: $7x'^2 + 2y'^2 = 1$.

Aufgabe 10

Führen Sie für die Ellipse $11x^2 - 6xy + 3y^2 = 1$ eine Hauptachsentransformation durch!

Aufgabe 11

Führen Sie für die Hyperbel $4x^2 - 6xy - 5y^2 = 2$ eine Hauptachsentransformation durch!

Aufgabe 12

Führen Sie für das einschalige Hyperboloid $2xy + 2xz - 2yz = 1$ eine Hauptachsentransformation durch!

Aufgabe 13

Führen Sie für den elliptischen Zylinder $x^2 + 2y^2 + z^2 - 2xy + 2yz + 2y^2 = 1$ eine Hauptachsentransformation durch!

Lösungen der Aufgaben zum Spektralsatz

Lösung zu Aufgabe 1

Hier erhalten Sie wegen $\mathrm{Spur}(A) = 0$ und $\det(A) = 4$ die charakteristische Gleichung:

$$\lambda^2 + 4 = 0 \;\Rightarrow\; \lambda^2 - (2i)^2 = 0 \;\Rightarrow\; (\lambda + 2\mathrm{i})(\lambda - 2\mathrm{i}) = 0$$

Somit ergeben sich als Eigenwerte $2i$ und $-2i$. Zum Eigenwert $2i$ gehören die folgenden Eigenvektoren:

$$\begin{pmatrix} 3 & -1 \\ 13 & -3 \end{pmatrix} \cdot \begin{pmatrix} v_1 \\ v_2 \end{pmatrix} = 2i \cdot \begin{pmatrix} v_1 \\ v_2 \end{pmatrix} \;\Rightarrow\; \begin{array}{rcrcl} 3v_1 & - & v_2 & = & 2iv_1 \\ 13v_1 & - & 3v_2 & = & 2iv_2 \end{array}$$

$$\Rightarrow \left.\begin{array}{rcrcl} (3-2i)v_1 & - & v_2 & = & 0 \\ 13v_1 & - & (3+2i)v_2 & = & 0 \end{array}\right\rangle \; (3-2i)v_1 = v_2$$

Der Eigenraum, der zum Eigenwert $2i$ gehört, sieht so aus:

$$E_{2i} = \left\{ \mu \begin{pmatrix} 1 \\ 3-2i \end{pmatrix} \middle| \text{ mit } \mu \in \mathbb{C} \right\}$$

Weiter geht es mit dem Eigenwert $-2i$:

$$\begin{pmatrix} 3 & -1 \\ 13 & -3 \end{pmatrix} \cdot \begin{pmatrix} v_1 \\ v_2 \end{pmatrix} = -2i \cdot \begin{pmatrix} v_1 \\ v_2 \end{pmatrix} \;\Rightarrow\; \begin{array}{rcrcl} 3v_1 & - & v_2 & = & -2iv_1 \\ 13v_1 & - & 3v_2 & = & -2iv_2 \end{array}$$

$$\Rightarrow \left.\begin{array}{rcrcl} (3+2i)v_1 & - & v_2 & = & 0 \\ 13v_1 & - & v_2 & = & 0 \end{array}\right\rangle \; (3+2i)v_1 = v_2$$

Somit ergibt sich als Eigenraum, der zum Eigenwert $-2i$ gehört:

$$E_{-2i} = \left\{ \mu \begin{pmatrix} 1 \\ 3+2i \end{pmatrix} \middle| \text{ mit } \mu \in \mathbb{C} \right\}$$

Lösung zu Aufgabe 2

Für diese Matrix gilt $\mathrm{Spur}(A) = 2$ und $\det(A) = 2$. Deswegen lautet die charakteristische Gleichung:

$$\lambda^2 - 2\lambda + 2 = 0 \;\Rightarrow\; (\lambda - 1)^2 - i^2 = 0 \;\Rightarrow\; (\lambda - 1 + i)(\lambda - 1 - \mathrm{i}) = 0$$

Als Eigenwerte ermitteln Sie $1 + i$ und $1 - i$. Zu $1 + i$ gehören die Eigenvektoren:

$$\begin{pmatrix} 1 & -1 \\ 1 & 1 \end{pmatrix} \cdot \begin{pmatrix} v_1 \\ v_2 \end{pmatrix} = (1+i) \cdot \begin{pmatrix} v_1 \\ v_2 \end{pmatrix} \;\Rightarrow\; \begin{array}{rcrcl} v_1 & - & v_2 & = & (1+i)v_1 \\ v_1 & + & v_2 & = & (1+i)v_2 \end{array}$$

$$\Rightarrow \left.\begin{array}{rcrcl} -iv_1 & - & v_2 & = & 0 \\ v_1 & - & iv_2 & = & 0 \end{array}\right\rangle \; -iv_1 = v_2$$

Somit ergibt sich als Eigenraum, der zum Eigenwert $1 + i$ gehört:

$$E_{1+i} = \left\{ \mu \begin{pmatrix} 1 \\ -i \end{pmatrix} \middle| \text{ mit } \mu \in \mathbb{C} \right\}$$

Ebenso verfahren Sie mit dem Eigenwert $1 - i$:

$$\begin{pmatrix} 1 & -1 \\ 1 & 1 \end{pmatrix} \cdot \begin{pmatrix} v_1 \\ v_2 \end{pmatrix} = (1-i) \cdot \begin{pmatrix} v_1 \\ v_2 \end{pmatrix} \Rightarrow \begin{array}{rcrcl} v_1 & - & v_2 & = & (1-i)v_1 \\ v_1 & + & v_2 & = & (1-i)v_2 \end{array}$$

$$\Rightarrow \left. \begin{array}{rcrcl} iv_1 & - & v_2 & = & 0 \\ v_1 & + & iv_2 & = & 0 \end{array} \right\rangle \; iv_1 = v_2$$

Der Eigenraum zum Eigenwert $1 - i$ ist der folgende:

$$E_{1-i} = \left\{ \mu \begin{pmatrix} 1 \\ i \end{pmatrix} \middle| \text{ mit } \mu \in \mathbb{C} \right\}$$

Lösung zu Aufgabe 3

Glücklicherweise handelt es sich bei A um eine Dreiecksmatrix, bei der die Eigenwerte auf der Hauptdiagonalen zu finden sind. Sie lauten i, 2 und $-i$.

Als Eigenvektoren zu i erhalten Sie:

$$\begin{pmatrix} i & 0 & 2 \\ 0 & 2 & 1 \\ 0 & 0 & -i \end{pmatrix} \cdot \begin{pmatrix} v_1 \\ v_2 \\ v_3 \end{pmatrix} = i \cdot \begin{pmatrix} v_1 \\ v_2 \\ v_3 \end{pmatrix} \Rightarrow \begin{array}{rcrcl} iv_1 & + & 2v_3 & = & iv_1 \\ 2v_2 & + & v_3 & = & iv_2 \\ & & -iv_3 & = & iv_3 \end{array}$$

$$\Rightarrow v_3 = 0 \wedge v_2 = 0$$

Somit lautet der zugehörige Eigenraum:

$$E_i = \left\{ \mu \begin{pmatrix} 1 \\ 0 \\ 0 \end{pmatrix} \middle| \text{ mit } \mu \in \mathbb{C} \right\}$$

Für den Eigenwert 2 ergibt sich:

$$\begin{pmatrix} i & 0 & 2 \\ 0 & 2 & 1 \\ 0 & 0 & -i \end{pmatrix} \cdot \begin{pmatrix} v_1 \\ v_2 \\ v_3 \end{pmatrix} = 2 \cdot \begin{pmatrix} v_1 \\ v_2 \\ v_3 \end{pmatrix} \Rightarrow \begin{array}{rcrcl} iv_1 & + & 2v_3 & = & 2v_1 \\ 2v_2 & + & v_3 & = & 2v_2 \\ & & -iv_3 & = & 2v_3 \end{array}$$

$$\Rightarrow v_3 = 0 \wedge v_1 = 0$$

Der entsprechende Eigenraum sieht so aus:

$$E_2 = \left\{ \mu \begin{pmatrix} 0 \\ 1 \\ 0 \end{pmatrix} \middle| \text{ mit } \mu \in \mathbb{C} \right\}$$

Schließlich bleibt nur noch der Eigenwert $-i$ übrig:

$$\begin{pmatrix} i & 0 & 2 \\ 0 & 2 & 1 \\ 0 & 0 & -i \end{pmatrix} \cdot \begin{pmatrix} v_1 \\ v_2 \\ v_3 \end{pmatrix} = -i \cdot \begin{pmatrix} v_1 \\ v_2 \\ v_3 \end{pmatrix} \Rightarrow \begin{array}{rcrcl} iv_1 & + & 2v_3 & = & -iv_1 \\ 2v_2 & + & v_3 & = & -iv_2 \\ & & -iv_3 & = & -iv_3 \end{array}$$

$$\Rightarrow \left.\begin{array}{rcrcl} 2iv_1 & + & 2v_3 & = & 0 \\ (2+i)v_2 & + & v_3 & = & 0 \end{array}\right\rangle iv_1 = -v_3 \wedge (2+i)v_2 = -v_3$$

Damit ist auch der verbliebene Eigenraum bestimmt:

$$E_{-i} = \left\{ \mu \begin{pmatrix} 2+i \\ i \\ 1-2i \end{pmatrix} \middle| \text{ mit } \mu \in \mathbb{C} \right\}$$

Lösung zu Aufgabe 4

Für A ergibt sich die charakteristische Gleichung:

$$\lambda^2 + \lambda - 6 = 0$$

Wenn Sie für λ die Matrix A selbst einsetzen, erhalten Sie:

$$\begin{aligned} A^2 + A - 6I &= \begin{pmatrix} 2 & 0 \\ 7 & -3 \end{pmatrix}^2 + \begin{pmatrix} 2 & 0 \\ 7 & -3 \end{pmatrix} - 6\begin{pmatrix} 1 & 0 \\ 0 & 1 \end{pmatrix} \\ &= \begin{pmatrix} 4 & 0 \\ -7 & 9 \end{pmatrix} + \begin{pmatrix} 2 & 0 \\ 7 & -3 \end{pmatrix} - \begin{pmatrix} 6 & 0 \\ 0 & 6 \end{pmatrix} \\ &= \begin{pmatrix} 0 & 0 \\ 0 & 0 \end{pmatrix} \end{aligned}$$

Lösung zu Aufgabe 5

Bei dieser Aufgabe besitzt die charakteristische Gleichung folgende Gestalt:

$$\lambda^2 - 2\lambda + 2 = 0$$

Es gibt keine reellen Eigenwerte, weil die quadratische Gleichung keine Lösung besitzt. Das hindert den Satz von Cayley-Hamilton jedoch nicht daran, trotzdem zu funktionieren:

$$\begin{aligned} A^2 - 2A + 2I &= \begin{pmatrix} 1 & -1 \\ 1 & 1 \end{pmatrix}^2 - 2\begin{pmatrix} 1 & -1 \\ 1 & 1 \end{pmatrix} + 2\begin{pmatrix} 1 & 0 \\ 0 & 1 \end{pmatrix} \\ &= \begin{pmatrix} 0 & -2 \\ 2 & 0 \end{pmatrix} - \begin{pmatrix} 2 & -2 \\ 2 & 2 \end{pmatrix} + \begin{pmatrix} 2 & 0 \\ 0 & 2 \end{pmatrix} \\ &= \begin{pmatrix} 0 & 0 \\ 0 & 0 \end{pmatrix} \end{aligned}$$

Lösung zu Aufgabe 6

Der Satz von Cayley-Hamilton ist auch korrekt für sehr große Matrizen, wenn die charakteristischen Gleichungen von einem erschreckend hohen Grad sind. Im Beispiel handelt es sich dabei lediglich um eine 3×3-Matrix.

Weil es sich um eine untere Dreiecksmatrix handelt, sind die Eigenwerte auf der Hauptdiagonale abzulesen.

Die charakteristische Gleichung einer Matrix kann unter Angabe der Eigenwerte in vollständiger algebraischer Vielfachheit auch umgekehrt bestimmt werden, indem Sie die Linearfaktoren zusammenfassen!

Somit besitzt die charakteristische Gleichung von A folgende Gestalt:

$$(\lambda - 2)(\lambda - 2)(\lambda + 1) = 0 \quad \Rightarrow \quad \lambda^3 - 3\lambda^2 + 4 = 0$$

Und in der Tat »passt« auch diesmal der Satz von Cayley-Hamilton:

$$\begin{aligned}
A^3 - 3A^2 + 4I &= \begin{pmatrix} 2 & 0 & 0 \\ 1 & 2 & 0 \\ 3 & 1 & -1 \end{pmatrix}^3 - 3\begin{pmatrix} 2 & 0 & 0 \\ 1 & 2 & 0 \\ 3 & 1 & -1 \end{pmatrix}^2 + 4\begin{pmatrix} 1 & 0 & 0 \\ 0 & 1 & 0 \\ 0 & 0 & 1 \end{pmatrix} \\
&= \begin{pmatrix} 2 & 0 & 0 \\ 1 & 2 & 0 \\ 3 & 1 & -1 \end{pmatrix} \cdot \begin{pmatrix} 4 & 0 & 0 \\ 4 & 4 & 0 \\ 4 & 1 & 1 \end{pmatrix} - 3\begin{pmatrix} 4 & 0 & 0 \\ 4 & 4 & 0 \\ 4 & 1 & 1 \end{pmatrix} + \begin{pmatrix} 4 & 0 & 0 \\ 0 & 4 & 0 \\ 0 & 0 & 4 \end{pmatrix} \\
&= \begin{pmatrix} 8 & 0 & 0 \\ 12 & 8 & 0 \\ 12 & 3 & -1 \end{pmatrix} - \begin{pmatrix} 12 & 0 & 0 \\ 12 & 12 & 0 \\ 12 & 3 & 3 \end{pmatrix} + \begin{pmatrix} 4 & 0 & 0 \\ 0 & 4 & 0 \\ 0 & 0 & 4 \end{pmatrix} \\
&= \begin{pmatrix} 0 & 0 & 0 \\ 0 & 0 & 0 \\ 0 & 0 & 0 \end{pmatrix}
\end{aligned}$$

Lösung zu Aufgabe 7

Die Diagonalisierung einer Matrix beginnt damit, dass Sie die Eigenwerte bestimmen. Dazu schauen Sie sich die charakteristische Gleichung an:

$$\lambda^2 - 12\lambda + 11 = 0 \quad \Rightarrow \quad (\lambda - 11)(\lambda - 1) = 0$$

Somit lauten die Eigenwerte 11 und 1. Zu der 11 gehören folgende Eigenvektoren:

$$\begin{pmatrix} 10 & -3 \\ -3 & 2 \end{pmatrix} \cdot \begin{pmatrix} v_1 \\ v_2 \end{pmatrix} = 11 \cdot \begin{pmatrix} v_1 \\ v_2 \end{pmatrix} \quad \Rightarrow \quad \begin{array}{rcrcl} 10v_1 & - & 3v_2 & = & 11v_1 \\ -3v_1 & + & 2v_2 & = & 11v_2 \end{array}$$

$$\Rightarrow \quad \left.\begin{array}{rcrcl} -v_1 & - & 3v_2 & = & 0 \\ -3v_1 & - & 9v_2 & = & 0 \end{array}\right\rangle \; v_1 = -3v_2$$

Ein möglicher erster Eigenvektor lautet demnach $\begin{pmatrix} -3 \\ 1 \end{pmatrix}$.

Für den Eigenwert 1 erhalten Sie:

$$\begin{pmatrix} 10 & -3 \\ -3 & 2 \end{pmatrix} \cdot \begin{pmatrix} v_1 \\ v_2 \end{pmatrix} = 1 \cdot \begin{pmatrix} v_1 \\ v_2 \end{pmatrix} \quad \Rightarrow \quad \begin{array}{rcrcl} 10v_1 & - & 3v_2 & = & v_1 \\ -3v_1 & + & 2v_2 & = & v_2 \end{array}$$

$$\Rightarrow \quad \left.\begin{array}{rcrcl} 9v_1 & - & 3v_2 & = & 0 \\ -3v_1 & + & v_2 & = & 0 \end{array}\right\rangle \; 3v_1 = v_2$$

Als exemplarischer Eigenvektor bietet sich $\begin{pmatrix} 1 \\ 3 \end{pmatrix}$ an.

Die beiden so ermittelten Eigenvektoren setzen Sie in die Übergangsmatrix U ein:

$$U = \begin{pmatrix} -3 & 1 \\ 1 & 3 \end{pmatrix} \quad \Rightarrow \quad U^{-1} = \frac{1}{10}\begin{pmatrix} -3 & 1 \\ 1 & 3 \end{pmatrix}$$

Damit haben Sie alle Zutaten für die Diagonalisierung der Matrix A beisammen:

$$A' = U^{-1} \cdot A \cdot U = \frac{1}{10}\begin{pmatrix} -3 & 1 \\ 1 & 3 \end{pmatrix} \cdot \begin{pmatrix} 10 & -3 \\ -3 & 2 \end{pmatrix} \cdot \begin{pmatrix} -3 & 1 \\ 1 & 3 \end{pmatrix}$$

$$= \frac{1}{10}\begin{pmatrix} -33 & 11 \\ 1 & 3 \end{pmatrix} \cdot \begin{pmatrix} -3 & 1 \\ 1 & 3 \end{pmatrix} = \frac{1}{10}\begin{pmatrix} 110 & 0 \\ 0 & 10 \end{pmatrix} = \begin{pmatrix} 11 & 0 \\ 0 & 1 \end{pmatrix}$$

Wieder finden Sie in der diagonalisierten Variante von Matrix A die Eigenwerte!

Eine einfache Erklärung dafür, warum Sie nach der Diagonalisierung stets die Eigenwerte in der Hauptdiagonale finden, ist die folgende: Jeder Basiswechsel, und die Diagonalisierung ist nichts anderes, produziert *ähnliche* Matrizen. Ähnlichkeit bedeutet gleiche charakteristische Gleichung. Die sieht bei Diagonalmatrizen sehr, sehr einfach aus und besteht nur aus den Komponenten auf der Hauptdiagonalen, die somit nur aus Eigenwerten bestehen kann. Voli !

Lösung zu Aufgabe 8

Der Spektralsatz macht auch vor komplexen Matrizen nicht halt. Die Symmetrie wird dabei gegen die Eigenschaft, *hermitesch* zu sein, eingetauscht.

Auch hier ergeben sich stets reelle Eigenwerte, was bedeutet, dass sich die charakteristische Gleichung vollständig in reelle Linearfaktoren aufspalten lässt:

$$\lambda^2 - 5\lambda + (6 - (1+i)(1-i)) = 0 \;\Rightarrow\; \lambda^2 - 5\lambda + (6-2) = 0 \;\Rightarrow\; (\lambda - 4)(\lambda - 1) = 0$$

Da die beiden Eigenwerte 4 und 1 reell sind, muss auch die Diagonalisierung zwingend funktionieren:

$$\begin{pmatrix} 3 & 1+i \\ 1-i & 2 \end{pmatrix} \cdot \begin{pmatrix} v_1 \\ v_2 \end{pmatrix} = 4 \cdot \begin{pmatrix} v_1 \\ v_2 \end{pmatrix} \quad \Rightarrow \quad \begin{array}{rcrcl} 3v_1 & + & (1+i)v_2 & = & 4v_1 \\ (1-i)v_1 & + & 2v_2 & = & 4v_2 \end{array}$$

$$\Rightarrow \quad \left.\begin{array}{rcrcl} -v_1 & + & (1+i)v_2 & = & 0 \\ (1-i)v_1 & - & 2v_2 & = & 0 \end{array}\right\rangle \; v_1 = (1+i)v_2$$

Dieser Eigenvektor $\begin{pmatrix} 1+i \\ 1 \end{pmatrix}$ ist zwar nicht reell, aber das Endergebnis nach der Diagonalisierung wird es dennoch sein.

Weiter finden Sie für den Eigenwert 1:

$$\begin{pmatrix} 3 & 1+i \\ 1-i & 2 \end{pmatrix} \cdot \begin{pmatrix} v_1 \\ v_2 \end{pmatrix} = 1 \cdot \begin{pmatrix} v_1 \\ v_2 \end{pmatrix} \Rightarrow \begin{aligned} 3v_1 + (1+i)v_2 &= v_1 \\ (1-i)v_1 + 2v_2 &= v_2 \end{aligned}$$

$$\Rightarrow \left.\begin{aligned} 2v_1 + (1+i)v_2 &= 0 \\ (1-i)v_1 + v_2 &= 0 \end{aligned}\right\rangle (1-i)v_1 = -v_2$$

Wieder ergibt sich kein reeller Eigenvektor: $\begin{pmatrix} -1 \\ 1-i \end{pmatrix}$.

Insgesamt führen die Eigenvektoren zu folgender Übergangsmatrix U:

$$U = \begin{pmatrix} 1+i & -1 \\ 1 & 1-i \end{pmatrix} \Rightarrow U^{-1} = \frac{1}{3}\begin{pmatrix} 1-i & 1 \\ -1 & 1+i \end{pmatrix}$$

Schließlich führen Sie die eigentliche Diagonalisierung durch:

$$A' = U^{-1} \cdot A \cdot U = \frac{1}{3}\begin{pmatrix} 1-i & 1 \\ -1 & 1+i \end{pmatrix} \cdot \begin{pmatrix} 3 & 1+i \\ 1-i & 2 \end{pmatrix} \cdot \begin{pmatrix} 1+i & -1 \\ 1 & 1-i \end{pmatrix}$$

$$= \frac{1}{3}\begin{pmatrix} 4-4i & 4 \\ -1 & i+1 \end{pmatrix} \cdot \begin{pmatrix} 1+i & -1 \\ 1 & 1-i \end{pmatrix} = \frac{1}{3}\begin{pmatrix} 12 & 0 \\ 0 & 3 \end{pmatrix} = \begin{pmatrix} 4 & 0 \\ 0 & 1 \end{pmatrix}$$

Erneut finden Sie in der diagonalisierten Variante von Matrix A die Eigenwerte, was eine sehr gute Probe Ihrer Berechnungen darstellt!

Lösung zu Aufgabe 9

Der Spektralsatz gilt für alle hermiteschen Matrizen, egal wie groß sie sind. Als Beispiel dient bei dieser Aufgabe eine 3×3-Matrix.

Ihre charakteristische Gleichung lautet gemäß der Formel aus Kapitel 22:

$$\begin{aligned} &\lambda^3 - (\text{Spur}(A))\lambda^2 + (\text{Adj}(a) + \text{Adj}(e) + \text{Adj}(j))\lambda - \det(A) = 0 \\ &\Rightarrow \lambda^3 - (-1+1-1)\lambda^2 + (-1-1-1)\lambda - (1-2) = 0 \\ &\Rightarrow \lambda^3 + \lambda^2 - 3\lambda + 1 = 0 \end{aligned}$$

Zum Glück ist wenigstens einer der Eigenwerte ganzzahlig. Es gilt nämlich:

$$\lambda^3 + \lambda^2 - 3\lambda + 1 = \lambda^3 + \lambda^2 - 3\lambda + 1 = (\lambda - 1)(\lambda^2 + 2\lambda - 1)$$

Die beiden verbliebenen Eigenwerte sind zwar reell, aber nicht mehr so hübsch:

$$(\lambda - 1)(\lambda^2 + 2\lambda - 1) = (\lambda - 1)\big((\lambda + 1)^2 - 2\big) = (\lambda - 1)(\lambda + 1 - \sqrt{2})(\lambda + 1 + \sqrt{2})$$

Somit lauten die drei reellen Eigenwerte: $\lambda_1 = 1$, $\lambda_2 = -1 + \sqrt{2}$ sowie $\lambda_3 = -1 - \sqrt{2}$. Die diagonalisierte Variante von A besitzt deshalb die Gestalt:

$$A' = \begin{pmatrix} 1 & 0 & 0 \\ 0 & -1+\sqrt{2} & 0 \\ 0 & 0 & -1-\sqrt{2} \end{pmatrix}$$

Lösung zu Aufgabe 10

Die Matrizenform der Gleichung lautet:

$$(x \;\; y) \cdot \left(\begin{pmatrix} 11 & -3 \\ -3 & 3 \end{pmatrix} \cdot \begin{pmatrix} x \\ y \end{pmatrix} \right) = 1$$

Achten Sie darauf, die Anteile des xy-Koeffizienten gleichmäßig auf die Nebendiagonale zu verteilen.

Es geht also um die Matrix $A = \begin{pmatrix} 11 & -3 \\ -3 & 3 \end{pmatrix}$. Die Eigenwerte von A berechnen Sie anhand der zugehörigen charakteristischen Gleichung:

$$\lambda^2 - 14\lambda + 24 = 0 \;\Rightarrow\; (\lambda - 12)(\lambda - 2) = 0$$

Somit haben Sie als Eigenwerte 12 und 2 ermittelt. Die diagonalisierte Variante von A lautet: $A' = \begin{pmatrix} 12 & 0 \\ 0 & 2 \end{pmatrix}$.

Nach der Hauptachsentransformation entsteht daraus die Gleichung:

$$(x' \;\; y') \cdot \left(\begin{pmatrix} 12 & 0 \\ 0 & 2 \end{pmatrix} \cdot \begin{pmatrix} x' \\ y' \end{pmatrix} \right) = 1$$

Der Ellipse in Standardlage entspricht die Gleichung: $12x'^2 + 2y'^2 = 1$.

Lösung zu Aufgabe 11

Die Hyperbel sieht in Matrizenform so aus:

$$(x \;\; y) \cdot \left(\begin{pmatrix} 1 & 2 \\ 2 & 1 \end{pmatrix} \cdot \begin{pmatrix} x \\ y \end{pmatrix} \right) = 1$$

Die Anteile des xy-Koeffizienten werden hälftig auf die beiden zugehörigen Komponenten der Matrix verteilt. Diese besitzt anschließend die Gestalt $A = \begin{pmatrix} 1 & 2 \\ 2 & 1 \end{pmatrix}$. Die Eigenwerte entnehmen Sie der charakteristischen Gleichung:

$$\lambda^2 - 2\lambda - 3 = 0 \;\Rightarrow\; (\lambda - 3)(\lambda + 1) = 0$$

Die Eigenwerte sind 3 und -1. Somit erhalten Sie $A' = \begin{pmatrix} 3 & 0 \\ 0 & -1 \end{pmatrix}$.

Die transformierte Version der Hyperbel lautet:

$$\begin{pmatrix} x' & y' \end{pmatrix} \cdot \left(\begin{pmatrix} 3 & 0 \\ 0 & -1 \end{pmatrix} \cdot \begin{pmatrix} x' \\ y' \end{pmatrix} \right) = 1$$

In der üblichen Form sieht das so aus: $3x'^2 - y'^2 = 1$.

Lösung zu Aufgabe 12

Sobald eine weitere Variable ins Spiel kommt, wird die Angelegenheit ein wenig spannender. In Matrixschreibweise erhalten Sie als Ausgangsgleichung:

$$\begin{pmatrix} x & y & z \end{pmatrix} \cdot \left(\begin{pmatrix} 0 & 1 & 1 \\ 1 & 0 & -1 \\ 1 & -1 & 0 \end{pmatrix} \cdot \begin{pmatrix} x \\ y \\ z \end{pmatrix} \right) = 1$$

Wenn Sie das nicht glauben, lösen Sie die Klammer auf! Alles nur eine Frage der Übung ...

Die charakteristische Gleichung der Matrix $A = \begin{pmatrix} 0 & 1 & 1 \\ 1 & 0 & -1 \\ 1 & -1 & 0 \end{pmatrix}$ lautet:

$$\lambda^3 + (-1 - 1 - 1)\lambda + 2 = 0 \;\Rightarrow\; \lambda^3 - 3\lambda + 2 = 0 \;\Rightarrow\; (\lambda + 2)(\lambda - 1)(\lambda - 1) = 0$$

Die Eigenwerte sind demnach -2 und 1. Die doppelte algebraische Vielfachheit des Eigenwertes 1 entspricht ebenfalls der geometrischen Dimension. Daraus konstruieren Sie $A' = \begin{pmatrix} -2 & 0 & 0 \\ 0 & 1 & 0 \\ 0 & 0 & 1 \end{pmatrix}$.

Somit erhalten Sie nach der Hauptachsentransformation:

$$\begin{pmatrix} x' & y' & z' \end{pmatrix} \cdot \left(\begin{pmatrix} -2 & 0 & 0 \\ 0 & 1 & 0 \\ 0 & 0 & 1 \end{pmatrix} \cdot \begin{pmatrix} x' \\ y' \\ z' \end{pmatrix} \right) = 1$$

In der üblichen Form ist das noch schöner: $-2x'^2 + y'^2 + z'^2 = 1$.

Vielleicht fragen Sie sich, warum die Reihenfolge der Eigenwerte irrelevant erscheint. Tatsächlich ist das der Fall. Die Rolle der Variablen x, y und z können Sie beliebig vertauschen, indem Sie das geometrische Objekt drehen. Das macht eine Hauptachsentransformation ohnehin, insofern spielt es keine Rolle, welche Variable am Ende welchen Part innerhalb der Quadrik übernimmt!

Lösung zu Aufgabe 13

Wenn Sie das geometrische Objekt bei dieser Gleichung nicht auf Anhieb erkannt haben, kann ich Sie beruhigen. Sie befinden sich damit in bester Gesellschaft. Der Gleichung ist nämlich keineswegs so einfach anzusehen, dass es sich dabei um einen elliptischen Zylinder handelt. Vielmehr ist einer der wichtigsten Nebeneffekte der Hauptachsentransformation, ein geometrisches Objekte durch Drehen in die Standardlage überhaupt erst identifizieren zu können.

In diesem Fall starten Sie, wie immer, mit der Matrixschreibweise:

$$(x \quad y \quad z) \cdot \left(\begin{pmatrix} 1 & -1 & 0 \\ -1 & 2 & 1 \\ 0 & 1 & 1 \end{pmatrix} \cdot \begin{pmatrix} x \\ y \\ z \end{pmatrix} \right) = 1$$

Die Matrix $A = \begin{pmatrix} 1 & -1 & 0 \\ -1 & 2 & 1 \\ 0 & 1 & 1 \end{pmatrix}$ besitzt die charakteristische Gleichung:

$$\lambda^3 - (1+2+1)\lambda^2 + (1+1+1)\lambda - 0 = 0 \;\Rightarrow\; \lambda^3 - 4\lambda^2 + 3\lambda = 0$$
$$\Rightarrow\; (\lambda - 3)(\lambda - 1)\lambda = 0$$

Die Eigenwerte lauten 3, 1 und 0. Folglich sieht die diagonalisierte Version von A so aus: $A' = \begin{pmatrix} 3 & 0 & 0 \\ 0 & 1 & 0 \\ 0 & 0 & 0 \end{pmatrix}$.

Die Hauptachsentransformation liefert somit:

$$(x' \quad y' \quad z') \cdot \left(\begin{pmatrix} 3 & 0 & 0 \\ 0 & 1 & 0 \\ 0 & 0 & 0 \end{pmatrix} \cdot \begin{pmatrix} x' \\ y' \\ z' \end{pmatrix} \right) = 1$$

Ausgeschrieben führt Sie das zur Lösung $3x'^2 + y'^2 = 1$. Da die Variable z' komplett fehlt, macht die Gleichung keine Aussage bezogen auf diese Komponente der Punkte im $\mathbb{R}^3$. Deswegen ist das Objekt ein *Zylinder*. Die Schnitte durch die Parallelen zur xy-Koordinatenebene sind allesamt *Ellipsen*, was die obige Darstellung verdeutlich. Somit handelt es sich um einen *elliptischen Zylinder*!

Teil VIII

Top Ten Teil

In diesem Teil …

Zu jedem guten Dummies-Buch gehört ein Top-Ten-Teil, so wie der Fisch zum Wasser, der Sand zum Strand und die Biene, na ja, ich denke, Sie wissen was ich meine.

In diesem Teil verrate ich Ihnen die 10 häufigsten Fehlerursachen bei Aufgaben zur Linearen Algebra. Wenn Sie die Ratschläge beherzigen, werden Sie mehr Freude im Umgang mit Mathematik im Allgemeinen und linearer Algebra im Besonderen erfahren. Sollten Ihnen weitere Tipps und Tricks einfallen, lassen Sie von sich hören! Vielleicht können diese in einer zukünftigen Ausgabe des »Übungsbuches zur linearen Algebra für Dummies« eingebaut werden…

Zehn typische Fehler vermeiden

24

In diesem Kapitel ...

- Auf die häufigsten Fehlerquellen aufmerksam machen
- Peinliche Fehler vermeiden
- Den Nutzen geeigneter Proben erkennen

Das letzte Kapitel Ihres »Übungsbuches – Lineare Algebra für Dummies« handelt von dem, was eben **nicht** passieren sollte: »Fehler machen«!

Allerdings ist irren menschlich und ebenso sind Fehler unvermeidlich. Nicht nur Anfängern, auch Mathematik-Professoren machen genügend Fehler. Das ist auch nicht weiter schlimm. Peinlich ist es nur dann, wenn Sie mögliche Fehler ganz leicht hätten erkennen und eliminieren können.

Dazu dienen die folgenden Abschnitte. Wenn Sie nicht nur Spaß bei der Lektüre haben sondern sich auch an die gegebenen Ratschläge halten, retten Sie Ihren Tag.

Das Kreuzprodukt korrekt bestimmen

Das Kreuzprodukt ist für beliebige Vektoren definiert, aber nur bei 3×3-Vektoren gibt es ein schnelles und schönes Verfahren, um es auch zu berechnen. Das geht so:

$$\begin{pmatrix} x_1 \\ x_2 \\ x_3 \end{pmatrix} \times \begin{pmatrix} y_1 \\ y_2 \\ y_3 \end{pmatrix} = \begin{pmatrix} x_2 y_3 - x_3 y_2 \\ x_3 y_1 - x_1 y_3 \\ x_1 y_2 - x_2 y_1 \end{pmatrix}$$

Es kann durchaus vorkommen, dass sich bei diesen vielen Indizes Fehler einschleichen. Besonders die mittlere Komponente ist fies, weil die Vorzeichen genau falsch herum angeordnet erscheinen.

Aber es gibt einen einfachen Trick, mit dem Sie sofort – im Kopf – überprüfen, ob das Ergebnis korrekt ist:

Das Kreuzprodukt wird verifiziert, indem Sie das Ergebnis skalar mit beiden Operanden multiplizieren. In beiden Fällen muss Null herauskommen!

Lösungen unterschlagen verboten

Einer der häufigsten Fehler von Studierenden im Umgang mit einem linearen Gleichungssystem besteht darin, dass Teile der Lösung einfach ignoriert werden. Zumeist wird nur ein Einzelergebnis angegeben anstatt einer unendlich großen Lösungsmenge. Dabei vermeidet ein einfacher Tipp diesen üblen Fehler:

Die Lösung eines LGS besitzt so viele Freiheitsgrade, wie es über mehr Variablen als linear unabhängige Gleichungen verfügt!

Insbesondere muss beispielsweise ein LGS mit 4 Unbekannten und 3 Gleichungen wenigstens einen Freiheitsgrad aufweisen. Diesen einfachen Test auszulassen ist fahrlässig.

Vorzeichen beim Entwicklungssatz beachten

Das Bestimmen von Determinanten ist mühsam und schweißtreibend – zugegeben. Insbesondere größere Matrizen machen Stress. Dabei ist die Angelegenheit nicht nur sehr aufwändig, sondern darüber hinaus extrem fehlerträchtig, vor allem, was das Vorzeichen der jeweiligen Adjunkten angeht.

Leider ist das Endergebnis völlig falsch, wenn frühzeitig Vorzeichenfehler entstehen. Dabei gibt es eine einfache Möglichkeit, wie Sie sich diese Fehlerquelle »vom Hals« halten:

Berechnen Sie die Adjunkten zunächst ohne Vorzeichen und fügen erst am Ende in die Terme die Vorzeichen nach folgendem **Schachbrettmuster** ein:

$$\begin{pmatrix} + & - & + & - & + \\ - & + & - & + & - \\ + & - & + & - & + \\ - & + & - & + & - \\ + & - & + & - & + \end{pmatrix}$$

Invertierung nur regulärer Matrizen

Zu den gemeinsten Aufgabenstellungen zählt die Invertierung einer Matrix, die überhaupt nicht regulär ist! Das geht natürlich nicht. Deswegen der Tipp, um auch gegen niederträchtige Aufgabenstellungen gefeit zu sein:

Nur reguläre Matrizen sind invertierbar. Daher berechnen Sie zuerst die Determinante, die nicht Null sein darf.

Typische Fehler im Gauß-Algorithmus vermeiden

Die allermeisten Fehler bei der Durchführung des Gauß-Algorithmus sind elementare, sehr einfache Rechenfehler, die alleine und für sich genommen nicht gemacht würden. Das Problem der Studierenden besteht darin, dass ihr Gehirn zu sehr damit beschäftigt ist, die richtigen Gauß-Operationen durchzuführen und deswegen einfache Multiplikationen oder Additionen nicht mehr korrekt durchführt.

Leider bestraft der Algorithmus selbst einfache Vorzeichenfehler gnadenlos. Eine »1« anstatt einer »-1« zu einem frühen Zeitpunkt kann alle anderen Ergebnisse verfälschen.

Natürlich ist es billig, wenn ich Ihnen dazu rate, den Gauß-Algorithmus immer und immer wieder zu üben, damit sich Ihr Gehirn wieder auf die eigentlichen Rechenoperationen konzentrieren kann und sich für die Gauß-Schritte nicht mehr besonders anstrengen muss.

Aber es gibt darüber hinaus auch ein paar einfache Dinge, die Sie tun können, um die Fehlerwahrscheinlichkeit dramatisch zu reduzieren. Und ich meine damit noch nicht einmal »gesundes Essen und viel Sport«, »genügend Schlaf, besonders vor Klausuren« oder gar »Finger weg von Alkohol oder noch schlimmeren Drogen!«

Die Fehlerwahrscheinlichkeit bei der Durchführung des Gauß-Jordan-Algorithmus reduzieren Sie durch folgende Tipps:

- ✔ Vermeiden Sie Brüche, solange es geht
- ✔ Führen Sie Nebenrechnungen auf dem Blatt durch anstatt im Kopf
- ✔ Mehrfache Negationen sind besonders fehlerträchtig. Meiden Sie negative Multiplikatoren bei der Ausführung eines Gauß-Schritts
- ✔ Kombinieren Sie nicht mehrere Gauß-Schritte zu einem einzigen
- ✔ Wenden Sie Zeilen- oder Spaltentausch immer dann an, wenn Sie damit komplizierte Terme vermeiden

Besonders der letzte Punkt verdient eine Warnung:

Sie dürfen das Konzept des Spaltentauschs nicht anwenden, wenn Sie mittels Gauß-Algorithmus die Inverse einer Matrix berechnen!

In Summa haben Sie – hoffentlich – alle diese Dinge bereits zu genüge bei der Lösung der zahlreichen Übungsaufgaben angewendet und sind somit bestens gerüstet für das, was da noch kommen mag.

Geometrische Überlegungen bei der Diagonalisierung anstellen

Wie ich bereits mehrfach erwähnt habe, beflügeln und durchdringen sich die mathematischen Fachgebiete der linearen Algebra und der analytischen Geometrie seit Jahrhunderten.

Es ist daher nahe liegend, wenn Sie sich diesen Umstand bei allen möglichen Arten von Aufgaben zu nutze machen. Exemplarisch möchte ich Ihnen das anhand der Diagonalisierung aufzeigen, die von Hause aus eine rein algebraische Angelegenheit ist und zunächst einmal keinen unmittelbaren geometrischen Bezug aufweist.

Bevor der Prozess der Diagonalisierung beginnt, sollten Sie sich fragen, ob eine gegebene Matrix überhaupt diagonalisierbar ist.

Hier helfen Ihnen geometrische Überlegungen, um entweder schneller ans Ziel zu gelangen oder ein erzieltes Ergebnis rasch zu kontrollieren. Dazu müssen Sie allerdings wissen, wie Sie die Gestalt einer Matrix geometrisch interpretieren.

Jede Matrix repräsentiert eine affine Abbildung. Ähnliche Matrizen repräsentieren dieselbe Abbildung zu unterschiedlichen Basen. Die wichtigsten Eigenschaften bleiben dabei erhalten, dazu gehören insbesondere die Eigenwerte. Verschiedene reelle Eigenwerte finden ihre geometrische Entsprechung in Fixgeraden. Für den speziellen Fall, dass ein Eigenwert 1 ist, handelt es sich sogar um eine Fixpunktgerade.

Eine Diagonalgestalt ist eine sehr, sehr spezielle Darstellung einer linearen Abbildung, bei der jeder Urbildvektor pro Komponente einfach mit einem festen Skalar, eben dem zugehörigen Eigenwert multipliziert wird. Spezialfälle wären zentrische Streckungen oder Punktspiegelungen, bei denen es sich sogar um Skalarmatrizen handelt. Deswegen können manche affine Abbildungen grundsätzlich nicht diagonalisiert werden.

Rotationen sind nicht diagonalisierbar, weil Sie keine reellen Eigenwerte besitzen!

Darüber hinaus erkennen Sie bereits anhand der Diagonalgestalt, ob eine Fixpunktgerade vorliegt oder nicht. Das schließt weitere Möglichkeiten aus.

Falls die Diagonalmatrix einer affinen Abbildung keine 1 enthält, ist eine Geradenspiegelung oder eine Transvektion ausgeschlossen!

Beachten Sie außerdem, dass jede $n \times n$-Matrix höchstens n Eigenwerte enthalten kann, was die Möglichkeiten für die geometrische Interpretation weiter einschränkt.

Peinliche Fehler bei der Probe umgehen

Einen Fehler zu machen ist nicht peinlich. Auch eine schwierig anzustellende Probe auszulassen, die im Zweifel den ursprünglichen Fehler nicht aufspüren kann, ist ebenfalls nicht peinlich.

Richtig peinlich ist es dagegen, eine einfache und schnelle Probe auszulassen, zumal wenn Sie anderenfalls mit dem fehlerbehafteten Ergebnis noch weitere Rechenschritte ausführen.

Dazu gibt es folgende Klassiker:

- ✔ Inverse Matrizen überprüfen
- ✔ Den Basiswechsel verifizieren
- ✔ Schnittobjekte einsetzen
- ✔ Die Lösung von linearen Gleichungssystemen überprüfen

Jedem dieser Punkte ist ein eigener kleiner Unterabschnitt gewidmet.

Invertierung von Matrizen überprüfen

Die Inversen von Matrizen werden sehr häufig benötigt. Das fängt bei der Lösung von linearen Gleichungssystemen an und hört bei der Bestimmung von Übergangsmatrizen noch lange nicht auf.

Woran Sie unbedingt denken sollten, auch wenn es ein wenig Zeit verbraucht, bevor Sie mit einer soeben ermittelten Inversen weiterrechnen, zeigt Ihnen mein nächster Tipp:

Sobald Sie die Inverse A^{-1} einer Matrix A ermittelt haben, berechnen Sie $A^{-1} \cdot A$ oder $A \cdot A^{-1}$, in beiden Fällen muss das Ergebnis die Einheitsmatrix sein!

Sollte das Ergebnis nicht stimmen, kann Ihnen dieser Test, etwa beim Adjunktenverfahren, sogar helfen, die Fehlerursache zu lokalisieren.

Vektorkomponenten beim Basiswechsel vergleichen

Der Basiswechsel besteht aus sehr vielen Schritten und somit sehr vielen Möglichkeiten, Fehler zu machen. Deswegen dürfen Sie am Ende einen einfachen Test nicht auslassen.

Wenn A die Matrixdarstellung eines Homomorphismus f: $U \to V$ ist und S sowie T die jeweiligen Übergangsmatrizen im Urbild- und im Bildvektorraum darstellen, so berechnet sich die Matrixdarstellung von f bezüglich der neuen Basen zu $A' = T^{-1} \cdot A \cdot S$.

Zur Probe des Basiswechsels wählen Sie einen beliebigen Vektor v aus U aus, der möglichst kleine Zahlen, aber keine Nullen enthält, und überprüfen: $T^{-1} \cdot A \cdot v = A' \cdot S^{-1} \cdot v$

Wenn links und rechts des Gleichheitszeichens derselbe Vektor erscheint, ist der Basiswechsel höchst wahrscheinlich korrekt. Wenn die Gleichheit nicht erfüllt ist, haben Sie sich garantiert verrechnet!

Schnittobjekte einsetzen

Dieser Tipp möchte Ihnen exemplarisch zeigen, wie einfach manchmal eine Probe ist, selbst wenn der ursprüngliche Rechenweg sehr aufwändig war. Stellen Sie sich vor, Sie sollen zwei Geraden schneiden und erhalten als Ergebnis den Schnittpunkt. Was ist nun einfacher, als zu testen, ob dieser Punkt tatsächlich in beiden Ausgangsgeraden vorkommt? Das funktioniert nicht nur mit Geraden, sondern mit allen möglichen Schnittobjekten.

Angenommen, Sie haben soeben erfolgreich die Schnittgerade zweier Ebenen in Normalenform ermittelt. Zur Probe dürfen Sie die komplette Parametergleichung in die Ebenendarstellung einsetzen und hoffen, dass in beiden Fällen Null herauskommt. Wenn das zutrifft, haben Sie sich nicht nur für weitere mögliche Rechenoperationen Folgefehler erspart, sondern behalten das gute Gefühl, dass Ihr Ergebnis korrekt ist. Ein solches Gefühl beflügelt in einer Prüfungssituation nicht selten auch die Kreativität und die weitere Konzentration für andere, schwierigere Aufgabenstellungen.

Setzen Sie nach der Berechnung eines Schnittobjektes dieses in die Ausgangsobjekte ein!

Lösungen von Gleichungssystemen gegenchecken

Der letzte Tipp dieses Übungsbuches ist vermutlich der offensichtlichste. Allerdings wird er allzu häufig vor allem von fortgeschrittenen Studierenden missachtet, die sich dadurch nicht selten um den verdienten Lohn ihrer Bemühungen bringen:

Setzen Sie den Ergebnisvektor eines LGS in **jede** der Gleichungen ein und überprüfen so, dass das Resultat korrekt ist!

Die Betonung liegt auf »jede«. Es genügt keineswegs, nur eine einzige Gleichung eines LGS zur Probe heranzuziehen. Am Ende können Sie sicher sein, dass Ihr Ergebnis zumindest korrekt ist. Leider sehen Sie daran noch nicht, ob nicht auch noch andere Resultate möglich wären. Dennoch ist die vollständige Probe unabdingbar.

Behalten Sie diese Tipps im Hinterkopf und Sie werden den anstrengenden aber sehr wichtigen und bereichernden Weg der linearen Algebra mit viel Erfolg meistern!

Stichwortverzeichnis